わが国の狩猟法制

――殺生禁断と乱場

小柳泰治 著

いまは亡き　妻恭子との　約束を果たし得て
あなたに本書を捧げます。

はじめに

時折、「日本の常識は世界の非常識」という言葉に出会う。わが国の法律制度の中に、その言葉どおりに世界の非常識な分野が存在しているようである。現在のわが国狩猟・鳥獣制度は、その意味での世界の非常識な法律制度といえる。「法治国家の日本でそんなことが……」と疑う人が多数派であろうが、それは紛れもなく「事実」である。

本書は、そのことについて、旧石器時代から現在までを「鳥瞰」して考察する試みである。

最初に、世界の「狩猟をする思想」とそれが法律制度へと昇華する過程を検証する。ここでは、古代の狩猟制度が現在の世界狩猟制度に展開した姿、すなわち狩猟における世界の常識の実情を点検する。これにより、わが国の狩猟制度を計測する世界狩猟の基準を確認できる。

そして本論に移る。

まず、日本列島人の狩猟を通しての鳥獣との関わりかたを検証する。先史時代から飛鳥時代までの永い時を経て、人間と自然との共生の自然観が産生されるとともにわが国の宗教観が生成され、これに外来した仏教の不殺生戒の教えが融合して、わが国独自の狩猟・漁撈を抑制する「不殺生の思想」が形成された。

次に、七世紀から八世紀のアジアの激動の中に「倭国」の為政者は、強力な中国の制度に学び、積極的かつ自覚的に唐の律令法制を継受してこの列島に「日本」を定礎した。その時わが国において、世界にはわが国にだけ存在した不殺生の思想に基づく狩猟法制が定められた。大宝律令雑令月六斎条が、「凡月六斎日。公私皆断殺生。」と定めたのが、それである。毎月、日数を限って公私の皆が殺生を行わない、つまり狩猟を差し控える「月六斎日皆断殺生」の狩猟法制が確立された。これは、日本が非常識であったのか。いや逆に、世界が非常識だったのではあるまいか。これこそは、現代世界において常識である「生物多様性」に通じる世界先進の狩猟の法制度であったのである。

次に、中世においては、法制度としての月六斎日皆断殺生は法律の適式な改正手続を経て、「殺生禁断」に拡大され、江戸時代には殺生禁断が広く展開された。

ところが、幕末には強大な武力を誇示する世界からの激変が押し寄せた。狩猟においては、法制度としての殺生禁断が終焉に至り、殺生解禁への道程を歩むことになった。明治六年の鳥獣猟規則制定から明治三四年の狩猟法改正までが殺生解禁への過渡期であった。明治三一年の民法施行により民法典に採用されたローマ法無主物先占は、西欧先進国では狩猟への適用・採用を阻止されていた。これが当時の世界の常識であった。しかし、明治三四年の狩猟法改正に当たり為政者は、狩猟にローマ法無主物先占を適用すべきでないと主張する意見を排斥し、近代国家としては最初に、イタリアにも先んじて全国土にローマ法無主物先占に基づく「自由狩猟」を適用した。その上、古代中国の君主による「猟者の生業保護」までも採用し、自由狩猟と一体化した「生業保護自由狩猟」を構築した。この明治三四年の法改正こそが、「日本の常識は世界の非常識の狩猟制度」の起点であった。

明治三四年から一一〇年余を経過した現在において、明治政府の為政者が構築した生業保護自由狩猟の「乱場（らんば）」により、大方の国民が狩猟と鳥獣への関心を失ったという現実がある。今は何よりも、世界の常識から乖離した狩猟の実態を知る必要がある。それには、「殺生禁断」と「乱場」を正確に知らなければならない。

目次

第五章　江戸幕藩法の狩猟法制

第六章 明治太政官法の狩猟法制

わが国の狩猟法制

――殺生禁断と乱場

第一章　世界の狩猟法制

第一節　狩猟法制

一　狩猟の思想

世界の狩猟には、二つの「狩猟の思想」がある。一つは「狩猟をする思想」であり、もう一つは「不殺生の思想」である。ここでは、狩猟をする思想を考えてみる。

人間は、遙かな過去から狩猟をし、数えきれないほどの狩猟をする思想を語ってきた。最もよく知られた狩猟をする思想は、『旧約聖書』創世記の天地創造物語に、

神は仰せられた。「さあ人を造ろう。われわれのかたちとして、われわれに似せて。彼らが、海の魚、空の鳥、家畜、地のすべてもの、地をはうすべてのものを支配するように。」

神は人をご自身のかたちとして創造された。神のかたちとして彼を創造し、男と女とに彼らを創造された。

神は彼らを祝福された。神は彼らに仰せられた。

「生めよ。ふえよ。地を満たせ。地を従えよ。海の魚、空の鳥、地をはうすべての生き物を支配せよ。」

と、六日にわたる神の創造の締め括りとして語られている。

人間は、神から海・空・地の生き物の支配を命じられ、狩猟をする者となって獲物を殺戮する歳月を重ねた。人間中心の思想である。遙かな過去の神の命令を伝える旧約聖書創世記天地創造物語は、祭司階級の間で紀元前五世紀ころに書き記されたものであろうとする研究がある。時代が降り二〇世紀になると、技術史家のリン・ホワイトは、その著『機械と神』で人間を生き物の支配者と定めたこの人間中心の思想を、地球の生態学的危機の根源と批判した。同書には、激しいキリスト教批判を展開しつつも、小鳥や狼に説教した異端の聖フランチェスコに心を寄せた記述がみえる。

二　狩猟法制の誕生

東ザクセンの参審自由人のアイケ・フォン・レプゴウは、一二二〇年代に編纂したザクセン慣習法の法書『ザクセンシュピーゲル・ラント法』の第二巻第六一条第一項（二・六一・一）に、

神が人間を創造し給うときに、神は人間に魚と鳥とあらゆる野獣に対する権力を与え給うた。それゆえわれわれは、いかなる人もこれらの物のために彼の命をもまた健康をも（罰として）失うことはないという、神の証拠を得ているのである。

と記述した。人間中心の狩猟をする思想は、既に法律制度の中で語られていた。

人間は、狩猟をする思想から、どんな経過で狩猟に関する法律制度、すなわち「狩猟法制」を誕生させたのであろうか。「法が生まれるとき」という法律学の命題がある。これは法哲学・法制史の深遠な課題の一つであるが、本書は実際に存在した法律である狩猟実定法を考察するので、ここでは大まかに、人間の狩猟をする思想は広く法律・宗教・道徳・習俗を包含する未分化の規範として人間を規律していたが、やがて法律規範が分化し、狩猟法制が誕生する機運が熟してきたと考えておくことにする。そうすると、誰に獲物を取得させるかという狩猟に特有な法体系、す

なわち「狩猟法理」による規律が求められ、そこで狩猟法理が確立され、遂に狩猟を実施するための成文法、すなわち「狩猟法令」が制定されることになった。

三　世界の二大狩猟法理

人間は、五千年位前から都市・文字・金属器を手にして文明を誕生させたと説かれる。メソポタミア・エジプト・インド・中国などの古代文明世界には、文字が発達して法律文化が進展し法典が現れた。狩猟をする思想に基づく狩猟法理は、いつごろ世界の法思想史に出現したのであろうか。世界の古代からの法思想史を探索してみる。

狩猟をする思想に基づく体系的な狩猟法理は、バビロニアの世界最古級の古代法であるハンムラピ法典に代表される楔型文字法（シュメール法典、ハンムラピ法典、アッシリア法書、ヒッタイト法典）やこれに続くエジプト・ギリシアの西欧古代法にはその制定がない。ハンムラピ法典には、第二二章第二六六条に、ライオンに家畜が殺害された場合には牧人の責任を免除する管理責任規定すら定められていたのに、狩猟法理の制定がなかった。インド（マヌ法典、ヤージュニャヴァルキヤ法典）と中国（周の伐崇令、秦の田律）のアジア法にも狩猟をする思想の狩猟法理の制定がない。狩猟をする思想の狩猟法理は古代ローマにおいて出現した。東ローマ帝国の「ユスティニアヌス法典」に「無主物先占」として編纂され、前後して「ゲルマン部族法典」に「狩猟権」が編纂された。

ローマ法無主物先占は、古代ローマでローマ市民以外にも適用された法規範である「万民法」に由来し、狩猟をする者が無主物と先占と土地所有者の侵入禁止権を要件にして獲物を捕獲したときはその所有権を取得するという狩猟法理である。ゲルマン法狩猟権は、「ゲルマン固有法」に由来し、捕獲された獲物が先占者の所有とならずに土地所有者や国家その他の狩猟権者の所有になるという狩猟法理であり、ローマ法無主物先占の適用を阻止する狩猟法理である。世界の法思想史上に現れた狩猟をする思想の狩猟法理は、ローマ法無主物先占とゲルマン法狩猟権の二大狩猟法理に限られる。

第二節　ローマ法無主物先占の狩猟法理

一　ローマの法

伝説の王ロムルスのローマ建国は紀元前七五三年であった。新生国家ローマの王ロムルスは、まず市民に法を与えたと伝えられる。ローマの法は、長い年月をかけて不文の慣習法として発展した。ローマ法の最初の法律文書となったのは、前四五一年ころに制定された「十二表法」であった。古典期には多数の法学者により法理論が緻密に体系化されたが法典は編纂されず、千年を隔てて東ローマ帝国においてローマ法が集大成され法典化された。

二　ユスティニアヌス法典

東ローマ帝国皇帝ユスティニアヌス一世は、五二七年に即位してから五三四年までに東ローマ帝国の法源である、旧勅法集の『旧勅法彙纂（コーデックス）』、古典時代ローマ法学者の学説を集大成した『学説彙纂（パンデクタエ）』、法律学生の教科書用の『法学提要（インスティツティオーネス）』及び新勅法集の『勅法彙纂（ノヴェラエ）』を、「ユスティニアヌス法典」として編纂させ施行した。この四書の法典は、後世「ローマ法大全」あるいは「市民法大全」と呼称された。ローマ法無主物先占は、五三三年に施行の『学説彙纂』と『法学提要』に規定された。

1　学説彙纂

『学説彙纂』は、第四一巻第一章「物の所有権の取得について」中に、「ガイウスの日常法書乃至黄金文章第二巻」からの引用として第一法文と第三法文のそれぞれ前文と第一項に、

一　ガイウスの日常法書乃至黄金文章第二巻

前文　自然の理性によって全ての人間の間で普く遵守されている万民法によって、我々は或種の物の所有権を手に入れ、或種を市民法、即ち我々の固有の国家の法によって、そして万民法は人類自体と共に生み出されたより古いものに属するので、これについて最初に報告されるべきことは当然である。

第一項　随って陸地・海・空で捕獲される全ての動物、即ち野獣と鳥・魚は捕獲者のものと成る。

三　ガイウスの日常法書乃至黄金文章第二巻

前文　というのは誰にも属さないものは、自然の理由から先占する者に許し与えられるからである。

第一項　野獣及び鳥に関して各人が自己の土地の中で捕獲するかそれとも他人の中かは差がない。狩猟と捕鳥のために他人の土地に侵入する者は、所有者によって、その者が予見したときには、侵入しないように法上禁止されることができることは明らかである。

と定めた。

「無主物」と「先占」と「所有者侵入禁止権」を要件にして獲物を捕獲したときは、その所有権を取得することを規定したのである。

2　法学提要

『法学提要』は、第二巻第一章「物の分類に付て」の第一二条に、

一二　野獣、鳥、魚即ち地上、海中又は空中に生存する一切の動物は捕獲と同時に直ちに万民法に基き捕獲者の所有に属す。何となれば以前何人の所有にも属せざる物は自然の道理に依りて先占者に属すればなり、野獣及び鳥の捕獲は自己の土地に於てすると他人の土地に於てすると何等の区別なし、但し猟漁の為め他人の土地に侵入せんとする者が所

有者に発見せられ侵入の禁止を受くることあるべきは明白なり、故に汝の捕獲したる禽獣類は汝の保管内に維持する間は汝の所有物とす。

と定め、ローマ法無主物先占を初学者への教示の形で規定した。

三　ローマ法の継受

1　ローマ法の早期継受

ローマ法は、やがてローマから他国へ継受された。ローマ法の継受は、フランク時代のゲルマン諸部族法におけるローマ法の早期継受と近世初頭におけるローマ法継受との二回の経験があった。ゲルマン民族大移動後ゲルマン諸部族国家が建国され、属人主義に基づきローマ系住民のローマ法とゲルマン系住民のゲルマン部族法が編纂された。第一回のフランク時代の早期継受は、ゲルマン部族法が編纂された際、これにローマ法がどのような影響を与えて継受されたかということである。ゲルマン部族法に継受されたローマ法は、一部がテオドシウス法典のローマ法であり、一部はローマ卑俗法であって、無主物先占を規定するユスティニアヌス法典のローマ法ではなかったので、早期継受においてはローマ法の包括的な継受がなされたことはなく、個々的な制度の継受があったに過ぎず、無主物先占の継受と適用の問題は存在しなかった。

2　ローマ法無主物先占の継受

第二回の近世初頭におけるローマ法継受は、ユスティニアヌス法典のローマ法の継受であって、これが狩猟のローマ法無主物先占に関係する。ユスティニアヌス法典のローマ法は、東ローマ帝国の衰退に伴い、僅かに教会法に関与しつつもその全容は忘れ去られていった。一〇七〇年ころイタリアで『学説彙纂』の写本が発見され、この出来事を経て古代ローマの法律文献の研究が盛んになり、ボローニャの法学校が大学へと発展して、ローマ法の研究が深められた。そして、ヨーロッパ大陸ではローマ法が教会法やゲルマンの慣習法と混合して大陸法を生み出し、近世初頭のローマ法継受が行われた。このローマ法継受においては、伝統的分野へのローマ法無主物先占の適用は拒まれ、阻止された。狩猟は、そのようなローマ法無主物先占の適用が阻止された分野であった。ほかにも商法・鉱山法・塩業法・水利法等の分野でローマ法の適用が阻止された。

四　イタリアにおけるローマ法無主物先占の復活

1　イタリア王国の建国

イタリアは、中世以降数か国に分裂し、一八世紀末にはフランスに征服されて一八〇五年から一八一四年までナポレオンを皇帝とするイタリア王国が存在し、ナポレオン法典に基づく統治が行われた。ナポレオン没落後はオーストリアの影響下に旧体制が復活した。一九世紀後半にはサルデーニャ王国を中心にしてオーストリアに対しイタリア独立を戦い、またサルデーニャ王国への諸国併合があり、両シチリア王国を征服して一八六一年三月新「イタリア王国」が建国された。

新王国の建国前夜のイタリアには、五つの民法典が存在していた。①一八一五年ウィーン会議議定書によりオーストリアが獲得したロンバルド・ヴェネト王国に導入されたオーストリア一般民法典、②一八一九年フランス民法典を継受した両シチリア王国の民法典、③一八二〇年のパルマ公国の民法典、④一八三七年のサルデーニャ王国の民法典、及び⑤一八五一年のモデナ公国の民法典であり、それらのオーストリア一般民法、フランス・ナポレオン民法、ローマ法系の民法が混在していた。

2　ローマ法無主物先占の復活

新イタリア王国は、一八六五年六月二五日「イタリア王国民法」を制定した。イタリア王国民法は、

第七一一条　某人ノ所有ニ非サル物件ニシテ而カモ其所有ト為ルコトヲ得可キ所ノ者ハ獲占ニ因テ之ヲ得有ス其物件タル例之ハ狩猟若クハ漁釣ノ標率ト為ル可キ動物若クハ宝貨若クハ放棄ニ付シタル動産物件ノ如キ即チ是ナリ

第七一二条　狩猟及ヒ漁釣ニ関スル条件ハ特別ノ法律ヲ以テ之ヲ規定ス

然レドモ狩猟ノ為ニ土地ノ占有者ノ禁約ニ違犯シ其土地ノ域内ニ侵入スルコトヲ得可ラス

と定め、イタリア王国全域を規律するローマ法無主物先占の狩猟法理を復活した。

研究者は、民法制定の一八六五年に刊行されたイタリア王国民法の注釈書には、ローマ法を復活させた理由について、

ナポレオン民法七一四条・オーストリア一般民法三八二条は、無主の物は国家に属するのが原則であり、個人に属するのは例外であるとして、先占を一般的な所有権の取得方法として認めていない。しかし、今日ではローマ法と同様に、先占を所有権取得の主要な方法の一つに加えるべきであろう。

との注釈があると指摘する。

イタリアでは、民法第七一一・七一二条によりローマ法無主物先占を復活させたので、狩猟へローマ法無主物先占を適用し、狩猟法を制定することになった。これから、土地所有者の所有者侵入禁止権と狩猟者の自由狩猟との攻防に移った。

五　イタリアの狩猟法令

1　土地所有者の侵入禁止権と自由狩猟

一八六五年以降、イタリア全国を統一する「狩猟法」制定が推進された。狩猟法の中心になったのは、ローマ法無主物先占に基づく自由狩猟の根拠規定となる土地所有者の侵入禁止権に関する規定である。そのため、土地所有者は

土地を囲い込むなどして所有者侵入禁止権を主張した。多様の所有者侵入禁止権の仕組みが考案され、試行された。例えば、役所に登記するとか貼紙を立てるとかの直接的な表示方法があった。畑に種を播くような間接的な表示でもよいとされた。

狩猟者は、自由狩猟を楯にして他人の土地上における狩猟を主張し、その対立は激しく、狩猟法制定までに六〇年に近い土地所有者と狩猟者の攻防が続き、ローマ法の母国イタリアの統一狩猟法の制定までには、ベニート・ムッソリーニの率いるファシストのローマ進軍を待たなければならなかった。それとて、ローマ法無主物先占のイタリア全国の狩猟への適用ではなく、旧オーストリア・ハンガリー帝国領の地方ではその適用を阻止されてゲルマン法所有者狩猟権の狩猟法理に規律されることを余儀なくされた。

最初のイタリア王国の統一狩猟法は、一九二三年六月二四日勅令第一四二〇号「野生動物の保護及び狩猟行為に関する措置」であった。その所有者侵入禁止権に関する規定は、第二一条第一項に、

第二一条　第一条及び第二条の禁猟区及び保護区の規定により禁止された場所を除いて、徒歩による狩猟及び鳥撃ちは、開墾地、農閑期に休耕している耕作地、耕作されていない谷及び沼地、湖及び沼、河川上及び河川敷、水路、海岸並びに海上において許される。

と定め、狩猟者が他人所有地で狩猟のために立入りができる土地等を列挙した。この列挙に対しては反対が多く、そのうちで「農閑期に休耕している耕作地」への立入りには大反対が起き、通達で「狩猟の一時的な禁止」と書いて貼紙をすれば土地所有者である農家の侵入禁止権を認めるとしたほどであった。

統一狩猟法は、アチェルボ法の特別法整理として、一九三一年一月一五日勅令第一一七号「野生動物の保護及び狩猟行為に関する法律及び命令の統一法典の裁可」が国王の裁可を得た。そして、一九三九年六月五日勅令第一〇一六

号「野生動物の保護及び狩猟行為に関する法規の統一法典の裁可」は、土地所有者の侵入禁止権に関し、その第二条に、

第二条　自由地においては、野生動物はそれを殺す者又は捕獲する者に帰属する。但し、巣から追い出された動物は、追い出した狩猟者が追跡をあきらめない限りその狩猟者に帰属する。又、はっきりと傷を負っている動物は、その傷を負わせた者に帰属する。禁猟区あるいは保護区に含まれない土地、又は理由にかかわらず自由狩猟から排除されていない土地は、自由とみなす。

と定めた。この「禁猟区あるいは保護区に含まれない土地、又は理由にかかわらず自由狩猟から排除されていない土地は、自由とみなす」との条文は、自由狩猟の根拠規定となり、狩猟者側の大成果となった。

2　自由狩猟の改正

このような統一狩猟法の立法は、イタリア王国民法の改正を促した。イタリア王国民法は、六編からなる現行「イタリア民法典」への改正に向けて各編を順次制定しては施行し、ムッソリーニ政権下の一九四二年四月二一日に全体を施行した。イタリア民法の第三編には土地所有権の規定が置かれ、

第八四二条（狩りょうおよび漁ろう）　土地の所有者はその土地が狩りょうに関する法律によって定められた態様において囲われているかまたは現に損害を蒙る耕地の存する場合のほか、狩りょうを行うためそこにはいることを阻止することはできない。

所有者は官庁によって発行された免許状を所持しない者には常に異議を申立てることができる。

漁ろうの実施については土地の所有者の同意を必要とする。

と、狩猟・漁撈の条文が明定された。第一項の「土地の所有者はその土地が狩りょうに関する法律によって定められ

た態様において囲われているかまたは現に損害を蒙る耕地の存する場合のほか、狩りょうを行うためそこにはいることを阻止することはできない」が狩猟者の私有地立入規定であり、ローマ法無主物先占を狩猟に適用する自由狩猟の根拠規定である。このファシスト政権下の狩猟者の立入規定は、現在イタリアでは大きな問題を引き起こしている。これの廃止を求めて国民投票が行われ、法改正の動きが続けられている。

3　無主物の変容

無主物の問題もある。イタリア狩猟法の一九七七年第九六八号法律は、その第一条を、

第一条　野生鳥獣は、我が国の欠くべからざる財産であり、国家の利益において保護される。

と改め、この改正により野生鳥獣を無主物と規定することを廃止した。また、一九九二年第一五七号法律は、

第一条　野生鳥獣は、自由な処分が許されない国家の財産であり、国家および国際共同体の利益において保護される。

と規定を強化した。イタリアの無主物は大きく変容した。

六　スペインの狩猟法令

イタリアの狩猟法令に関連してスペインにも言及しておくのが適切である。中世のスペインはイベリア半島においてローマ法無主物先占を継受し、現に自由狩猟の国である。

1　七部法典の編纂

八世紀初めから一五世紀末にかけてイスラム教徒がイベリア半島を支配し、その奪還を目指したキリスト教徒による国土回復運動は「レコンキスタ（スペイン語の再征服）」と呼ばれる。カスティリア王国のアルフォンソ一〇世（在位一二五二―一二八四年）は、父フェルナンド三世に従って再征服を戦い、自らも各地方を回復した後、王権強化のためローマ法の継受を企て、一二五六年ころ「法典」の編纂を命じた。約一〇年後に編纂されたこの法典は、当時の一般

的な「編別」ではなく七つの「部（パルティダス）」から成ったところから一四世紀になって、「七部法典」（ラス・シエテ・パルティダス）」と呼ばれるようになった。その内容はローマ法と教会法から二七〇〇か条前後の法律条文を収集したものであるが、編纂後に公布されたか否かが明らかでなく、一三四八年にアルフォンソ一一世が七部法典をカスティリア法の法源の基本的順序を規定した「アルカラ法」に法源として列挙してから法的効力を有したとされる。時代を経るに従い次第に、七部法典は、実質的に重要な法源の地位を占めるようになった。七部法典の第三部「訴訟法」の第二八章「人が所有権を取得し得る物、人がどうしてそれを獲得し得るか」に無主物先占の条文があり、これに、

法律一八条　人はどのようにして野生獣、魚の所有権を、それらを捕獲するとすぐに、取得するか。野生獣、鳥類、海と川の魚類は、それらを捕獲する者が誰であろうと、自身の土地で、または、他人の土地で、それらのある物を捕獲しても、それらが捕まえられるとすぐに、その者のものである。しかしながら、ある者が他人の土地に狩猟するために入るときで、その土地の所有者が居て、狩猟のために入らないように告げた場合、その者の防御に反してある物を捕獲した場合、それは狩猟者のものになるべきでなく、土地所有者のものとならなければならない。つまり、何人も、他人の土地に、その所有者の防御に反するような形で狩猟のために入るべきではない。所有者がその土地内で狩猟している者を見つけ、何も捕獲しない前にそこで狩猟しないように防御した場合も同様である。なぜなら、そこで狩猟する（防御されている）物全ては、狩猟者のものでなく、その土地の所有者のものでなければならない。更に、防御される前に、なにかを狩猟した場合は、捕獲したもの全ては狩猟者のものでなければならず、土地所有者はそれには関係ない。

と、ローマ法そのままに定められた。無主物と先占と所有者侵入禁止権を要件にして野生獣・鳥類・海と川の魚類の所有権を取得することが規定されたのである。しかし、七部法典の法的実効性については、不明なことが多い。

2　スペイン民法の無主物先占

一八八八年に公布されたスペイン民法は、一八八九年五月一日を施行日と定めたが最終的には同年七月二四日に新版の公布によって誕生した。狩猟に関する規定は、第三編「所有権取得の各種様式」の第一章「先占」に、

第六一〇条　狩猟および漁猟の目的たる動物、埋蔵物並びに遺棄動産のような性質上私物化可能で所有者がいない物は先占で取得される。

第六一一条　狩猟権および漁猟権は特別法により規律される。

と定められた。現在のスペインでは、国法以外に独自の民法を制定している自治州があり、スペイン民法は独自の法律を持っている自治州においては補完的に適用される。

3　スペインの狩猟法令

スペインの狩猟法令は、国王の封建的狩猟権制の狩猟法令であった。スペイン王カルロス四世（在位一七八八―一八〇八年）は、著名な狩猟愛好の王であり、一八〇五年に命じて編纂させた「第九法令集」の第七編には、一四世紀以来の封建的狩猟権制の法令が多数収集された。その後は、一九世紀の激動が押し寄せて所有権と結び付いた狩猟権の時代に入り、一八三四年五月三日狩猟法が制定され所有者狩猟権制であった。

スペインが自由狩猟を採用したのは、民法施行後の一九〇二年五月一六日狩猟法によってである。同法は、

第八条　狩猟権は、相応な猟銃使用許可と狩猟許可または場合によってはグレイハウンド犬の使用許可を持っている一五歳以上の者全てに属する。

第九条　この権利は、立入り禁止されていない国の土地、市町村や住民共同体の土地または私的所有地で行使することができる。明らかに囲まれた土地または立入り禁止の土地では、所有者もしくは賃借人または所有者が文書できっちりと

許可した者だけが狩猟できる。

狩猟立入り禁止地域土地は、そのように判断されるには、土地境界画定法が規定する条件および課税に関する規定を満足させなければならず、またその境界に「禁猟地域狩猟立入り禁止土地」と記載された掲示板または石を容易に判読できる場所に露出させて置かなければならない。

これらの禁猟地域狩猟立入り禁止土地では、所有者または賃借人の文書での許可をもってのみ狩猟することができる。全ての所有者は、自己の土地を適法に立入り禁止にすることができる。但し、自己の所有地で生育する獲物が隣地所有者の土地で引起す損害を民法に従って自己の財産で直接賠償する責任を負う。

と定める。所有者侵入禁止権と自由狩猟に関する条文が規定されたのである。

第三節　ゲルマン法狩猟権の狩猟法理

一　狩猟権の萌芽

ゲルマニアは、ライン川の東、ドナウ川の北で、ライン川をはさんでガリアと隣接した主にゲルマン人の居住した地域をいう。紀元前五二年ころにカエサルが執筆した『ガリア戦記』と九七年ころにタキトゥスが執筆した『ゲルマニア』により古代ゲルマン社会を知ることができる。

カエサルのガリア戦記第六巻第二一節には「ゲルマン人の生活は狩猟と武事にはげむことである」と、タキトゥスのゲルマニア第一部第一五「平時の生活」には「戦争に出ないとき、彼らはいつも、幾分は狩猟に、より多くは睡眠と飲食とに耽りつつ、無為に日をすごす」とそれぞれゲルマニアの狩猟習俗が記述された。ゲルマニア第一部第二六

「金融・農耕」には「耕地はまず耕作するものの数に比例して、それぞれ一つのまとまりとしての村落に占有され、次いで耕作者相互のあいだにおいて、各人の地位に従って配分される。配分の容易さは、田野の広さが保証する。年々、彼らは、作付け場所を取り換える」と土地の利用に関する制度の重要な叙述がある。

ゲルマン期（一―六世紀）は、自由な狩猟の時代だったとされる。村の共用地で狩猟をするほか、収穫完了後においては他人使用の田畑へも立ち入って狩猟をすることができ、田畑の使用者としては、収穫完了後は狩猟のための村人の立入りを禁止できず、村人の立入りを忍容しなければならなかった。個々の田畑の上に収穫を目的とする利用権と狩猟を目的とする利用権とが併存し、前者は各家に、後者は村人に帰属していた。

しかしながら、収穫前においては田畑の使用者は、他人の立入り及び狩猟を禁止することができたばかりではなく、排他的に自己の使用地に現に存在する野生の鳥獣を捕獲することができた。この収穫前に自己の使用地において排他的に鳥獣を捕獲することは、ゲルマン法の所有者狩猟権の萌芽形態であったと説かれる。

二　ゲルマン部族法典の狩猟権

1　ゲルマン諸部族国家の成立

三世紀ないし六世紀のライン川東のゲルマン民族大移動の後、西ゴート・ブルグンド・東ゴート・フランク・アラマンネンなどのゲルマン諸部族国家が成立し、他方ローマ帝国は三九五年東西に分裂し、四七六年に西ローマ帝国がゲルマン・フランク人により滅亡された。ゲルマン諸部族国家は、各部族の建国を契機に口承で伝承した慣習法を成文法化した。これをゲルマン部族法典と総称し、サリカ法典がよく知られている。ライン川西でローマに占領された地域のバイエルン人はケルト人のようで、その「バイエルン部族法典」と名付けられた法典はゲルマン部族法典には属さないらしい。

2　サリカ法典

サリカ法典は、フランク部族の一支族サリー人の部族法典である。その成立年代は、五〇七年から五一一年の間とみられる。サリカ法典第三三章「盗猟について」は、

一　誰かが種々の狩猟よりして盗を犯ししかして（盗みたるものを）匿したる場合、彼は、カピターレおよびディラトゥラのほか、千八百デナリゥスすなはち四五ソリヅス責あるものと判決せらるべし。この規定は狩猟ならびに漁撈について遵守せらるべきものとす。

二　誰かが飼ひ馴らされ且つ標識を有する鹿を盗みもしくは殺したる場合、それ（鹿）が狩猟のため調教せられたるものにして、しかしてそれをば、かつてその所有主が狩猟に用ひたることもしくはそれを以て二頭ないし三頭の野獣を殺したることのありし旨証人によりて証拠立てられたるときは、彼は千八百デナリゥスすなはち四五ソリヅス責あるものと判決せらるべし。

三　しかしいづれか他の飼ひ馴らされたる鹿の、狩猟に用ひられること未だあらざりしものを盗取しもしくは殺害したる者は、千四百デナリゥスすなはち三五ソリヅス責あるものと判決せらるべし。

と定める。

この規定は、収穫前の他人の使用地に立ち入って狩猟することを一種の罪に数えるものだとされ、ゲルマン法の所有者狩猟権の萌芽形態を示す法源であると説かれる。

三　狩猟権の変遷

1　国王・封建領主の狩猟独占

狩猟権は、歳月をかけて土地所有権と結び付いてきた。これに対し、王朝期（七―一〇世紀）には、人民の権利は国

家へ移り、さらに国王へと移り、遂に国王による私権の独占が形成された。独占はその範囲を拡大し、河川・森林等の物の使用権、採鉱・狩猟・漁撈等の物の占取権・物権取得権が王の独占となった。国王は、私権の独占に基づき王室林を「禁猟林」にし、狩猟を独占した。王室林における一般の狩猟が禁止されたばかりでなく、一般所有の土地までにも禁猟林が拡大されていった。後世大問題になった「他人の土地における狩猟権」は、その萌芽を王朝期に発していた。

封建期（一一―一五世紀）には、国王の独占私権は国王から封建領主へ封与され、領主も禁猟林を指定して独占猟区を定め、狩猟を独占して一般の狩猟を禁止した。そのころ前記（四頁）の法書ザクセンシュピーゲルには、もとはラテン語で書かれていたがドイツ語に翻訳されて一般に流布するうちに、「絵解写本」が現れた。前に述べた第二巻第六一条第一項の「絵解き」に続けて、第二項（二・六一・二）に、

しかしザクセン（の地方）内には三つの場所があり、そこでは、国王の罰令権によって、熊、狼および狐以外の野獣に平和が付与されている。これは、罰令（禁猟）林と称する。その一つはコイネの荒野であり、第二はハルツ、第三はマーゲットハイデ（である）。誰しもこの内で野獣を捕えた者は、国王の罰令権の罰金を支払うべきであり、それは六〇シリンクである。

と記述され、樹木三本を描いて罰令（禁猟）林を表す絵により、民衆へ一般の狩猟禁止令を絵解きして周知させた。封建領主は、独占猟区を設定し、みずからの娯楽のための狩猟に利用し、又は税収入の目的のために独占猟区を貸し付けて一定の賃料を納めた人々にのみ入猟を許容した。この封建的私権独占は、「国家狩猟権」とも称された。一三九六年フランス国王シャルル六世は、領主に狩猟権を帰属させ、「領地を有する者は狩猟の権を有す」の原則を確立した著名な王令を発布した。

継受期（一六―一八世紀）には、狩猟権は、絶対王政の国王の狩猟高権として国王の特権に属することになった。歳月をかけて土地所有権と結び付いてきた狩猟権が、土地所有権から分離され、国王の特権の中に取り込まれてしまった。国王は、貴族・大小侯伯にその特権を譲与した。国王及び国王からその特権を譲与された貴族・大小侯伯は、狩猟を独占し、貴族の身分特権として他人の土地まで侵入して狩猟する「封建的狩猟権」を確立した。その確立には領主裁判権が関わっていた。狩猟のため飼育する鳩の小屋や野兎の繁殖場を持つことまで含んでいた。

2　庶民の狩猟禁止

庶民階級の者は、封建的狩猟権により狩猟を禁止され、土地所有者であるのにその所有の土地において狩猟をなすことができないとされた。王令は、庶民に狩猟を禁じるのは、庶民が狩猟という快楽に溺れて時間を浪費し、生業を軽んじ、ついには家の破滅を招くからであると教えた。一五二五年に勃発したドイツ農民戦争の指導者達は、有名な一二か条の要求を掲げて貴族の狩猟権の廃止を強く求めた。庶民階級の狩猟は、悲惨な実情にあった。市民・農民に対し武器携帯は厳重に禁止された。武器を携帯する者は平和攪乱者であり、一六〇三年八月王令によると、狩猟において禁止の武器を所持した者は死刑と規定され、初犯で死刑が執行された。

狩猟の方法としては、刃物・槍は禁止され、罠や陥穽使用の原始的・非効率な方法によるほかなかった。狩猟の獲物の種類も限定された。獲物は大小二種の区分があり、大鳥獣は貴族のみの獲物とし、庶民は小鳥獣しか猟獲できないとされ、大小の分け方は、熊・鹿・猪・鶴は大鳥獣に数えられ、兎・狐・獺・栗鼠・雁・鴨は小鳥獣とされた。大中小三種の区分もあり、大鳥獣は上級貴族の獲物となり、中鳥獣が下級貴族の獲物で、小鳥獣が庶民の獲物となった。先猟権の制度が現れた。先猟権とは猟期開始後の数日間は貴族のみが狩猟をし、そのあとでしか庶民は狩猟をなし得ないとするもので、人民の狩猟を実質的に空無にするものであった。

国王・諸侯の狩猟独占により、野獣害が惹起された。貴族は、猪狩や鹿狩の荒々しい狩猟を好み、平素から野猪の類を繁殖させておいたので、貴族の猟場に近接する農民の田畑は常に野猪等の被害にさらされていたが、被害の補償はなかった。野獣の繁殖は貴族の狩猟権の権限に含まれていると解釈されたからである。農民は、農作物を現に荒している鳥獣を殺傷できたが、当該鳥獣を狩猟権者たる貴族に持参しなければならなかつた。農民は、農作物保護のための囲障をめぐらすと、設置費用は自己負担であった。猟期には農民は、狩猟の勢子その他の雑役にも無償で服さなければならなかった。勢子の役は貴族に対して負う夫役労働とされていた。

四　フランスにおける所有者狩猟権

1　フランス革命と所有者狩猟権の確立

一七八九年七月一四日のフランス革命パリ蜂起の後、国民議会は、八月四日の会議で封建制の完全廃止を決議した。その日の夜八時に再開された会議において、ノアイユ子爵が租税負担の平等・封建的諸権利の買戻し・一切の人身的隷属（これに封建的狩猟権が含まれる。）の無償廃棄の立法化を提案し、エイギヨン公爵が自説を表明して白熱した議論が続けられた。狩猟権については、シャルトルの司教リュベルサックが封建的狩猟権を攻撃し、何人かの貴族が野兎繁殖場と鳩小屋とを放棄すると宣言し、議長が「単純な狩猟行為で追放及び刑罰を受けた者を再度裁判にかけ、囚人を解放し、現在係争中の裁判を中止することを国王に求める」と発言して、封建的狩猟権の廃止が決議された。

この日の封建制の廃止決議は、八月二六日に「人権および市民権の宣言」に取りまとめられた。封建制廃止の法律は、八月一一日までに「封建制、領主裁判所、一〇分の一税、官職売買、特権、聖職禄取得金、多数の聖職禄等の廃止に関するデクレ」の全一九か条の法案が作成され、九月二一日に国王が裁可し、一一月三日公布施行された。

同法律は、封建的狩猟権の廃止については、

第一条　国民議会は封建制を完全に廃止する。
第二条　小さな鳩小屋および鳩小屋の排他的な権利は廃止される。鳩は、市町村共同体によって定められた時期に閉じこめられる。その期間中は，鳩は野鳥とみなされ、各人は自己の土地において鳩を殺す権利を有する。
第三条　狩猟および解放された飼育場の排他的な権利もまた廃止される。すべての土地所有者は、自己の土地においてのみ、あらゆる種類の鳥獣を殺し且つ殺させる権利を有する。但し、公共の安全に関して定められる警察法規にしたがわなければならない。

と定めた。「すべての土地所有者は、自己の土地においてのみ、あらゆる種類の鳥獣を殺し且つ殺させる権利を有する」との規定が、封建的狩猟権により土地所有権から分離させられた狩猟権を再び土地所有者に帰属させるとともに、「あらゆる種類の鳥獣を殺し且つ殺させる権利」として、自己所有土地における自己の狩猟と他人に狩猟の許諾を与えて狩猟させる狩猟との双方の狩猟権を明確に規定した。

ところで、封建制廃止の法律は一一月三日に施行されたが、封建的狩猟権の打破は八月四日夜の決議を受けて即座に実施に移されていた。地方の農民は、その夜の決議内容を伝え聞いて、「狩猟特権は廃止された。狩猟は今や万人のものだ」と叫び、それぞれの土地において狩猟を開始し、貴族がその身分特権を振りかざして農民の土地へ入猟してくるのを実際に阻止した。フランスの農民は、革命直前で全人口の少なくとも四分の三を占める「下級所有権」の土地所有者であったが、「上級所有権」を有する地主側の封建的な負担から解放され、一斉に狩猟に狂奔した。たちまち狩猟者が全国の土地に入り乱れ、鳥獣乱獲が進行した。

2　フランスの狩猟法令

（一）　フランス国狩猟法

そんな状況で、封建的狩猟権廃止の法律施行から半年にもならぬ一七九〇年四月三〇日に狩猟法が制定され、

第一条　時間及び方法にかかわらず、他人の土地でその許しなく狩猟を行うことは、何人に対しても禁止する。違反した者は、損害の大小にかかわらず、当地の市に二〇リッブラ、果実の所有者に一〇リッブラの罰金を支払う。

と定められた。「他人の土地でその許しなく狩猟を行うことは、何人に対しても禁止する」と規定するこの条文は、ヨーロッパ主要国狩猟法の基準となった。

しかし所有者狩猟権と他人土地の狩猟禁止だけでは、その後も鳥獣乱獲を阻止できず、フランスの鳥獣乱獲が拡大した。一八一〇年七月一一日、フランス皇帝にしてイタリア国王、ライン同盟保護者、スイス連邦調停者であるナポレオンは、勅令を発出して狩猟免許状の制度を設け、免許料を高額にすることにより狩猟権行使の適正化を図る途を開いた。

一八四四年五月三日、これらを集大成した「フランス国狩猟法」が制定された。この狩猟法は、第一章狩猟権、第二章罰則、第三章起訴及宣告、第四章附則の四章から成り、第一章狩猟権に、

第一條　狩猟免状ヲ携帯セサルモノ及猟期開始以前ニ於テハ何人モ狩猟スルヲ得ス但シ下ニ掲クル特別ノ場合ハ此限ニ非ス

他人ノ領内ニ狩猟スルニハ必ス其地主又ハ其借地人ノ許諾ヲ得ルニ非レハ狩猟スルヲ得ス

と定め、自己の所有地及び土地所有者から予め狩猟することの許諾を得て他人所有地において狩猟をするという所有者狩猟権の原則を明定した。

(二)　ヴェルデイユ法

時代が降り一九六〇年代になると、土地が細分化されているフランス南部から土地所有者の許諾は暗黙の許諾でよ

いという解釈が広まり、狩猟者は好きな場所で自由に狩猟を行うことができるとして狩猟が盛んになった。従来の個人的な地主と狩猟者間の法的な構成を、大衆的な狩猟者の要望に応えることができる狩猟法制への転換が必要だと認識されるようになってきた。一九六四年七月一〇日法律第六四―六九六号（ヴェルディユ法）が制定された。ヴェルデイユ法による狩猟改革は、市単位又は複数市単位の「地域狩猟協会（ACCA）」を設立して狩猟区内に住所のある所有者・狩猟権者を加入（二〇ヘクタール以下の土地所有者には加入義務を定める。）させ、多数の狩猟希望者への個別の狩猟許諾を地域狩猟協会からの許諾へと集約化することにより、大衆に狩猟の機会を提供するとともに、地域狩猟協会が有害鳥獣の駆除に当たるものとして狩猟権を実質的に強化することを目的にしたものである。この改革は、フランス国内で賛否の両論を引き起こし、欧州人権裁判所が違法の判断を下したことがあり、順次制度の改良を加え、ACCAへの加入を拒否する「個人的良心に基づく狩猟拒否」の土地所有者の土地を鳥獣保護区・禁猟区とするなどの措置を講じて現在に至っている。フランスも猪被害が甚大であるが、狩猟拒否権を主張して所有地を禁猟区とした土地所有者も猪被害による民事責任を分担する法制となっている。

五　ドイツにおける所有者狩猟権

1　一九世紀初頭における狩猟権

一九世紀初頭におけるドイツの狩猟権に関する情勢を概観すると、当時のドイツは、三つの地域に分かれており、

①　ライン左岸のドイツ諸侯領は、全部ナポレオンの直接統治下にあり、従前の法律を廃止してナポレオン法典を施行し、貴族の封建的狩猟権は全廃され、所有者狩猟権が確立していた。

②　ドイツ中央部のライン同盟の諸国は、ナポレオンから間接統治を受けており、ナポレオン法典を受容し、貴族の封建的狩猟権は全廃には至らないが、狩猟鳥獣による加害の責任を免れずとする法律が続々と制定されていた。

③　プロイセン王国とオーストリア帝国は、ナポレオンの没落後は封建的な旧勢力が再興し、狩猟改革は停頓していたという状況であった。

2　ドイツ三月革命と狩猟権

一八四八年パリに二月革命が勃発した。これが、ドイツに波及して三月革命の嵐が吹き荒れた。そして、五月に発足したフランクフルト国民議会は、統一ドイツ憲法制定に向けて審議し、ドイツ国民の基本権に関する決議を行った。決議には、出版の自由・言論の自由・集会の自由等とともに、封建的狩猟権廃止・所有者狩猟権が明記された。この国民の基本権の決議は、一八四八年一二月二七日「ドイツ国民の基本権に関する法律」として、決議そのままの文言により、

第三七条　土地所有権の中には自己の土地における狩猟の権も含まる。

他人の土地における狩猟権は、狩猟夫役その他の給付と共に、無賠償にて廃止せらる。

将来といへども、他人の土地における狩猟権を物権として設定することを許さず。

と、定められて公布施行された。

ドイツ国民の基本権に関する法律は、翌一八四九年制定のフランクフルト憲法に、「第六章ドイツ国民の基本権」として編入され、封建的狩猟権廃止関係条項は同憲法第六章第一六九条に規定された。

3　ドイツの狩猟法令

（一）　所有者狩猟権の確立

フランクフルト国民議会の決議に先立ち、ドイツ各地では、一八四八年六月四日バイエルンが狩猟特権の廃止に関する法律を発布し、七月二六日バーデン、八月二五日ハノバーでも封建的狩猟権廃止・所有者狩猟権の法律が実現し

た。

プロイセン王国は、一八四八年一〇月三一日狩猟特権の廃止に関する法律を発布し、

①　他人の土地における狩猟権は無賠償にて廃止せらる。

②　土地より分離して物権としての狩猟権を設定することは、将来といへども、これを許さず。

③　土地所有者は、その土地において、許されたる方法を以て、それぞれ自己の狩猟権を行使することを得。

と規定した。

さらに、一八四九年八月一三日ザクセン、同月一七日ウュルテンブルヒへも封建的狩猟権廃止・所有者狩猟権が拡大した。これにより、ドイツには、土地所有者が自己の土地において狩猟を行うとする所有者狩猟権が確立した。

（二）　猟　区

その結果、ドイツの土地所有者のすべてが狩猟権者として狩猟をするような状況で、アカシカやノロシカの絶滅が伝えられるようになった。狩猟とは、獲物を捕らえて殺戮する非法律行為の事実行為である。事実行為が人の欲望の赴くままに放置されれば、鳥獣は絶滅し同時に狩猟が衰亡する。このため事実行為で非法律行為の狩猟に制約を施し、鳥獣保護及び将来も狩猟の維持を可能にする法律的方策が求められた。法律行為たり得る狩猟制度の構築である。その目的に合致する方策として、猟区を活用した「狩猟行使権」が案出され、猟区が狩猟権行使の方策として設けられることになった。

プロイセン王国は、一八五〇年五月七日に狩猟警察法を制定施行し、土地所有者の所有者狩猟権をそのまま認め、狩猟権を行使する権利として、一定の土地面積を基準にして独立猟区（七五ヘクタール以上の土地）と連合猟区（七五ヘクタールに満たない土地は狩猟組合結成）に区分した猟区において狩猟権を行使するという法制度を構築した。以後、プロ

イセン・ドイツ帝国は、特別規定である鳥獣害法のほか、狩猟免状法・鳥獣保護法・共同猟区の管理方法に関する法律等の狩猟法令を制定した。

一九〇七年七月一五日ドイツ帝国は、以上の法令を総まとめにして狩猟権・猟区・狩猟免状・鳥獣保護・鳥獣害とその予防・官庁・罰則・経過規定等の章に分けた「狩猟令」を制定した。さらに刑法の密猟罪や民法の狩猟動物による農林業被害補償が定められたが、各州の狩猟法令は統一されず、ナチスドイツ成立後の一九三四年に「帝国狩猟法」が制定公布され、一九三六年の施行により各州の狩猟法令が廃止された。そして一九五二年一一月二九日に「連邦狩猟法」が制定され、東西ドイツ統一後は、西ドイツの連邦狩猟法が引き続き適用されている。

(三) 動物の法的地位

その後、環境保護の高まりを受けて、民法の改正により動物の法的地位が改善された。一九九〇年八月二〇日「民法における動物の法的地位改善法律」による改正で、民法第一編総則第二章の章名「物」を「物、動物」に改め、第九〇a条「動物は物ではない。動物は特別法により保護される。」が追加された。

六 スイスにおける狩猟廃止

スイスは、国全体ではなく、一つの州において狩猟が廃止された。

スイスには直接民主制の仕組みとして、議会が可決した憲法・法律等をさらに有権者の投票にかける「レファレンダム」と、有権者の発議に基づいて投票する「イニシアティブ」とがあり、両者を併せて国民・住民投票と呼ばれる。スイスのジュネーブ州は、一九七四年五月「住民投票」により狩猟を廃止した。狩猟廃止後は、州の狩猟に関する行政は野生動物を保護管理する環境行政に転換した。ジュネーブ州の狩猟によらない野生動物行政には、幾多の困難とその解決策の集積がある。その一例として、野生動物がスイスの他の州からばかりでなく、フランスからも安全を「学習」して押し寄せ、農業被害を与えた事例があるということである。

第四節　狩猟法令

一　狩猟をする思想の狩猟法令

狩猟法令とは、狩猟をする思想に基づき誰に獲物を取得させるかという狩猟法理が確立され、この狩猟法理の下で狩猟を実施するために個別に制定された成文法をいう。

狩猟法令の歴史を辿ると、まず狩猟の原則が確立され、次いでどのように狩猟をさせるかという狩猟権能や狩猟規制が定められ、害鳥獣防除から鳥獣保護へと次第に狩猟法令が拡大した。個々の狩猟法令の名称はいろいろで、「狩猟法」から神聖ローマ皇帝フリードリヒ一世の「平和令」に含まれる狩猟法令まで、様々な狩猟法令が制定された。

二　狩猟の原則

狩猟の原則とは、狩猟法理の下で狩猟を実施する成文法を統括する原則をいう。ローマ法とゲルマン法では異なった内容を持つ。まずローマ法では、狩猟法理としてのローマ法無主物先占の下に獲物を自由に猟獲できるという「自由狩猟制」が認められるようになった。単に自由狩猟と呼称されることが多い。次にゲルマン法では、狩猟法理としてのゲルマン法狩猟権の下に所有者らが狩猟により獲物を取得できることになり、フランス法系狩猟法では「地主狩猟制」が認められ、ドイツ法系狩猟法では「猟区制」が認められた。それぞれ単に、地主狩猟・猟区とも呼称される。

狩猟法理と狩猟の原則は、法源の形態から観察すると、同一法条の場合があったり異なる法条の場合があるなどいろいろであって必ずしも別異の法条に限ったものではない。個々の条文を法解釈するに当たっては、狩猟法令には表現のよく似た条文が多いので、まず狩猟の原則を正確に把握して条文を的確に解釈することが必要である。

三　狩猟法令

狩猟法令は、狩猟を実施するための成文法であり、その内容から狩猟権能、狩猟規制、害鳥獣防除、鳥獣保護及び罰則の規定と区分される。

1　狩猟権能

狩猟権能は、狩猟実施の権限規定であり、これはそれぞれの国の狩猟法令により法定される。

2　狩猟規制

狩猟規制は、狩猟の実施過程において狩猟を調節し、狩猟の禁止までを含む一連の規制に関する規定である。

3　害鳥獣防除

害鳥獣防除は、害鳥獣被害の予防と害鳥獣の駆逐捕殺の一連の規定である。自由狩猟においては、狩猟は、元来自由勝手に獲物を猟獲するだけの事実行為であり、害鳥獣防除という社会保全の意味のある法律行為とは一線を画した別種の行為であると考えられていた。

4　鳥獣保護

鳥獣保護には、狩猟対象である獲物の保護・増殖・放鳥獣から農林業等の有益鳥獣の捕獲殺傷禁止までの各規定が含まれる。鳥獣保護という用語は、最初は狩猟の獲物を確保することから始まったが、次第に農林業や市民生活に有益な鳥獣の捕獲禁止へと規定の範囲を広げてきた。

5　罰　則

罰則は、狩猟法違反の制裁規定であり、罰則が備わって狩猟法令の実効性が守られることになる規定である。

第二章　わが国最初の狩猟法制

第一節　法　　源

一　成文法である制定法

わが国の狩猟法制において、何を法源とするかを考えてみる。本書では、法源は成文法である制定法に限定して考察する。成文法である制定法とは、文書に書き記してある制定権者が発した法であり、法律、命令、詔勅、官符、制札、禁制、触書、達、指令等に限るということである。文書は紙に限らず、禁制では諸人に明示する目的で野外に掲げるために木札を用いた。狩猟に関する不文の慣習法や歴史学・文化人類学の資料にわが国の狩猟法制の考察に意味深いものがあるにしても、法律学的な観点からみて恣意的な判断に陥ることを避け、法源は成文の制定法に限定しておくのが適切である。

わが国に成文の制定法が存在するについて、瀧川政次郎著『日本法制史』は、

わが国古代において法律という言葉に相当する言葉は「ノリ」という言葉が近いとされ、ノリは、口で語られる言葉によって次から次へと通達され、ノリであるから古代の法律は不文法であった。わが国で人々が文書を採用したのは、聖徳太子より遙か以前のことであったが、法令は文書によって一般に公布されることがなく、支配者の命令は言葉によって通

達されていた。類聚三代格の序文に収載の「弘仁格式序」に「推古天皇十二年上宮太子憲法十七条を作る、国家の制法これより始まれり」とあり、わが国に成文法のあるのは、聖徳太子の十七条憲法をもって始めとする。

と、説いている。

日本書紀巻二二推古天皇一二年（六〇四・西暦表示、以下同）夏四月丙寅の皇太子親肇作憲法十七条の条が聖徳太子十七条憲法を伝える。十七条憲法を起点として天皇等の定めた成文法である制定法の法体系が展開されたとするのである。本書では狩猟法制の法源を成文・制定法に限定するという観点から検討を進めるので、聖徳太子十七条憲法に対し歴史学からの偽書の指摘はそれとして、天皇の発する詔勅は、成文・制定法として法源となり、聖徳太子十七条憲法以後の詔勅は狩猟法制の法源となる。中世にはわが国の国家権力が分有され、法の制定主体も分立してそれぞれの慣習法を成文・制定法化した法の分立時代が存在し、中世法の法源が分立した。

そこで、本書では法源を提示・記述する際、所要の全文をそのまま引用して掲げることにする。漢文の法源には日本語へ翻訳する訓読・読下しがあり、古文書にも現代文への読下しがあり、一般的には適宜に統一した読下しが必要とされる。しかし、漢文・古文の原文が法律の条文そのものであって、歴史学の読下しとは目的を異にするので、本書では煩をいとわずに、法源を典拠そのままに引用する。また、成文法の制定主体としてのわが国の国名表記については、わが国は「倭」から「日本」へと国の呼称が変遷した。狩猟法制の考察に当たり、わが国最初の狩猟法制の時期までは「倭国・倭王権」を用い、律令法の狩猟法制以降は「日本・大和朝廷」と記載を統一して表記する。

二　最初の成文・制定法の狩猟法令

成文・制定法を法源とする立場からは、わが国最初の成文・制定法の狩猟法令は、「天武天皇四年（六七五）夏四月庚寅（一七日）詔」である。この庚寅詔は、聖徳太子十七条憲法以後における詔勅で、律令法継受に先立ち、その直前の時期における倭王権の単行法である成文・制定法である。
歴史学者の古代狩猟史である龍粛著『日本遊猟史』は、
これは狩猟に関係ある制として、現に伝わって居る最古のものである。
と、説明する。これも参酌し、庚寅詔を成文・制定法としてわが国最初の狩猟法令とする。

三　成文・制定法の散逸

成文・制定法には、それを記載してある紙や木札などの物質的存在が失われ、成文・制定法が散逸するという問題が生じる。自然災害、火災・内乱等の人為的災害、人の行動により紙、木札等の物質的存在とともに成文・制定法が散逸するのはやむを得ないことであった。

その場合の対応は、散逸により拠るべき法源が見出せないので、これに代わるべき法源を探し求めることになる。

これを、律令法について確認してみる。律令法である大宝律令は大宝二年（七〇二）に施行され、大宝律令を改正した養老律令は天平宝字元年（七五七）に施行されたが、大宝律令は律も令も散逸して注釈書等によってある程度の条文を知るばかりになった。養老律令は散逸して律は僅かな残存条文に逸文からの復元が進められており、令は公定注釈書の『令義解』と私的注釈書の『令集解』等からほぼ復元されたということである。幸い復元の結果、大宝律令と養老律令の条文を用いて所要の検討をすることが可能になったが、大宝律令と養老律令の条文を表記する際、「令義解」と出典を記載したり、「大宝・養老律令」と律令の名称を併記した法令名称を用いるのが通例であるので、本書でも同様な対応をとることにする。

第二節　狩猟法制の区分

一　時代による区分

わが国の法律制度を広汎に研究する法制史学においては、古代法・中世法・近世法・近代法・現代法と時代区分する例がある。本書においては、法源を成文法である制定法に限定する立場をとり、法制史学の例も参考にして簡明な時代区分を定める。

そこで、わが国狩猟法制の時代区分を、

①　わが国最初の狩猟法制
②　律令法の狩猟法制
③　中世法の狩猟法制
④　江戸幕藩法の狩猟法制
⑤　明治太政官布告法の狩猟法制
⑥　明治憲法の狩猟法制
⑦　日本国憲法の狩猟法制

として狩猟法制を考察する。

二　狩猟の原則による区分

わが国の狩猟法制における狩猟の原則は、大宝二年（七〇二）に大宝令雑令「凡月六斎日。公私皆断殺生。」の条を施行し、法制度としての「月六斎日皆断殺生」が創始され、これが「殺生禁断」に拡大されて展開を遂げた。千年の時を経て殺生禁断は終焉に至った。そして殺生禁断から殺生解禁の転換過程に突入した。殺生禁断から殺生解禁への道程は、明治六年（一八七三）の鳥獣猟規則制定からローマ法無主物先占を継受した明治民法の施行後、明治三四年（一九〇一）狩猟法改正までの二八年間であり、その間は試行錯誤の連続であった。わが国は、世界主要国の狩猟法令に逆行して狩猟へローマ法無主物先占を適用し、自由狩猟を採用する近代国家として最初の国になった。そして、「生業保護自由狩猟」に基づく「乱場」の導入により殺生解禁への転換過程が終結し、以後は乱場が制度化されていく。したがって、狩猟の原則の殺生禁断と乱場により区分することも適切である。

そこで次のように、

① 月六斎日皆断殺生の創始
② 月六斎日皆断殺生の殺生禁断への拡大
③ 殺生禁断の展開
④ 殺生禁断の終焉
⑤ 殺生解禁への道程
⑥ 狩猟へのローマ法無主物先占の適用・乱場の導入
⑦ 乱場の制度化
⑧ 違法な新乱場制

と区分して考察を進めることにする。

第三節　最初の狩猟法制までの狩猟と害鳥獣防除の道程

わが国に狩猟法制が創始される以前には、日本列島人の野生鳥獣に対する行動は、どんな意味をもつ人間行動であったのであろうか。『日本遊猟史』は、

山野を馳駆して鳥獣を猟獲することは、河海に於て魚貝を漁拾することと同様に、古代に於て人々が、衣食の資を得る方法の重な一つであった。又一方に於て、狩猟は戦争と同様に、人々がその生活の保障の爲めに、害敵を除く方法の一つであった。か様に狩猟には、人々の生活に就て、積極的と消極的との両面の目的があった。殊に文化の幼稚な社会又は時代程、狩猟は人々の生活上、緊要にして且つ欠くべからざる仕事であった。

と、書き出している。古代において「鳥獣の猟獲」は、「衣食の資を得る一方法」であり、「生活の保障の爲めに害敵を除く一方法」であったとする。

これを参考にして、最初の狩猟法制までの狩猟と害鳥獣防除の道程について、

①　後期旧石器時代
②　縄文時代
③　弥生時代
④　古墳時代
⑤　飛鳥時代

の順に概観する。

一　後期旧石器時代

1　後期旧石器時代の狩猟

西欧の研究者は、人類の歴史を文献資料の有無により、「先史時代」と「歴史時代」に二分した。文献資料のない先史時代は、利器の材質により「石器時代」のほか、「青銅器時代」「鉄器時代」に区分された。石器時代は、打製石器の「旧石器時代」、次に過渡期の「中石器時代」、そして磨製石器の「新石器時代」とに区分された。

旧石器時代は、その時代に活躍した人類の種により、「前期旧石器時代・中期旧石器時代・後期旧石器時代」に区分され、後期旧石器時代は現生人類の活躍時代である。地球上の現生人類は、学名「脊椎動物門・哺乳綱・霊長目・ヒト科・ヒト属・サピエンス種・サピエンス」に属し、生物学上の同一種の現代型新人（ホモ・サピエンス・サピエンス）である。現代型新人は、二〇万年位前に誕生したとされる。

わが国考古学において石器時代は、出土した石器から主に後期旧石器を対象として研究が進められてきた。わが国の後期旧石器時代は、地質学的には第四紀更新世終末から完新世の初めころまでをいい、一般に、現在の三万年前ころから一万数千年前の縄文時代開始のころまでとされている。この年代値は、放射性炭素年代測定法（炭素14年代法）等の科学的年代測定値に基づく年代である。炭素14年代法には手法自体が有する誤差があり、最近は誤差を補正した較正暦年代値が用いられる。

後期旧石器時代のわが国に、現生人類が生存し狩猟をしていたかということが、わが国考古学の研究課題である。最近、考古学の研究には目覚ましい進展がある一方、後期旧石器より旧い石器を発掘したとして考古学会の大方の賛同を得た「前・中期旧石器出土」の捏造が露見したという不祥事があり、石器時代研究には学問的な混乱が著しい。大勢としては従来のわが国考古学は、後期旧石器時代のわが国には人類による狩猟、採集の遊動生活が営まれていたとしていた。最近の実証的な研究では、気候は最終氷期から間氷期に移行する気候の激変期であったが、わが国では全土を氷床が覆っていたことはなく、森林が各地に広がり、狩猟の獲物が人間と共に生息し得たと考えられるものの、従来の研究で更新世人類とされた出土人類化石が後世の人骨や動物骨と認められたり、また、最新の遺跡データベースによると、全国の旧石器時代遺跡・文化層データ数（縄文時代草創期遺跡も含む。）が一万六七七一件という膨大な発掘状況であるが、わが国の地質が考古資料の遺存を困難にしており、狩猟の信頼し得る証明資料が欠如しているということである。

著名な岩手県花泉遺跡や長野県野尻湖（立が鼻）遺跡から出土し、人類の狩猟によるとされた大型獣の動物化石についても、その狩猟自体に学問的な疑問が提出されている。また、長野県矢出川遺跡の狩猟具に使用されたと説明された細石刃は、実際には鮭・鱒その他の漁撈に使用されていたとする用途の見直しもされている。欧州考古学の手法にならい、獣類骨が出土すると人類の狩猟に基づくものと断定的に記述した従来の研究成果が、わが国における科学的・実証的な研究の進展に伴い変更を迫られた。

後期旧石器時代の狩猟については、それがわが国において不存在であったとする証拠資料はないが、他方その存在を認めるに足る証拠資料が十分ではないので、現在のところ可能性の範囲で論じられているようである。

2　後期旧石器時代の害鳥獣防除

害鳥獣防除については、考古資料はない。

二　縄文時代

1　縄文時代の狩猟

（一）　縄文土器

縄文時代は、後期旧石器時代の終末から弥生時代の開始までとされ、一般に、現在の一万五〇〇〇年位前から二三〇〇年位前までの一万年を超える長期の時代とされている。現在の六九〇〇年前ころに、対馬海流と呼ばれる黒潮の分流が対馬海峡を通って日本海に流入し、海に囲まれた島国である日本列島が完全に形成された。

縄文時代は、多様な土器を造り使用した日本列島人の時代であった。縄文土器を対象として縄文時代研究がめざましい発展を遂げた。縄文考古学においては、昭和初期に全国を約一〇地域に分かち、出土縄文土器を早期・前期・中期・後期・晩期の五期に区分し、のちに草創期を追加して六期としたが、各期を四ないし五の型式で細分する土器の型式による研究が提唱された。草創期から晩期までの各期を均等な時間幅として編年区分する「時期区分」であり、暦の「実年代」による区分ではない。この研究は、最終的に「縄文時代の始まりは四五〇〇年前である」としていた。出土した縄文土器の実年代の確定は、炭素14年代法・加速器質量分析法等の科学的方法により実施することが一般的になり、科学的方法による年代測定結果と型式編年を対照する研究も行われている。

わが国の環境考古学を創始した安田喜憲教授は、福井県水月湖の湖底堆積物を調査して「年縞」を発見し、年単位で古環境を復元し、定量的に過去の環境と人間行動の相互関係を解明する途を拓いた。これから、世界標準時は英国グリニッジ天文台を基準とするが、古気候変動における年代の世界標準が水月湖における年縞に決定された。

安田説では、縄文時代については北海道から九州までと地域差があり、また発表の時期により変遷があるものの、較正暦年代値としては、

草創期　一万四五〇〇年前から一万一五〇〇年前
早　期　一万一五〇〇年前から七〇〇〇年前
前　期　七〇〇〇年前から五五〇〇年前

中　期　五五〇〇年前から四五〇〇年前
後　期　四五〇〇年前から三二〇〇年前
晩　期　三二〇〇年前から二二〇〇年前

ということになるとする。また、

縄文時代草創期・早期・前期・中期・後期・晩期という土器型式の変化と文化総体の変容は、日本列島を襲った気候変動期とじつにうまく対応している。

草創期から早期への転換期は一万年前の急速な地球温暖化の時代であり、早期から前期への転換期は六五〇〇年前のヒプシサーマル（気候最適期）の高温期の到来時代であり、前期から中期への転換期はヒプシサーマルの高温期の終焉に伴う寒冷化の開始期である。中期から後期への転換は縄文再海進と呼ばれる高温期の開始期であり、後期から晩期への転換期は縄文時代晩期の気候寒冷期の開始期に相当している。

との見解を示して、土器型式変化が古気候変動に対応することを指摘した。

縄文土器が古気候変動に対応したという指摘は、縄文人の精神活動の解明に当たり土器が有力な物的証拠になり得ることを示唆する。歴史家からは、縄文人の竪穴住居址の形状から「私有意識」を認知できるという仮説の提示もある。

（二）　縄文時代の狩猟

縄文時代の狩猟者となり得る人口の増減については、人口学の研究者から、

① 縄文早期（八一〇〇 Before Present・BP）二〇・一千人
② 縄文前期（五二〇〇BP）一〇五・六千人

③　縄文中期（四三〇〇ＢＰ）二六一・二千人
④　縄文後期（三三〇〇ＢＰ）一六〇・三千人
⑤　縄文晩期（二九〇〇ＢＰ）七五・八千人

と推計され、人口推移について、

縄文時代中期まで人口は順調に増加したが、後半には大幅に減少した。減少は東日本、とくに関東と中部で大きかった。この変化は、気候変化が、縄文人の主食料であった冷温帯落葉広葉樹林の堅果類の生産に打撃を与えたためであると考えることができる。

とする解説が示された（鬼頭宏著『人口から読む日本の歴史』）。

最近は縄文時代について、一万四五〇〇年前ころに大きな気候変動があり、日本列島では縄文文化の時代が始まったとし、縄文人が森の中で定住する「定住革命」を開始し、家を作り本格的に土器を造り出したという見解が説かれる。

縄文時代の狩猟の状況を、遺跡の遺存物・土器等から検討する。縄文草創期においては、一万二〇〇〇年位前の福井県鳥浜遺跡の遺存物から判明する縄文人の狩猟は、鹿・猪・羚羊が獲物の九〇パーセント以上であり、鹿と羚羊が猪の数よりも多く、主要な動物性蛋白源は鹿であった。猿・熊その他の動物は毛皮の入手目的とみられ、鳥類は微々たるものであった。狩猟は冬期間に集落から六キロメートル程度の近い範囲内で実施した活動とみられ、鳥浜遺跡における生業は、ドングリ・クリ等の植物食と魚貝類の内湾の資源をセットにした採集と漁撈が中心であった。縄文中期においては、青森県三内丸山遺跡の遺存物からは、獲物の猪・鹿等が獲り尽くされたと判断するほかないような狩猟が衰微した状況であった。また、中部山岳地帯の多数遺跡の遺存物からは、そこでの生業が主として植物食と猪・

鹿等の陸上動物、鮭・鱒その他の河川の魚貝類を対象とした採集・狩猟・漁撈であったが、やがて猪・鹿等の陸上動物の食肉資源が枯渇するに至り、狩猟の獲物が激減した状況が現出されていた。

縄文後期においては、東日本の遺跡が激減し、青森県亀ヶ岡遺跡等の海岸にあり豊富な海洋資源を獲得して蛋白源とすることができた地域のみが縄文時代の最後を伝えたとされ、狩猟はほぼ衰亡していた。これを総合すると、縄文時代は、五〇〇〇年前には狩猟が「衣食の資」を獲得する生業たり得なくなったという事実を否定することが困難のようである。獲物が枯渇し狩猟が衰亡した理由については、日本列島人の乱猟・乱獲によるとする学説がある。

そのように、猪鹿のほか食料となり得る生き物が消失した時期以降に、土器を動物が飾り始めた。「猪装飾土器」や「猪形土製品」のほかに、熊・犬・鳥・亀や蛇等の生き物が装飾された土器が出土している。一方、発掘された妊婦の土偶はバラバラに割られていた。遺存獣骨では、猪の幼獣骨が研究者の注意をひいている。縄文時代は鉄器が使用されず、鉄精錬の燃料としての樹木が乱伐されることがなく、鉄製の鋭利な武器で人を殺傷することのない平和な時代であった。しかし、縄文時代晩期への寒冷な乾燥した気候が続き、食料資源が枯渇して人口が激減する中で、縄文人は、遊動から定住に移った家族の生存と生活を維持するため、動物飾り土器・遺存獣骨にひたすら猪・鹿や数多くの生き物の回帰を祈り、妊婦の土偶に家族の増加と子孫の繁栄を願ったと解釈する見解がある。

最近、この縄文人の精神生活に目を向け、そこに生きていた縄文人は多様な生命への崇敬の意識を深め、これから、人間が自然と共に在るという共生の自然観が産み出されるとともに日本人の宗教観の原型が形成され、これが相互に作用して日本の基層文化を育てたと説かれるようになった。

2　縄文時代の害鳥獣防除

縄文時代の害鳥獣防除については、考古資料がない。

三　弥生時代

1　弥生時代の狩猟

弥生時代は、一般に、水稲農耕を基準にして紀元前三世紀ころから三世紀ころまでの間とされ、時期区分は弥生前期・弥生中期・弥生後期の三区分とされてきた。最近、炭素14年代法による土器等の較正暦年代値に基づき、弥生時代に弥生早期を加え、弥生早期の開始を紀元前一〇世紀ころからと大幅に遡らせる見解が発表された。この見解によれば、弥生時代は既に縄文晩期のころには開始されたことになる。弥生時代の気候は冷涼な気候で推移していた。

狩猟者となり得る人間の増減については、人口学者は、「弥生時代（一八〇〇ＢＰ）五九四・九千人」と推計し、「顕著な人口増加があった。水稲耕作を中心とする農耕社会化が列島の人口支持力を大きく引き上げた結果である」と推定している。

弥生人のわが国への渡来については、紀元前一〇〇〇年前後の気候変動により中国長江流域の稲作・漁撈民が漢民族に追われて九州に渡来し、縄文社会を崩壊させ弥生社会を生み出したとする見解があり、他方、弥生土器の研究によると、縄文土器から弥生早期土器への移行は連続的であって、その間に断絶が認められない。渡来集団が武力により縄文社会を制圧したというよりは、土器の作り手の縄文女性と通婚するなどして稲作文化が平和に、穏やかに受容されたと解釈されている。

弥生時代の狩猟については、実証的な研究が進展してきた。弥生遺跡で出土する狩猟獣の遺存骨は猪と鹿が多いが、従来の研究で猪と考えられた資料の多くが家畜の豚と認められる場合が多くなった。鹿は、胎児の遺存骨が多いことから胎児の毛皮が求められたためと推定され、鹿の骨で肩甲骨を欠くものがあり卜占具としての用途が想定されるなど、鹿の肉を食料として求めるよりは農耕儀礼の犠牲獣の目的で鹿が猟獲されたとする見解が示されている。従来、弥生土器の鹿の絵は狩猟生活を直接的に描出したとされた。これに対し、人間が鹿肉を求める「鹿の狩人」の時代は過ぎ去り、弥生人の精神世界を描く「鹿の画家」の時代が到来したと考える研究者もある。鳥類の遺存骨については、その出土量の少ないことが指摘されており、鳥類が長江流域の風習のように霊的存在として畏敬され、鳥猟の対象とならなかったと考えられている。総じて、生き物の肉獲得のための狩猟が縮小したと認められる。

弥生時代の生業は畠作と水稲耕作に転換し、牛や馬は使役用の重要な動物であり、鶏は飼われていたが食用としてではなく、時刻を告げていた。羊・山羊は飼育されておらず、わが国は牧畜を欠如していた。人間に必須の蛋白質は、大きくは漁撈によって得られていたと説かれている。

2　弥生時代の害鳥獣防除

弥生時代の害鳥獣防除については、被害を認め得る考古資料を見出し得ない。

四　古墳時代

1　古墳時代の狩猟

古墳時代は、一般に三世紀ころから六世紀ころまでの間とされ、その気候変動については、三世紀半ば以降に「古墳寒冷期」と呼ばれる寒冷な時期が続き、古気候学から、

気候は紀元後二四六年に急に寒冷化し七三二年に至る長い寒冷期を迎えた。三九〇年ころの中休みによって二期に分けられ、気温は前期では二七〇年ころ、後期では五一〇年ころに最も落ち込み、とくに後者の落ち込みは著しい。

と説かれる（阪口豊「過去一万三〇〇〇年間の気候の変化と人間の歴史」（講座文明と環境）『歴史と気候』）。古墳時代に限定した人口推移の資料は見当たらない。

古墳時代の狩猟については、遺跡出土物を検討してみても、古墳時代の遺跡から狩猟活動を示す動物遺体の出土例

はほとんどないという状況であり、古墳時代の狩猟を解明するに足る客観的な考古学資料を得るには至らないようである。このことは古墳時代の統治・社会構造と狩猟の関係を示しているものと想定される。大化改新以前の社会は氏族制社会であり、ある時期から倭王権の狩猟と氏族の狩猟とが、それぞれに実施されていたと推測されている。

日本書紀仁徳天皇四三年（三五五）秋九月庚子朔条に、

是日幸百舌鳥野而遊猟。時雌雉多起。乃放鷹令捕。忽獲数十雉。

とあり、朝鮮半島から「放鷹」が伝来し、天皇の放鷹の記事がみえる。放鷹は、鷹を放って獲物を捕る猟法で「鷹狩」とも呼称され、文献には双方の表記がある。放鷹伝来後においては、倭王権の狩猟は、天皇祭政一致の供御の狩猟であるとともに、天皇の権威を象徴する催事で、遊楽としても実施された。氏族の狩猟は、倭王権の狩猟と同様の形態であって、氏族の祭祀のための供犠の狩猟や遊猟であったとみられる。人民の狩猟は、それぞれの長の管理下に移行して、人民個別に営む食料の鹿猪肉の獲得のための狩猟としては衰微したとされる。六世紀半ばになると、海外最新の文化知識である仏教が、殺生の戒律等を包括して中国・朝鮮半島を経てわが国に伝来した。

2　古墳時代の害鳥獣防除

古墳時代の害鳥獣防除については、適切な考古資料は見当たらないが、鳥類の雀による被害の存在を推測する文献史料がある。この文献は、日本書紀巻五崇神天皇四八年正月夢占条である。天保年間、薩摩藩編纂の農業書『成形図説』に、「是鳥逐（とりおい）のことの見えし始なるか」とわが国鳥獣被害の最初の文献であると指摘され、これが明治時代編纂の『古事類苑』産業部農業に項目「駆鳥獣」で引用されたことにより、わが国農業における初期の鳥獣被害の事例として知られるようになった。

崇神天皇四八年春正月の夢占の記事は、現代語訳によると、四八年春一月十日、天皇は豊城命・活目尊に勅して、「お前達二人の子は、どちらも同じように可愛い、何れを後嗣とするのがよいか分からない。それぞれ夢を見なさい。夢で占うことにしよう」と。二人の息子は命をうけたまわって、浄沐してお祈りをして寝た。それぞれ夢をみた。夜明けに兄豊城命は、夢のことを天皇に申し上げられ、「御諸山に登って東に向って、八度槍を突き出し、八度刀を空に振りました」と。弟の活目尊は「御諸山の頂きに登って、縄を四方に引き渡して、粟を食む雀を追いはらいました」と。天皇は夢の占いをして、二人の子に、「兄はもっぱら東に向って武器を用いたので、東国を治めるのによいだろう。弟は四方に心を配って、稔りを考えているので、わが位を継ぐのによいだろう」といわれた。

と、いうものである。『日本遊猟史』は、「日本書紀のこの文は、ただ皇子の夢想に関する事に過ぎないが、之に依って亦當時かくの如き、害鳥駆除の方法の行はれて居ったことを知るを得る」と解説する。

しかし、この「宜継朕位」された弟活目尊・垂仁天皇が縄を四方に引き渡した行為について、法律的観点から別異の見解が提示された。弁護士の研究者から、わが国の古代法における権利とその範囲に関して、

即ち所有権又は占有権はその限界を縄を張って第三者に示したのであって、前記御諸山の嶺に縄を四方に張って、粟を喰む雀を遂うという記事からも物権の限界に付き、その境を示す為めに縄を張ったことが判明する。

というものであり、御諸山（三輪山）の頂きという聖地に弟皇子が広く所有権又は占有権を主張する行為をなしたとの解釈が示された（奥野彦六著『律令前日本古代法』）。この解釈によれば、弟皇子の夢は雀の害鳥防除のことではなく、天皇権威の宣明であると解することになる。

五　飛鳥時代

1　飛鳥時代の狩猟

飛鳥時代は、一般に、飛鳥に倭王権の本拠が置かれていた「倭から日本へ」の時代で、推古天皇元年（五九三）に聖徳太子が摂政になってから持統天皇八年（六九四）藤原京への移転までのほぼ一世紀間をいうとされる。飛鳥時代の狩猟については、気候変動は古墳寒冷期にあるが、狩猟の実情を解明するに足る遺跡・遺存物等の客観的資料が乏しく、よく判らない。

文献史料により検討すると、倭王権は、中央集権的国家形成を目指しており、狩猟については、氏族・豪族の狩猟を倭王権の狩猟へほぼ集約した時期にあり、倭王権の狩猟には「薬猟」が登場した。日本書紀巻二二推古天皇一九年（六一一）夏五月五日条に、

> 薬猟於兎田野。（略）是日。諸臣服色皆随冠色。各著髻華。

と、冠位に伴う衣服を整えて薬猟に参集する華やいだ様子が記述され、翌年の推古天皇二〇年（六一二）五月五日条に「夏五月五日。薬猟之。（略）其装束如菟田之猟。」と、さらに推古天皇二二年（六一四）五月五日条にも「夏五月五日。薬猟也。」との薬猟と明記した記述がある。

薬猟とは、薬物としての「鹿茸」を採取するため鹿の若角を伐り取るだけの行事であって、角を収集する目的であり鹿を殺戮する狩猟ではないようである。『日本遊猟史』は、「かくして生物の生命を断つ狩猟の催しは、その正反封に生物の再生の料とも云ふべき、薬の採集に変化したのである」と解説する。もっともこれに対し、薬猟とは隋の練兵を輸入した軍事制度の訓練であるとの異論がある。一般には鹿を殺戮しない狩猟として理解されている。そして、わが国在来の自然観・宗教観に外来した仏教の不殺生を勧める教えが融合して、わが国独自の狩猟を抑制する「不殺生の思想」が次第に形成されたと説かれる。

2　飛鳥時代の害鳥獣防除

飛鳥時代の害鳥獣防除については、その気候変動の状況から考えると、野生鳥獣にとっても厳しい生存条件の時代であった。それであるからか、かえって万葉集には猪や鹿による被害を示す歌があり、猪や鹿が安全に生存できる生活域から人間の生活範囲に進出してきたことが判る。

万葉集巻一二の三〇〇〇番の

たま合はば、相寝むものを、小山田の、鹿猪田もるごと、母し守らすも

や巻一六の三八四八番の

あらき田の、鹿猪田の稲を、倉につみて、あなひねひねし、我が恋ふらくは

の「鹿猪田（ししだ）」がそれで、鹿や猪が出て来て稲田を荒らしたことが、恋する娘心の歌の中にみえる。

第四節　最初の狩猟法令制定の背景

一　天武朝の施策と法制

倭国は、中大兄皇子（天智天皇）らが蘇我氏を滅ぼした乙巳の変の後、大化二年（六四六）に発布した改新の詔に基づき中央集権国家の確立を目指して始動した時期であったが、天智二年（六六三）八月に百済救援の倭国・百済軍が朝鮮半島白村江で唐・新羅軍と戦闘を交え、大敗を喫した。これにより、唐・新羅からの侵攻の危機に直面し、中央集権国家体制を緊急に確立して侵攻を防ぐ対策が必要になった。

天智天皇の没後、壬申の乱に勝利して即位した大海人皇子（天武天皇）は、「新平天下初之即位（新たに天下を平らげて、初めて即位せり）」と外国使臣に宣言したと、日本書紀巻二九天武天皇二年（六七三）八月戊申条が天皇の決意を伝

える。

その天武新政権のごく初期に、わが国最初の成文・制定法の狩猟法令である天武天皇四年四月庚寅詔が制定された。日本書紀巻二九の壬申年・天武天皇元年（六七二）の天武天皇即位から天武天皇四年（六七五）四月庚寅詔発布に至る記事を通観すると、天武朝の施策は、国家的な重大事に直面し、縄文時代以降の日本列島人の深層文化に根ざした伝統社会に外国伝来の文化である仏教を融合させつつ、倭国の総力を結集して中央集権国家への移行と確立を緊急に成し遂げることにより、白村江の戦いの敗北による侵略の危機に対処するため国の安全と平和を図るものであった。

法律制度についてみると、天武朝は、まず中央集権国家形成を目指す単行法令整備から開始している。狩猟に関する詔勅による単行法令は、狩猟法の体系化を構想するまでには至っていない。しかし、簡素な法令整備でありながら、その内容と実質において高度な政治的内容を含んでおり、法令作成の技術も相応な完成度が窺われ、制定法令には制定趣旨を明示しないものの法論理も緻密で、法対象は施策を受けて的確に選定されていたことが判る。

二　天武朝の基本法の制定

1　基本法としての莫作諸悪詔

最初の狩猟法令である庚寅詔に先立ち、天武朝の基本法が制定された。日本書紀巻二九天武天皇四年（六七五）二月癸己（一九日）詔の莫作諸悪詔がその基本法である。

莫作諸悪詔は、

癸己。詔曰。群臣百寮及天下人民。莫作諸悪。若有犯者随事罪之。

と定められた。これは、

癸巳に詔して、群臣（まへつきみたち）、百寮（つかさつかさ）及び天下の人民（おほみたから）諸々の悪をなす莫（なかれ、若し犯す者あらば、事に随いて罪せむとのたまう

と読み下される。

漢の高祖の「法三章」を思わせる、簡潔な「法一章」の法である。法三章とは、史記高祖本紀に「殺人者死。傷人及盗抵罪。（人を殺す者は死し、人を傷つくる及び盗むものは罪に抵（あた）る）」とあり、漢の高祖劉邦が秦を滅ぼした後、秦の複雑で苛烈な法律を廃して法三章とした故事による簡素で緩やかな法律をいう。莫作諸悪詔は、簡明な「法一章」をもって、群臣と百寮及び天下人民に「諸悪」をなさないことを下命した。

2　莫作諸悪詔の内容

天武天皇の基本法は、日本書紀にこの詔発布の目的を直接に知り得る記述がないため、歴史学からは二月己丑（一五日）諸氏の部曲や諸王らの山澤嶋浦等の廃止収公の詔に対する謀反・内乱の抑止策とみる見解が示され、法制史学からは唐律継受の徴表とする見解がある。しかし、唐・新羅の強大な連合国の侵攻危機に直面し、弱小国倭国の天武朝の基本法であるとする見解を採りたい。天武天皇は、漢の高祖の法三章を超越するまさに法一章の莫作諸悪詔を掲げ、臨機応変の諸施策の完遂を期したことが、この詔の立法目的であったのであろう。群臣百寮の全官人及び天下人民のすべての公人と私人に対し、犯罪構成要件として「莫作諸悪」を明示して命令を下した。世界で作られた法律の中でもっとも分かり易い法律である。莫作諸悪は、増壱阿含経巻一の七仏通戒偈にみえる「諸悪莫作、諸善奉行」中の「諸悪莫作」によく似た言葉であるが、諸悪莫作は宗教的行動規範であるのに対し、莫作諸悪は犯罪を構成する要件であり、両者は明白に峻別される。犯罪構成要件の莫作諸悪に該当した者が若有犯者であるが、これに対する刑罰としては、随事罪之と定められる。これにより違反者に対する刑罰は事案に従い寛厳いずれをも選択することができ

る。天武朝の基本法として十分な実効性を有していたことであろう。天武天皇の諸施策を必ず実現させるとの固い決意を窺い知ることができる。

第五節　天武天皇四年四月庚寅詔

一　天武天皇四年四月庚寅詔の発布

日本書紀巻二九天武天皇四年（六七五）夏四月庚寅（一七日）詔は、わが国最初の狩猟法制の起点となる狩猟法令である。

天武天皇即位後の詔は、即位の年である天武天皇二年に大舎人出仕の詔が発令された後、天武天皇二年と翌三年には一年半余も詔はもとより記事としても日本書紀の記述が激減した。その間は天武天皇の諸施策への深い思索と構想の時期であったのであろう。天武天皇四年に入ると、二月己丑（一五日）諸氏の部曲や諸王らの山澤嶋浦等の廃止収公の詔、二月癸巳（一九日）の前記の莫作諸悪詔発布、四月壬午（九日）諸国貸税制定の詔及び四月庚寅（一七日）庚寅詔発布と二月には二件、四月にも二件の詔が発布された。そのうち罰則を設けるのは、莫作諸悪詔と庚寅詔の二つの成文・制定法である。天武天皇即位後における詔発令の時期・経過・内容・罰則を考えると、庚寅詔は、天武朝政権の基本的性格を具現する詔であり、天武朝の施策実現を目指す重要な法令であったことは明白である。

二　庚寅詔の内容

1　庚寅詔の条文

日本書紀巻二九天武天皇四年夏四月庚寅条は、

詔諸国曰。自今以後。制諸漁猟者。莫造檻穽。及施機槍等之類。亦四月朔以後。九月卅日以前。莫置比弥沙伎理梁。且莫食牛馬犬猿鶏之宍。以外不在禁例。若有犯者罪之。

と定める。現代語の訳によると、

諸国に詔して、「今後、漁業や狩猟に従事する者は、檻や落とし穴、仕掛け槍などを造ってはならぬ。四月一日以後九月三〇日までは、隙間のせまい梁を設けて魚をとってはならぬ。また牛・馬・犬・猿・鶏の肉を食べてはならぬ。それ以外は禁制に触れない。もし禁を犯した場合は処罰がある」といわれた。

と、いうものである。

2　庚寅詔の法構造

天武天皇庚寅詔は漢文による法律であるので、漢文の用字に従い、逐条の条文形式に整えて法律的な構造を確認することにする。そうすると、

（詔の対象者）

第一条　詔諸国曰。

（諸漁猟者規制）

第二条　自今以後。制諸漁猟者。莫造檻穽。及施機槍等之類。亦四月朔以後。九月卅日以前。莫置比弥沙伎理梁。

（食五肉禁止）

第三条　且莫食牛馬犬猿鶏之宍。以外不在禁例。

（罰則）

第四条　若有犯者罪之。

と、四か条の条文になる。

そこで、この四か条の条文を解釈する。

三　庚寅詔の解釈

第一条は、詔の対象者の規定である。すなわち、この詔は、倭の諸国を対象とし、諸国のすべての人々に対して命令するものである。

第二条は、今より以後において、倭の人々のうち、漁（すなどり）をしようとする者と猟（かり）をしようとする者に対し、特定の狩猟・漁撈の方法を禁止する。猟をしようとする者には、檻穽を造ること及び機槍等之類を施設することを禁止する。檻穽とは木を組み立てた檻と穴である。及施機槍等之類の「及」は接続詞であり並列的な接続の場合に用いられる。機槍等之類とは機槍を「ふむはなち」と読み、これを踏む時に機具が動いて獣類を転落させる装置の名称であり、等之類は同様な機構の装置一切をいう。檻穽と機槍等之類はいずれも、獲物の獣類を無差別に多数猟獲ができるので獣類を保護するとともに、人間に対しても重大な危害を加え得るので、人身危害の防止のためにも禁止する必要があり、年間を通じて禁止するのである。漁をしようとする者には、亦（また）四月一日以後九月三〇日以前において比弥沙伎理梁を設置することを禁止する。亦とは接続詞であり並列的な接続の場合に用いられ、ここでは通年の狩猟規制に併合的に接続して四月一日以後九月三〇日以前における梁による漁撈を禁止する。四月一日以後九月三〇日以前とは、魚類の蕃殖期間をいい、魚類保護のための期間であり、農耕期間ではない。比弥沙伎理という名称については、元来日本書紀にない後世の書込みとみる説があってはっきりとはしないが、遊泳する魚類を根こそぎ大量に漁獲する梁の名称であると説明されており、魚類保護のための漁撈規制である。本条は、わが国独自の「不殺生の思想」に基づき狩猟・漁撈を抑制するまでには至らず、特定の方法による狩猟・漁撈を規制するに止まるが、わが国最初の狩猟法令としてそのもつ意義は大きい。

第三条は、「且莫食牛馬犬猿鶏之宍。以外不在禁例。」と定め、牛馬犬猿鶏の五種類の動物の肉を食することに関する禁止規定である。「食五肉禁止」と略称することにする。

条文冒頭の「且」の字は、漢文で「また」と読み、「そのうえ」という意味の接続詞であって添加・逓進の接続の場合に用いられる。この且の字により、法律の論理的内容が次に進展することになる。ここでは、前条の諸漁猟者に対する狩猟・漁撈禁止の規定が終結し、「そのうえ」として本条が開始され、この詔の対象者である倭の人々に牛馬犬猿鶏の肉を食することを禁止する規定に移る。この且の字を和風に「かつ」と読み、併合的連結の意味の接続詞と読むのは、法律である庚寅詔の誤読になる。

食五肉禁止の対象とする者は、第一条の掲げる倭の諸国のすべての人々である。前条の諸漁猟者ではない。食肉禁止の対象となる動物は、「牛馬犬猿鶏」であり、これらを殺すことではなく、「莫食之宍」とその肉を食することが禁止される。牛馬犬猿鶏の五種類の動物が選定された立法理由は、この詔に示されていない。中国では、役に立つ動物として人が飼う「馬牛羊鶏犬豕（ぶた）」を「六畜」と呼ぶが、猿は人が飼う動物の六畜ではない。また、陰陽五行説により医学書の黄帝内経素門臓気法時論篇に、「犬羊牛鶏豕」の肉が医療のために食すべき肉として推奨されており、「五畜」と称されているが、これに対し、その肉を食することが禁止される五畜なるものは見当たらない。そうすると食五肉禁止は、人に役立つ六畜から選定した動物に倭国の習俗から選定した動物を加えて五行思想により五畜として動物を選定したと想定するほかないことになる。六畜からはわが国に居ない羊と家畜の豕を除外した「牛馬鶏犬」の役に立つ四畜が選定され、習俗からは「猿」が選定されたとみる。猿は、馬の守護神であり、「猿駒曳」の絵馬が奈良時代の遺構から発見されており、さらに古くから存在したようであるので猿が選定されたことにより、いずれも当時の大事な動物が選定されたと理解できる。「以外不在禁例」とは、ある規定の一部又は全部を打ち消してその適用除外を定める場合であり、牛馬犬猿鶏の肉以外の肉については、食肉禁止が適用除外されるとの意味である。鹿や猪等の狩猟の獲物の肉を食することは、禁止されない。

第四条は、第二条及び第三条の各違反者に対する罰則の条文である。有犯の者があればこの者を罪すると定められている。前述の莫作諸悪詔の罰則と同様に、立法に際しての配慮が看て取れる。

四　食五肉禁止の諸問題

1　問題の所在

日本書紀は養老四年（七二〇）撰進直後から朝廷で訓読を中心とした講書が行われて『講書私記』が作られ、鎌倉時代には卜部兼方が講書私記等により『釈日本紀』を編纂するなどしたが、その後は神道家の神典として密かな研究に委ねられていた。江戸時代の一八世紀中葉には、垂加神道家による注釈書刊行が始まり、谷川士清著『日本書紀通證』や河村秀根・益根父子著の『書紀集解』が刊行された。谷川士清の『日本書紀通證』により庚寅詔の食五肉禁止の発令が仏教の影響によるとの見解が広まった。明治以降はこの江戸時代の注釈書の引用が多かったが、最近になってようやく天武朝の施策から食五肉禁止の立法趣旨を考察する見解がみられるようになり、環境考古学の安田喜憲説や歴史学の原田信男説がある。しかし、原田説には庚寅詔条文の誤読がある。

2　仏教の影響説

庚寅詔が仏教の影響により発布されたとする見解としては、垂加神道家谷川士清の日本書紀通證が最初の文献である。谷川士清は、寛保元年（一七四一）に執筆を開始し宝暦元年（一七五一）脱稿して宝暦一二年（一七六二）刊行の日本書紀通證に、庚寅詔の注釈を二頁にわたり記述した。食五肉禁止の注釈として、「古語拾遺には牛の記事、日本書紀には馬・犬・猿・鶏の記事、馬牛屠殺禁止の記事があり、全淅兵制考日本風土記には不食鶏の記事があり、法苑珠林畜生部述意には犬・鶏・牛・馬が有益な畜生とあり、猿は人に類するので食しないと涅槃経にみえる」旨が記述されている。全淅兵制考日本風土記とは、中国の明の侯継高著『全淅兵制考』の付録に日本に潜入した明の密偵の報告が載録してあり、その巻之二の侍賓飲饌に不食鶏の記載がある。法苑珠林とは、中国の道世が唐の総章元年（六六八）に撰述した仏教大百科辞典であり、その畜生部の述意に各種動物の簡略な説明文がある。本居宣長らの国学者は、江戸時代の垂加神道家の研究に対してこじつけが多いと批判したが、庚寅詔研究でも厳格な学問的・実証的研究が乏しい。たとえば「猿の不食は涅槃経に記載がある」旨の記述については、涅槃経には初期経典と中国翻訳の大乗経典があるが、そのいずれにもその記述がなく憶測と認められ、かえって涅槃経は、法苑珠林酒肉篇第九三の食肉部によれば、他の仏教典と対比して肉食を容認する傾向をもつ経典であるとされていることが注目される。

日本書紀通證に続いて刊行された書紀集解は、河村秀根と益根が天明五年（一七八五）から文化元年（一八〇四）まで、さらにその以降においても努力を傾注して完成した父子二代の労作であるが、約一頁の庚寅詔の注釈中に、「法苑珠林畜生部述意の犬・鶏・牛・馬の記事と本草綱目の猿の形態の記事がある」旨を記述する。本草綱目とは、中国の李時珍が明の万暦六年（一五七八）に完成させ、万暦二三年（一五九五）に南京で上梓した、動植物の形態等の博物誌的記述が他書より優れるとされた薬学書である。書紀集解には涅槃経の記載がない。その理由を示していないが、涅槃経を精査して記述しなかったものであろう。

明治以後では、明治三二年刊行の飯田武郷著『日本書紀通釈』等がある。

3　環境説

環境考古学の安田説は、「森の環境国家」という視点を提示し、天武天皇の庚寅詔食五肉禁止を森の環境国家構築を目指した天武天皇の施策であると説く。すなわち、縄文人は森の民の「植物文化」を発展させており、家畜を飼育肉食する「動物文化」を回避してきた。弥生時代に長江流域の稲作漁撈民が渡来し稲作をもたらしたが、その人々が魚食であったこともあり、羊や山羊の肉食用家畜飼育は普及しなかった。次第に家畜を連れた人々が渡来し、植物文化の伝統を、家畜飼育・肉食普及・家畜由来の伝染病等の動物文化が覆い尽くすようになった。白村江の敗戦により唐・新羅から侵攻を受ける危機感を強めた、天武天皇は、唐の動物文化システムによる侵略の危惧に対し、そのシステムの積極的な導入を図って対応する等の方策を講じつつも、縄文時代以来の森の民の心を動物文化に委ねることを拒み、森の民の心を復権させ維持することにより難局に対処すべきものと決断した。そのために、かなり流行してきた肉食を禁止した。肉食禁止された動物は、動物文化である家畜の牛馬犬鶏に猿を加えたものであり、猪や鹿などの在来の野生動物は除外された。民族の心は食に在る。天武天皇は、倭国の食の復元を図ることをもって難事に対決すべき民族の心の復元を掲げた、とするのである。

4　農耕推進説

歴史学の原田説は、著書論文（『論集東アジアの食事文化』収録論文・著書『歴史の中の米と肉』・『東北学3』収録論文等）において、「四月一日以後九月三〇日以前において、牛馬犬猿鶏の肉を食べてはならない」との解釈を示した。この説は、食五肉禁止の「且」の字を和風に「かつ」と併合的連結の意味の接続詞と読むことにより、「自今以後。（略）亦四月朔以後。九月卅日以前。莫置比弥沙伎理梁。」までと「且莫食牛馬犬猿鶏之宍。」を連結し、四月から九月の期間は稲作の農耕期間であり、肉食禁止令の目的は稲作農耕の推進にあったと解釈するのであるが、先行する歴史学者の同旨の意見がある。昭和一五年発行の『増補六国史』を校訂した歴史学の佐伯有義は、「日本書紀巻下」の原文「且莫食牛馬犬猿鶏之宍」にある且の字に「ツ」のルビを付して「かつ」と読むべきことを教示し、これを「日本書紀巻上」の日本書紀解説において、「漢字の傍に訓みを施したるが為に、古言の意義を知るに最も効果ありと云うべし」と自賛した。また、歴史学の佐伯有清は、その著『牛と古代人の生活』において、「この天武四年四月庚寅紀を注意深くみると、亦四月の朔より以後、九月卅日より以前にという期間は、比弥沙伎理の梁を置くこと莫れだけにかかるのではなく、且、牛・馬・犬・猿・鶏の宍を食ふこと莫れにもかかると考えたほうがよいであろう」と記述した。原田説は、一般人にとっては珍奇な学説と受け取られ、逆に広く周知された。以下に法律論として考えてみる。前記の庚寅詔の法構造の手法を用いて、原田説の文脈の区切り方に従い、逐条の条文形式により庚寅詔の法構造をみると、

（詔の対象者）

第一条　詔諸國曰。

（諸漁猟者規制・食五肉禁止）

第二条　自今以後。制諸漁猟者。莫造檻穽。及施機槍等之類。亦四月朔以後。九月卅日以前。莫置比弥沙伎理・梁。且莫食牛馬犬猿鶏之宍。以外不在禁例。

（罰則）

第三条　若有犯者罪之。

以上の三か条となる。前記の第二条と第三条とが一つの条文になったため、三か条に減ってしまった。次に、この三か条の条文を解釈してみる。

第一条は、詔の対象者の規定であり、この条には解釈の変動はない。

第二条は、諸漁猟者に対する狩猟・漁撈規制の条文に食五肉禁止規定を連結した結果、狩猟・漁撈規制と食五肉禁

止の法適用の対象者を、諸漁猟者に限定したことになる。したがって、この条は、「今後、猟をしようとする者・漁をしようとする者は、檻穽を造ること及び機槍の施設などをしてはならない。また四月一日以後九月三〇日までは、比弥沙伎理梁を設置してはならず、かつ牛馬犬猿鶏の肉を食べてはならない。それ以外の禁制はない」と読むことになる。食五肉禁止の禁止対象者を諸漁猟者とするが、諸漁猟者だけを処罰するとの立法の目的については、原田説の著作に明らかにされていないので知り得ない。やむなく、諸漁猟者だけの処罰であってもそれで立法の目的を達成するとして、食五肉禁止規定の法執行について考えてみる。この場合の違反は、いわゆる身分犯であるので、法執行に当たり違反者が諸漁猟者である身分・地位を有していることを確定する必要がある。しかしながら、違犯者が諸漁猟者である地位において食五肉を敢行したことを否認するときは、そのことだけで処罰ができないことになる。つまり、原田説による食五肉禁止規定は、法執行の余地がないことに帰し、倭国の誰に対しても適用のできない法律ということになる。

第三条は、第二条の違反者に対する罰則の条文であるが、第二条の食五肉禁止規定が倭国の誰に対しても適用できないので、結局、第三条は全体として意味のない規定であると解釈すべきことになる。

以上検討したとおり、庚寅詔を天武朝法制の法源である詔として検討するときは、原田説は法律的に誤りである。

五　庚寅詔と律令法

律令法の制定後における天武朝の単行法令の効力については、天武朝単行法令は日本固有法と唐律令の折衷的な法構造であったと認識して直ちに全部失効しないとの見解もあるが、確定した解釈が見当たらないので、庚寅詔は一応失効したものとして考えておくことにする。

庚寅詔が規定した事項のうち、大宝律令に規定されたと考えられるものは、次のとおりである。諸漁猟者の狩猟・

漁撈規制については、雑令作檻穽条に「凡作檻穽。及施機搶者。不得妨径。及害人。」と檻穽・機槍の狩猟規制が規定された。梁に関する漁撈規制は規定がない。食五肉禁止規定については、一般人に対する食宍（食肉）禁止は規定がない。祭祀に携わる官人の食宍に対し、神祇令散斎条に「凡散斎之内。諸司理事如旧。不得（略）食宍。（散斎の間、諸司は肉を食べてはならない）」との食宍禁止が定められた。この食宍禁止は唐令に規定のない大宝律令独自のものであり、罰則は職制律在散斎弔喪条に「食宍者。笞五十。」である。僧尼の食宍に対し、僧尼令飲酒条に「凡僧尼飲酒。食宍。服五辛者。三十日苦使。若為疾病薬分所須。三綱給其日限。若飲酒酔乱。及与人闘打者。各還俗。」と規定された。唐令には僧尼令がなく「道僧格」が適用されるが、これには大宝律令が「若為疾病薬分所須。三綱給其日限。」と定めた食肉禁止を適用除外する「肉を疾病の薬」に用いる場合の規定がない。

第三章　律令法の狩猟法制

第一節　律令法

一　律令法

律令法は、わが国が律令制の根拠法として中国の律令を継受し、大宝元年（七〇一）に制定した大宝律令とその改正法の法体系をいう。律令法は、国家の基本法としてわが国の政治と社会を規律するとともに、慣習法を基盤とする武家法の形成に作用を及ぼし、明治維新においては王政復古による新政府の太政官制を構築し、明治一八年（一八八五）太政官制が廃止されるまでの千百年を超える長期にわたり、その制定後法規の存在と効力に関し盛衰があったものの、実質的にわが国の刑法、行政法・民法の淵源として効力を保持した。

狩猟法制の法源としては、明治初年までわが国の野生鳥獣の保護を担い、世界にも稀な人間と野生鳥獣との共生を支援した。

1　律令の編纂

倭王権は、唐の律令を王土思想も含めて継受すべく、積極的かつ自覚的に律令の編纂を急いだ。

大宝律令の編纂に先立ち、天智一〇年（六七一）近江令施行、天武一〇年（六八一）浄御原令撰定開始、持統四年（六九〇）浄御原令施行があった。持統八年（六九四）藤原京遷都の後、持統一一年（六九七）大宝令の撰定開始、文武四年（七〇〇）大宝令の撰定終了・大宝律の撰定開始、大宝元年（七〇一）律六巻・令一一巻の大宝律令制定、翌二年（七〇二）大宝律令が施行された。また、和銅三年（七一〇）平城京へ遷都の後、養老二年（七一八）養老律令の撰定終了、天平勝宝九年（改元により天平宝字元年・七五七）大宝律令を改正した律と令各一〇巻の養老律令が施行された。その後、延暦一〇年（七九一）に律令法の改正法として「刪定律令」を制定施行したが、短期間の施行に止まり弘仁三年（八一二）に廃止し、以後法典としての律令編纂はなかった。

2　律令の構成

大宝律令と養老律令は、原条文が散逸した。そこで、残存条文に逸文を探索して加え、条文を復元してきた。判明している全体の構成は、大宝律令では、律（刑法に相当）が「名例・衛禁・職制・戸婚・厩庫・擅興・賊盗・闘訟・詐偽・雑・捕亡・断獄」の六巻・一二篇であり、令（行政法・民法に相当）が「官位・官員・後宮官員・東宮家令官員・神祇・僧尼・戸・田・賦役・学・選任・継嗣・考仕・禄・軍防・儀制・衣服・公式・医疾・営繕・関市・倉庫・厩牧・仮寧・喪葬・捕亡・獄・雑」の一一巻・二八篇であったとされる。

養老律令では、律が「名例上・名例下・衛禁・職制・戸婚・厩庫・擅興・賊盗・闘訟・詐偽・雑・捕亡・断獄」の一〇巻・一三篇であり、令が「官位・職員・後宮職員・東宮職員・家令職員・神祇・僧尼・戸・田・賦役・学・選叙・継嗣・考課・禄・宮衛・軍防・儀制・衣服・営繕・公式・倉庫・厩牧・医疾・仮寧・喪葬・関市・捕亡・獄・雑」の一〇巻・三〇篇であったとされる。

大宝・養老律令ともに、狩猟と名付けた律・令の篇はなく、律・令の全条文から所要の狩猟法令を探索することになる。

3　律令の改正

律令法は、根本法典の大宝律令とそれを改正した養老律令、律令を改正する格、律令の施行規則である式から成る。律令法は、随時、詔書・勅旨・太政官符等の法形式の格を発出して改正をし、式をもって律令の施行規則を定めて法執行した。格と式は、三度にわたり取りまとめて法典化された。弘仁一一年（八二〇）施行の「弘仁格式（弘仁格一〇巻・弘仁式四〇巻）」、貞観一一年（八六九）格施行・一三年（八七一）式施行の「貞観格式（貞観格一二巻・貞観式二〇巻）」及び延喜八年（九〇八）格施行・康保四年（九六七）式施行の「延喜格式（延喜格一二巻・延喜式五〇巻）」の三代の格式が、それである。しかし、この三代の格式は延喜式を除いていずれも散逸が激しく、格が「類聚三代格」から一部復元され、式は残存する延喜式を用いている。

狩猟に関する律令改正法は、歴史書、注釈書、法書、日記等の各種史・資料から探索することになる。

4　律令の廃止

法典としての大宝律令と養老律令は、明示的に廃止されたことはなく、法典の効力は継続して保持されており、慶応三年（一八六七）一二月九日王政復古により摂関幕府等を廃絶して太政官制が制定実施され、これが律令法の最終期まで効力を有する規定となった。明治一八年（一八八五）一二月二二日太政官達第六九号により太政官制が廃止され、内閣制度が創設されたので、これをもって法典としての律令が廃止に至ったと解されている。

狩猟の律令諸規定は、法典として全部廃止された明治一八年までの間において、個別に当該規定の改廃を確定し、その効力を検討することになる。

二　令外の官

令外の官は、律令法の令制に定める官職（令制官）に対し、令制に基づかずに設置された官職をいう。中国では既存の律令官制とは別個に定員外の員外官として新設され、「使」という名称が多く充てられたため「使職」とも呼称された。わが国は、種々な政治課題に対応するため、大宝律令制定直後から参議・中納言・按察使などの令外の官が置かれ、平安時代には、天皇の秘書役の蔵人所や京都の治安維持に当たる検非違使ばかりでなく、天皇を補佐する関白や天皇の権限を代行する摂政が摂関政治を行った。

狩猟法制においては、放鷹に関する大宝令制の職員の改廃があり最終的に令外の官である蔵人所が鷹飼業務を所管し、検非違使が弾正台に代わり狩猟法令違反の摘発を管掌した。

第二節　律令法不殺生の狩猟法理

一　不殺生の思想

第一章で二つの「狩猟の思想」のうちの「狩猟をする思想」を考えたので、もう一つの「不殺生の思想」を考える。

不殺生の思想とは、動物を対象とする狩猟と魚類を対象とする漁撈を「殺生」という言葉で包括し、この殺生を差し控えようと努める思想をいう。人間ばかりでなく動物・魚類の生き物が己の生命をそれぞれに生きている存在であることの認識を深め、人間の側からする一方的な殺戮を抑制する思想である。

それは、生存に必須の動物性蛋白質を摂取するには動物を殺して得るよりほかに手段がない人間が、その歴史において獲物が枯渇したとき、命がけで体得した思想であった。縄文時代の狩猟で確かめたように、わが国では縄文時代の五千年前には獲物が枯渇し、狩猟がほぼ衰滅したと認められ、動物から食料を獲得する狩猟が、縄文人の生業たり得なくなったという事実は否定し難い。土器・土偶・遺存獣骨等には、縄文人が命がけで体得した多様な生命への崇敬の意識が遺存されて伝承された。降って弥生時代から飛鳥時代までの永い時を経て、人間と自然との共生の自然観が産生されるとともにわが国の宗教観が生成され、これに外来の仏教の不殺生戒の教えが融合して、わが国独自の狩猟・漁撈を抑制する「不殺生の思想」が形成されたと説かれる。

二　律令法不殺生の狩猟法理

世界には、わが国にだけ不殺生の思想に基づく狩猟法理が存在した。「律令法不殺生」の狩猟法理である。

世界の狩猟法理は、既に述べたとおり狩猟をする思想に基づいている。その「ローマ法無主物先占」は、狩猟をする者が無主物と先占と土地所有者の侵入禁止権を要件にして獲物の所有権を取得するという立場の狩猟法理であり、また「ゲルマン法狩猟権」は、ローマ法無主物先占の適用を阻止し、獲物が先占者の所有とならずに狩猟権者の所有になるという立場の狩猟法理である。いずれの立場とも、狩猟をする思想に基づいて獲物の生命・身体が狩猟をする者に侵奪されることを当然の前提とし、誰に獲物を取得させるかという狩猟に特有な法体系である狩猟法理を構築した。これに対し、律令法不殺生の狩猟法理は、狩猟を抑制する狩猟法理である。狩猟を抑制するとは、狩猟を廃絶することではなく、人間の恣意の発現である狩猟を差し控えようとすることである。

大宝律令雑令月六斎条は、律令法の狩猟法理として、

凡月六斎日。公私皆断殺生。

と定め、毎月、日数を限って公私の皆が殺生を行わない、狩猟を抑制する狩猟法理を確立した。

この律令法不殺生の狩猟法理は、律令法の制定後千百年を超えてわが国に確実に存在し、継続した。律令法不殺生

の狩猟法理は、多様な生命への崇敬の意識に淵源がある。まさしく軌を一にして、現代の「生物多様性」は「生命の多様性」から出発した。生物多様性の法概念は、律令法不殺生の狩猟法理とほぼ重ね合わせることができる。

第三節　法制度としての月六斎日皆断殺生の創始

一　狩猟の原則

大宝律令は、雑令月六斎条に、

凡月六斎日。公私皆断殺生。

と定めた。この月六斎条は、「律令法不殺生の狩猟法理」を定めるとともに、「狩猟の原則」を規定する条である。この狩猟の原則を、「月六斎日皆断殺生」あるいは「月六斎日皆断殺生制」と呼称することにする。

月六斎日皆断殺生は、月の中から仏教の六斎日にならって日を選び、毎月の八日、一四日、一五日、二三日、二九日、三〇日という毎月の前半の三日間と後半の三日間の合計六日間に限り公私の皆が殺生を断（や）め、これにより狩猟を抑制する狩猟の原則である。月六斎日皆断殺生は、その後「殺生禁断」に拡大して八世紀から一九世紀までの日本列島における野生鳥獣に関する狩猟の原則となった。

ローマ法無主物先占の自由狩猟、ゲルマン法狩猟権でフランス法系の地主狩猟やドイツ法系の猟区とは、その本質において異なる法制度である。

二　月六斎日皆断殺生の創始

1　月六斎日皆断殺生創始の経過

最初の狩猟法令である天武天皇四年庚寅詔発布から二五年余りを経て律令法が制定され、狩猟の原則として月六斎日皆断殺生が創始された。日本書紀の記事から月六斎日皆断殺生創始の経過を概観する。

まず天武天皇は、庚寅詔発布の翌五年（六七六）八月辛亥（一六日）詔に「四方爲大解除」とあり、孝徳天皇が「愚俗所染。今悉除断。」として廃止した大祓を復興し、大解除・赦罪を実施した。そして二回にわたり放生を行い、放生功徳の仏教説話を説く金光明経の説経を行わせた後、天武一〇年（六八一）二月に律令制定の詔を発した。立法権者である天武天皇が、わが国在来の思想に仏教思想を融合し、これを基盤として律令法の制定に臨んだ。次に持統天皇は、朱鳥元年（六八六）の天武天皇崩御後には、その承継した律令法制定の方針に基づいて制定作業を推進させ、その間に放生を行い、鳥獣保護のため畿内と諸国に長生地各一千歩を設置した。最後に文武天皇は、律令法制定の最終段階を担い、その間に放生を行った。以上を経て大宝元年（七〇一）律令法が制定され、月六斎日皆断殺生が創始された。

2　大宝令雑令月六斎条の制定

月六斎日皆断殺生の根拠法である大宝令雑令月六斎条は、永い年月の間にその条文が散逸したが、大宝令公注釈書の令義解巻一〇により、その条文が「凡月六斎日。公私皆断殺生。」と復元された。これには「謂六斎・八日、十四日、十五日、二十三日、二十九日、三十日。」と注が施されている。

月六斎条の制定により、わが国の伝統文化に外国伝来の文化である仏教を融合した不殺生の思想の狩猟法理に基づき、毎月の八、一四、一五、二三、二九、三〇日の計六か日には狩猟と漁撈を皆断すると定められた。六斎日以外の日における殺生は、この条の皆断の対象とならない。この条の対象とする行為者は、「公私（くし）皆」である。公とは、朝廷とその機関をいう。天皇の狩猟は、広義には公狩猟権能に含まれる。私とは、公のほかのすべての人民であって、良・賤すべての人民であり、在家仏教徒に限るものではない。この条の対象とする行為は、聖武天皇の天平一三年三月乙巳詔に「詔曰（略）毎月六斎日。公私不得漁猟殺生。」とあるように、「漁」と「猟」の殺生であり、猟漁の殺生であれば、狩猟・漁撈行為の場所・態様を問わずにこの条に該当する。現実に猟漁により鳥獣や魚を得た場合に限らず、猟漁の行為を行えばこの条に違反するものと解される。獄令五位以上条に、六斎日における刑の執行に関し、死刑執行を避ける旨の規定がある。

3　唐令の継受

大宝令雑令月六斎条「凡月六斎日。公私皆断殺生。」は、唐令を継受した条文である。中国において唐令が散逸したため、研究者から「唐令の復元条文」が提示されており、その①説として「諸毎年正月五月九月断屠」やその②説として「諸毎年正月五月九月及十斎日公私断屠釣」との復元案がある。日本令に「断殺生」とあり、唐令の復元条文には「断屠」又は「断屠釣」とあり、後記の天聖令には「禁屠宰」とあるので、それぞれの禁断の対象を確かめてみると、断殺生は狩猟と漁撈、断屠は狩猟、断屠釣は狩猟と漁撈であり、屠宰は家畜を殺すことを意味するとされ、それぞれの意味するところは全く同義でもないようである。

中国律令においては、②説の復元条文に至るまでに殺生禁断とする期間に変遷があり、六斎日、十斎日、三長斎月を単独あるいは二種組合せにして律令条文が作成された。六斎日は毎月の計六か日であって、在家仏教徒は、僧尼とは異なり、月のうち六か日に限って八種の戒律（殺生・偸盗・邪淫・妄語・飲酒戒の五戒と非時食戒・塗飾香鬘舞歌観聴戒・高広大床戒の計八戒）を守り精進することが求められる。十斎日は、毎月の一・八・一四・一五・一八・二三・二四・二八・二九・三〇日の計一〇か日をいい、禁殺日である。三長斎月は、毎年の正月、五月、九月をいい、精進して悪を慎むべき月である。中国南北朝から隋にかけては六斎日と三長斎月が殺生禁断とされ、唐代になってから三長斎月と十斎日へと殺生禁断の期間が変化した。日本令が六斎日を規定したので、唐令の十斎日と三長斎月を継受しなかったことは明白であるが、その理由を②説は、「わが国には隋代以前の古い殺生禁断令の影響があるようで、六斎日殺生禁断の思想は唐令がもたらされる以前にある程度定着していたと考えられる」と説いている。

先年、唐開元二五年（七三七）の「開元二五年律令」に基づいた北宋の天聖七年（一〇二九）修定の「天聖令」の写本が発見され、この発見は衝撃的であった。天聖令雑令七条には、「諸禁屠宰、正月・五月・九月全禁之。乾元、長寧節各七日、天慶・先天・降聖等節各五日、天貺・天祺節・諸国忌各一日。」とあり、三長斎月に官吏の節日の休暇が付け加えられていた。今後、唐令復元条文等と精密に対比した研究が待たれる。そこで単なる試みに過ぎないが、年間の殺生禁断日数を概算して対比してみることにする。日本令の月六斎日公私皆断殺生では年間に約七〇日である。これに対し、北宋天聖令は禁屠宰・節日が年間に約一二〇日であり、②説の唐令復元条文は三長斎月・十斎日が年間に約二一〇日である。日本令が最短日数である。日本令は倭国の現実を直視して立法されたと説かれるが、右の日数に限った印象でも、狩猟・漁撈の抑制という高度に政策的な立法に直面して、慎重に雑令月六斎条の条文を定めたものといえよう。

4　政策的殺生禁断令との異同

月六斎日皆断殺生は、古代にこれとよく似た、殺生禁断の用語を用いた多数の勅命が発出されたことがあった。しかしながら、それは実定法の法条に基づかず、統治者の統治権能に基づき政策的に発令されたという特異な事情のものであり、月六斎日皆断殺生とは関係がない。実定法に基づく命令と政策的に殺生禁断を発令することとは全く異なる。史料では、この区別はその立法ないし政策定立の時点において明確に理解されていたようであるが、従来歴史学においては、両者が外形的に類似していたため混同して考えられ、双方をまとめて歴史学の一個の研究テーマとしてきた。研究者は、政策的殺生禁断令について、その発令が天皇の「個人的要因」と国家の「共同体的要因」に基づくものとに大別し、前者を「延命祈願、服喪、追善・作善」に分類し、後者を「寺辺殺生禁断、六斎日殺生禁断、国家祈祷に付随する殺生禁断、放生」に分類するとの見解を提示した。その見解では、六斎日殺生禁断は、共同体的要因に基づく六斎日殺生禁断という一事例に分類されてしまい、根拠法である雑令月六斎条の法執行とは無関係になり、法律的には採用し難い。別の歴史研究者は、続日本紀巻八元正天皇養老五年（七二一）七月庚午（二五日）の詔が最初の殺生禁断令であるとしたり、放生が最初の殺生禁断令であるとするなど様々な見解がある。

5　違反の処罰

月六斎日皆断殺生を定める月六斎条違反の行為は、雑律違令条「凡違令者。笞五十。別式。減一等。」により、違令罪として処罰される。天皇から月六斎日皆断殺生を遵守することを特に勅命された場合の違反行為については、違令罪ではなく、重い「違勅罪」に該当するとされた。律令法には違勅罪という罪が定められていない。そのため処断する刑については、死刑から徒二年あるいは杖八〇と見解が分かれていた。

三　月六斎日皆断殺生による狩猟の国家管理

1　月六斎日皆断殺生の実施

月六斎日皆断殺生は、根拠法の月六斎条の制定後、これが一般的な法の遵守に委ねられたほかに、天皇が特に勅命により遵守を下命してその実施の万全を期した。これにより、その「実施法」や「改正法」が多数出現する。まず、律令法における実施状況から検討する。

（一）　天皇の遵守下命

続日本紀巻一二聖武天皇天平九年（七三七）八月癸卯（二日）条は、

癸卯。命四畿内二監及七道諸国。僧尼清浄沐浴。一月之内二三度令読最勝王経。又月六斎日禁断殺生。

と、聖武天皇の月六斎条遵守の下命を定める。この年は疫病と旱魃による飢饉で人民が困窮したため、人民に賑給（物を恵み与えること）し、大赦を行うなどしたが、そういう困難な年における聖武天皇の最初の月六斎日皆断殺生の実施法であった。

（二）天皇の遵守下命と国司による監察教導

続日本紀巻一四聖武天皇天平一三年（七四一）三月乙巳（二四日）条は、

乙巳。詔曰（略）僧寺必令有廿僧。其寺名爲金光明四天王護国之寺。尼寺一十尼。其寺名爲法華滅罪之寺。両寺相共宜受教戒。若有闕者。即須補満。其僧尼。毎月八日。必応転読最勝王経。毎至月半。誦戒羯磨。毎月六斎日。公私不得漁猟殺生。国司等宜恒加検校。

と定め、毎月六斎日に公私は漁と猟の殺生をなし得ざれと命じ、併せて国司に月六斎条実施の監察教導を下命した。この詔は国分寺・国分尼寺の建立の詔として知られている。

2　月六斎日皆断殺生の改正

（一）概　要

月六斎日皆断殺生は、実施法とともに、改正法により社会各層へ定着した。月六斎条の改正法は、多数発出され、中世法において月六斎日皆断殺生が「毎日の殺生禁断」（以下単に「殺生禁断」ともいう。）へと拡大・改正された。その詳細は中世法で検討するのでここでは概略に止めるが、その法改正には、

① 遵守下命に併せて別の狩猟規制による禁止も行う改正

② 月の六斎日の日数を伸長する改正

③　改正法の事書を殺生禁断に改める改正
④　禁止内容を殺生禁断へ拡大する改正
⑤　公私皆断という法の適用範囲の例外を設ける改正
⑥　罰則の改正

等の改正類型がみられた。

（二）　律令法における改正法

律令法においては、次のとおり格による改正があった。

(1)　宝亀二年太政官符「応禁断月六斎日并寺辺二里内殺生事」　類聚三代格巻一九禁制事光仁天皇宝亀二年（七七一）八月一三日太政官符「応禁断月六斎日并寺辺二里内殺生事」は、

前件事条禁制已久。雖逕時序豈合違越。今聞。京職畿内七道諸国。比年曾不遵行。三宝浄区還為漁猟之場。六斎戒日更成屠羊之節。非直穢黷法門。誠亦軽慢朝憲。永言斯事。深乖道理。自今以後。厳加禁断。准勅施行。如有違犯者。必科違勅之罪。

と定めた。事書には「并寺辺二里内殺生」を加えて寺辺二里内における狩猟規制を強化し、罰則には「必科違勅之罪。」と違勅罪を明示して厳罰化した。

(2)　貞観四年太政官符「応重禁断月六斎日并寺辺二里内殺生事」　類聚三代格巻一九禁制事清和天皇貞観四年（八六二）一二月一一日太政官符「応重禁断月六斎日并寺辺二里内殺生事」は、

太政官去宝亀二年八月十三日。天平勝宝四年閏三月八日。承和八年二月十四日数度騰勅符。殺生之制前後慇懃。違犯之辜科処已重。右大臣宣。奉勅。法王制戒。殺生厥初。明主施仁。好生為本。非唯身後之深報。又足眼前而速災。但事不獲已旋法於易。故或避之以月中六斎。或限之以寺辺二里。今聞。槃遊無度之徒。不曾畏憚憲法。其尤甚者。走馬入於寺内。逐禽殺之仏前。苟貪漁捕之便。又知露地而不避。雖即愚人暗於因果。豈非有司怠於糺察。実有法不行。不如無法。宜更下知厳令禁遏。若猶有違越者。一依前格。六位已下科違勅罪。五位已上録名言上。国司講師知而不糺者。亦与同罪。

と定めた。事書に「并寺辺二里内殺生」を追加し、寺辺二里内における狩猟規制を行い、罰則については「若猶有違越者。一依前格。六位已下科違勅罪。五位已上録名言上。国司講師知而不糺者。亦与同罪。」と違勅罪による処断を厳命している。

第四節　大宝律令の狩猟法令

律令法の狩猟法制は不殺生の思想に基づき狩猟法令を定めるが、その狩猟法令は、狩猟を全廃しようとするのではなく狩猟を抑制するための法令であり、なお狩猟を実施するための狩猟法令である。狩猟を実施する場合が存在することから、律令法の狩猟法令を的確に考察するには、世界の狩猟法令の区分を活用することが有用であると考えられる。ところで、わが国には独自な穢れと祓いの思想があり、狩猟においては獲物の肉を食することが穢れに触れるかという規律の問題が生じる。「肉食触穢」は、わが国特有の問題であるので、これを区分に加える。そこで、本書では狩猟法令を、

①　狩猟権能

②　狩猟規制

③　害鳥獣防除

④　鳥獣保護
⑤　肉食触穢
⑥　罰則

と区分して、順次検討することにする。

一　狩猟権能

狩猟実施の権限規定である狩猟権能について検討する。

1　朝廷の狩猟権能

朝廷の狩猟権能とは、広義には天皇の狩猟権能を含む。大宝律令は、明文を定めて天皇の狩猟権能を規定しないが、天皇がわが国の全国土を支配し、当然にその権威に基づき狩猟を行う権能を有する。これが、王土思想に基づく天皇の狩猟である。天皇の狩猟権能は全体として朝廷が実施するが、大宝律令は個別に放鷹の官司と狩猟の場所につき規定を設けた。

（一）　朝廷の狩猟体制

朝廷の狩猟官司は、職員令の規定により兵部省に置かれた。職員令は太政官の下に中務・式部・治部・民部・兵部・刑部・大蔵・宮内の八省を置いたが、田地、山川の農林行政に相当する官制を所管する民部省や諸国の御贄貢進を所管する宮内省ではなく、国防、兵馬等を所管する兵部省に放鷹を所掌する官司を設置した。

狩猟全般を所掌する官司を設けるのではなく、職務を「調習鷹犬事（鷹犬調習せむこと）」という放鷹のみを所掌する官司である。大宝官制における発足当初は「放鷹司」であった。職員構成は、大宝令制では未詳であるが、養老令職員令には、「主鷹司」に「正一人。掌。調習鷹犬事。令史一人。使部六人。直丁一人。鷹戸。」とあり、大宝令制もそれと同一の組織であったものと考えられている。放鷹司の長官は、放鷹正（たかつかさのかみ）で、官位令では従六位である。放鷹司の四等官は正と令史のみであり、中央官庁としては最小で格が最も下であった。

（二）　朝廷の猟場

漁と猟の殺生の場所は、宝亀二年太政官符においては「漁猟之場」と包括して表示するので、本書ではこれを参酌して狩猟の場所を「猟場」とする。朝廷の猟場は日本の全国土である。雑令国内条は、

凡国内有出銅鉄処。官未採者。聴百姓私採。若納銅鉄。折充庸調者聴。自余非禁処者。山川藪沢之利。公私共之。

と定める。この条は、金属の採取と山川藪沢の利用に関する規定であって、禁処と非禁処という区分を規定している。まず、朝廷の猟場としては、狩猟のための禁処である「禁野（しめの）」とされた土地があれば、その土地が猟場となる。唐令には「禁処」の限定詞がなく、日本令が禁処を条文に採用したのは、全国土に対する天皇の王土支配が成熟しておらず、その実際の状況を立法上考慮したものと説かれる。次に、非禁処の土地であるが、これは禁野とされた土地以外の人民も狩猟ができる「公私共之」の土地である。朝廷の猟場にする必要が生じたときには、禁野の拡大により朝廷猟場が拡大することになる。

2　郡司の公狩猟権能

大宝律令の地方官制を概観する。大化二年国郡坊里の地方制を置いたのがわが国最初の地方官制である。大宝律令は、地方行政機構として国に長官の守・次官の介・三等官の大小掾・四等官の大小目の職員を配置して官司を国司と総称し、狭義で国守を国司と称した。国司の指揮監督の下に郡には長官の大領・次官の少領・三等官の主政・四等官の主帳の職員が配置され、郡司を置いた。郡司は、律令制以前の国造級の地方豪族である氏族の長を地方官僚として任用した。これについて、唐律令にはない在地首長の官僚への任用を制度化し、律令法の集権的官僚制の原則を枉げ

て郡司の地域社会支配権力を保障したものと説く見解がある。

国司は、朝廷の公執行機関として朝廷の狩猟権能を実施する役割を担っているが、国司の公狩猟権能としては格別の規定が設けられていない。

地方官である郡司に対し、大宝律の職制律と擅興律の三か条において、三種の公狩猟権能を付与した。

(一)　祭祀執行における公狩猟権能

郡司の祭祀執行は、職制律監臨官私役使所監臨条「凡監臨之官。私役使所監臨。(略)及受饋餉財物飲食。或有乞貸。皆勿論。」との定めにより、所部の人民を使役して適法に行われる。

(二)　田猟の人夫徴発における公狩猟権能

郡司の狩猟の実施は、擅興律擅発兵条「凡擅発兵。二十人以上。(略)及公私田猟者。不用此律。」との定めにより、軍事行動である違法性がなく、適法に行われる。

(三)　獲物収取における公狩猟権能

郡司への所部の人民の獱贄の貢納は、職制律監臨官強取猪鹿条「凡監臨之官。強取猪鹿之類者。(略)受供饋者勿論。」との定めにより、適法に貢納され、受納できる。唐律は「受猪羊供饋」と羊を条中に記述するが、日本律は倭国の実情から「強取猪鹿之類者」と羊を鹿に改めたと説かれる。

3　人民の私狩猟権能

人民(おほみたから)の狩猟権能付与については、右の擅興律擅発兵条の「公私田猟」の条文中に「私田猟」とあり、その存在が知られる。私田猟の根拠規定は、賦役令調絹絁条の調雑物・調副物の規定及び雑令国内条「山川藪沢之利。公私共之。」の規定にあり、人民に対し租税納付のためにする調雑物・調副物である鹿猪等を猟獲する狩猟権能及び山川藪沢之利公私共之の狩猟を行う狩猟権能を付与した。

（一）　人民の猟場

大宝律令の田令は、班田制により口分田・園地・宅地・位田・職田・功田等の地目の土地を国民に対し班給し、班給された土地の地主がそれぞれの土地を所有者的に管理した。未開墾地の山川藪沢は、国民に対し班給されない土地とされた。

狩猟が土地上において実施されることはいうまでもないが、田令は、自己が班給を受けた土地上における狩猟に関する規定を設けておらず、もとより他人が班給を受けた土地上に立ち入って行う狩猟についても規定がない。

大宝律令の狩猟ができる土地は、誰に対しても班給されない山川藪沢に限られていた。山川藪沢利用の具体的内容は、①果実等の採取・狩猟・漁撈、②燃料の採取、③建築用材の採取、④調庸物の材料の採取、⑤飼料の採取、⑥肥料の採取、⑦鉱物等地下資源の採取、⑧灌漑用水・水源利用等であり、いずれも口分田経営を中心とする人民の生活にとって重要なものであった。山川藪沢の縮小や用益の妨害は、人民にとって問題であるばかりでなく、律令国家にとっても租税収入の基盤を損なうので、山川藪沢を民要地として用益の確保に努めたが、やがて朝廷の開墾奨励政策と権門勢家の山野独占・荘園の形成により山川藪沢が減縮されていった。

（二）　人民の納税のための私狩猟権能

大宝律令の租税は、租（田の収穫）・庸（布の物納）・調（絹、地方特産品）・調副物（胡麻油、紙、鹿角、砥石、塩、漆その他から一種類）・雑傜（労役）の納付であるが、人民が納税のためにする私狩猟権能については、賦役令調絹絁条に「凡調絹絁糸綿布。並随郷土所出。（略）若輸雑物者。雑腊。（略）其調副物。猪脂。」と規定があり、調雑物の鹿猪の乾肉や調副物の猪脂等がその納税品目であって、後に「中男作物」と改められた。

（三）　人民の山川藪沢之利公私共之の私狩猟権能

雑令国内条の「山川藪沢之利、公私共之、」の規定によって狩猟ができる土地における、人民に付与された私狩猟権能である。班田制という農業体制下において「公私共之」の狩猟は、もっぱら人民が農作業に支障を来さない小規模な副業的狩猟に限られた。鹿や猪の大・中型獣の狩猟もあり、集落総出の狩猟もあったと思われる。

しかし、あちこちの山川藪沢へ出掛けて自由勝手に狩猟する専業的な猟師の狩猟については、律令法が獲物の猟獲に関して必要な先占規定を存置しておらず、自由な狩猟の明文規定がないので、猟師の存在は否定される。

4　律令法の狩猟に関する先占規定の存否

大宝律令は狩猟の原則として月六斎日皆断殺生を規定したが、法制史学の瀧川政次郎説は、大宝律令にはローマ法のような先占の規定が随所に発見できるという見解を示した。これは狩猟の原則との関連において無視できない見解である。瀧川説は教科書と論文に示されており、それぞれの全文は次のとおりであるので、検討する。

（一）　教科書の記述

教科書『日本法制史（昭和三年初版）』の第三節動産物権の記述は、

中古に於ける原始的なる所有権の取得原因としては、先占、果実の分離、時効の完成、漂失材木の採得、埋蔵物の発見等を数へることができる。先占に就いては、律令に別段の規定はないが、実例に徴して其れが所有権取得の最も原始的なる原因であった事は疑の余地がない。

と、いうものである。

（二）　論文の記述

論文集『日本法制史研究（昭和一六年初版）』収載の「王朝時代の動産所有権（大正一四年法学新報論文）」第一節先占の

記述は、

先占が、所有権取得の最も原始的な原因である事は、学者の斉しく認める所であって、我が王朝の法制のみが、其の例に漏れているものとはどうしても考へられない。律令には、もとより先占に関する概括的な規定は見えないが、先占を以て所有権取得の原因とする事を予定した規定は、随所に之を発見する事ができる。即ち其の一例を挙ぐれば、養老の雑令には、雑令国内条（条文略）なる規定がみえるが、（略）百姓が、先占によって、其の採掘せる鉱物、若しくは刈伐積聚せる草木の所有権を取得する事を予定して立てられたる規定である。此の事は、之に対応せる次の賊盗律（山野条の条文「凡山野之物、已加功力、刈伐積聚、而輙取者、各以盗論、」）の規定によって、益々明らかなるを得ると思ふ。（註の唐律疏議の文献略）

と、いうものである。

㈢　検　討

検討してみる。教科書については、文中に先占とあるだけであって、所説が狩猟に論及しているかは不明である。論文については、其の一例として雑令国内条を掲げるが、それは単に鉱物若しくは草木の所有権の取得をいうに止まり、狩猟に言及したものではない。雑令国内条に対応するとして賊盗律山野条と唐律疏議を掲げるが、これらは他人が既に刈伐・積聚した山野の物を勝手に奪った場合の罰則であって狩猟には関係がなく、唐律疏議を確認してみても、単に家畜や家畜化した動物である牛・馬・驢・羊や鷹・犬等の畜産に関する盗犯の既遂未遂に係るものであって狩猟には関係しない。したがって、瀧川説は、教科書と論文ともに狩猟に関して先占を論述したものではなく、初学者に対し平易に先占を教示したに過ぎないものと認められる。自由狩猟の根拠規定たるローマ法無主物先占による先占規定は、わが国律令法の法制には存在しないことが確認できた。

二　狩猟規制

大宝律令は、狩猟規制として作檻穽条を規定した。雑令作檻穽条に「凡作檻穽。及施機搶者。不得妨径。及害人。」と定め、檻穽を作り及び機槍を設置するには、交通を妨げたり人を傷つけたりしてはならないと命じた。その罰条は不詳である。

三　害鳥獣防除

大宝律令には、中国律令にみられる猛獣防除の規定はない。

「苛政は虎より猛し」とは、人民を虐げる政治は虎より怖いという中国のよく知られた喩えであるが、これによって古代中国人の日常生活で猛獣とくに虎害が非常に怖れられていたことが知られる。「虎・豹・狼・熊・羆」が中国の猛獣の通念であった。中国律令は、「猛獣捕獲賞賜条」に猛獣とその子獣について、子は親の半分として一匹ごとに金銭や絹などを賜ることを規定し、猛獣の捕獲を奨励し対策とした。これに対しわが国では、雑令作檻穽条の規定にみられるとおり、動物用のわな等の設置を規制した。

わが国には古来、虎・豹がおらず、狼・熊の被害に止まり、猛獣の少ない恵まれた環境にあったため、律令継受に当たり「猛獣捕獲賞賜条」を不要として猛獣被害対策の規定を設けなかったと説かれている。現在、害獣と扱われる鹿と猪を含む一般普通の害鳥獣の被害対策規定もない。大宝律令には、悪癖のある家畜、狂犬等に関する規定が設けられていた。

四　鳥獣保護

大宝律令には、鳥獣保護の規定は見当たらない。ところで、林野庁監修・鳥獣行政研究会編『鳥獣保護と狩猟（法律の解説）』の資料・鳥獣関係年表に「七〇一年大宝律令によって一一月中は猪及び鹿の肉を食用とすることを禁じた」との記述がある。この記述からは、鳥獣保護のためにする一般人への猪鹿肉の食用禁止と読めないでもない。しかし実は、これは大嘗祭供奉者に対する斎月（一一月）一か月間にわたる食宍の斎戒の規定である。それを承知の上で検討しておくことにする。

関係条文は、神祇令即位条「凡天皇即位。惣祭天神地祇。散斎一月。致斎三日。」の「散斎一月」と、次条の散斎条「凡散斎之内。諸司理事如旧。不得弔喪。問病。食宍。亦不判刑殺。不決罰罪人。不作音楽。不預穢悪之事。」の「食宍」であり、罰則が職制律在散斎弔喪条に「食宍者。笞五十。」とある。「散斎一月」とは、散斎（あらいみ・一一月一日から晦日までの一か月間）をいい、その間における「食宍」が禁止される。中国律令と比較すると、中国律令には「食宍」の一句がなく、大宝律令には「夜宿於家正寝」の一句がない。食宍の「宍」とは、主として鹿・猪の獣肉を意味する。大宝律令が斎戒中の鹿・猪の獣肉食禁止を定めた理由について、殺生禁断の影響を挙げる説があるが、神前に獣肉・魚肉が供されることから、「肉食した生臭いにおいが神にかかることを避けることが、斎戒中に肉食が禁止される所以であろう。」とする見解もある。

平安末期撰述の『類聚雑要抄』によると、宮中の行事では鹿肉と猪肉を代用品の肉に取り替えたことが判明する。宮中の「御歯固」の御膳の鹿肉と猪肉が、「鹿宍・代用水鳥」・「猪宍・代用雉」と代用品名により記述されているが、その代用品使用の理由については、穢れによる説明のほかに、鹿・猪が律令編纂後に気候変動や多獲・多消費のため減少したとする見解がある。

五　肉食触穢

肉食触穢とは、肉を食することが「穢れ」に該当するかという問題である。狩猟の獲物の食肉が穢れと決まれば、穢れを祓う必要が生じ、ひいては狩猟が忌避されることになる。

穢れは、わが国在来の神祇に由来し、平安時代に陰陽道の流行に伴い、怨霊が天皇・公家に猛威をふるい、死穢をはじめ様々な穢れが恐怖されたばかりでなく、穢れが伝染することまでも過敏に恐怖された。穢れに関する基本規定は、前述した大宝令の神祇令散斎条である。本来は祭祀の官人に対し「凡散斎之内。諸司理事如旧。不得弔喪。問病。食宍。亦不判刑殺。不決罰罪人。不作音楽。不預穢悪之事。」と定め、食宍を禁止し、「不預穢悪之事（穢悪の事に関わらない）」と命じる。この「食肉禁止」が狩猟とどんな関わりを持つかということは、律令改正法においてこの条の施行規則である式により定められた。

六　罰　則

1　律令法の罪と罰

律令法は、罪（犯罪）と罰（刑罰）を、律と令に体系的・網羅的に列挙している。また、断獄律断罪引律令格式条に「凡断罪皆須具引律令格式正文。（罪を断ずるには、すべからく律令格式の正文を引くべし）」と定めてあるので、近代的な罪刑法定主義を採用しているかのようにみえる。しかし、令に違反する行為は、律に個別的な罰条がなくても、法書が注釈するように「令有禁制。律無罪名。」の場合として雑律違令条「凡違令者。笞五十。別式。減一等。」により処罰されたし、律に正条がなくても当該行為が条理に反すると判断されるときは、雑律不応得為条「凡不応得為而為之者。笞四十。事理重者。杖八十。」により笞四〇ないし杖八〇の刑罰を自由に科し得るものとされていた。さらに、刑罰法規についても広く「比附（類推解釈）」が許されていた。このことから、律令法は、罪刑法定主義ではなく、刑法の成文法主義を表明するに止まるものと説かれている。

2　狩猟法令の罪と罰

（一）　郡司の公狩猟権能違反

郡司の明白な公狩猟権能違反には、公田猟としての違法性阻却が認められず、所定の律の罰条により処罰される。郡司が公狩猟権能に名を借りて自らの狩猟を敢行した場合については、律令改正法において狩猟の実施を禁止する詔が発せられた。

（二） 国内条違反

人民の私狩猟権能違反については、人民が山川藪沢において自由勝手に狩猟する事犯が想定される。その場合、通常、雑令国内条違反として雑律違令条で処罰されることになるわけだが、法制上猟師の存在が否定されていることから、雑律不応得為条により重罰で処断される案件があったかも知れない。

（三） 作檻穽条違反

作檻穽条違反の日本律の罰条が散逸して不明であるため、その刑罰は不詳である。同罰条が登載されているはずの昭和五〇年刊行の『訳註日本律令三・律文本篇下巻』七三一頁の下段は、空白になっている。天武天皇四年四月庚寅詔の「莫造檻穽及施機槍等之類」の罰則は、「若有犯者罪之」とあるだけで推測の手掛かりにならないし、法書『法曹至要抄』にも記述が見当たらない。他方、唐雑律の「施機槍作坑穽」は、右日本律令三の同じ頁の上段に「諸施機槍。作坑穽者杖一百。以故殺傷人者。減闘殺傷一等。若有標幟者。又減一等。」「其深山迥沢。及有猛獣犯暴之処。而施作者聴。仍立標幟。不立者。笞四十。以故殺傷人者。減闘殺傷罪三等。」と条文が記載されている。

第五節　律令改正法の狩猟法令

一　狩猟権能の改正

1　朝廷の狩猟権能の改正

（一）　朝廷の狩猟実施体制の改正

朝廷の狩猟実施体制は、以下の改正を経て放鷹司・主鷹司を停廃し、天皇に直属する令外の官の蔵人所が鷹飼を引継いだ。

(1)　養老五年七月二五日詔による放鷹司の職務停止　　続日本紀巻八元正天皇養老五年（七二一）七月庚午（二五日）詔は、

　庚午。詔曰。凡膺霊図。君臨宇内。仁及動植。恩蒙羽毛。故周孔之風。尤先仁愛。李釈之教。深禁殺生。宜其放鷹司鷹狗。大膳職鸕鳥。諸国鶏猪。悉放本処。令遂其性。従今而後。如有応須。先奏其状待勅。其放鷹司官人。并職長上等且停之。所役品部並同公戸。

と定め、鷹司の鷹と犬、大膳職の鵜、諸国の鶏と猪を放ち、放鷹司の官人と大膳職の長上らを職務停止し、使役していた品部を公民と同じ扱いにすることを命じた。この詔は、政策的殺生禁断令との異同で紹介したが、歴史学において天皇が発出した最初の政策的殺生禁断令として、著名な詔である。

下命後の放鷹司の状況は以下のとおり進行したものとされるが、最近複数の鷹所名を記載した木簡が発掘されて文献史料と併せた研究が進展し、鷹犬調習業務を支援する諸衛府の鷹飼組織の活動が判明した。これによると、下命後は放鷹司の鷹飼を諸衛府の鷹飼組織が実際上支援したことが判明したようである。

(2)　天平宝字元年五月養老律令施行による主鷹司へ移行　　続日本紀巻二〇孝謙天皇天平宝字元年（七五七）五月丁卯（二〇日）条に養老律令施行の勅があり、養老官制では、大宝令の放鷹司から養老令職員令の規定により主鷹司へ移行した。

(3) 天平宝字八年一〇月称徳天皇による主鷹司の職務停止　続日本紀巻二五称徳天皇天平宝字八年（七六四）一〇月乙丑（二日）条には、「廃放鷹司。置放生司。」とあり、これが主鷹司の職務停止と理解されている。

(4) 主鷹司の停廃と蔵人所への鷹飼引継ぎ　日本三代実録巻四四陽成天皇元慶七年（八八三）七月五日己巳条に、「勅。弘仁十一年以来。主鷹司鷹飼三十人。犬三十牙食料。毎月充彼司。其中割鷹飼十人犬十牙料。充送蔵人所。貞観二年以後。無置官人。雑事停廃。今鷹飼十人。犬十牙料。永以熟食充蔵人所。」との規定があり、鷹飼と犬の食料の推移から、主鷹司が停廃され、令外の官の蔵人所に鷹飼引継ぎが行われたことが確認できる。

（二） 朝廷猟場の拡大

朝廷猟場は、「故事類苑・産業部八狩猟」に禁野の記事があり、これを参酌して検討すると、次の三勅旨により朝廷猟場が拡大・改正された。

(1) 嵯峨天皇大同四年七月の拡大　日本紀略前篇一四嵯峨天皇大同四年（八〇九）七月丁未（三日）条は、

勅。自今以後。不得遊猟於大原。栗前野。水生。日根等野。

と定め、今後大原・栗前野・水生・日根等の野で狩猟してはならないと下命した。これにより、朝廷猟場を拡大したものであり、朝廷猟場を拡大するために雑令国内条の禁処を指定したに過ぎない。

ところが、林野庁編『鳥獣行政のあゆみ』の二頁に、

この布令は、鳥獣法制上注目すべきものである。すなわち猟場独占のはじまりであるのみならず、一般の狩猟を禁止することによって、一定地域の鳥獣の乱獲を防止し、鳥獣資源の維持増殖を可能ならしめるという反射的効果を生ずることとなった。そこで、今日この「禁野」の制度を指して鳥獣保護制度のはじまりであるといわれている。

と、禁野の制度が鳥獣保護制度のはじまりである旨の解説をする。この解説は、典拠の要約を間違えたことによる誤

りである。典拠は、内田清之助著『鳥学講話』である。同書は、王朝時代の鳥獣保護について「仏教の殺生禁断と皇室御猟の鳥獣を蕃殖させるための一般臣民の狩猟禁止」があったと右の大同四年勅等を記述した。これに続けて、徳川時代の鳥獣保護に移り、禁猟地について「旧幕時代には、全国に多数の禁猟地があって、その制裁も厳重なものであったから、鳥類蕃殖の上に非常に効果があった。」「その直接の目的は狩猟にあったとは云え、間接には産業上非常に有益なものであったに相違ない」と記述した。大同四年勅の記述と徳川時代禁猟地の記述は、別の記述であることは明らかであるのに、『鳥獣行政のあゆみ』の筆者が、両方を「ごっちゃ混ぜ」にして要約したものであると認められる。この「禁野の制度を指して鳥獣保護制度のはじまりであるといわれている」という解説は、その後諸種の文献に引用され、その誤りを拡散させた。

(2)　陽成天皇元慶六年一二月の拡大　　日本三代実録巻四二陽成天皇元慶六年（八八二）一二月己未（二一日）条は、

勅。山城国葛野郡嵯峨野。元既不制。今新加禁。樵夫牧竪之外。莫聴放鷹追兎。同郡北野。愛宕郡栗栖野。紀伊郡芹川野。木幡野。乙訓郡大原野。長岡村。久世郡栗前野。美豆野。奈良野。宇治郡下田野。綴喜郡田原野。天長年中既禁従禽。今重制断。山川之利。藪沢之生。与民共之。莫妨農業。但至于北野不在此限也。大和国山辺郡都介野。天長承和。累代立制。今宜加禁。莫令縦猟。制払禽鳥。許採草木。美濃国不破安八両郡野。本自禁制。永為蔵人所猟野。播磨国賀古郡野。印南郡今出原。印南野。神埼郡北河添野。前河原。賀茂郡宮来野河原。尓可支河原。先既有制。今重禁断。嘉祥三年下符。勿禁採樵牧馬。備前国児島郡野。永為蔵人所猟野。承和之制。今縁不行。何禁芻蕘。莫害農畝。惣施法禁。頒下諸国。

と定め、多数の野について朝廷猟場拡大を命じる。禁野として天皇遊猟の猟場に新規指定する趣旨である「元既不制・今新加禁」と定めるほか、既指定地につき再度指定を行う趣旨である「天長年中既禁従禽・今重制断」、「天長承和累代立制・今宜加禁」及び「先既有制・今重禁断」との規定もある。注目されるのは、「永為蔵人所猟野・承和之制」・「本自禁制・永為蔵人所猟野」と蔵人所の猟野としての禁野指定が実施されたことである。

(3) 陽成天皇元慶七年二月の拡大　　日本三代実録巻四三陽成天皇元慶七年（八八三）二月戊午（二一日）条は、

是日制。山城国□野自故治部卿賀陽親王石原家以南至赤江埼。承和元年以降。百姓不能漁猟。重加禁。

と定め、この日、山城国の故治部卿賀陽親王の石原家より以南赤江埼に至る、承和元年以降百姓漁猟する能わずとされてきた野について、重ねて禁を加えるとした。既指定地につき再度の指定をなすことは右(2)の先令があるが、この「承和元年以降百姓不能漁猟」との禁令も既指定地につき再度の指定をなしたこと以上の意味がない。ところが、農林官僚は、この僅か一行の文字をもってわが国の自由狩猟の根拠にするという珍しい解釈をしたことがある。

2　郡司の公狩猟権能の改正

郡司の三種の公狩猟権能については、その狩猟実行により被害が生じてそれが甚大であったことから、郡司の公狩猟権能による狩猟の実施を禁止する旨の詔が発せられた。

(一)　天平二年聖武天皇による狩猟禁止

続日本紀巻一〇聖武天皇天平二年（七三〇）九月庚辰（二九日）条は、

擅發兵馬人衆者。当今不聴。而諸国仍作陸籬。擅發人兵。殺害猪鹿。計無頭数。非直多害生命。実亦違犯章程。宜頒諸道並須禁断。

と詔を発した。在地首長である郡司が百姓を徴発して武器を持たせ、猪鹿を多数殺害し、法に違犯することから、その狩猟実施を禁断した。

（2）天平一三年聖武天皇による狩猟禁止

続日本紀巻一四聖武天皇天平一三年（七四一）二月戊午（七日）条は、

又聞。国郡司等非縁公事。聚人田猟。妨民産業。損害実多。自今以後。宜令禁断。更有犯者必擬重科。

と定め、郡司が公事にこと寄せて狩猟をし、その損害が多いとして、実情に応じて狩猟実施を禁止した。なお、国司が公務として狩猟を行う場合は多様なものがあるが、これについても同様に禁断するとしている。この禁止を犯す者には必ず重き科（とが）に擬（あてむ）とした。

3　人民の私狩猟権能の改正

（1）人民の納税のための狩猟停止

続日本紀巻第二五淳仁天皇天平宝字八年（七六四）一〇月甲戌（一一日）条は、

勅曰。天下諸国。不得養鷹狗及鵜以畋猟。又諸国進御贄雑完魚等類悉停。又中男作物。魚完蒜等類悉停。以他物替宛。但神戸不在此限。

と定め、人民の朝廷への贄貢上を停止するとともに、人民が中男作物の納税のために行う狩猟の停止を命じた。神戸における例外がある。しかし、この勅の約二百年後の康保四年（九六七）に施行された延喜式巻二四主計寮上四条には、「凡中男一人輸作物。（略）鹿脯猪脯（獣肉の切り身の乾物）」等が中男作物として規定されている。

（2）禁野拡大による私狩猟権能縮小

朝廷狩猟権能の禁野拡大は、人民の狩猟権能からみると、国内条の「非禁処」の縮小として人民狩猟権能の縮小となる。前記(3)の陽成天皇元慶七年二月戊午の朝廷猟場拡大は、実際にはそれまでに四九年間にわたり禁野の実績があり、承和元年以降百姓不能漁猟とされていた区域の再指定を含む朝廷猟場拡大であった。人民は、これまでこの朝廷猟場に入り込んで適法かつ自由に狩猟をなし得なかったし、もとよりこれが全国における自由狩猟の根拠をなす禁令ではなかった。単に特定地域における禁野拡大による人民狩猟権能縮小の一例に過ぎない。明治初期に『故事類苑』の編者が狩猟法令を採集した際、この「承和元年以降百姓不能漁猟」の禁令に着目して同書に採録した。明治四五年三月刊行の川瀬善太郎林学博士著経済全書の『狩猟』に、「古事類苑により本邦狩猟に関する二三の事績を抄録すること次の如し」として、この「承和元年以降百姓不能漁猟」が引用された。この一行だけである。

時代が降り昭和二年一〇月、農林官僚八戸道雄は、日本森林学会秋季大会に招かれて「日本狩猟史」の演題で、わが国狩猟史を講演したことがあった。同八戸は、講演原稿作成に苦慮したのか、古事類苑と川瀬著書には記述がないのに、全国を通じ古今にわたりわが国は自由狩猟であり、この禁令こそわが国の自由狩猟の根拠規定であると臆断するに至った。そして、講演において、

例えば承久（後記雑誌記載のママ）元年以降「百姓漁猟する能はず、重ねて禁を加ふ」等一般人民の漁猟を禁ぜし法令ありと雖、是等の禁令は果して実行されたるや否や疑問にして、假令実行されたりとするも、畿内地方に止まるべく、概して全国を通じ古今に亙り、所謂自由猟即ち Freie Tagt（ママ）にして、生民一般随処随意に狩猟することを得たるものなり

と、陽成天皇元慶七年禁令の珍しい解釈を交えて、わが国の自由狩猟の歴史を説いた。虚構の自由狩猟の歴史である。この講演原稿は、『林学会雑誌』（一九巻一〇号）に掲載されて一般にも購読され、その後農林官僚がこの講演を大いに利用するところとなった。

二　狩猟規制の改正

1　養鷹禁止、放鷹禁止及び養鷹勅許

放鷹（鷹狩）は、鷹を飼育しこれを用いて鳥類や小動物を猟獲する猟法である。放鷹を禁止するには、放鷹禁止令を発出して放鷹自体を禁止するのが立法の通常の方法であるが、放鷹の前提手段である鷹の飼育を禁止することによっても規制をなし得る。また鷹の飼育者を一定の者に限定して許可することによっても、それ以外の者の鷹飼育を禁止することになるので間接的に放鷹を規制することが可能である。律令改正法は、養鷹禁止、放鷹禁止及び養鷹勅許により放鷹について直接・間接の規制をした。

（一）　養鷹・放鷹禁止

(1)　神亀五年八月甲午詔による禁止　　続日本紀巻一〇聖武天皇神亀五年（七二八）八月甲午（二九日）条は、

詔曰。朕有所思。比日之間。不欲養鷹。天下之人。亦宜勿養。其待後勅。乃須養之。如有違者。科違勅之罪。布告天下。咸令聞知。

と定めた。聖武天皇は、「天下の人は養鷹をせず、後に勅があるのを待ってから鷹を養うようにせよ。違反者には違勅の罪を科す。」との養鷹禁止を命じたのである。朝廷の鷹については、元正天皇が放鷹司の鷹・犬を放すこと等の政策的殺生禁断令を発出したが、この聖武天皇詔は、養鷹禁止を命じた上、養鷹については以後の勅を待つように命じ、禁令違犯に対し違勅罪により処罰すると定めた。

(2)　宝亀四年正月騰勅符による養鷹禁止　　光仁天皇宝亀四年（七七三）正月一六日騰勅符は、後記の類聚三代格巻一九禁制事平城天皇大同三年九月二三日太政官符引用の「太政官去宝亀四年正月十六日下弾正台左右京職五畿内七道諸国騰勅符称。養鷹者先既禁断。」であり、養鷹禁止令の発令経過を時系列で確認できる。

(3)　延暦一四年三月勅による禁止　　日本紀略前篇一三桓武天皇延暦一四年（七九五）三月辛未（四日）条は、

三月辛未。勅。重禁私養鷹。

と定める。私養鷹とは、天皇の養鷹を除きそれ以外の養鷹という意味で、ひそかにする養鷹である。

(4) 延暦二三年一〇月勅による禁止　　日本後紀巻一二桓武天皇延暦二三年（八〇四）一〇月甲子（二三日）条は、

甲子。勅。私養鷹鷂。禁制已久。如聞。臣民多蓄。遊猟無度。故違綸言。深合罪責。宜厳禁断。

と定め、処罰の強化を命じた。

(5) 大同三年九月太政官符による禁止　　類聚三代格巻一九禁制事平城天皇大同三年（八〇八）九月二三日太政官符「応禁断飼鷹鸇事」は、代表的な養鷹禁止令であり、その全文を見ると、

右検案内。太政官去宝亀四年正月十六日下弾正台左右京職五畿内七道諸国騰勅符称。養鷹者先既禁断。頃年以来無事棄日。時暫遊覧。特聴一二陪侍者令得養。欲送無事之余景。実非凡庶之通務。如聞。京畿諸国郡司百姓及王臣子弟。或詐特聴。或仮勢侍臣。争養鷹鸇。競馳郊野。允違禁制。理須懲粛。所司承知。厳加禁断。莫令更然。若猶不改者。六位已下不論蔭贖科違勅罪。五位已上録名言上者。被右大臣宣称。奉勅。私飼鷹鸇已経禁断。今一切欲制。事不獲已。宜聴親王及観察使已上并六衛府次官已上特令得飼。但馳逐田畝損傷民産之類。令所司録名言上。其所聴人等太政官給随身験。所司加検校然後聴飼。若無官験輙飼鷹者。六位已下禁身副鷹進上。五位已上録名言上。阿容不言者同科違勅罪。

と定める。養鷹の鷹は「進上」により没収された。この太政官符は、日本後紀巻一七平城天皇大同三年九月乙未（一六日）勅「禁私養鷹。其特聴養者。賜公験焉。」を布告した太政官符であり、同勅の「其特聴養者。賜公験焉。」に基づき、この太政官符に「宜聴親王及観察使已上并六衛府次官已上特令得飼。」と規定され、これにより養鷹勅許制度が確立した。

(6) 貞観五年三月太政官符による禁止　　類聚三代格巻一九禁制事清和天皇貞観五年（八六三）三月一五日太政官符「禁制国司并諸人養鷹鷂及狩禁野事」は、

奉勅。貢御鷹鷂従停止。及不応下飼巣網捕等鷹之状。元年八月十三日下知既畢。誠欲好生之徳発悪殺之心。上下慈仁。中外提福。今聞。或国司等多養鷹鷂。尚好殺生。放以猟徒。縦横部内。強取民馬乗騎駆馳。疲極則棄不帰其主。黎庶由其悲吟。農科爲之欠怠。苟凶朝寄。豈当如斯。自今以後。此事有聞。則責以違勅。解却見任。又罷殺生之遊。故施禁野之制。而今或聞。軽狡無頼之輩私自入狩。以擅場。鳥窮民苦更倍昔日。国司聞見無心糺察。並非国家之宿懐。何其未思之甚矣。宜厳加禁制莫令重然。有不聴従五位以上録名言上。六位以下登時決罰。但百姓樵蘇人意莫禁。若有致乖違帰罪国司。

と定める。この太政官符は、同日の勅である日本三代実録巻七清和天皇貞観五年（八六三）三月一五日「是日。禁諸国牧宰私養鷹鷂（略）或聞。多養鷹鷂。尚好殺生。故以猟徒縦横部内。故重制焉。」を布告したものであり、放鷹を「殺生之遊」と断じて禁止した。

(7)　延久四年一一月太政官符による禁止　　　朝野群載巻八後三条天皇延久四年（一〇七二）一一月九日太政官符「応禁断御鷹飼外私飼鷹鸇并京邊狩猟事」は、

飼鷹之事。禁制屢下。而近年之間。恣忘制令。私飼鷹鸇。競馳郊野。況乎於京邊。好狩猟之者。招集列卒。殺屠猪鹿。如此之輩。永可禁圧。宜仰五畿内諸国。御鷹飼外。嚴令停止者。諸国承知。依宣行之。符到奉行。

と定める。京辺における狩猟禁止を含む養鷹禁止である。

(8)　大治五年一〇月太政官符による禁止　　　朝野群載巻一一崇徳天皇大治五年（一一三〇）一〇月七日太政官符「応禁遏私飼鷹鸇并致狩猟事」は、

狩猟之誡。厳制重畳。而近日恣忘制令。私飼鷹鸇。競馳郊野。致屠猪鹿。諮之憲章。理不可然。宜仰彼台職等。慎令禁遏者。台職等宜承知。依宣行之。符到奉行。

と定める。郊野における狩猟禁止を含む養鷹禁止である。

（二）　養鷹勅許

養鷹勅許は、前記のとおり、聖武天皇神亀五年（七二八）詔が「其待後勅。乃須養之。」と後に勅により養鷹が許されるとし、その後養鷹禁令が重ねられて平城天皇大同三年九月一六日勅が私養鷹禁止と養鷹の特聴（許可）者に公験を賜ることを定め、これを布告した太政官符において「親王及観察使已上并六衛府次官已上特令得飼。」と親王等に養鷹が勅許されたという経過があった。養鷹勅許には、次のとおり個別の勅許がある。

(1)　承和四年一〇月二六日勅許　　続日本後紀巻六仁明天皇承和四年（八三七）一〇月丙辰（二六日）条は、「丙辰。聴斎院司私養鷹二聯。」と定め、養鷹勅許した。

(2)　貞観二年閏一〇月四日勅許　　日本三代実録巻四清和天皇貞観二年（八六〇）閏一〇月庚戌（四日）条は、「詔二品行兵部卿忠良親王。聴以私鷹二聯。狩五畿内国禁野辺。」と定め、養鷹勅許した。

(3)　貞観二年一一月三日勅許　　日本三代実録巻四清和天皇貞観二年（八六〇）一一月己卯（三日）条は、「詔参議正三位行右衛門督源朝臣融賜大和国宇陀野。為臂鷹従禽之地。」と定め、養鷹勅許した。

(4)　貞観三年二月二五日勅許　　日本三代実録巻五清和天皇貞観三年（八六一）二月己巳（二五日）条は、「詔大納言正三位兼行右近衛大将源朝臣定。聴以私鷹鷂各二聯。遊獵山城。河内。和泉。摂津等国禁野之外。」と定め、養鷹勅許した。

(5)　貞観三年三月二三日勅許　　日本三代実録巻五清和天皇貞観三年（八六一）三月丁酉（二三日）条は、「詔河内摂津両国。聴二品行式部卿兼上総太守仲野親王以私鷹鷂各二聯遊猟禁野之外。」と定め、養鷹勅許した。

(6)　貞観八年一一月一八日勅許　　日本三代実録巻一三清和天皇貞観八年（八六六）一一月己未（十八日）条は、「勅二品式部卿忠良親王聴養鷹二聯。鷂二聯。左大臣正二位源朝臣信鷹三聯。鷂二聯。」と定め、養鷹勅許した。

(7) 貞観八年一一月二九日勅許　日本三代実録巻一三清和天皇貞観八年（八六六）一一月庚午（二九日）条は、

勅聴二品仲野親王養鷹三聯。鶻一聯。正三位行中納言陸奥出羽按察使源朝臣融鷹三聯。鶻二聯。従五位下行内膳正連扶王鷹一聯。従五位上行丹波権守坂上大宿祢貞守鷹一聯。従五位下行近江権大掾安倍朝臣三寅鷹三聯。

と定め、養鷹勅許した。

以上のとおり、個別の勅許に基づき養鷹勅許する手続は、天皇が某人に勅許し、それを受けて太政官が当該人に「随身験（公・官験）」を給付する。かくて養鷹の勅許を受けた人々は、私鷹の飼育数、餌を調達する人数、猟場の指定等の規制を受け、天皇への奉仕を求められ、天皇放鷹に供奉した。

2　寺辺二里内狩猟禁止

寺辺二里内狩猟禁止については、狩猟の原則である月六斎日皆断殺生の遵守下命に併せて別の狩猟規制による禁止も行う改正の場合として、前に律令法の改正法で検討した。狩猟規制としては、まず単独の寺辺二里内狩猟禁止の発令があり、後に月六斎日皆断殺生に併せて発令された。

(一)　寺辺二里内狩猟禁止の立法理由

単独の寺辺二里内狩猟禁止の発令理由は、寺域の清浄確保を目的としたがその後寺院の領域確保に利用されて拡大し、変容したとする歴史学の有力な見解がある。本書では単独で発出された最初の寺辺二里内狩猟禁令は、東大寺の大仏開眼に関連したものと解する。また、月六斎条遵守下命に寺辺二里内狩猟禁止を併せ発令した場合の立法理由については、仏典に通じた研究者から「仏説観普賢菩薩行法経」の「第四懺悔者。於六斎日。勅諸境内。力所及処。令行不殺。」を挙げて隋・唐仏教からの影響とする見解が示されている。本書では、寺辺二里内狩猟禁止の処罰を厳格にするために実定法を活用した法改正であったものと解する。

（二）　寺辺二里内狩猟禁止令の状況

⑴　天平勝宝四年閏三月騰勅符による寺辺二里内狩猟禁止　孝謙天皇天平勝宝四年（七五二）閏三月八日騰勅符の狩猟禁止令は、後記の⑶嵯峨天皇弘仁三年九月勅に「依天平勝宝格。東大寺四面二里之内。不聴殺生。」と、⑷仁明天皇承和八年二月勅に「天平勝宝四年騰勅符云。先禁断寺辺殺生畢。」と、⑸貞観四年一二月太政官符に「天平勝宝四年閏三月八日（略）騰勅符」と各引用された寺辺二里内狩猟禁止の最初の禁令である。その内容は、東大寺四面二里之内において殺生が聴（ゆる）されずと定められたが、罰則として違勅罪には言及されていなかったらしい。

その発令理由は、天平勝宝四年（七五二）四月九日の東大寺大仏開眼供養会に関連したものであろう。東大寺大仏は、天平一二年（七四〇）聖武天皇が河内国の知識寺で盧舎那仏を拝して造像を決意したことに始まり、天平勝宝元年（七四九）一〇月大仏鋳造に漕ぎつけ、続日本紀が天平勝宝四年（七五二）四月九日「盧舎那大佛像成。始開眼。是日行幸東大寺。天皇親率文武百官（略）未嘗有如此之盛也。」と東大寺大仏開眼の盛儀を伝える。本騰勅符は、この盛儀の諸準備の一環であったとみるのが自然である。

⑵　宝亀二年八月太政官符による月六斎日・寺辺二里内狩猟禁止　前記（本章第三節三2（二）⑴）の、類聚三代格巻一九禁制事光仁天皇宝亀二年（七七一）八月一三日太政官符「応禁断月六斎日并寺辺二里内殺生事」による月六斎条の遵守下命と併せて寺辺二里内狩猟禁令が発出された禁令である。発令理由を記述していないが、「自今以後。厳加禁断。准勅施行。如有違犯者。必科違勅之罪。」と違勅之罪による厳罰を明定した。大仏開眼の盛儀のために敢えて処罰を避けたと考えられる東大寺の寺辺狩猟禁令を、広く寺辺二里内に拡大して禁止するためもあり、月六斎条の遵守下命と併せて禁令することにより、刑罰による処断を実効あるものにしたものと解する。

⑶　嵯峨天皇弘仁三年九月勅による寺辺二里内狩猟禁止　日本後紀巻二二嵯峨天皇弘仁三年（八一二）九月乙

亥（二〇日）条は、

勅。依天平勝宝格。東大寺四面二里之内。不聴殺生。今年序稍遠。禁防弥薄。宜令便経国司。新立標牓。如有国師不検。即以違勅論者。而今無識之徒。不畏朝憲。国司講師。禁制亦緩。遂使奈苑之辺。環作漁猟之地。梵宇之下。不異屠宰之場。宜更禁止。有犯科罪。

と定めた。罰則は、「即以違勅論者。」としている。

(4)　仁明天皇承和八年二月勅による寺辺二里内狩猟禁止　　続日本後紀巻一〇仁明天皇承和八年（八四一）二月乙卯（一四日）条は、

勅。天平勝宝四年騰勅符云。先禁断寺辺殺生畢。今如聞。詩序稍遠。禁断遂薄。若違犯者。即以違勅論者。春蒐秋獮。釣而不網。事不得已。期干止殺。況乎仁祠之辺。精舎之前。従来解脱之界。非是漁猟之地。如聞。勢家豪民。無憚憲章。国宰講師。不存検校。遂使寺内馳馬。仏前屠禽。如此淫濫。不可勝言。夫妖孽之臻。未必自天。民自取焉。可為太息。宜重下知五畿内七道諸国司。厳令禁断寺辺二里殺生。如有犯者。六位已下科違勅罪。五位已上録名言上。不得阿容。

と定める。「況乎仁祠之辺。精舎之前。従来解脱之界。非是漁猟之地（寺の周辺や精舎の前はもとより仏教の悟りの土地であり漁猟の地ではない）。」と強調して違犯者には違勅罪を科すとし、「不得阿容（おもねり見過ごすことのないようにせよ）。」と命令した。この勅により、次の(5)貞観四年一二月太政官符が引用する「承和八年二月一四日騰勅符」が布告されたものであろう。

(5)　貞観四年一二月太政官符による月六斎日・寺辺二里内狩猟禁止　　前記（本章第三節**三2**（二）(2)）の、類聚三代格巻一九禁制事清和天皇貞観四年（八六二）一二月一一日太政官符「応重禁断月六斎日并寺辺二里内殺生事」による月六斎条の遵守下命と併せて寺辺二里内狩猟禁止が発出された禁令である。事書に「并寺辺二里内殺生」を加えて寺辺二里内における狩猟規制を行い、罰則については「若猶有違越者。一依前格。六位已下科違勅罪。五位已上録名言上。国司講師知而不糺者。亦与同罪。」と違勅罪による処断を厳命した。

3　神社内狩猟禁止

（一）　神社内狩猟禁止の立法理由

神社内狩猟禁止の立法理由は、特定の社辺の清浄確保の目的から始まり、それが社領域一般の聖域主張にまで拡大したと説かれている。

（二）　神社内狩猟禁止令の状況

(1)　承和八年三月太政官符による神社内狩猟禁止

類聚三代格巻一神社事仁明天皇承和八年（八四一）三月一日太政官符「応禁制春日神山之内狩猟伐木事」は、

春日神山四至灼然。而今聞。狩猟之輩触穢斎場採樵之人伐損樹木。神明攸咎。恐及国家。宜下知当国厳令禁制者。国宜承知。仰告当郡司并神宮預。殊加禁制。兼復牓示社前及四至之堺。令人易知。若不遵制旨。猶有違犯者。量状勘当。不得容隠。

と定め、春日神社の社域での狩猟禁止と伐木禁止を定める。神社内狩猟禁止の最初の禁令である。広い春日山の社域における禁令であることから、慎重な法執行を規定している。

前記寺辺二里内狩猟禁止(2)の寺辺二里内狩猟禁止より約半月遅れて発出されたが、条文の末尾の「不得容隠。」に処罰が確立した寺域と新たに処罰することとなる社域との相違が看取される。この太政官符は、続日本後紀巻十仁明天皇承和八年三月壬申（一日）条「大和国添上郡春日大神々神山之内。狩猟伐木等事。令当国郡司殊加禁制。」の勅により布告されたものであり、当国の郡司に命じて特に厳しく禁止させるとしている。

(2)　元慶八年七月太政官符による神社内狩猟禁止　　類聚三代格巻一神社事光孝天皇元慶八年（八八四）七月二九日太政官符「応禁制賀茂神山狩猟事」は、

奉勅件神山四至之内。不可穢涜之状。制旨間降。如聞。無頼之輩。偸射猪鹿宜厳加禁止。若有犯者。五位巳上取名奏聞六位巳下捉進其身。依法科処曽不寛宥。

と賀茂神社の社域における狩猟禁止を定める。禁止する狩猟を「偸（ぬすむ）射猪鹿」と猪鹿の盗猟の趣旨で表示しているが、ゲルマン法狩猟権の下における「盗猟」と類似した表現である。月六斎日皆断殺生による狩猟の国家管理の徴表であるといえる。

4　飼鳥禁止

(一)　物合と鳥合

平安時代、宮中では「物合（物あわせ）」が盛んに行われた。左右二組に分かれ、様々な物を比べて勝負を競った。貝合・扇合・歌合といろいろで、その物が鳥になると「鳥合（鳥あわせ）」である。鶏合（闘鶏）・鴨合・鶉合・鳩合・鶉合・鶯合と種名を冠した鳥合があり、「小鳥合」というだけの何鳥かわからない鳥合も史・資料にみえる。

順徳天皇が承久三年（一二二一）に著した『禁秘抄』は宮中行事を伝えるが、その最後に鳥の項目があり、「幼主時。小鳥合并鶏闘。常時也。」と、小鳥合や鶏闘が幼帝のための遊戯であったことが知られるし、『中右記』には堀河天皇寛治五年（一〇九一）一〇月六日条に「殿上有小鳥合興」とあり、この小鳥合は何鳥とも判らない。『枕草子』の四八段に、「鳥は、こと処の物なれど鸚鵡いとあはれなり」から始まり、「ほととぎす・くいな・しぎ・都鳥・ひわ・ひたき・山鳥・鶴・頭赤き雀（ニュウナイスズメ）・いかる・たくみ鳥（ミソサザイかヨシキリ）・鷺・水鳥・おしどり・千鳥・鶯・雀・とび・烏」などと小鳥から大型の鳥までが登場してくる。そして「二七六段」には、「物あはせ、何くれと挑むことに勝ちたる、いかでか嬉しからざらん。」とある。鳥合は、勝つと嬉しい宮中行事であった。そのような宮中行事の背景があり、籠で鳥を飼うことが、次第に庶民にまで流行するようになった。

（二）　飼鳥禁止

(1)　白河上皇の飼鳥禁止令と実施　中右記永久二年（一一一四）九月八日条に「行重来云、院仰云、近日京中飼小鳥小鷹之輩、有其数之由、所聞食也、早仰検非違使等可禁制、則可仰廻之由下知了、」とあり、白河上皇は、京中の小鳥小鷹を飼育する輩を調べて、検非違使をして禁止させる旨を下命した。法形式は院宣である。

これにより、翌九日条に「行重、重時来、将来小鳥飼下人十余人、各放鳥切籠、於下人等暫令候散禁、」とあり、小鳥飼育の下人十余人に対し放鳥と籠の破壊をさせ、さらに、翌々一〇日条に「有貞来、搦飼小鳥輩、切籠放鳥、説兼来、」とあり、捕らえた飼小鳥輩に対して放鳥と籠の破壊をさせた。

(2)　白河上皇の飼鳥禁止令と違犯者への措置　『百錬抄』大治元年（一一二六）一〇月二一日条に「太上法皇召集洛中籠鳥放棄之」とあり、白河上皇は、京中の籠鳥を集め、鳥を放ち籠の破棄を下命し、実施させた。

三　害鳥獣防除の改正

律令改正法には、害鳥獣防除の規定は見当たらない。鼠による被害が発生したようで、続日本紀巻三三光仁天皇宝亀六年（七七五）四月己巳（七日）条に「河内。攝津兩国有鼠食五穀及草木。」とあり、その対策は「遣使。奉幣於諸国群神。」であった。

四　鳥獣保護の改正

律令改正法には、鳥獣保護の規定はない。

五　肉食触穢の改正

神祇令散斎条の施行規則である「式」が制定され、狩猟と肉食触穢との関わりが明確になった。大宝・養老律令の施行規則を定める弘仁式は弘仁一一年（八二〇）に撰進されたが、その逸文によると、穢れに関する施行規定として、

弘仁式云、触穢悪事応忌者、人死限卅日、産七日、六畜死五日、産三日、其喫宍、及弔喪、問疾三日、

と定められた。

「食宍」の用語を用いずに、「喫宍」に改めた。食宍は一切の生き物の肉を食することをいうと解釈されていたが、式の用語変更により解釈に変動が生じることになった。これにより食肉の穢れは「六畜」すなわち「馬牛羊鶏犬豕」の喫宍に限られることになり、鹿・猪等の狩猟の獲物の動物や魚類の肉を食することは、式の条文上では、穢れの規定に該当しないことになった。この弘仁式の条文は、貞観式を経て、康保四年（九六七）施行の延喜式の神祇臨時祭穢忌条に「凡触穢悪事応忌者。人死限卅日。産七日。六畜死五日。産三日（鶏非忌限）。其喫宍三日。」と、ほぼ同文の規定がなされた。この式の条文は、穢れに対する対策として、「〇〇の穢れ」に触れた人に対し神事や宮中参内等を忌み慎むことを命じ、「〇〇何日」と当該穢れの忌み慎む日数を明定する。穢れに対する律令法の立法態度は、穢れを排除する原因除去ではなく、祭祀や斎戒の場に穢れを入れないようにするだけの清浄維持という消極的対応策の制定に止まる。

穢れの伝染については、延喜式神祇臨時祭触穢条に明文が設けられた。条文は、「凡甲処有穢。乙入其処。乙及同処人皆為穢。丙入乙処。只丙一身為穢。同処人不為穢。乙入丙処。人皆為穢。丁入丙処不為穢。」とある。穢れが、直接の甲人から乙人へさらに丙人へと三転して伝染することに関しても規定され、伝染の範囲と対策が定められた。

六　罰則の改正

1　違勅罪による処罰

律令改正法の狩猟法令を検討してみると、罰則を違勅罪とする禁令が多数発出されたことが注目される。ところが、違勅罪を掲げて重罰を強調する禁令には、処断すべき律の罰条を明示していないという問題があった。明法家の少数説は、「王命違反行為」として名例律「八虐大不敬」条をもって擬律し当然死罪と主張した。多数説は、違勅罪とされた違反行為には、過失程度の事柄から天皇に対する反抗とみるべき重大な違反まで様々な態様のものがあるため、職制律詔書施行而違条「被詔書。有所施行而違者。徒二年。失錯者。杖八十。」により擬律すべきものとした。しかし、この条は詔書施行の手続に違背した官人を処断する罰則であり、一般人の違勅罪処罰に適用できるかとの疑問があり、また違勅罪を下命しない格違反の「違格罪」に対しても同条を適用するのかという疑問が生じた。論争の結果、類聚三代格巻二〇断罪贖銅事桓武天皇延暦二一年（八〇二）一〇月二二日太政官符は、勅例（弾例）違反に違勅罪の適用を規定した前格を改めて、「若科違勅。実復過重。宜施疎綱以存懲粛。其犯違法令宜処以恒科。若事違弾例。即科違式罪。」と定めた。その経過から、法書『法曹至要抄』は、「違勅事」に「職制律云。被詔書有所施行。而違者徒二年。失錯杖八十。」と注釈を施し、「違式違令事」には「雑律云。違令者笞五十。別式者。減一等。」と注釈した。

狩猟法令違反に関しては、法書『法曹至要抄巻中』は、「私飼鷹鸇事」に、

弾正式云。私養鷹鸇。台加禁弾。弘仁八年九月廿三日宣旨云。中納言藤原朝臣冬嗣宣。奉勅。私飼鷹者。頃年禁断已久。而今諸人無有公験。乖制恣養。但仰看督長。厳令禁察。其五位以上。録名奏聞。六位已下。禁身申送。所持之鷹。皆進内裏者。案之。鷹鸇事。鳳詔之制。厳禁如斯矣。

と、弘仁八年（八一七）九月二三日宣旨による違勅罪の厳格な処罰を記述している。

2　明治初期の刑法における違勅罪

律令法に王政復古した明治初期の刑法において、違勅罪はどのように取り扱われたであろうか。

司法機関である刑部省は、明治元年から三年まで「仮刑律」を定めて刑事実務を処理した。仮刑律の雑犯制旨及令違条は、「凡、故らに制旨に違うものは笞一百。令に違ふ笞五十。臨時沙汰之旨に係らば笞三十。」と定めた。違勅罪は、天皇の命令である「制旨に違うもの」に該当する。明治三年（一八七〇）一二月「新律綱領」が制定された。新律綱領雑犯律の違令条は、「凡令ニ違フニ、重キ者ハ、笞四十。軽キ者ハ、一等ヲ減ズ。」と定めたが、違勅罪についての直接の規定はない。新律綱領を改正して明治六年（一八七三）六月「改定律例」が制定された。改定律例違令条例の第二八七条は、「凡制ニ違フ者ハ、懲役百日。軽キ者ハ、一等ヲ減ズ。」と定め、次条の第二八八条は、「凡式ニ違フ者ハ、懲役二十日。軽キ者ハ、一等ヲ減ズ。」と定めた。第二八七条が違制の罪として違勅罪を規定し、第二八八条が違式罪を規定したと解される。やがて、近代的な刑法典である「旧刑法」が明治一五年（一八八二）一月に施行され、違勅罪に問われることはなくなった。

第四章　中世法の狩猟法制

第一節　中世法

一　中世法

わが国の中世は、国の中央権力が分有され法が分立した時代であった。分立した法権の法源は、おおまかな時代順に区分すると、公家法、鎌倉幕府法、分国法、共同体の法、室町幕府法、及び豊臣政権法となる。

1　公家法

公家法は、朝廷法であり、朝廷・公家権力の法領域で行われた律令法の後身である法をいう。法源の基本は律令法とその改正法であり、太政官符・官宣旨・宣旨・院宣等の法形式で発出された禁令は、公家新制と呼称される。荘園には領主の上位にある名義上の所有者の本所に関する法領域として本所法があった。

2　鎌倉幕府法

鎌倉幕府法は、公家法の下で成立した武家社会の慣習に基づき、鎌倉幕府の法領域で行われた武家法をいう。鎌倉幕府は、源頼朝が鎌倉に創始した武家政権であり、幕府成立時期については諸説がある。頼朝の征夷大将軍任命をもって鎌倉幕府成立とする形式的理解に立つ学説のほかに、歴史書『吾妻鏡』編纂開始の年である治承四年（一一八〇）

一二月の鎌倉御邸新造の祝典により鎌倉幕府がひとまず成立し、動乱の中で成長を遂げ、寿永二年（一一八三）一〇月の後白河上皇宣旨による頼朝の東国行政権承認を経て、文治元年（一一八五）一一月末の守護・地頭設置の時に至って確立したとの実態的な学説がある。

鎌倉幕府は、貞永元年（一二三二）八月武家法典として「御成敗式目」を制定した。その改正法である追加法は随時発出され、新制・関東新制条々等と名付けて発出された禁令は武家新制と呼称される。

3　分国法

分国法は、武家権力の戦国大名が領国である分国支配のために発出した国法・家法等の法令をいう。世は戦乱の巷と化し、法律秩序の極度に破壊された時代であったが、各地の国主・大名の領国内には、分国法が強力に実施されたので、法律生活が異常な発達を遂げた時代であった。分国法は、武家家法に属し、家訓から家法などと様々な規範の形態で存在しており、法権の主体と法規制対象との関係から、一族子弟を対象とする家長の法、従者を対象とする主人の法及び領国内被支配者を対象とする領主の法と区分され、一般に戦国法と呼ばれる多数の領主法を対象にして研究が進められる。戦国大名諸家の法令は、全体として鎌倉幕府の法である御成敗式目を承継していた。

4　共同体の法

共同体の法は、地域領主や人民の共同体が法制定の主体として定立した法である置文・一揆契諾状や村法等の成文・制定法をいう。置文とは、地域領主が子孫や一族に対し守るべき訓戒を述べ、一族の分裂を防ぎ団結を保つために自己の意志を書き記した文書であり、所領・財産を譲与する旨を述べたものは譲状と呼称された。一揆契諾状とは、地域領主の集団行動の合意書である。村法とは、地域集落である村民の定めた村掟であり、村定書とも称された。それぞれの共同体の法は、様々な分野をその規律対象としていた。

5　室町幕府法

室町幕府法は、後醍醐天皇の建武政府を駆逐し京都に発足した武家政権の室町幕府の法をいう。室町幕府は、武家政治の復活を掲げ鎌倉幕府の継承者として、前幕府の機構・法制・制度をそのまま承継した。足利尊氏が建武三年（一三三六）一一月七日制定した「建武式目」は、一般に制定法ではなく意見書であるとされる。室町幕府は、御成敗式目に比肩する新法典の編纂を行わず、鎌倉幕府法を承継して随時個別法令を制定し、これを御成敗式目に追加する意味で建武以来の追加法と称した。

6　豊臣政権法

豊臣政権法は、豊臣秀吉政権の法をいう。織田信長は、尾張の国主より興って将軍足利義昭を放逐し、天下統一を号令したが、覇業半ばに倒れ十分な法制を備えるには至らなかった。織田政権の法制・施策は豊臣秀吉が承継した。武家権力の織田政権と豊臣政権の法令は、元来分国法の一種であるが、鎌倉・室町両幕府法を承継したものであり、その法実効力は両幕府の法令を基盤としつつこれを超越した。豊臣政権は、法典を整備することなく、事ある毎に朱印状・掟、禁令を発して機敏な処置をとり、武断的な法執行により、社会生活に強大な影響を与えた。これが豊臣政権の法制・施策の特色であり、この特色は江戸幕府の踏襲するところとなり、豊臣政権法は、江戸幕府へ承継された。

二　中世と武士

中世という時代の区分は西欧歴史学の概念である。栄光の「古代」ギリシャ・ローマが衰退し、ゲルマン民族が支配した「ダーク・エイジ（暗黒時代）」の「中世」が続いたとする。わが国歴史学でも古代・中世の区分が提唱された。中世には武士が活躍した。武士の成立には諸説があるが、荘園の主従が狩猟により武士に成長したとする簡明な見解がある。この時期までの国の軍制は、国民皆兵の徴兵により国を守る体制であったが、辺境の地を除き全国を郡司らの子弟で編成した健児という専門兵士により防備することにして軍制が改変された。さらに健児が文書伝送等の業務を行うようなことになり、専門兵士すら必要がないとされてしまった。かかる国の無防備体制がある一方、荘園の領主は、未開墾地の山川藪沢を開墾し、これの国家徴租権の不輸及び国家警察権の不入の特権を獲得し、国家権力から分立した領主権をもって支配していく過程において、領地には猟場の「狩倉」を形成し、領民を武装化し、狩倉における狩猟即軍事訓練として実施することにより武士を練成し、武力を獲得したとされる。

三　狩猟黄金時代と鹿猟

中世は、自然環境が中世温暖期にあって狩猟の獲物に恵まれ、狩猟の黄金時代として、「中世の武士はしばしば『弓矢取』『弓矢を取る者』とよばれ、馬にのっての弓術こそ、その最大の技能であった。そして実戦をぬきにすれば、狩猟こそは武士の技能のもっとも輝かしい見せ場であり、また戦闘訓練そのものであった」「中世が日本の狩猟史上の黄金時代と考えられているのもまた当然であった」と特筆された（石井進著『中世武士団』）。

鹿猟は中世狩猟の象徴であった。狩倉の巻狩は、鹿を傷付けないようにして猟獲し、鹿皮を得るという精緻な戦術を展開する機動的な実戦訓練である。武具獲得のための全国荘園における鹿の猟獲数は、厖大な数に上った。史・資料にはその一端を窺わせるものがある。大隅国島津荘鹿屋院の惣地頭代官等が領家御年貢色々済物を押領したとして、領家方が訴えた事案では、七四年間に一年につき五〇頭で合計三七〇〇枚の鹿皮の被害が計上されていた（『鎌倉遺文』大隅野辺文書）。また、鹿皮を武具に加工する荘内の皮革職人に対する年貢免除の除田が知られている。武蔵国所在稲毛荘検注帳には、平治元年（一一五九）の除田内訳に「皮古造免五段」と、皮革製籠職人に給免田（除田）を特別に与えて優遇した記載がある（『平安遺文』稲毛荘検注帳）。最近、戦国大名の領国内の皮革業者に対する優遇・統制策の解明が進展した結果、統制策の根底には鹿が容易に捕獲できなくなったという実情のあることが判明してきた。また、中世の勘合貿易の輸入品に鹿皮のないことも判明している。

中世の狩猟黄金時代は、鹿を乱獲し、まさに国内の乱獲で鹿が間に合うギリギリだったと推定されている。そして、狩猟黄金時代とは逆に、法制度としての月六斎日皆断殺生は、毎日・通年の殺生禁断へと拡大したのである。

第二節　法制度としての月六斎日皆断殺生の殺生禁断への拡大

一　月六斎日皆断殺生から殺生禁断へ

狩猟の原則である月六斎日皆断殺生は、中世法において法制度としての適式な法改正の手続を経て、月六斎日皆断殺生から殺生禁断へ拡大した。

ここでいう殺生禁断への拡大とは、事実行為あるいは社会風俗としての殺生禁断の拡大ではなく、月六斎条の法改正による法制度としての殺生禁断への拡大である。また、天皇をはじめ統治者からその統治者たる権能に基づき政策的に殺生禁断の命令が発出された場合とも異なり、実定法の改正をいう。公家法においては公家新制の発出により実施・拡大され、鎌倉幕府法においては武家新制の追加法として拡大されたし、室町幕府法においては鎌倉幕府法を承継して幕府追加法を制定し、殺生禁断の拡大が確立された。豊臣政権法においては、拡大した殺生禁断を踏襲承継し、主要政策に包含して実施された。

二　公家法における殺生禁断への拡大

1　公家新制による最初の月六斎日皆断殺生の実施法

公家法二三条（『中世法制史料集』公家法の条文・以下同）高倉天皇治承二年（一一七八）七月一八日太政官符「応禁制六斎日殺生事」は、治承二年新制一二か条の第四令であり、

禁断殺生、厳制重畳、違犯之科、格条已明、而今如聞、遊手浮食之輩、多当彼日、殊成此犯云云、内破佛戒、外忘皇憲、重加下知、慥令禁断者、

と定める。六斎日における殺生が厳しく罰せられることを強調し、殺生をする者を「遊手浮食之輩」と断じて重く処断すべきことを下命した。

この治承二年の「禁断殺生」の禁令は、平氏政権の全盛・滅亡と源氏政権の興隆という時代背景の下に、公家新制における最初の月六斎日皆断殺生の下命であるとして、「新制に見えるのは本令に始まる」と説かれる。

2　殺生禁断拡大への経過

殺生禁断への拡大は、源頼朝の朝廷への奏請から始まり、公家法と武家法の連携の下に実施された。

（一）　文治四年における源頼朝の朝廷への奏請

源頼朝は、後白河上皇から寿永二年宣旨により東国行政権の承認を受けたが、吾妻鏡巻八の文治四年（一一八八）六月一九日条に、

二季彼岸放生会之間。於東国可被禁断殺生。其上。如焼狩毒流之類。向後可停止之由。被定訖。可被　宣下諸国之旨。可被経　奏聞云云。

とあり、東国宛てに春秋二季の彼岸、鶴岡八幡宮の八月放生会における殺生禁断と一年中の焼狩・毒流し漁停止を命令した。殺生禁断への拡大である。そして、朝廷へこの殺生禁断の拡大を諸国へ宣下することを奏請した。

これにより朝廷は、八月一七日後鳥羽天皇宣旨をもって、

殺生之誡。厳制重畳。随又去年十二月。殊被下糸綸畢。而荒楽之輩。動犯法禁之由有其聞。就中流毒焼狩者。典章所指。其罪尤重。非只尽猪鹿之獲。忽逮飛沈之類。内破仏戒。外背聖記。宜仰五畿七道諸国。永令従禁遏。

と、焼狩・毒流し漁停止を含めて殺生禁断を下命した。吾妻鏡巻八の文治四年八月三〇日条にあるとおり、同日宣旨状が幕府に到着した。

（二）　建久元年における朝廷と源頼朝の連携

吾妻鏡巻一〇の建久元年（一一九〇）七月一日条に、「今明年之間、固可禁断殺生之由、被仰関東御分国、是依聖断也、於其外国々者、不可限年之旨、去月九日被宣下云々、」とある。源頼朝は、関東御分国に対し今年・建久元年と明年・建久二年との間は固く殺生禁断すべきことを命じ、そのほかの国々には年を限らないとした。吾妻鏡は、これが朝廷の聖断によるものであり、先月九日に宣下があったことを伝える。朝廷と頼朝の連携は緊密であり、建久二年になると次に述べる同年宣旨の発令に結実した。

（三）　建久二年三月宣旨による殺生禁断拡大の方向性

建久二年における公家法と武家法の連携により、著名な同年宣旨が発令された。これにより殺生禁断への拡大の方向性が固まった。公家法八七条後鳥羽天皇建久二年（一一九一）三月二八日宣旨「可禁断殺生并京中寺社近辺飼鷹鶏事」は、

漁猟鷹鶏之制者、先格後符所禁也、而近年宣下、雖及度々、遵行未全遍、愚拙之民、空離禁□、然間先身後之罪、因於眼前又感報、懺尚可懺、禁又可禁、就中京洛之中、寺社近辺、厳加禁制止、莫令違犯、但於本社供祭、有例之漁猟者不在制限、凡厥流毒為漁、焼野猟鹿、非用殺生、永足禁断、兼又自今已後、正五九月并八月放生会以前及六斎日、宜停市鄽之売買、全飛流之生命、早下知京畿諸国、宜従禁遏、若尚不拘制法者、慥仰所部官司、任法科断、

と、いうものである。

この禁令は、まず事書が、「可禁断殺生并京中寺社近辺飼鷹鶴事」とあり、月六斎日皆断殺生の殺生禁断への拡大と京中寺社近辺の飼鷹鶴を禁令している。内容においては、月六斎日皆断殺生と鷹鶴禁止が繰り返し命令されてきたことを強調するとともに、京洛中・寺社近辺の殺生禁断、流毒漁撈・焼狩鹿猟の禁止、正・五・九月、八月放生会以前及び六斎日の魚鳥類の売買をも禁止するという多様な行為に対する狩猟の禁令であり、禁令の対象者・地域・行為等について月六斎日の狩猟抑制に限定することなく、通年における殺生禁断への拡大を命じたものであった。殺生禁断拡大の方向性は、この建久二年三月の宣旨により定まったのである。この建久二年宣旨に先立ち、前記のとおり頼朝の奏請を受けて朝廷が宣旨をもって殺生禁断令を発出したが、「頼朝の積極的な態度も幾分考慮すべきかと思われる」と歴史学の研究者は説いている（水戸部正男『公家新制の研究』）。

3　公家新制による殺生禁断への拡大と実施

（一）　概　要

わが国の月六斎日皆断殺生は、法制度としての適式な法改正の手続を経て、殺生禁断へと拡大する。そして同時期に、東ザクセンの参審自由人レプゴウがザクセンの慣習法を編纂した法書『ザクセンシュピーゲル・ラント法』に、「神が人間を創造し給うときに、神は人間に魚と鳥とあらゆる野獣に対する権力を与え給うた。」と記述されたことを想い起こすのである。「狩猟をする思想」と「不殺生の思想」の間には大きな隔たりが生じていた。以下中世法の法源において、まずは公家新制による殺生禁断への拡大と実施を確認することにする。

（二）　殺生禁断への拡大と実施

(1)　建暦二年三月宣旨「可禁断六斎日殺生事」　　公家法一〇七条順徳天皇建暦二年（一二一二）三月二二日宣旨

「可禁断六斎日殺生事」は、

漁猟之制前後慇懃、就中明主施仁、好生為本、加之禁戒者則為十重之初禁、又可禁制、制法者已許六斎之外、制何不制、下知京畿諸国、毎月件日々永禁断殺生、若尚違犯者、慥仰所部官司、宜令科決、但於伊勢大神宮・加茂社已下神社有例供祭者、不在制限、

と定めた。この禁令には、「但於伊勢大神宮・加茂社已下神社有例供祭者、不在制限」と伊勢大神宮・加茂社以下神社における例外が設けられた。

(2) 嘉禄元年一〇月宣旨「可禁断六斎日殺生事」　公家法一三七条後堀河天皇嘉禄元年（一二二五）一〇月二九日宣旨「可禁断六斎日殺生事」は、

斎日殺生、厳霜設科、而民之愚拙、猶不拘法、慥遵先令、莫費後符、抑於神社有例之供祭者、不在制限、

と定めた。神社における一般的な例外が設けられた。

(3) 寛喜三年一一月宣旨「可禁制六斎日寺辺殺生事」　公家法一七四条後堀河天皇寛喜三年（一二三一）一一月三日宣旨「可禁制六斎日寺辺殺生事」は、

殺生之制、雖載前符、細民之愚動冒禁法、是以六斎戒日、還為屠殺之期、仁祠近隣、更成漁猟之砌、何背皇憲、猥恣私欲、慥仰京畿諸国、重令禁遏、但於本社有例之供祭者、不在制限、

と定め、月六斎日に併せて寺辺殺生を禁令した。但書に神社の例外がある。

(4) 弘長元年五月宣旨「可令禁断殺生事」　公家法二一二条亀山天皇弘長元年（一二六一）五月一一日宣旨「可令禁断殺生事」は、

不殺生者、十戒之第一、五常之中仁也、世尊之利群類、以十戒為最、明王之撫万民、以五常為本、仍任数代之厳制、可

禁六斎之殺生、但於洛中者、縦雖非件日、都以従停止、慥令糺弾、莫緩禁網、神社有限之供祭非制禁、

と定めた。この禁令は、月六斎日の殺生禁断を強調した上、洛中においては六斎日以外の日でも殺生禁断とすることを命じた。神社の例外がある。

(5)　弘長三年八月宣旨「可禁断六斎日殺生事」　公家法二七四条亀山天皇弘長三年（一二六三）八月一三日宣旨「可禁断六斎日殺生事」は、

永止月六之殺生、宜修第四之懺悔、而細民之拙、動不拘法、仏戒所誡、聖沢亦同、訪之内外、罪科不軽、宜令五畿諸国、任代々之禁遏、止所々之釣漁、

と定めた。「宜修第四之懺悔」とあるので、前に律令法の「寺辺二里内狩猟禁止の立法理由」で述べた見解に従えば、本宣旨の事書「可禁断六斎日殺生事」は「可禁断六斎日寺辺殺生事」と解することになろう。

(6)　弘安二年一二月宣旨「殺生禁断事」　公家法三四四条後宇多天皇弘安二年（一二七九）一二月十五日宣旨「殺生禁断事」は、

漁猟鷹鸇之制者、格符前後之戒、而愚怯之民、偏背厳制、放逸之輩、剰為伎芸、匪啻身後之罪因、殆多眼前之感報、云彼云是、可懺可禁、就中、放生会以前、自八月一日至于十五日、専為毎年例事、下知京畿諸国、殊加禁遏之施行、須全飛沈之生命、若令違犯者、慥仰所部官司、任法禁断、但、於神社有限供祭者、不在制限矣、

と定め、放生会以前の自八月一日至一五日を月六斎日に加えて伸長した。但書に神社の例外がある。

(7)　弘安八年宣旨「可禁断六斎日殺生事」　公家法四二〇条後宇多天皇弘安八年（一二八五）「可禁断六斎日殺生事」は、

於京中者、縦雖非件日、都以従停止、

と定め、京中においては六斎日以外の日でもすべて殺生禁断とすることを命じた。

(8) 元享元年四月宣旨「可禁断殺生事」　公家法五六三条後醍醐天皇元享元年（一三二一）四月一七日「可禁断殺生事」は、

釣漁之禁、鷹鸇之制者、釈尊之戒行、明王之仁政也、山野禽獣之群、無不惜命、河海魚鼈類、猶有愛身、仍任数代之先綸、莫緩六斎之禁網、諸国諸庄、件日堅守制戒、洛陽洛外、一切可従停止、

と定めた。この禁令は、諸国諸庄においては月六斎日殺生禁断を堅く守り、京都の洛陽洛外においては殺生を一切停止とした。

三　鎌倉幕府法における殺生禁断への拡大

1　殺生禁断への拡大の経過

(一)　源頼朝と殺生禁断

源頼朝は、伊豆配流の辛苦の日々に天台宗伊豆走湯山般若院の僧文陽房覚渕に帰依し、仏教篤信の武人といわれ、殺生禁断に積極的な態度をみせた。鎌倉幕府成立後の吾妻鏡巻二の寿永元年（一一八二）八月一五日条には、「十五日癸丑。鶴岳宮被始六斎講演（鶴岡宮で六斎の講演が始められた）」とあり、鶴岡宮で六斎日の経典の講釈が始められた。三日前の一二日に長男源頼家が誕生し、新幕府が慶事に沸く中での六斎日であった。

前記の文治四年における公家法と武家法の連携の背景には、頼朝の一年間の殺生禁断の誓約があった。同年二月、源義経の逃亡先を探知した朝廷は、頼朝に義経追討の宣旨を発出しようとしたところ、頼朝から亡き母を供養する五重塔造営と自分の厄年により一年間の殺生禁断を誓っているとして、武力討伐を避け、藤原泰衡に対して義経の身柄引渡しを命じることの提言があり、朝廷では提言に沿って二月と一〇月にその旨の宣旨を発した。しかし、泰衡が義

経の引渡しに応じず、そのままに推移した。翌文治五年（一一八九）二月、殺生禁断の一年間を終了した頼朝が奥州攻めに動いた。

頼朝の月六斎日皆断殺生を遵守する態度については、吾妻鏡巻三の建久四年五月一五日条は、「今日は斎日たるによって御狩なし。終日御酒宴なり」と富士の裾野の巻狩の中に、月の六斎日である一五日の様子を描写している。

（二）　律僧叡尊の殺生禁断

鎌倉時代の律宗西大寺の僧叡尊思円は、わが国僧尼の戒律の厳格を志した僧として知られる。弘長二年（一二六二）執権北条時頼に招かれて鎌倉に下った。叡尊は各地で殺生禁断を説き、人々から叡尊に殺生禁断を誓約する「殺生禁断状」が提出された。叡尊の殺生禁断の事績は、授戒人数が四三五八人・殺生禁断状提出が三七三通のほかに、殺生禁断所寄進等が一三五六箇所という莫大なものであったと伝えられている。

（三）　御成敗式目と殺生禁断

御成敗式目を編纂した執権北条泰時は、栂尾高山寺の明恵上人との交流がよく知られている。貞永元年（一二三二）泰時が評定衆に命じて編纂・制定した「御成敗式目」は五一条から成る鎌倉幕府の基本法典であるが、殺生禁断規定ないし狩猟規定を欠如していた。公家法の体系的な法書である『法曹至要抄』が御成敗式目の制定に際して影響を与えたと説かれているので同書を探索してみると、律令改正法で述べた「私飼鷹鸇処罰」の注釈を参照できた。

2　鎌倉幕府追加法による殺生禁断への拡大と実施

御成敗式目制定後に追加された鎌倉幕府追加法により、殺生禁断が拡大した。

（一）　豊後守護大友氏受令発布の鎌倉幕府追加法による拡大と実施

鎌倉幕府追加法一七三条（『中世法制史料集』鎌倉幕府追加法の条文・以下同）仁治三年（一二四二）正月一五日「六斎日殺

生事」は、

禁断之由、累代之厳制、関東之御定、重畳已畢、毎月件日、奉行之国中、永可禁制之由、所被下御教書也、可存其旨、但於河海者、漁人以之依為渡世之計、被免之者歟矣、

と定めた。

この禁令は、その文辞から鎌倉幕府から受令して施行する立場の豊後守護の大友氏制定に係る法令であると認められるが、大友氏の家法として発令されていないことから、六波羅・鎮西両探題の発令も勘案し、鎌倉幕府法の追加法として考定された。御成敗式目五一か条中には狩猟規定はなく、この仁治三年禁令が追加法中で初めて、鎌倉幕府の狩猟の原則を宣明したものとなった。禁令中の「但於河海者、漁人以之依為渡世之計、被免之者歟矣、」は漁撈に関する例外であり、狩猟と漁撈に対する法的取扱の相違が看取される。

（二）　鎌倉幕府追加法による拡大と実施

(1)　文応元年五月追加法「六斎日并二季彼岸殺生事」

鎌倉幕府追加法三三六条文応元年（一二六〇）五月二三日「六斎日并二季彼岸殺生事」は、

魚鼈之類、禽獣之彙、重命逾山岳、憂身同人倫、因茲、罪業之甚、無過殺殺生、是以仏教之禁戒惟重、聖代格式炳焉也、然則件日々、早禁魚網於江海、宜停狩猟於山野也、自今以後、固守此制、一切可随停止、若猶背禁遏、有違犯輩者、至御家人者、令注進交名、於凡下輩者、可加罪科之由、可被仰諸国之守護并地頭等、但至有限神社之祭者、非制禁之限矣、

と定め、六斎日の六か日について春・秋の二季彼岸の日数分だけ伸長して拡大した。彼岸とは、春分・秋分の日を挟んで前後三日ずつの計七日間をいい、平安時代から暦に記載されるようになった日本独特の雑節である。渡り鳥の季節ということでもあったのであろうか。神社の例外が設けられた。

(2)　弘長元年二月追加法「六斎日并二季彼岸殺生禁断事」　鎌倉幕府追加法三四七条弘長元年（一二六一）二月三〇日「六斎日并二季彼岸殺生禁断事」は、

魚鼈之類、禽獣之彙、重命逾山嶽、愛身相同人倫、因茲、罪業之甚、無過殺生、是以仏教之禁戒惟重、聖代之格式炳焉也、然則件日々、早禁漁綱於江海、宜停狩猟於山野也、自今以後、固守此制法、一切可随停止、若背禁遏、有違犯之輩者、可加科罰之由、可被仰諸国守護人并地頭等、但至有限神社之供祭者、非制禁之限、

と定め、月六斎日に二季彼岸を伸長した。神社の例外がある。

(3)　正応三年「六斎日二季彼岸自八月一日至十五日殺生事」　鎌倉幕府追加法六二七条正応三年（一二九〇）「六斎日二季彼岸自八月一日至十五日殺生事」は、

右両条、固可令禁断焉、以前条々、背制法之輩者、可被処罪科之由、可相触尾張国中、若令違犯者、守護地頭同可有其科之状、依仰執達如件、

と定め、月六斎日と二季彼岸の殺生禁断に自八月一日至一五日を伸長した。「自八月一日至十五日」とは鶴岡八幡宮放生会の期間であり、一五日が放生会の式日である。

源頼朝は、毎年八月一日には「今日以後、放生会まで殺生禁断」と命じており、その死去の建久一〇年（一一九九）に近い吾妻鏡巻一四の建久五年（一一九四）八月一日条と同一五の建久六年（一一九五）八月一日条とに、その記事がみえる。

四　分国法における殺生禁断の拡大と実施

分国法における狩猟の原則は、宇都宮家式条にみえる。宇都宮家式条六五条（『中世法制史料集』武家家法Ⅰ宇都宮家式条の条文）「殺生禁断事」は、

於六斎日者、任嚴制之法、可停止之、若背制止者、可被処罪科、但、至于當社頭役分者、不能制止、

と定める。

宇都宮氏は、弘安六年（一二八三）宇都宮家式条を制定し、この「殺生禁断事」に狩猟の原則として鎌倉幕府の月六斎日皆断殺生への拡大を承継した。神社の例外がある。

五　共同体の法における殺生禁断の拡大

共同体の法における狩猟の原則は、置文と譲状に認められる。

1　置文における殺生禁断

早岐正心正和三年（一三一四）三月一〇日置文（『中世法制史料集』武家家法Ⅱ法規・法令二六条）の「肥後国六箇庄小山村地頭職所務条々事」は、

小山村・早岐のおりをせ新開の殺生禁断の事。正心が跡を知行せん人、永代を限て、これをかたく禁制すべし。かつうは御下知厳重なり。子々孫々にいたるまで、かたくこれを守て、怠る事あるべからず。

と定める。

「御下知厳重なり」との記述に、鎌倉幕府の月六斎日皆断殺生から殺生禁断への拡大を承継して置文を定めたことが知られる。この置文は、肥後国六箇庄小山村の地頭だった早岐正心が、子に譲り渡した地頭職を孫の菊池九郎隆信に譲り直したものであり、小規模な領主でも、鎌倉後期には所領の支配者としての意識を十分に有していたことを示す例であるとされている。

2　譲状における殺生禁断

熊谷直勝元徳三年（一三三一）三月五日譲状（『中世法制史料集』武家家法Ⅱ法規・法令三三条）「譲渡所領事」の「安芸国

三入庄地頭職田畠山河以下栗林等事」は、

物領内殺生禁断事、去嘉元年中、所被成置関東六波羅御下知御教書也、若甲乙人等当庄及乱入狼藉、至狩猟有伐取草木事者、上申、任御下知之旨、可申行重科、

と定める。

「関東六波羅御下知御教書」との記述に、鎌倉幕府の月六斎日皆断殺生から殺生禁断への拡大を承継して譲状を定めたことが明らかである。

六　室町幕府法における殺生禁断の拡大と実施

1　建武式目と殺生禁断

足利尊氏が建武三年（一三三六）制定した建武式目の基本政策一七か条には、殺生禁断規定や狩猟規定は定められていない。鎌倉幕府の承継者を自任する室町幕府は、御成敗式目以下の鎌倉幕府法を受け継ぐとともに、随時御成敗式目に追加して新法を制定した。殺生禁断の拡大と実施についても、同様の統治手法を承継した。源頼朝の文治四年における朝廷への奏請については前述したが、これと同様に朝廷へ殺生禁断を奏請した。そして、式目の追加により室町幕府法の殺生禁断の追加法が確立した。

2　幕府追加法による殺生禁断への拡大

（一）　殺生禁断への拡大の経過

室町幕府における殺生禁断への拡大には、幕府から朝廷へ殺生禁断の奏請があった。『師守記』の康永三年（一三四四）六月二四日条に、室町幕府から北朝への洛中六斎日殺生禁断の奏請の記事がみえる。その日北朝の院文殿において、「文殿庭中」の三件の対決評定があった。当時は北朝の光厳上皇院政期であり、文殿庭中とは院文殿に開設され

た法廷であるが審理後に、幕府からの洛中六斎日殺生禁断の奏請について評議が行われた。その結果、洛中殺生禁断の奏請については、北朝の洛中六斎日殺生禁断令を発出するまでもなく、南朝の後醍醐天皇元享元年の宣旨を幕府に進上することとなり、弘長元年・三年の宣旨と弘安八年の宣旨も併せて提供された。

（二）　幕府追加法による殺生禁断拡大の確立

この北朝への奏請を経て室町幕府の追加法が制定された。殺生禁断の室町幕府追加法は、室町幕府追加法五三条（『中世法制史料集』室町幕府追加法の条文）「六斎付二季彼岸殺生禁断事」である。貞和二年（一三四六）一〇月から観応二年（一三五一）六月までの間の発出と推定されている。この年代推定は、室町幕府の法令写本の条文配列順序による。条文は、事書は、「六斎殺生禁断事」に「二季彼岸」が付加されている。

守先例、堅可従停止之由、可仰諸国、

との簡明な条文がその全文である。

室町幕府は、この追加法の立法により殺生禁断への拡大を確立した。条文自体が簡明であるだけに、これの解釈には、律令法・公家法次いで鎌倉幕府法と六〇〇年を超える月六斎条の殺生禁断への拡大を検討する必要がある。

まず条文の「守先例、」であるが、これは改正の「先例を守り」ということである。先例とは、大宝二年（七〇二）大宝律令が施行されたが、その以後における前述の律令法・公家法・鎌倉幕府法・分国法・共同体の法における実施・改正法のすべてをいうことになる。そこで、右の先例を、時系列で取りまとめてみると、

①　天平九年（七三七）聖武天皇詔による月六斎日禁断殺生遵守下命

②　天平一三年（七四一）聖武天皇詔による月六斎日禁断殺生遵守下命・国司による監察教導

③　宝亀二年（七七一）太政官符「応禁断月六斎日并寺辺二里内殺生事」

④ 貞観四年（八六二）太政官符「応重禁断月六斎日并寺辺二里内殺生事」
⑤ 治承二年（一一七八）太政官符「応禁制六斎日殺生事」
⑥ 建久二年（一一九一）宣旨「可禁断殺生并京中寺社近辺飼鷹鷂事」
⑦ 建暦二年（一二一二）宣旨「可禁断六斎日殺生事」
⑧ 嘉禄元年（一二二五）宣旨「可禁断六斎日殺生事」
⑨ 寛喜三年（一二三一）宣旨「可禁制六斎日寺辺殺生事」
⑩ 仁治三年（一二四二）鎌倉幕府追加法「六斎日殺生事」
⑪ 文応元年（一二六〇）鎌倉幕府追加法「六斎日并二季彼岸殺生事」
⑫ 弘長元年（一二六一）鎌倉幕府追加法「六斎日并二季彼岸殺生禁断事」
⑬ 弘長元年（一二六一）宣旨「可令禁断殺生事」
⑭ 弘長三年（一二六三）宣旨「可禁断六斎日殺生事」
⑮ 弘安二年（一二七九）宣旨「殺生禁断事」
⑯ 弘安六年（一二八三）宇都宮家式条「殺生禁断事」
⑰ 弘安八年（一二八五）宣旨「可禁断六斎日殺生事」
⑱ 正応三年（一二九〇）鎌倉幕府追加法「六斎日二季彼岸自八月一日至十五日殺生事」
⑲ 正和三年（一三一四）置文「肥後国六箇庄小山村地頭職所務条々事」
⑳ 元亨元年（一三二一）宣旨「可禁断殺生事」
㉑ 元徳三年（一三三一）譲状「譲渡所領事」

の実施・改正法がある。

そしてこの多数の先例を基盤として、貞和二年（一三四六）から観応二年（一三五一）までの室町幕府追加法「六斎付二季彼岸殺生禁断事」が制定された。次に「堅可従停止之由、」は、狩猟・漁撈を抑制する不殺生の思想に基づき、大宝令雑令月六斎条「凡月六斎日。公私皆断殺生。」が制定され、それが幾多の改正を経て通年の殺生禁断へと拡大したところから、堅く殺生の停止・禁断に従うべき趣旨を、「可仰諸国」すること、すなわち諸国の実情に応じて法を宣明し、執行すべきことをいうのである。この室町幕府追加法は、初代将軍足利尊氏らの各将軍により実施された。

3　幕府・将軍による殺生禁断の実施

（一）　三か条の禁制書式

禁制とは、法令・命令を告知する古文書の形式をいい、一般に周知させるために特定の場所に掲示する目的で下付された。禁制としての形式が整えられたのは室町時代からで、室町幕府の禁制が奉行人連署下知状で発出された。その文章の書式が三か条から成り立っているのは、漢の高祖の「法三章」の故事にならっており、幕府奉行衆から発出される幕府禁制の書式となった。三か条に収まらない多数条文の場合には、「付」と書いて付け足しの文章を付加して三か条に納めてあるが、書式を整えていないものもある。

（二）　初代将軍足利尊氏の禁制

室町幕府は、貞和四年（一三四八）七月九日、備後国浄土寺宛てに、殺生禁断の禁制を発した。禁制は、

備後国浄土寺々辺并寺領等殺生禁断事、固所禁制也、若有違犯之輩者、任貞和四年七月九日御教書之旨、可処重科之状如件、

であり、奉行人署名をもって発出された。

(三)　初代将軍足利尊氏の禁令

初代将軍足利尊氏は、貞和五年（一三四九）二月一一日、鎌倉極楽寺宛てに、鎌倉前浜の殺生禁断等については忍性菩薩の例にまかせてその沙汰あるべしとの禁令を発した。尊氏の禁令は、

飯島敷地升米并嶋築及前浜殺生禁断等事、如元有御管領、云嶋築興行、云殺生禁断、可被致厳密沙汰、殊於禁断事者、爲天下安全、寿算長遠也、任忍性菩薩之例、可有其沙汰候、恐々謹言、

と、いうものである。

前浜は大仏の前面で由比が浜にのぞむ集落を指し、そこの殺生禁断とは漁民に極楽寺忍性が持戒をすすめたものであったという。和島芳男著『叡尊・忍性』には、忍性一代の業績として殺生禁断が六三か所と記されている。飯島敷地は現在の材木座の海岸でそこに築港したが、修築の費用等のため関米の徴収が極楽寺の処務とされていた。日蓮著『聖愚問答抄』は、忍性の諸施設の経営を批判した。この禁令にみえる忍性の殺生禁断について、歴史学の研究者から「前浜の殺生禁断権を認められていた」との説明が示されている。わが国の法制において「殺生禁断権」なる権利（松尾剛次、苅米一志らの著書にみえる。）が存在した事実は認められない。

(四)　二代将軍足利義詮の禁制

二代将軍足利義詮は、観応元年（一三五〇）六月一九日、高野山金剛峯寺宛てに、兵士衆庶の殺生禁断の禁制を発出した。この禁制は、

右當寺者、弘仁聖主崇敬之寺院、弘法大師入定之霊場也、爰武士并甲乙人等、或致押領狼藉、或企殺生大罪、悪行之至、甚以無道也、於向後者、堅可停止之、若有違犯之輩者、為処重科、可令注進交名之状如件、

というものである。この禁制を書面に筆を執ったのは室町幕府の奉行人安富行長であるが、小松茂美著『足利尊氏文書の研究Ⅰ研究篇』に他の文書と併せて本禁制発出の事情が詳述してあり、重厚な筆跡の図版もある。

（五）三代将軍足利義満の禁制

室町幕府参考資料七九条及び八六条（『中世法制史料集』室町幕府第三部参考資料の条文）至徳二年（一三八五）七月一三日「鷹幷差鳥種々殺生事」及び「鴨河白河社領境内殺生可停止事」は、室町幕府が祇園社宛てに一一か条の禁制を発出したうちの殺生禁断の二か条である。

禁制全文は、次の、

一　甲乙人等切取社領竹木事
一　於社内林中以下境内、鷹幷差鳥種々殺生事
一　放入牛馬於社内林中幷東西芝事
一　於社内林中東西芝射的事
一　社領住宅等不相触社家、留置旅人事
一　壊渡住宅於社領之外事
一　社領内住宅、不相触社家売買事
一　掘取林中幷芝土事
一　鴨河白河社領境内殺生可停止事
一　爲用水通路、堀破大道事
一　積置肥於大道事

と、いうものである。

（六）　四代将軍足利義持の禁令

室町幕府参考資料一一一条応永二七年（一四二〇）四月三日「洛中諸国殺生禁断事」は、『看聞日記』の同日条によ る。看聞日記には、

応永廿七年四月三日、（中略）抑三方入道以状申殺生禁断事、自今月五日、至來月中旬、洛中諸国悉被停止、若破制法者、被懸領主、可有御沙汰之由、厳密御教書侍所被成之、其案文進之、当所猟師可書告文之由、可有御下知、彼等交名等可注賜之由申之、急可加下知之由返事了、則召禅啓可下知之由仰之、

六日、（中略）抑殺生禁断事、今日当所舟津猟師名字注之、釣具足網等召集付封、船芝数注之、沙汰人政所下司等検知之、嚴密沙汰了、

とある。

この禁令は、足利義満の一三回忌が仙洞で営まれた際に発出されたもので、室町殿から侍所に命令があり、山城国では守護代三方入道が各領主に殺生禁断（狩猟と漁撈）とその手順を指示した。その手順の中に狩猟では、「猟師に告文を書かせ、猟師の交名を提出させる」旨の指示があり、これは猟師をして殺生禁断を起請させることと推察する見解がある。殺生禁断の起請については、律僧叡尊の一代の事績に関して殺生禁断状の研究がなされているが、本禁令の幕府が主導した当所猟師の起請の具体的な内容は不明である。

（七）　一〇代将軍足利義稙の禁制

室町幕府参考資料（右の祇園社禁制の補注七八）永正一三年（一五一六）四月一一日「於境内殺生事」は、室町幕府が祇園社に宛てた禁制である。

前記の三代将軍足利義満の禁制以後に複数回の祇園社宛て禁制が発令されたが、本禁制は、

一　甲乙人等於林中伐木苅草事

一　於境内殺生事

一　放飼牛馬事

一　不及案内壊取社領住宅事

一　爲用水通路堀破大道事

の五か条の禁制であり、幕府奉行人連署をもって発出された。

（八）一五代将軍足利義昭の禁制

永禄一一年九月二六日織田信長が一五代将軍足利義昭を奉じて上洛したが、足利義昭は、その直前に、次の殺生禁断の禁制を発出した。いずれも奉行人連署をもって発令された。

(1)　永禄一一年七月禁制　　本能寺文書の永禄一一年（一五六八）七月一二日、本能寺境内宛てに、

一　軍勢甲乙人等乱入狼藉事

一　伐採竹木事付寄宿

一　相懸非分課役事付殺生事

の三か条の禁止事項を列挙した禁制を発した。室町幕府奉行人の禁制書式によっている。

(2)　永禄一一年九月禁制　　立政寺文書の永禄一一年（一五六八）九月六日、美濃立政寺宛てに、

一　軍勢甲乙人等乱入狼藉事

一　伐採竹木事付寄宿

一　伐採竹木事付寺内殺生事

の三か条の禁制を発した。室町幕府奉行人の禁制書式である。

七　豊臣政権法における拡大した殺生禁断の承継と実施

1　豊臣政権法の殺生禁断承継の経過

豊臣政権法は、室町幕府法の拡大した殺生禁断を、織田政権を経て踏襲・承継したので、この経過を検討する。

(一)　公家法・室町幕府法の状況

前述のとおり、室町幕府追加法は貞和二年（一三四六）一〇月から観応二年（一三五一）六月までの間に発出され、その後において初代将軍足利尊氏を始め一五代将軍足利義昭までの禁令・禁制が発出され、その以降において織田・豊臣政権の殺生禁断禁制が発出された。そこで、室町幕府追加法の制定から織田・豊臣政権の殺生禁断禁制発出までの間において、公家法・室町幕府法が殺生禁断を廃止する成文法を制定した事実の存在が一応問題となり得るので、念のため探索してみた。その結果、右の殺生禁断廃止の成文法を制定した事実が存在しないので、殺生禁断を拡大した公家法・室町幕府法が存続したことは明白である。

(二)　織田信長の殺生禁断

織田政権からの殺生禁断の承継については、その前提として、織田信長その人の殺生禁断に対する態度を考察する必要があろう。次に、奥野高広著『増訂織田信長文書の研究』により、織田信長の殺生禁断禁制発出状況を検討する。

(1)　永禄元年一二月禁制　　永禄元年（一五五八）一二月、尾張雲興寺宛てに、

一　軍勢甲乙人等濫妨狼藉之事

一　於境内殺生并寺家門外竹木伐採、令借宿事
一　祠堂物、買得寄進田地、雖為本人子孫違乱事
一　准総寺庵、引得之地、門前棟別人夫諸役等相懸、入譴責使事
一　於国中渡諸役所事

と五か条に記述した禁制を発出した。第二条の「於境内殺生」は通年の殺生の禁令である。信長は二五歳で、尾張一国平定を目前にした時期の禁制であった。

(2)　同年一二月禁制　永禄元年（一五五八）一二月、尾張正眼寺宛てに、

一　軍勢甲乙人等濫妨狼藉之事
一　於境内殺生并寺家門外竹木伐採之事
一　祠堂物、買得寄進田地、雖為本人子孫違乱事
一　准総寺庵、引得之地、門前棟別人夫諸役等相懸、入譴責使事
一　於国中渡諸役所事

と五か条に記述した禁制を発出した。

(3)　永禄三年一二月禁制　永禄三年（一五六〇）一二月、尾張東龍寺宛てに、

一　軍勢甲乙人等濫妨狼藉之事
一　於境内殺生并寺家門外竹木伐採、令借宿事
一　祠堂物、買得寄進田地、雖為本人子孫違乱事
一　准総寺庵、引得之地、門前棟別人夫諸役等相懸、入譴責使事

一　於国中渡諸役所事

と五か条に記述した禁制を発出した。

(4)　永禄六年四月禁制　　永禄六年（一五六三）四月一七日、尾張妙興寺宛てに、

一　当手軍勢濫妨狼藉陣取放火於境内殺生況剪山林竹木事

一　寺内門前棟別夫丸譴責使并祠堂米徳政之事

一　為祠堂若有寄進地縦雖為闕所之地類違乱之族次末寺諸荘園同前之事

と三か条に記述した禁制を発出した。信長は三〇歳であった。

(5)　同年一〇月禁制　　永禄六年（一五六三）一〇月、尾張曼陀羅寺宛てに、

一　濫妨狼藉放火之事

一　伐採竹木事

一　殺生之事

一　祠堂買得寄進田地令違乱事

一　寺領百姓已下新儀諸役之事

と五か条に記述した禁制を発出した。

(6)　永禄七年一〇月禁制　　永禄七年（一五六四）一〇月、尾張定光寺宛てに、

一　当手軍勢甲乙人等濫妨狼藉陣取放火之事

一　於境内殺生況伐採山林竹木事

一　準総寺庵棟別人夫等相懸并門前東西尾呂小家等入譴責使事

一　祠堂米寄進地徳政并俵物相留事
一　於方丈并諸寮舎要脚事

と五か条に記述した禁制を発出した。この禁制は信長自書であった。

(7)　永禄一一年九月禁制　　永禄一一年（一五六八）九月、山城清水寺宛てに、

一　当手軍勢濫妨狼藉之事
一　放火付殺生之事
一　伐採山林竹木事

と三か条に記述した禁制を発出した。信長は永禄一一年八月から「弾正忠」の官職名を用いるようになったが、この禁制は弾正忠の朱印状である。弾正忠とは、養老令職員令弾正台条に「大忠・少忠」と規定があり、中央の警察官庁の官職名である。

(8)　元亀三年四月禁令　　元亀三年（一五七二）四月、山城長福寺宛ての定書条々五か条の朱印状を発し、

一　山城国梅津長福寺・同諸塔頭領所々散在田畠、山林、洛中地子銭等之事、為守護使不入之地、任御代々御判之旨、今度被成下御下知之上者、弥全可被領知之事、
一　殺生禁断之事、
一　諸塔頭祠堂井廿一ヶ年永地、不可及徳政之沙汰事、
一　所々年貢於無沙汰之輩者、堅可被譴責之事、
一　臨時之課役免許、付、門前被官人等、守護不入之上者、為寺家可相測、不可有他之妨之事

と五か条に記述した禁制を発出した。その第二条が殺生禁断の禁令であり、弾正忠の朱印状であった。

2　豊臣政権法の殺生禁断の承継

殺生禁断は、織田政権から豊臣政権へと、天下統一の戦乱と仏教との緊張関係の中に承継された。

（一）　織田政権から殺生禁断の承継

(1)　天下統一と不殺主義

織田信長が「天下布武」を旗印に天下統一を呼号し激戦を重ねて敵軍を殺傷し、豊臣秀吉は信長の武将としてこれに参画して天下統一を成し遂げた。遂に天下の統一が成ったのである。秀吉には数々の逸話が残されているが、その飾らない書状もよく知られている。秀吉の書状の一つに、秀吉が天正一一年（一五八三）五月一五日、柴田勝家滅亡直後に小早川隆景に柴田合戦・北国平定を知らせた書状がある。これに、「秀吉人を切ぬき申候事きらい申候付而（秀吉は人を斬ることが嫌いだから）」とあり、これを歴史学の研究者は、殺傷を抑制する「不殺主義」と名付けて研究対象にした。一般には、秀吉一流の恫喝か誇大宣伝の類とみられているが、秀吉により中世の戦乱から平和が回復したことは「事実」である。それは、荒天の一瞬の晴れ間のような平和であった。それにしても、殺生が抑制される平穏な日々こそは、中世に生きた人々の求めたものであったといえよう。

(2)　寺院破壊と仏教信仰

殺生禁断は寺院・仏教と関わりがある。中世には、仏教修業の場である寺院が人を殺傷する武力を蓄えて行使し、まさに末法の時代の混乱に陥った。京都を戦場にした寺院同士の合戦では、応仁の乱を上回るほどの兵火の被害を残したという。天文元年（一五三二）八月の山科本願寺合戦は、日蓮宗徒らが山科本願寺を攻撃し、本願寺坊舎など一宇も残さず焼失させた。天文五年（一五三六）七月の天文法華合戦は、比叡山延暦寺僧兵らが法華宗二十一本山を襲い、ことごとく炎上させて死者も万という数を算えた。信者争奪と報復の大合戦であったばかりでなく、武力を用いて政治に関与するようにもなった。かかる寺院に対して、織田信長と豊臣秀吉は、寺院を制圧した。信長の元亀二年（一五七一）九月の比叡山延暦寺焼討、天正元年（一五七三）九月より翌二年（一五七四）

九月に至る前後二回の伊勢長島一向一揆討伐、天正三年（一五七五）九月の越前本願寺一揆掃討、天正四年（一五七六）四月より天正八年（一五八〇）閏三月に至る摂津石山本願寺の攻囲戦等があり、秀吉の天正一三年（一五八五）四月の根来寺や雑賀一揆攻略がある。しかし、信長・秀吉は、寺院を圧迫し破壊したが、仏教の圧迫や破壊ではなかったと説かれている。仏教は殺生禁断の戒めを説き続け、やがて寺院の再興が支援され、比叡山・本願寺その他寺院が再興された。

（二）豊臣秀吉の殺生禁断

豊臣秀吉による殺生禁断の禁制を検討する。これについて三鬼清一郎編『豊臣秀吉文書目録（一九八九年三月刊）』は、福井県美浜町曹洞宗竜沢寺文書の天正二〇年（一五九二）八月「殺生禁乱之事」等五か条の制札について、「殺生禁断之事」と文字を補正した上、これを秀吉の殺生禁断の禁制である旨記述する。そのとおりであれば、豊臣秀吉自筆の殺生禁断の禁制となる。しかし、『福井県史』資料編八（平成元年三月刊）竜沢寺文書解題には、「字体からみても当時のものとは考えられない」旨の記載があるので、こちらに従うことにする。そこで、小田原征討関係の、次の発給者による連署禁制を検討するに止める。

(1) 天正一八年六月禁制　　天正一八年（一五九〇）六月二四日、武州大宮八幡宮宛てに、

一　殺生禁断之事

一　甲乙之人馬乗通行之事

一　境内山林竹木猥に截採之事

と三か条に記述した禁制を発出した。その第一条が殺生禁断の禁令である。発給者を豊臣秀吉の武将木村常陸介・前田利長の連署とした禁制である。本禁制は、東京都杉並区の登録有形文化財である。

(2)　同年六月禁制　天正一八年（一五九〇）六月二四日、八王子宝生寺宛てに、

一　殺生禁断之事
一　甲乙之人馬乗通行之事
一　境内山林竹木猥に截採之事

と右と同文の禁制を同木村常陸介・前田利長の連署により発給した。本禁制は、真上隆俊著『大幡山宝生寺史』一九三頁に記述がある。

3　豊臣政権法における殺生禁断の実施

豊臣秀吉は、織田信長の武将羽柴秀吉の時代から所領支配の土台に慣習法を活用する体制をとっており、慣習法やそれから生成した成文法を尊重しつつ、これに独特の単行法を発出して遂に天下統一という大業を成就した。豊臣政権法は、統治において法典を整備することなく個別に朱印状・掟、禁令、命令を発して機敏に処理することが多く、これが豊臣政権の法制・施策の特色であった。承継した殺生禁断の実施においても、①鷹政策、②武具没収、③キリスト教対策、④五人組、⑤厳罰の主要施策に包含して殺生禁断を実施した。

（一）　鷹政策による殺生禁断

豊臣政権の鷹政策とは、織田信長が天下統一を目指して用いた鷹政策を踏襲した鷹を利用した政策である。室町幕府の末期になると、将軍が放鷹を愛好し、世に放鷹愛好が広まった。永禄四年（一五六一）畠山政国の家臣宮崎隠岐守が「雪中鷹狩」を装い、油断した三好下野守政成の河内三箇城を攻め落としたことが『続應仁後記巻第七』にみえる。信長は、その風潮を捉えて、公家社会の遊芸に過ぎなかった鷹を天下布武に利用した。信長の鷹の利用とは、鷹の贈答はもとより、放鷹の行き帰りを華麗な行列に構成して朝廷と京洛の群衆の眼底に焼き付けるという新工夫の権

勢誇示であり、秀吉はこれをすべて踏襲した。秀吉の天正一九年（一五九一）美濃尾張への放鷹の帰途の華麗な行列は、京大路に衣冠を正した後陽成・正親町の両天皇、公家らの見物の都の人々であふれたと伝えられる。

また、信長は、その所領が信長の鷹野の周辺にある武将に対し、所領内で鳥に当たらないように鉄砲を撃つことを命じた。鉄砲で鳥を追い立て信長の鷹野に鳥を集めることがこの命令の目的であったが、この信長の集鳥の命令も、秀吉に承継された。秀吉は、文禄三年（一五九四）と翌四年（一五九五）の二年にわたりこの命令を発した。研究者から諸鳥進上令と呼ばれているが、両年で、加藤清正（肥後）・南部信直（陸奥）らの日本の南から北の戦国の大名に宛てて多数発出された。諸鳥を進上させるという命令は、他面、各地において殺生抑制を果たした。

（二）　武具没収による殺生禁断

豊臣政権の殺生禁断は、武具没収の刀狩令によっても実施された。武具は狩猟用具でもあるので、武具没収は狩猟用具の取上げ、すなわち殺生禁断の下命である。このような立法手法は、神聖ローマ皇帝フリードリヒ一世の「平和令」に含まれる狩猟法令にみることができる。豊臣秀吉の天正一六年（一五八八）七月八日付け朱印状の三か条は「刀狩令」と呼称される。その条々の第一に、諸国百姓の刀・脇差・弓・やり・鉄砲そのほか武具の類を所持するのは一揆騒動のもとであるから、その所の国主給人代官は、武具をことごとく取り集めて進上せよと命じ、条々の第二に、その取り上げた刀・脇差は鋳潰して今度建立の大仏殿の釘・かすがいに使用するから「今世は不及申、来世迄も百姓相たすかる儀」であると命令の趣旨を述べている。庶民の信仰心を利用して刀・脇差等を没収し、殺生禁断も図る巧妙な政策であったと説かれている。歴史学では刀狩令の主な対象物は刀と脇差であったとみており、鉄砲の没収結果は不明とされた。実は鉄砲こそ、一六世紀末の日本が世界最多量の鉄砲使用国であったと外国の研究者から説かれるほど、重要な問題であった。天文一二年（一五四三）種子島へ鉄砲が伝来したとする定説は最近見直されているが、それ以前のころに伝来した鉄砲は、急速に国内に伝播して堺・国友の鉄砲鍛冶などにより各地で大量に制作され、織田信長等の鉄砲使用が天下統一の途を拓いた。

鉄砲による狩猟については、次の状況が知られる。本願寺八代宗主蓮如の末子である実従は、天文二〇年（一五五一）一二月六日の日記『私心記』に、「六日朝、北殿ニテ雁汁給候。中務（頼言）鉄砲ニテ射テ進上候」と本願寺坊官である下間家の下間頼言が鉄砲で射止めた雁の雁汁を食したことを記述し、公家山科言継は、弘治二年（一五五六）九月駿河府中に下り、今川義元の世話を受けていた間の一一月二九日、義元から昨夜遠州から到来したと「鉄砲の鳥」を贈与されたこと、翌三年（一五五七）正月九日、松平和泉守らから出猟して鉄砲四挺で鳥一羽・雁十羽・鴨三羽を得たという鉄砲の鳥を贈与されたことをその日記『言継卿記』に記述している。大寺院や公家の日記の記事であり世人一般の事例とはいえないが、それにしても鉄砲伝来からほんの十年余のことである。また、雑賀衆の鉄砲は著名であるが、その使用鉄砲は、口径の大きい火縄銃は少なく、鉄砲玉の直径が小さい狩猟用のような弾丸であったらしい。その理由について、雑賀衆の実体が戦国武将ではなく、農夫や漁夫であって大きな鉄砲の必要がなかったと考えられている。鉄砲が日本に伝来した当初、大方の戦国武将は直ぐに採用しておらず、鉄砲を直ぐに採り入れたのは狩猟などに従事する一般人であったとする見解がある。

(三)　キリスト教対策による殺生禁断

豊臣秀吉のキリスト教対策は、殺生禁断への政策効果を上げた。わが国へのキリスト教の宣教は、カトリック・イエズス会宣教師、遅れてフランシスコ会宣教師も加わって伝道された。その頃キリスト教は「耶蘇教」、キリスト教徒は「吉利支丹」、宣教師は「伴天連」と呼ばれており、肥前・豊後の諸大名らが伴天連に布教を許可して北九州に信徒が増加した。正親町天皇による永禄八年（一五六五）の京都からの宣教師追放の綸旨があったが、織田信長は、宣教師フロイスから布教の許可を求められてこれを容れ、天正九年（一五八一）には九州を中心に全国の信徒が十五万人に達したという。豊臣秀吉は、信長にならって宣教師を優遇した。天正一五年（一五八七）九州平定の帰途、北九州諸大名の領国で寺社教徒が迫害されているばかりでなく、外国商人により日本人が海外に奴隷として売られている奴隷貿易の実情を知り、キリスト教会勢力からのわが国侵略を危惧し、「バテレン追放令」を発令した。秀吉のバテレン追放令には、天正一五年（一五八七）六月一八日付け一一か条の国内向け文書と翌一九日付けの五か条の外国向け文書の二種の文書がある。両文書共に一応信仰の自由を認めるが、五か条の外国向け文書に「如右、日域之仏法を相破事、曲事候条、伴天連儀、日本之地ニハおかせられ間敷候間、今日より廿日之間ニ用意仕、可帰国候」とあり、宣教師の海外追放を宣告した。その理由として「日域之仏法を相破事」と仏教を妨げることを挙げ、殺生禁断の毀損を理由にするものでもあった。

国内向けのバテレン追放令の最終の第一一条には、「一、牛馬を売買殺し食事是又曲事事」とあり、「牛馬を売り、買い、殺し、食う事は曲事である」と宣言した。キリスト教宣教に絡む難局に際会して、牛馬を食う事等を禁じたもので、白村江の敗北による唐・新羅からの難局に際会して、「莫食牛馬犬猿鶏之宍」とした天武天皇庚寅詔の食五肉禁令が想起される。

（四）五人組による殺生禁断

豊臣政権の殺生禁断は、五人組の連帯責任によってもその遵守が下命された。慶長二年（一五九七）三月七日掟は五人組令と呼称される。辻切・すり・盗賊等の犯罪防止・告発と連帯責任の負担の請書を取り交わして、「侍は五人組」「下人は十人組」に加入することを命令した掟である。掟に違背したときは、組中から告発すればその罪は犯人のみに止まるが、組外から告発されると、組の者は犯人一人につき金子二枚ずつを出して訴人に与えるとか、また組の者に嫌われて除外するには小指を断って追放する等の定めであり、実際には連帯責任の強制が厳重であった。日本法制史学者の著作に、「或る時秀吉が最も愛して居った鷹が民家に落ちたのを見て、其処の女中が飯粒を以てそれを捕へたと聞いて、当人は申す迄もなく、其附近の方四町の間の庶民を悉く斬に処したことがある」との記述がある（三浦周行著『法制史の研究下』）。

（五）　厳罰による殺生禁断

殺生禁断の罰則は、厳罰であった。犯人を処断するに止まらず、刑事責任を欠く者までも撫斬（皆殺し）にした。同法制史学者の著作に、「町内で犯人を捕へることが出来なければ、此時分に町を幾つか併せた組町というもので其犯人を捕へさせ、それも出来なければ、一町・組町とも悉く撫斬にするというようなことがあった」との記述がある（三浦周行著『続法制史の研究』）。天正一四年（一五八六）に豊臣秀吉に謁見したという宣教師ルイス・フロイス著『日欧文化比較』に、「われわれの間では人を殺すことは怖ろしいことであるが、牛や牝鶏または犬を殺すことは怖ろしいことではない。日本人は動物を殺すのを見ると仰天するが、人殺しは普通のことである」とあるのは、殺生禁断の厳罰をいうものであろう。

第三節　中世法の狩猟法令

一　狩猟権能

1　中世法における狩猟権能

（一）　公家法

天皇の狩猟権能については、公家新制に規定がないが、律令法の王土狩猟の原理から狩猟権能を認めることになる。順徳天皇が承久三年（一二二一）に著した『禁秘抄』は、朝廷の故実作法書として実質的な宮中法規と認めるべきであるが、「禁秘抄上」の「一諸芸能事」に記述された「第一御学問、第二管弦、その他（和歌、詩、書等）」の部分には宮中行事としての狩猟が存在しない。公家の狩猟権能については、これに関する公家新制の規定はない。

（二）　鎌倉幕府法

将軍の狩猟については、『吾妻鏡』には将軍の狩猟記事が豊富であり、幕府法・追加法には将軍の法制上の狩猟体制を定める規定は見当たらないものの、律令法の王土狩猟の原理を類推して狩猟権能を認めることになる。地頭の狩猟権能については、狩猟権能を直接に定めた規定がなく、地頭の得分権は先任者の既得権を継承するとされていたが、吾妻鏡巻第一八の建仁三年（一二〇三）年一二月一五日条に、尼御台所（北条政子）が諸国地頭分の狩猟を止めるとの記述があるし、また、貞応二年（一二二三）七月六日追加法により承久の乱後の新補地頭の得分について、「山野河海事、右領家国司之方、地頭分、以折中之法各可致半分沙汰（山野河海の得分は地頭がその二分の一）」と領家・国司と地頭が折半の比率に定められたという経過もある。しかし、その後の幕府の裁判で、先例を重視し地頭の狩・漁の権能を否定した裁許状が出されるなど、狩猟権能の存否・範囲を一義的に決定し難い実情にあった。結局、地頭への狩猟権能付与の存否やその範囲を確実に決定できないので、地頭の狩猟権能は認め難いというほかない。

ところで、狩猟の勢子が鎌倉幕府から狩猟権能を与えられたと記述する『鳥獣保護と狩猟』の記事がある。この記事の根拠は、「都留郡百八十一人猟師鉄砲御免由緒書」なる文書であるが、同文書は偽書であって、勢子が狩猟権能を与えられた事実は認め難い。

（三）　分国法

分国の狩猟権能については、いずれの分国法にも規定がないが、律令法の王土狩猟の原理を類推して狩猟権能を認めることとなる。ところで、天文五年（一五三六）伊達家塵芥集六五条（『中世法制史料集』武家家法Ⅰ塵芥集の条文）「山中往復人被奪財宝事」に、「狩人路次中より三里の外にしてこれをなすべし。」との規定がある。これは、路次より三里外における「狩人」の狩猟権能を定める如きであるが、後記のとおり狩猟禁止規定であり、狩人の狩猟権能を定めたものではないと解される。

（四）　共同体の法

地域領主の狩猟権能については、前記のとおり地域領主の置文・譲状に六斎日の殺生禁断を強調した規定があり、これから地域領主自身の支配領域内における狩猟権能が認められる。

また、一揆契諾状に狩猟場をそれぞれの領域内に限り、所領の境界を越えぬようとの狩猟権能に関する合意が確認できる。それは、宇久浦中一揆契諾状（『中世政治社会思想上』一揆契状八）にあるが、応永二〇年（一四一三）五月一〇日「宇久浦中御契諾条々之事」四項は、「宇久浦中之御一家、各々御知行之所領境山野河海の狩・漁、同じく木・松・竹きり、其外付万事他の境に越えて、先規の外雅意に任せられ候はば、その輩擯出あるべく候。」と定める。肥前国五島列島の最北部にある宇久島の領主たちが「浦中」として一揆の契約を結んだものであり、二六名の連署がある。領主間の所領の境界を越えぬよう等の合意が列記されており、連署者中からこの契約に背く者が出たときは、討ち果たすか追放すると約定する。境界を越えて勝手な狩をした場合は「擯出（追放）」すると定められていた。村法には狩猟権能を定めた成文規定は、見当たらない。

（五）　室町幕府法

将軍の狩猟権能については、規定がないが、律令法の王土狩猟の原理を類推して狩猟権能を認めることになる。足利将軍家は、歴代将軍が猿楽・相撲・茶道や狩猟代わりの犬追物を愛好したが、一二代将軍足利義晴以降に将軍放鷹の史料が多くなる。

(六) 豊臣政権法

豊臣政権法の殺生禁断については、狩猟権能を定めた規定は存しないが、律令法の王土狩猟の原理を類推して豊臣秀吉の狩猟権能を認めることになる。ところで、諸鳥進上令の中に「猟師等申付」と記述してあり、「猟師」の狩猟権能を定める如くであるが、その根拠法である朱印状・掟が発せられた事実がないので、単に諸鳥の捕獲者を記述したものと解される。

2 人民の狩猟権能

人民の狩猟実施の権限規定である狩猟権能については、中世法の各法源に成文・制定法の根拠規定を見出すことができない。歴史学は、例えば一二世紀後期に描かれたとされる国宝「粉河寺縁起」の主人公である猟師の霊験談から狩猟を説き起こして狩猟権能を説き、また民俗学も、東北狩猟民についての研究を精力的に進め、狩猟民の狩猟権能を強調している。しかしながら、法律的にみれば、わが国の中世法は人民の狩猟権能に関する成文の制定法を欠如しており、したがって中世法においては人民の狩猟権能は不存在であったと認めざるを得ない。

二 狩猟規制

1 放鷹禁止

(一) 鎌倉幕府法

鎌倉幕府の鷹狩禁止令は、幕府成立後の源頼朝による禁令と追加法による禁令がある。

(1) 源頼朝による鷹狩禁止令　吾妻鏡巻一五の建久六年(一一九五)九月二九日条「鷹狩事」は、

可停止鷹狩之旨。被仰諸国御家人。於違犯厳制之輩者。可有其科。但神社供税贄鷹事者非御制之限者。

と定めた。神社の例外規定がある。

(2)　延応二年三月一八日追加法による鷹狩禁止令　　鎌倉幕府追加法一三三条延応二年（一二四〇）三月一八日「鷹狩事」は、

社領内有例供祭之外、可停止之、寄事於左右、不可煩他領、

と定め、神社の例外のほかは鷹狩禁止を命じた。

(3)　仁治三年正月一五日追加法による鷹狩禁止令　　鎌倉幕府追加法一七四条仁治三年（一二四二）正月一五日「鷹狩事」は、

右、守関東新制、神領内例供祭之外、可被停止矣、

と定め、関東新制を守り、神社の例外のほかは鷹狩禁止を命じた。

(4)　寛元三年一二月一六日追加法による鷹狩禁止令　　鎌倉幕府追加法二五一条寛元三年（一二四五）一二月一六日「鷹狩事」は、

殊御禁制之処、近年甲乙人等、背代々御下知、云国々、云鎌倉中、多好狩之由、有其聞、甚濫吹也、已招自科者歟、永可令停止、自今以後、猶令違犯者、可有後悔也、但於神社供祭鷹者、非制之限、以此旨、普可被相觸之条、

と定め、鷹狩禁止を命じた。神社の例外がある。

(5)　弘長元年二月三〇日追加法による鷹狩禁止令　　鎌倉幕府追加法三四八条弘長元年（一二六一）二月三〇日「鷹狩事」は、

神領供祭之外、可停止之由、御下知先畢、固守此制禁、不可違犯矣、

と定め、神社の例外のほかは鷹狩禁止を命じた。なお、本条発出日を二月二〇日とする文献があるが、その考証が『中世法制史料集』鎌倉幕府法の補注三七にある。

(6) 文永三年三月二八日追加法による鷹狩禁止令　　鎌倉幕府追加法四三一条文永三年（一二六六）三月二八日「鷹狩事」は、

供祭之外、禁制先畢、仍雖備于供祭、非其社領、縦雖為其社領、非其社官者、一切不可仕狩之由、可令相触其国中、若有違犯之輩者、慥可注申交名之状、

と定め、鷹狩禁止を命じた。神社の例外については、従来より厳格に、その例外の場合を「非其社領、縦雖為其社領、非其社官者、一切不可仕狩之由、」と神社の社領内において神社の社官が行う狩に限るとの趣旨を明定し、「可令相触其国中、若有違犯之輩者、慥可注申交名之状、」と違犯者名を報告せよと定めている。

(二) 室町幕府法

室町幕府の鷹狩禁止令は、八代将軍足利義政と九代将軍足利義尚の父子による禁令である。

(1) 八代将軍足利義政による鷹狩禁止　　室町幕府参考資料一七一条（『中世法制史料集』室町幕府第三部参考資料の条文）長禄二年（一四五八）閏正月一三日「衣服放鷹等禁制」は、「鷹并鷲、平文上下、無文小袖等停止云々」と定め、放鷹を禁じた。これは、『史料綜覧』巻八には「将士ノ豹文直垂。無文小袖ヲ服シ、又鷹ヲ使ヒ、鷲ヲ養フコトヲ禁ズ」と掲記してある。

(2) 八代将軍足利義政による鷹狩禁止　　『斉藤親基日記』文正元年（一四六六）閏二月二一日条「鷲并鷹事」は、「先度御禁制之処近日在之、重被仰出之、」と定め、重ねて諸将の鷹を使うことを禁じた。

(3) 九代将軍足利義尚による鷹狩禁止　　『蜷川親元日記』文明一三年（一四八一）七月六日条は、将軍義尚が

「鷹停止之事」をもって将士の放鷹を禁じた。

2　飼鳥禁止

(一)　公家法

公家法四一九条後宇多天皇弘安八年（一二八五）宣旨「可停止集飼無用鳥獣事」は、

> 性各雖異、物皆有要、頃年以来、或養鶉闘其鳴、或飼鶯愛其声、或壅入河水於亭宅、浮紫鴛、白鴎、或新摸林巒於庭除、養遊鸍、□菟、冬稌夏□、徒死是食、朝飼夕養、空忘他営、無益之業、職而由斯、自今以後、速可停止、

と定めた。「或養鶉闘其鳴、或飼鶯愛其声、」の鶉闘や鶯の声を愛しむための飼鳥等を例に挙げて「無益之業」とし、速やかに飼鳥を停止すべきことを命じた。

(二)　室町幕府法

室町幕府の飼鳥禁止は、八代将軍足利義政による鶯の飼鳥禁止令である。

(1)　長禄二年閏正月飼鳥禁止令　　室町幕府参考資料一七一条長禄二年（一四五八）閏正月一三日「衣服放鷹等禁制」は、前記の鷹狩禁止と併せて、諸将が鶯を養うことを禁じた。

(2)　文正元年閏二月飼鳥禁止令　　『斉藤親基日記』文正元年（一四六六）閏二月二一日条「鶯并鷹事」は、前記の鷹狩禁止と併せて、重ねて諸将が鶯を養うことを禁じた。

(三)　分国法

長宗我部氏掟書六条（『中世法制史料集』武家家法Ⅰの掟条々の条文）慶長二年（一五九七）三月朔日「鷹持候事」は、

> 家老より外ハ、鷹持候事、令禁制事

と定め、家老以外の家臣の鷹飼育を禁止した。これにより、鷹狩禁止を目的としたものである。

3　鳥猟禁止

鳥猟禁止については、分国法の後北条氏の整った禁令がある。天正八年（一五八〇）八月後北条氏一族の「北條氏勝相模東郡中捕鳥法度写」（『中世法制史料集』武家家法Ⅲ九七四条）は、

右、於東郡中、以弓鉄砲鳥を射事、并さしなわ、もちつな、天網を以鳥取事、依仰出、毎年堅令停止訖、違背之人有之者、其在所之者共出合、不撰侍、凡下、則道具を取、玉縄へ可申来候、若令用捨者、郷村之者可爲越度候、取道具於持来人者、彼道具者勿論、猶可加褒美者也、仍如件、

と定めた。東郡（相模国の相模川の東岸一帯・現鎌倉市藤沢市）において、弓・鉄砲で鳥を射ち、縄・綱・網などで鳥を取ることを禁じるとともに、違反者の道具を取り押さえることを命じた。また「不撰侍、凡下」とあるように、すべての身分の者に鳥の捕獲を禁止し、鳥捕獲者の横行を阻止するために、褒美を与えると定めた。

後北条氏は、西郡（相模国の相模川の西岸一帯）に対しては、前年の天正七年以前に鳥猟禁令を発出し、また寺社の求めにより殺生禁断のための「弓・鉄砲ニ而鳥打事」の禁令を発出していた。

玉縄城主北条氏勝は、その後の天正一八年（一五九〇）三月二九日山中城にあって羽柴秀次を総大将とする大軍の攻撃を受けるや落城敗走し、玉縄城（鎌倉市）に籠城したが四月二一日には不戦開城し、剃髪して豊臣側に降伏した。二三日付け豊臣秀吉朱印状には「北条左衛門大夫（氏勝）走入、命之儀御侘言申候間、相助家康へ被遣候」とみえ、以後北条氏勝は徳川家康に従い、各地の後北条氏の城攻略に貢献した。この功績により、徳川家康は関東移封に際し、氏勝に下総岩富一万石を与えて大名として処遇した。

4　路次三里内狩猟禁止

分国法の前述した天文五年（一五三六）伊達家塵芥集六五条は、全文を見ると、

山中行き帰りの人を、盗人、狩人となずらへ、人の財宝を奪いとる事、その例多し。しかるうへは、いまより後、狩人路次中より三里の外にしてこれをなすべし。三里の内にて狩をいたし候はば、盗人の罪科たるべし。ただし狩人鹿に目をかけ、追ひ来らば、是非にをよばざるなり。又山人たき木をもとめに深山へわけ入のとき、山立狩人となずらへ、山人を取る。しかるに山人不慮にのがれきたり、狩人を見知るのよし申出では、くだんの盗人、たとひ真の狩人なりとも、山人の口にまかせ盗賊の罪科に処すべき也。

と、定めるのである。

この条は路次より三里内における狩猟禁止規定であって、三里以内で狩猟を行った場合は盗人の罪科に処するが、狩人が「しし」を追って来た場合は例外とする規定である。伊達家塵芥集には、狩猟に多少とも関係があると認められる規定が六五条のほか三か条存するとされる。この条を含めて狩猟関連規定の存在することが、奥羽の風土からする他の分国法にはみられない特色であると説かれている。

三　害鳥獣防除

中世法の各法権には害鳥獣防除の法規定が見当たらず、害鳥獣防除の実施例も把握できない。歴史学の塚本学著『生類をめぐる政治』には、実証的研究によるとして、一五冊の農書に登場するスズメ等の諸鳥とイノシシからモグラまでの動物の鳥獣害が記述されている。いずれも近世のもので中世の例ではない。また保元元年（一一五六）の伊賀黒田荘争論にみえる「荘園内にシカやサルなどの鳥獣害で、これを追い払うために小屋を設けて人が住んでいた」との例と弘長三年（一二六三）川崎勝福寺の鐘銘に関する「鳥獣撃退の願文があり、鳥獣による農作物被害が大きな問題となっていた」との例も提示されるが、前者は争訟の一方当事者の単なる主張に過ぎないし、後者は数種の書籍で詳細に鐘銘を検討してみたが、そもそもこれが鳥獣撃退の願文であるかの疑問を払拭できない。これらが他の文献に引用されているので、中世における害鳥獣防除の問題については、今後における実証的研究の進展に待ちたい。

四　鳥獣保護

鳥獣保護の規定は見当たらない。

五　肉食触穢

中世は武士が活躍した。肉食触穢の前提として、武士と死の穢れの大問題があった。武士は生命のある人を殺す。武士が戦場で相手武士と死闘を繰り広げて相手を斬り殺したとする。相手の死穢に穢れるのであろうか。大宝令の神祇令散斎条「不預穢悪之事」について、令義解が「謂、穢悪者、不浄之物、鬼神所悪也、」と注釈し、神に嫌悪される不浄の事象をいうとするから、事柄は、戦場の武士の死闘が不浄の事象に該当するか否かという問題であることが判明する。この条の施行規則である延喜式の神祇臨時祭穢忌条の「人死限三十日」は、その規定の体裁上は、祭祀に携わる官人に限らず武士・一般人に対しても適用されるが、相手を斬り殺した瞬間に忌み慎むべしとして力を抜けば、直ちに相手方の加勢の武士に斬られて死に至るほかない。つまり死ねという規範であるのかという問題も生じる。『触穢問答』という書物には、「問云、人を殺害する其殺して触穢するや否や」、「答、きりすては当日ばかり穢也」としている。

研究者によると、古代ギリシャでは戦場で敵を殺しても穢れとはならなかった。戦い終わって、その日静かに死者を念じるのみとするのが洋の東西を問わず武人の世界であり、わが国の武士も、死穢を恐れない存在であった。

肉食触穢に戻ると、神祇臨時祭穢忌条は、条文の規定上は、「人の死・産、六畜の死・産・其喫宍」の穢れのみを対象にしており、また、動物としては六畜（馬牛羊鶏犬豕、鶏の産で卵は除外）に限定し、野生鳥獣を対象としないようにみえる。そこでまず、肉を食することに関する穢れは「六畜」に限られるとして「其喫宍三日」と解釈された。しかし、宮中に野生鳥獣が入り込み死骸が発見された等の出来事が多発したり、一条兼良が令の注釈書「令抄」の食宍の項目に、「以食猪鹿可称喫肉。」と記述し、鹿・猪肉は「喫肉」であるが、それ以外の野獣肉を食しても喫肉の違反にはならないとの解釈を示したり、明法博士の見解が様々に分かれ、「鹿、猪、猿、狐は六畜に準ずる」とか、その対策も「鹿・猪食百箇日。猿食九十日。」などと様々な類推解釈が流行した。

それればかりでなく、死穢を恐れない鎌倉武士が、朝廷公家から穢れを教化されてしまった。吾妻鏡巻一六の正治元年（一一九九）二月一五日条に、「京都使者参着（略）又五日丁卯大原野釈尊等。依関東御穢気延引云云。」とあり、京都の使者が「関東御穢気」すなわち源頼朝の死穢により京都の大原野釈尊等が延引になったことを伝えた記述を最初に、次第に触穢記事を見るようになる。吾妻鏡脱漏の嘉禄元年（一二二五）八月一五日条「鶴岡放生会延引。依二品御事触穢也。」は、頼朝の妻政子の死去による触穢である。「合戦触穢」についても、吾妻鏡巻三八の宝治元年（一二四七）六月三〇日条に「今日。御所中不被行六月御祓。依去五日合戦触穢也。」と、また同三八の同年八月一五日条にも「放生会延引。去六月合戦触穢。」と、それぞれ六月の三浦合戦による京都の合戦触穢記事を記述する。朝廷公家ほどのことはなかったものの、武士にも着々と穢れの恐怖が伝わってきた。

六　罰　則

1　中世法の罪と罰

中世法における罪と罰については、法が分立していたため、犯罪と刑罰の対応関係の把握が困難だという問題があった。

その一つの例が身近な「盗み」にある。盗みはこの当時放火・殺人とともに重大犯罪とされていたが、公家法の新制には盗みの条文がなく、鎌倉幕府法には窃盗を軽罪とする先例を引用する条文があり、公家・武家ともに窃盗を軽罪の方向へ導こうとしていた。鎌倉幕府法では軽罪の犯罪が、共同体の法においては、村落社会の「自検断」により死刑になるという極端な刑罰の差違があった。フロイス著の『日欧文化比較』に「(窃盗は)日本ではごく僅かな額でも、そのことによって殺される」と記述があるように、盗人に対しては「盗人一銭切り」という重罰の慣習法が通用しており、盗みを死刑とする成文法が欠如していたのに、「一身の咎」として犯人を死刑とするに止まらず、「妻子所従におよぶ」との酷刑すら科された。盗犯を重罰とする慣習法の根底には、盗みによって単に「もの」を失っただけではなく、魂を通わせていたものを奪われたとする日本人の想念があると説かれている。文明一五年(一四八三)に、共同体の法である近江大浦下荘「於大浦下庄定条々制札事」に「盗人一銭切之事」と規定され、村法が重罰の盗人成敗法を成文法化した。豊臣政権法に移ると、豊臣秀吉は、盗みについても、天正二年(一五七四)三月近江の「在所掟」には、「物在所衆押しよせ生害に及ぶべく候」と慣習法によるとして、「一、とう人の事、其の仁生害は申すに及ばず候、ならびにくせ物宥し仕し候はば、とう人同前たるべき事」と重罰を宣言し、天正一〇年(一五八二)七月二五日羽柴秀吉地下定書「条々」にも、「奉公人下々地下中へ立入、田畑をあらし、不謂やから於有之者、一銭きりたるへき事」と田畑荒らしの些細な犯罪に対し「一銭きりたるへき事」と重罰を宣言した。天正一八年(一五九〇)八月豊臣政権奥羽仕置に当たり、盗人対策として、「一、盗人之儀、堅御成敗之上者、其郷・其在所中として聞立、有様ニ可申上之旨、百姓以連判致誓紙可上之、若見隠・聞かくすニ付而ハ、其一在所可為曲事、」と発令した。盗人の成敗を権力の手に留保しつつも、盗人の追捕等は「其郷・其在所中」の当該村落に実施させる体制をとり、このことの確認のために百姓に連判誓紙を求めるという念の入った重罰の盗人政策であった。

2　狩猟法令の罪と罰

狩猟法令違反の罪としては、狩猟規制違反等の各種の罪があり、問題はその罰である。律令法を継承した各罪の刑罰は比較的に軽い刑罰であった。これに対し、武家法に違反した場合の刑罰は、重罰すなわち死刑が当然とされていた。

それを知ることができる一例が、源顕兼編の『古事談』に鷹狩の説話としてみえる。その内容は、

平忠盛の家人加藤大夫成家が鷹狩をしていると聞いた白河上皇が加藤を召し出して殺生禁断の朝敵と叱責した。下人と共に持参した三羽の鷹を据えた加藤は、ほかに二、三羽鷹を飼っており、祇園女御の供御料に毎日鮮鳥の鷹狩をしておりますが、供御を懈怠すると重科に処せられます。武士の重科は頸を切られることです。朝廷の禁令では流罪となっても命には及ばないので、それを悦びながら鷹狩をしているのです、と言上した。白河上皇は、こんな馬鹿者はとっとと追い出してしまえ、と仰せられた。

というものである。

白河上皇から寵愛の祇園女御を与えられた平忠盛の命令で、女御への鮮鳥の供御のために毎日鷹狩をする忠盛の家人加藤大夫成家が、「鷹狩をすることは朝廷の法では命にまでは及ばないが、供御を懈怠すると武士の法では頸を切られるので、鷹狩をしている」と言上したことが説話の中心となっている。中世直前の時期において既に、狩猟法令違反の刑罰には朝廷と武士の立場で隔絶した差が存しており、白河上皇ですら確信犯の加藤大夫成家を扱いかねて、こんな馬鹿者を追い出せと言ったわけである。

第五章　江戸幕藩法の狩猟法制

第一節　江戸幕藩法

一　江戸幕藩法

江戸時代は、中央統一政権である江戸幕府とその支配下にありながら独立の領国をもつ藩との江戸幕藩体制において、幕府の「幕府法」と藩の「藩法」が統治を担っており、両法は「江戸幕藩法」と総称される。

武力による天下統一が成った後も、公家法は朝廷で現実に機能するとともに、武家政権の将軍・大名・上級幕臣を律令制の位階官職に叙任して序列化しており、また共同体の法も公儀の範囲内での自律・自治性を認められるというように、江戸時代の法が江戸幕藩法に一元化されていたわけではなかった。慣習法が主であり、成文法は補充的であるという特徴もあった。

江戸幕藩法制においては、随時個別に発出する単行法令によって行政執行され、次第に法制の整備が急務となり、具体的妥当性よりも法的安定性を指向するようになったものの、今日のような法治主義あるいは罪刑法定主義が存在したわけではなく、法と道徳は未分化の面もあったし、身分による適用法の差異も存在した。

二　幕　府　法

幕府法は、幕府が公儀として国内全体の統治を行うとともに、自らも一大名として領分（御料・天領）を支配したことから、全国を対象とする天下一統之御法度ばかりでなく、幕府直属の家臣及び直轄地を対象とする法もあった。

幕府は、その成立初期に国内諸勢力を編成し統制するため、各勢力の法度類を定めた。諸大名に対し「武家諸法度」を定め、次いで旗本・御家人には「諸士法度」を申し渡し、これを後に武家諸法度に統合した。天皇・公家に対し「禁中并公家諸法度」を定め、朝廷が幕府の統制下にあることを宣明した。仏教教団に対しては「寺院諸法度」と総称される諸宗本山本寺の法度を発出し、各宗派寺院を幕府の機構の下に編成しつつ、本山を頂点とする本末寺制度を確立させていった。そして、檀家制度を確立させ、檀家を有する寺院に、宗門人別帳作成時の寺請証文、転出・移動時の寺送り証文の発行により幕藩権力の人別掌握の一端を担わせた。神社神官に対しては、伊勢法度を定めたのを初めとして「諸社禰宜神主法度」を発布し、神社神職の管理統制を行った。死去した親族に対する服喪と忌引の期間を定める服忌制度を整備して「服忌令」を定めた。

幕府は、種々の統治事項について、随時に単行法令を発出した。単行法令は、老中より将軍の裁可を経た後に、「御書付」の形式をもって公布されたが、特定機関や関係者に限って公布されるものを「御達」といい、比較的広い範囲に公布されるものを「御触」といい、関係の奉行よりさらに一般人民に公布するものを「申渡」「張紙」等といった。特に基本的な法令は、木札に墨書し、人目を引きやすい場所に掲示する「高札」の形式で一般に周知させた。江戸時代の中期にはこの御書付、御触書の類を事項別に編集する作業が行われ、官撰の『御触書集成（寛保・宝暦・天明・天保集成）』が編纂された。また、判例を取捨選択して法典化する立法作業が行われ『公事方御定書』が編纂された。寛保二年（一七四二）三月に『寛保御定書上巻・下巻』ができ上がり、数次の改訂を経てその下巻は公事方御定書百箇条とも称されたが、少数の訴訟法に関する条項のほかは刑罰規定である。御定書は、その巻末の裏書に「右之趣達上聞相極候、奉行之外不可有他見者也」とあり、秘密の法典とされた。これに収載以前の江戸時代成文法は、私撰の法令集（御当家令条等）・判例集（御仕置裁許帳等）・奉行らの手控（元禄御法式等）があるので、これから狩猟法令を探索することになる。幕府の評定所においては、その後の刑事判決を収集して『御仕置例類集』を編纂した。文久二年（一八六二）には、赦に関する先例を取捨撰択して、赦律が制定された。現在手近かに利用できる完備した幕府の法令集としては、明治一一年（一八七八）司法省編纂の『徳川禁令考』がある。

三 藩法

幕府から統治を委ねられた諸藩は、自らの領分支配を行うため独自に藩法を制定し、国法、家法などと呼称した。すべての藩が独自の藩法を定めたのではなく、全体的にみれば親藩・譜代の多くは幕府法に準拠し、外様には特色ある独自の法を定めるといった傾向があり、小藩ではほぼ幕府法のみが領内に施行されていたようである。

幕府においては寛永一二年武家諸法度第一九条「万事如江戸之法度、於国々所々可遵行之事」により、私領内であっても幕府法に準じた処理が行われるべきであるという法意識があり、諸藩から伺があった場合には、幕府当局は幕府法に則った回答を行うのを原則としたことから、時代が降るにつれて藩法への幕府法の影響が強まっていった。また、幕府による御定書編纂に刺激を受け、諸藩で刑事法の編纂が行われた。

第二節　法制度としての殺生禁断の展開

一　江戸幕藩法における殺生禁断の承継

1　豊臣政権法からの殺生禁断の承継

江戸幕藩法は、豊臣政権法から殺生禁断を承継した。

豊臣政権が織田政権を経て殺生禁断を承継した後、殺生禁断法令を制定せずに、鷹政策・武具没収・キリスト教対策・五人組・厳罰の主要施策の中に包含して殺生禁断を実施したが、徳川家康は、慶長一九年（一六一四）冬と元和元年（一六一五）年夏の大坂の陣で豊臣氏を滅亡させると、主要施策の中に包含して殺生禁断を実施する豊臣政権の統治手法を踏襲し、殺生禁断を承継した。

2　徳川家康の殺生禁断

徳川家康は、豊臣政権法からの殺生禁断の承継に先立ち、三河岡崎城主時代から殺生禁断の禁制を発出していた。以下に、中村孝也著『徳川家康文書の研究・拾遺集』及び徳川義宣著『新修徳川家康文書の研究』により、徳川家康の殺生禁断禁制発出状況を検討する。

(一)　三河岡崎城主時代からの殺生禁断

(1)　永禄三年七月三河法蔵寺門内門前禁制　　永禄三年（一五六〇）七月九日、三河法蔵寺門内門前宛てに、

一　守護不入之事
一　不可伐採竹木之事
一　不可陣執之事
一　殺生禁断之事
一　可下馬之事

と五か条の定書をもって禁令した。その第四条に「殺生禁断」とある。

(2)　永禄一二年六月三河大樹寺禁制　　永禄一二年（一五六九）六月二五日、三河大樹寺宛てに、

一　於寺中并門前不可殺生事
一　爲不入之地間縦雖有罪科之輩号奉行人験断若於有重科族者自寺家可有追罰事
一　於寺内并門前不可致喧嘩事
一　国中之諸士等不論貴賤於惣門前可有下馬事
一　寺中門前諸役一切停止之事

と五か条の定書をもって禁令した。

(3)　天正一八年七月下総大巌寺禁制　　天正一八年（一五九〇）七月、下総大巌寺宛てに、禁制として、

一　軍勢甲乙人等濫妨狼藉之事
一　放火之事
一　殺生之事
一　対当寺并門前百姓等、非分之儀申懸事
一　竹木截用之事

と五か条に記述した命令を発出した。標題を禁制とし、その第三条に「殺生」とあって殺生禁断を明示している。

(二)　関東領国時代以降の殺生禁断

(1)　武蔵国内の忍城周辺における鉄砲での雁殺生処罰　　家康は、天正一八年（一五九〇）八月一日の関東入国の直後から江戸の城下町造成や領国の家臣知行割りを開始した。

殺生禁断については、関東入国から二か月も経たない天正一八年九月に、家康に仕えた松平家忠の『家忠日記』に記載があるだけでも、後北条氏の旧領であった武蔵国内の忍城周辺では、鉄砲で雁を撃った者が磔になった事件が一

〇日ばかりの間に二件あった。中世法下の後北条氏領国においては鳥猟禁令が発出され、「以弓鉄砲鳥を射事、并さしなわ、もちつな、天網を以鳥取事、」と弓・鉄砲の飛び道具や、さしなわ・もちつな・天網の伝統的な猟具を用いて鳥を獲る行為が犯罪として処断されていた。関東地域に新政権を樹立する過程にあった家康は、同様な殺生禁断の禁令を布告することとし、これに違反したとして極刑に処するとの判断をしたものであろう。

(2)　文禄元年二月甲斐南松院禁制　　文禄元年（天正二〇年・一五九二）二月一〇日、甲斐南松院宛てに、禁制として、

一　甲乙人等狼藉之事
一　於于寺中殺生之事
一　伐採山林竹木并放牛馬事
一　庭之樹石掘取事
一　寄宿之事

と五か条の禁制を発出した。禁制の標題の下に第二条に「寺中殺生」とある。なお、家康は、南松院宛てに天正一〇年（一五八二）三月三日にも禁制を発したが、その際は「寺中堂塔放火」の禁止であった。

(三)　家康又は二代将軍徳川秀忠の殺生禁断

徳川秀忠は、慶長一〇年四月に二代将軍を継いだ。家康又は秀忠の殺生禁断の禁制は、次のとおりである。

(1)　慶長一三年五月武蔵南品川宿海晏寺禁制　　慶長一三年（一六〇八）五月七日、武蔵南品川宿海晏寺宛てに、

一　殺生之事
一　剪採竹木之事

一　喧嘩口論此外狼籍之事

の三か条の禁制を発出した。発給者は幕府家臣勘兵衛尉（米津田政）と権右衛門尉（土屋重成）の連署による禁制である。

(2)　元和元年九月駿河華陽院禁制　元和元年（一六一五）九月、駿河華陽院宛てに、

一　鎮護法要不可有怠慢事

一　殺生之事

一　於当寺中狼藉之事

一　竹木伐取之事

一　対僧衆一致非儀事

の五か条の禁制を発出した。この禁制は、家康膝下の奉行が発給した禁制であるので、秀忠というよりは家康による禁制とみる余地があるとされている。

二　江戸幕藩法における殺生禁断の実施と展開

1　初代将軍家康期における殺生禁断の実施

初代将軍家康期（以下「家康期」ともいう。）とは、江戸幕府初代将軍徳川家康が慶長八年（一六〇三）二月征夷大将軍に任じられて江戸幕府を開いてより四代将軍徳川家綱に至る、慶長八年から延宝八年（一六八〇）までの七八年間をいうものとする。

家康期における殺生禁断は、豊臣政権法の殺生禁断を踏襲し、実施においてもその手法を踏襲した。豊臣政権法の鷹政策については、これを人民統治のための鷹統治政策として整備し、鷹統治政策・武具没収・キリスト教対策・五人組・厳罰の各施策に包含して殺生禁断を実施した。

（一）江戸幕藩法の狩猟指針

徳川家康は、「徳川成憲百箇条」に江戸幕府の施政指針を記載して御宝蔵に納め、老中以外の披見を禁じたと伝えられる。『徳川禁令考』前集第一の第一三章「徳川成憲百箇条」には「狩猟放鷹等ハ勝遊にあらず」とある。歴史学には「徳川成憲百箇条」の偽書説があるが、狩猟放鷹についてみると、これを遊戯として行う殺生ではないとするのが江戸幕府の施政指針であった。家康は、『東照宮御実紀』附録巻二四の「家康説鷹之徳」にあるように、平素、鷹狩を「また常に人に御物語ありしは、おほよそ鷹狩は遊娯の為のみにあらず」「おほよそ鷹狩はただ鳥獣を多くむさぼらん為のみならず」と説いていた。

（二）鷹統治政策による殺生禁断

江戸幕藩法の鷹統治政策とは、豊臣政権法が天下統一を目指して実施した鷹政策を承継し、統一が成った天下において推進した統治政策である。幕府開設の直後から、

① 幕府放鷹の確立
② 天皇を含む鷹儀礼
③ 鷹馴養と鷹役職制
④ 鷹餌鳥と鷹場の管理

等を整備して幕藩統治の主要な政策として実施した。

（三）武具没収による殺生禁断

狩猟用具でもある武具没収は、豊臣政権の刀狩令により武具が根こそぎ没収できたわけではない。刀については、寛文八年（一六六八）三月二〇日、八か条の覚の最初の項に、「町人刀帯之江戸中徘徊之儀、堅可為

無用、但免許之輩は制外事、」と定めて町人の帯刀禁止令が発出された。他の七か条は町人の振舞や衣装の制令である。帯刀の禁止では武具の没収ほどの強制力がないと考えられそうであるが、実は当時においては、この町人帯刀禁令は衝撃的に受け止められた画期的な法であったとする研究がある。

鉄砲は、刀狩令の以後にも大量に隠匿所持されており、鉄砲規制のため「鉄砲改」の制度と役職が整備された。鉄砲改・役職の創始時期については、寛文年間に大目付大岡佐渡守忠勝が兼官して鉄砲改の総取締に当たったとする説があり、また将軍綱吉御実紀の貞享三年（一六八六）一一月二八日「大目付水野伊豆守守政鳥銃考察を命ぜらる」の記事に基づく貞享三年説もある。この「鳥銃考察」なる役職は、将軍吉宗の御実紀享保四年（一七一九）正月二一日記事には「大目付内藤日向守正峯に鳥銃監察の事を命ぜられる」と「鳥銃監察」の役職になった。火縄銃を鳥銃と称した。江戸周辺での鉄砲の発砲対策から始まり、害鳥獣対策の鉄砲、猟師の鉄砲へと鉄砲規制の強化に伴い、鉄砲改が整備された。

(四) キリスト教対策による殺生禁断

江戸幕府は、慶長一七年（一六一二）春切支丹大名らの涜職事件が発覚したことを契機にして、同年八月六日条々として、第一条に「一、伴天連門徒御制禁也、若有違背之族者、忽不可遁其罪科事」と、また第五条には「牛を殺す事御制禁也、自然殺すものにハ、一切不可売事、」と定めるキリスト教禁止令を発出した。翌慶長一八年（一六一三）一二月二三日には、家康側近の僧金地院崇伝の起草した「伴天連追放令」を将軍秀忠より日本国中に布告した。

キリスト教からの仏教転向者には「寺請証文」を作成させ、次第にこれが寺院の「寺請制度」に発展して「檀家制度」が確立した。そして、宗門人別帳作成時の寺請証文、転出・移動時の寺送り証文の発行により幕藩権力の人別掌握の一端を担わせるとともに、経典や説話を耳にして仏教に親しむうちに殺生禁断を心得ることが期待された。

豊臣政権の五人組制度は、江戸幕藩法において詳密なものとなった。

江戸幕藩は、五人組員をして五人組帳を作成させた。五人組帳とは、五人組の法令を記載した簿冊で、組員が右の法令を遵法確守することを連名連判して誓約し、地頭等へ提出した。初期の五人組帳の記載法令数は数か条程度であったが、幕府代官山本大膳が天保七年に編成出版したものは全一四七条という長大なものであった。

（五）　五人組による殺生禁断

殺生禁断に関する五人組制度は、早く幕政初期からその規定がみえる。寛永三年（一六二六）巣鷹令三か条の第二条に、「御巣鷹之巣を隠し、又は一巣之内にて鷹を盗候輩有之者、可為曲事、たとひ後日に相聞候共、其身事は不及沙汰、一類共に可被行死罪事、附五人組ハ可為籠舎事」との規定があり、連帯して「五人組は籠舎たるべきこと」とする定めがなされた。「籠舎」とは未決勾留のための施設の「牢屋」であって刑名ではないが、江戸の牢屋は死刑から入墨までの刑執行のほかに拷問の施設としても知れ渡っており、「この世の地獄」と俗称され、そこへ未決で入牢させられることも地獄へ落とされるほどの痛苦であった。

五人組の一般規定は、三代将軍徳川家光の治世下の寛永一四年（一六三七）一〇月二六日に郷中御条目が制定された。第一条に「従此以前被仰付候五人組、弥入念可相改事、」とあり、以下に八か条の計九か条が定められている。家光時代に、切支丹宗門の禁止と浪人の取締のために五人組制度の整備が急務とされた。家康期における五人組による殺生禁断の遵守の条文を探索すると、次のとおりである。

(1)　寛永一六年五人組誓詞　　寛永一六年（一六三九）越前国敦賀郡江良浦五人組誓詞に、

一　鶴雁鴨の事は不及申小鳥迄も取申ましく候御事

との条文があり、鶴・雁・鴨・小鳥の狩猟禁止を申し合わせている。

(2)　万治二年五人組帳　　万治二年（一六五九）信濃国佐久郡海瀬村五人組帳に、

一　鶴白鳥惣而御法度之鳥取候者無御座候事

とあり、鶴・白鳥・御法度の鳥を掲げている。

(3)　万治二年五人組帳　　万治二年（一六五九）三河国北設楽郡下津具村北方五人組帳に、

一　鉄砲を以て御法度之田鳥打申間敷候其上田鳥類何にても殺生仕間敷候事

とあり、鉄砲の使用のほか「其上田鳥類何にても殺生仕間敷候」と殺生の抑制を誓約したものである。

(4)　寛文七年五人組帳　　寛文七年（一六六七）三河国北設楽郡下津具村北方五人組帳に、

一　御法度之鳥殺生仕間敷事

とあり、「御法度之鳥殺生」と規定するが、これは万治二年の五人組帳を改訂したものである。

(六)　厳罰による殺生禁断

厳罰は、中世法の延長として殺生禁断の特徴でもあった。連帯責任も、前記巣鷹令第二条に「一、類共に可被行死罪事、附五人組ハ可為籠舍事」と規定があるように厳格であった。厳罰の緩和は、八代将軍徳川吉宗の治世に至って実現することになる。

2　五代将軍綱吉期における殺生禁断の展開

五代将軍綱吉期（以下「綱吉期」ともいう。）とは、五代将軍徳川綱吉の鷹統治政策の改革・鉄砲改の強化と生類憐憫政策実施の治世期の前期及びこれに継続する綱吉死去後に鳥獣が乱獲された七代将軍徳川家継に至る後期をいうものとする。前期は延宝八年（一六八〇）から宝永六年（一七〇九）までの三〇年間で、後期は宝永六年（一七〇九）から享保元年（一七一六）までの七年間であり、通期では三七年間になる。

（一）　鷹統治政策の改革

徳川綱吉は、鷹統治政策を改革した。鷹統治政策の全体にわたる放鷹廃止、鷹儀礼の縮減、鷹匠等配置換え、鷹場の廃止、御留場化の改革である。

御留場とは禁猟場所を意味し、元禄七年から史料に現れるようになった。御留場においては鳥類の殺生が厳禁され、村々に病鳥などの養育が義務付けられ、村々では鷹場同然に人足の拠出が命じられた。鷹餌は、厖大な数量の小鳥を必要とし、その確保のために公儀餌差が小鳥の捕獲に従事したが、それも縮小して廃止した。

（二）　鉄砲改の強化

綱吉は、武具没収に関しては鉄砲改を強化し、貞享四年（一六八七）一二月御触により鉄砲を「用心鉄砲」、「月切鉄砲」、「断鉄砲」、「猟師鉄砲」と用途別に規制した。これに基づき「猟師鉄砲」を所持し使用する狩猟法制上の「猟師」が定められた。

（三）　生類憐憫政策

綱吉は、生類憐れみ令の将軍として名高いが、生類憐れみ令という名称の法令が制定公布されたことはなく、犬などの動物愛護に関わる法令の発令が多かったためにその名が定着した。近時は、同政策を「生類憐憫政策」と呼称している。生類憐憫政策は、殺生禁断の実施のために策定・執行されたものではない。害鳥である鳶・烏の殺傷を制限して離島へ放鳥したことや獣肉食の穢れと祓いに関する規定の整備等は、生類憐れみ令の政策事項であり、これにより犬食が姿を消したとされる。綱吉の生類憐憫政策に対し、歴史学の通説は否定的な認識を示していた。最近、歴史学の山室恭子著『黄門さまと犬公方』は実証的研究により積極評価の見解を提示した。

（四）　綱吉死去後の鳥獣乱獲

綱吉死去後の鳥獣乱獲は、六代将軍徳川家宣・七代将軍徳川家継の治世期で新井白石が補佐した計七年間の鳥獣乱獲である。

(1) 諸国鉄砲改の緩和　一般に、綱吉の没後、諸国鉄砲改がすべて撤回されたとする。しかし、御触書寛保集成を探索してみても、諸国鉄砲改をすべて撤回するとの御触は見当たらない。御触書寛保集成鉄砲之部二五二九の六代将軍家宣宝永六年（一七〇九）四月の御触がそれと受け取られたようである。この御触は、

一　猪鹿狼多出、田畑荒し、人馬えも掛り候節は、不及相伺、玉込鉄砲ニて為打可被申事、
附、目付家来置候儀并打留候数、寄々書付不及差出事、
一　玉込鉄砲免許之儀候間、常威鉄砲并月切威鉄砲向後不及願事、
一　猟師鉄砲相続并増減之儀、鉄砲改方え不及相伺、御代官、領主、地頭可為勝手次第事、
一　用心鉄砲并寄進鉄砲之事、
一　商売鉄砲并質物鉄砲之事、
一　江戸之外、諸國浪人所持之鉄砲并浪人稽古鉄砲之事、
右三ケ條は前々之通相心得、鉄砲改方え相伺、可被任指図事、
一　猟師并荒候畜類打候外は、在々并町方迄猥鉄砲打申間敷旨、御代官、領主、地頭方ニて常々遂吟味、毎歳一度宛鉄砲改方え証文可被差出事、

と定め、田畑を荒らし人馬に被害を与える猪鹿狼を鉄砲で撃つのには事前の手続を不要とするなど、鉄砲規制を大幅に緩和した。

(2) 鳥獣乱獲　もちろん鉄砲が野放しになったわけではない。しかし、世間では「鉄砲御免」とばかりに鳥獣

を撃った。田中休愚著『民間省要』坤部第六には、「抑四十年以前、御鷹の事にて憂かりし」「それより四十余年御鷹止みて、在々所々迄鉄砲御免にて猪・鹿心の侭に打たれしより、諸鳥も驚立てて今の世は雁・鴨其頃の十か一もなし」と家康期の鷹狩の横暴と綱吉没後の鳥獣乱獲の有様を比較して回顧する。綱吉期は三七年間であるが、休愚は、概算で四〇年とし最終の鉄砲御免の七年間に、「今の世は雁・鴨其頃の十か一もなし」になったと嘆く。御触書寛保集成鉄砲之部二五三四の将軍吉宗享保三年（一七一八）七月御触に、「御拳場并御留場殺生御制禁之儀依致中絶候、鳥無之」と鳥がいなくなってしまったとある。碩学新井白石にしてすら、綱吉治世を批判するばかりで有効な対策を講じることなく人々に鳥獣を「心の侭に打た」したら、江戸の空を乱舞した鳥は「無之」の状態になった。江戸には、鳥類を一〇年近く乱獲させたら枯渇するという事実が先例として残った。

3　八代将軍吉宗期における殺生禁断の展開

八代将軍吉宗期（以下「吉宗期」ともいう。）とは、享保改革の八代将軍徳川吉宗より一四代将軍徳川家茂に至る享保元年（一七一六）から文久元年（一八六一）までの一四六年間をいうものとする。

（一）　鷹統治政策の復古

徳川吉宗は、綱吉期に改革された鷹統治政策を家康期に復古して幕府・将軍の権威回復を果たそうとし、放鷹復活・鷹儀礼復活・鷹職制復活・鷹場復活を行った。

幕府鷹場における諸鳥の激減は、鷹狩復活をめざす吉宗に対し大きな課題を突き付けた。江戸日本橋を起点として東西南北各五里内の地域を御鷹場とし、鷹場支配の強化のため、享保元年（一七一六）鳥見が管轄する「拳場」と呼ぶ鷹場を「筋」に分けて管理する方式を採用した。御拳場は、葛西・岩淵・戸田・中野・品川・六郷筋の六つの筋に分けて配置された。翌享保二年（一七一七）に鷹匠頭が管轄して鶴等の保護増殖も行う「捉飼場（とりかいば）」を設け、幕府鷹場が再編成された。鷹狩のための鷹と餌確保は緊急な政策であり、「綱差」の役職を設置して諸鳥の飼付御用にあたらせた。また、鳥問屋を設け、付属の鳥商人・御鷹餌鳥請負人が鳥を供給するようになった。

(二) 鳥獣の持続的利用

綱吉死去後の鳥獣乱獲を契機とした鳥獣の持続的利用は、野生鳥獣と人間の関わり方の困難なことを示す顕著な事例である。吉宗期の復古した鷹狩に対して、人々から不満の声が上げられた。それにしても、吉宗期に鳥の枯渇を背景にして開始された鳥獣の持続的利用は、明治維新に至るまで豊かな鳥獣の生態系を現出した。鳥類販売の規制も実施された。

(三) 厳罰の緩和

厳罰については、狩猟法制に限定したことではないが、その緩和が刑法等の整備としての法典編纂により推進された。公事方御定書の編纂である。

4 幕末期における殺生禁断の展開

幕末期とは、ここでは殺生禁断の実施を考察するので、これに関係する一四代将軍徳川家茂・一五代将軍徳川慶喜の治世の文久二年（一八六二）から慶応三年（一八六七）までの六年間をいうものとする。

この期においては、外国からの軍事侵略の危惧と対策が殺生禁断の実施に大きな影響を及ぼした。鷹統治政策が終末を迎える。その余の武具没収・キリスト教対策・五人組・厳罰による殺生禁断の実施はそのまま継続されたが、既に幕府の崩壊が眼前に迫っていた。

(一) 鷹統治政策の終末

徳川家茂治世の文久二年（一八六二）一一月九日、鷹儀礼の「御鷹之鳥」の下賜が廃止された。翌文久三年（一八六三）正月一八日、『昭徳院殿御実紀』に「千住筋御成」とある将軍鷹狩が千住三河島筋への鶴御成をもって廃止になり、この鶴御成の「御拳鶴四羽」が将軍放鷹の最後を飾った。徳川慶喜治世の慶応二年（一八六六）一〇月一六日武蔵国の橘樹・久良岐・都筑郡の三郡と相模国鎌倉郡の計四郡の御拳場、御鷹捉飼場とも差止となり、同年一二月二七日鷹場役職は改革された軍政の職務に配置換えされて廃止に至った。慶応三年（一八六七）四月二七日関東村々の御拳場・御鷹捉飼場は「当分御用無之候」の御触が公布された。

（二）　武蔵・相模国四郡の御拳場、御鷹捉飼場差止

慶応二年（一八六六）一〇月一六日に「四郡の御拳場・御鷹捉飼場差止」の御触が布告された。これは、

武州橘樹（郡）、久良岐郡、都筑郡、相州鎌倉（郡）之内村々之義、以来御拳場并御鷹捉飼場与も御差止相成候間、可被得其意候、

というものである。

この四郡は、安政六年（一八五九）六月の開港後、治安上の重要拠点となった横浜から五里四方に所在しており、神奈川奉行を中心とした一元的治安維持態勢の構築を目指したものであったとされ、外国人銃猟との関連を指摘する見解もある。

（三）　関東村々の御拳場、御鷹捉飼場無用と鳥猟解禁

(1)　慶応三年四月二七日「当分御用無之候」御触　　慶応三年四月二七日「当分御用無之候」の御触は、

関東村々御拳場、御鷹捉飼場共、当分御用無之候、尤、追而相達候迄、不取締之儀無之様可被取計旨、御代官江申渡候間、其旨可相心得候、右之趣、関東筋御拳場、御鷹捉飼場、御料、私領、寺社領共、不洩様可被相触候、右之通、可被相触候、

というものである。幕府鷹場は通常の「拳場」と幕府鷹師預りの「捉飼場」とで編成されていたが、この御触はその双方の鷹場を「当分御用無之候」とし、所管の代官に対して追て指示するまで「不取締之儀無之様可被取計旨」と取締の継続を命じたことを述べ、この趣旨をよく心得るようにと触れられた。その後の対処については具体的に示されていない。鳥猟を行ってきた鷹場餌鳥請負人らは、既得利益を擁護するため「雁一〇〇両・雉子五〇両・鳩雀三〇両」などと冥加金付きで自分たちへの一括鳥猟申請を出してきた。

(2) 慶応三年五月二〇日「鳥猟差免鑑札」御触　慶応三年五月二〇日に、「鳥猟差免鑑札」の御触が発出された。この御触は、

今般御鷹御廃止、御拳場当分御用無之候ニ付、村々江鳥猟差免爲取締改テ鑑札相渡候間、御料私領寺社領共村々申合三判持参、来月朔日ヨリ十日迄之内可願出候。但、寺社領之内、従來殺生相禁御鷹餌差共不立入場所有之候ハヽ、可申立候。

一　鳥猟手広ニ相稼度望之者江ハ別段鑑札下渡、其筋ヲ限他村迄鳥猟差免候間、稼方望之者承糺、村役人差添前書日限可罷出候。

右触面之趣相心得、此触村附認早々順達、村下令請印留村ヨリ馬喰町御用屋敷役所へ可相達者也。

というものである。「村々江鳥猟差免爲取締改テ鑑札」という御触の本則の鑑札のほかに、「鳥猟手広ニ相稼度望之者江ハ別段鑑札」という御触に付加する鑑札との二種類の鑑札が規定されている。

鑑札下渡の手順に、名主・年寄・百姓代の村方三役の「村役人差添」と来月一日より一〇日限りの馬喰町御用屋敷役所への「可罷出候」とあるので、農民への鳥猟解禁に限定したものとして構想されたとも考えられる。鳥猟差免鑑札とはいうものの、一般人への鳥猟の差免とは解し難い。

(3) 慶応三年六月四日「鳥猟証文之事」御触　慶応三年六月四日になると、標題を「鳥猟証文之事」とする鳥

猟証文の雛形が発出された。その全文は、

今般御挙場・捉飼場共御用無之ニ付、村々鳥猟差免改而鑑札相渡候間、当卯より来ル未迄五ケ年之間相稼、右ニ付不取締之儀無之様可心懸ケ者勿論、村々迷惑不相成様常々厚可心付事

一　鶴・白鳥之儀者先前之通殺生御制禁、雁・鴨以下之鳥殺生不苦事、但、御制禁之鳥殺生いたし候者有之候ハヽ、其所ニ捕置早速可訴出、尤風聞ニ而も承り候ハヽ可申出事

一　鳥猟之儀張切網・打網・羽子・もち網之外、縦令武家方たり共鷹并飛道具ニ而殺生之儀者堅不相成事、但、鑑札無之者鳥猟いたし候ハヽ、見懸ケ次第其所ニ留置早々可訴出事

一　鳥猟之鳥類惣而日本橋水鳥改所江相送り、改所先前議定之通取斗、水鳥之儀羽印受候上者銘々勝手次第売買可致事、但、無印之水鳥勝手を以他所江直取引者不相成事

一　村々稼方之儀隣村入会耕地等相互ニ稼方差障申間敷事、但、壱人立鑑札請候者右鑑札表ニ記し有之筋々ニおいて相稼候儀村々之者共妨申間敷候事

一　御留川并先前禁断之場所ニ而者鳥猟不相成事

一　年々三月前年鳥猟之羽数取調、羽数書付可差出事

一　鳥猟稼方ニ付、如何之風聞有之節者鑑札取上ケ、急度吟味可有之事

一　鳥猟為運上高百石ニ付永三百文ツヽ相納可申事、但、年々七月二十日より八月二十日迄ニ可相納事

右者此度鳥猟稼方之儀御差免御鑑札御下ケ渡御証文御箇條之趣被仰渡承知奉畏候、若相背候ハヽ何様之曲事ニも可被仰付候、仍御請印形奉差上候、

である。

御挙場・捉飼場御用無之により村々へ鳥猟を差免し、「卯年の当慶応三年から来る未年（明治四年に該当する。）迄の五年間」の鑑札を交付するので、取締についてはよく心懸るようにという御触であった。これが、一般に自由な鳥猟を許可した御触であると理解する意見がないでもないが、「村々鳥猟差免改而鑑札相渡候間」とあり、あくまでも「村々鳥猟差免」の鑑札交付に関する御触であった。

この慶応三年六月四日鳥猟証文之事の御触は、江戸幕藩法における殺生禁断の最後の狩猟法令となり、明治新政府の法源ともなった。その意味で検討に値し、今後活用する場面もあろう。

そこで、御触の内容に変更を加えるのではなく、単に証文の形態を一般の「逐条形式」に整えて検討の便を図ることにする。すなわち、鳥猟証文之事の御触原文に、見出しを付けて条文番号を施しただけである。次の、

鳥猟証文

（鳥猟鑑札）

第一条　今般御挙場・捉飼場共御用無之ニ付、村々鳥猟差免改而鑑札相渡候間、当卯より来ル未迄五ケ年之間相稼、右ニ付不取締之儀無之様可心懸ケ者勿論、村々迷惑不相成様常々厚可心付事

（禁止鳥類・違反者処分）

第二条　鶴・白鳥之儀者先前之通殺生御制禁、雁・鴨以下之鳥殺生不苦事、但、御制禁之鳥殺生いたし候者有之候ハヽ其所ニ捕置早速可訴出、尤風聞ニ而も承り候ハヽ可申出事

（禁止猟法・違反者処分）

第三条　鳥猟之儀張切網・打網・羽子・もち網之外、縦令武家方たり共鷹并飛道具ニ而殺生之儀者堅不相成事、但、鑑札無之者鳥猟いたし候ハヽ見懸ケ次第其所ニ留置早々可訴出事

（鳥類確認）
第四条　鳥猟之鳥類惣而日本橋水鳥改所江相送リ、改所先前議定之通取斗、水鳥之儀羽印受候上者銘々勝手次第売買可致事、但、無印之水鳥勝手を以他所江直取引者不相成事
（妨害禁止）
第五条　村々稼方之儀隣村入会耕地等相互ニ稼方差障申間敷事、但、壱人立鑑札請候者右鑑札表ニ記し有之筋々ニおいて相稼候儀村々之者共妨申間敷候事
（禁止場所）
第六条　御留川并先前禁断之場所ニ而者鳥猟不相成事
（鳥猟報告）
第七条　年々三月前年鳥猟之羽数取調、羽数書付可差出事
（鑑札取上）
第八条　鳥猟稼方ニ付、如何之風聞有之節者鑑札取上ケ、急度吟味可有之事
（鑑札運上）
第九条　鳥猟為運上高百石ニ付永三百文ツヽ、相納可申事、但、年々七月二十日より八月二十日迄ニ可相納事

となり、これが「逐条形式」による条文である。

（四）　殺生禁断の継続

法制度としての殺生禁断は、鷹統治政策については慶応三年四月二七日の「当分御用無之候」御触により「村々鳥猟差免」に移行し、これを補充する御触が発出されたが、江戸幕藩法の殺生禁断そのものは、明治維新を経て殺生解

禁への道程を辿りつつ、そのまま継続したのである。

第三節　江戸幕藩法の狩猟法令

一　狩猟権能

1　天皇・公家の狩猟権能

天皇の狩猟権能については、幕府の「禁中并公家諸法度」（慶長二〇年七月一七日）に「一、天子諸芸能ノ事、第一御学問也」とあって狩猟・放鷹の規定が見当たらないが、王土狩猟の原理から狩猟権能を認めることになる。

歴史学の根崎光男著『将軍の鷹狩り』によると、天皇の放鷹を維持する鷹職制が存在しており、その維持のために禁裏御料の村々に「御鷹千石夫」という賦役を課した。公家の放鷹権能については、天皇がこれを付与するが、若輩の公家には放鷹の禁止が申し渡されることになったとされる。

2　幕府の狩猟権能

(一)　将軍の狩猟権能

将軍の狩猟権能については、『徳川実紀』、『続徳川実紀』に多数の将軍狩猟・放鷹記事があり、法制上の根拠規定は見当たらないものの、王土狩猟の原理を類推して狩猟権能を認めることになる。

(二)　狩猟実施体制

(1)　狩猟の場所　　江戸幕府の将軍狩猟は、追鳥狩、鹿狩及び放鷹であった。

『徳川禁令考』前集第四第三六章狩猟法令には、通し番号一九五六の享保七年戸田志村「追鳥狩」、一九五七の享保一一年小金中野牧「鹿狩」及び一九六五の元文五年玉川・戸田・品川筋「鷹狩」の将軍狩猟の挙行次第が掲げられている。江戸を中心とした関東地域において実施された追鳥狩、鹿狩と鷹狩の三種の詳密な狩猟の経過を、その場で眺めているかのように知ることができる。

殺生禁断との関わりの深い鷹場規定は、確認ができるまとまった最初の規定としては、寛永五年（一六二八）一〇月二八日江戸五里四方の村々に発出された徳川禁令考前集第二の番号一〇〇八「放鷹場制札」がある。この禁制は、「鷹場法度」や「近郊放鷹の地の制」とも呼称されているが、五四か村に宛てて、

一　御鷹御意にてつかひ候者は、此御判（御黒印）木札にて可有之候之間、能々あらため、御判無相違者にはつかハせ可申事

一　上下のとをり鷹ハ、御鷹場之内はかり、宿次に相送へき事

一　御判なくしてつかひ候者、鷹師ともにとめ置、早々可申上事

一　御判なくして鷹つかひ候を見出候者には、御褒美可被下、もし見のがし候ハヽ、其もの曲事に可被仰付事

一　在々所々にあやしきもの、一切をくへからさる事

と五か条に規定されて発せられた。これは、幕府鷹場の根拠を定める法令ではなく、鷹場村々に鷹場法度を触れたものであるが、江戸五里四方の鷹場が一つの地域的まとまりとして意識されたことが示されている。

葛西・岩淵・戸田・中野・品川・六郷の六筋に配置された御拳場において、幕府放鷹が実施された。幕府鷹場のほかに、尾張・紀伊・水戸の御三家、田安・一橋・清水の御三卿及び幕府老臣らに放鷹することが許され、幕府下賜の鷹場が存在した。

(2)　狩猟の職制

幕府の鷹職制は、鷹馴養の技術者である鷹匠頭の系列と鷹場支配の担当者である鳥見組頭の

系列とがあり、鷹職制としては、鷹匠・犬飼・餌指・綱差・鳥見・鷹場奉行・網奉行・殺生奉行等の様々な職名があった。

鷹職制に係る基本法令は、徳川禁令考前集第二の番号一〇一一収載の寛文七年（一六六七）九月二七日鷹匠頭への申渡条目である。幕府の放鷹に関する実施細目として重要であるので、その全文を確認すると、

覚

一　今度御鷹之餌差札之御黒印改被仰付候、向後弟子之儀者不及申、御扶助之餌差たりといふ共、右之札不持して鳥取候儀、堅可為停止、然上者御鳥見之輩、其外誰にても於在々所々、札改之時、御黒印無違乱見せ申へき事、

一　御黒印有之札之外、餌差かたより証文取之儀、可為無用事、

一　餌差并弟子等迄、於在々所々、非分申懸へからす、并竹木一切採へからす、総而在々所々にて、百姓前より商売物買へからす、用事在之におゐてハ、市町にて商人より可調之事、何事によらす於令違背者、後日ニ相聞といふ共、当人ハ勿論、其師匠又者組頭まて、品により可為曲事之条、常々入念急度可被申付事

一　餌差之弟子取之時、請人を立させ可申、若悪事仕候者か、又者切利支丹宗門か、跡々よりの様子入念承届、慥成ものを弟子に仕へし、向後弟子之内に不届者於有之者、師匠迄可為曲事、并に弟子にて無之ものを弟子之由申掠、札を預之儀堅可為停止事、附、御黒印之札誰人にも一切かすへからす、并在々所々江おろし札堅無用たるへき事、

一　御黒印之札を持欠落仕もの有之者、急度支配方迄申達、穿鑿有之様ニ仕へし、若かくし置以來あらハれ候か、又は、師匠不念なる申付様仕においてハ、其師匠者勿論、組頭迄、品により、可為曲事事、

一　御扶持人之餌差、弟子等迄、於在々所々一村に五日よりおほく逗留すへからさる事、

附、御鷹之餌百姓役にあてもたせ申間敷候、餌差自身持参可仕事、

一　鶴白鳥菱喰雁之類、鴨之類、青鷺白鷺へら鷺五位鷺水札（けり・鳬）梅首鶏（ばん・鷭）川烏鶉雲雀等、一切取へからす、此外鵜烏鴇（とき）ハ四月より七月晦日迄可取之事、

一　先条之外鳥取候とも、八月朔日より三月晦日迄ハ田ニ張切網并鳩打網不可仕事、

一　御黒印之札、毎歳春一度秋一度御鷹師頭急度可相改之事、右条々、不断急度被申渡之、悪事不仕様可被入念者也、

というものである。特に、鳥名を明示して鳥猟を禁じた第七条「鶴、白鳥、菱喰・雁之類、鴨之類、青鷺・白鷺・へら鷺・五位鷺、水札、梅首鶏、川烏、鶉、雲雀等、一切取へからす、此外鵜烏鴇ハ四月より七月晦日迄可取之事、」と次の八条「先条之外鳥取候とも、八月朔日より三月晦日迄ハ田ニ張切網、并鳩打網不可仕事、」は注目される。

3　藩の狩猟権能

（一）　藩主の狩猟権能

一万石以上の藩主である大名の狩猟権能については、「武家諸法度」に規定はないが、将軍と同様に王土狩猟の原理を類推して狩猟権能を認めることになる。

一万石の小大名の狩猟では、美濃関一万八千石の藩主大島光義は、徳川家康より慶長六年から九年まで幕府鷹場利用の許可を受けていたし、駿河小島藩一万石の藩主松平昌信は、宝暦五年（一七五五）臨済宗の白隠慧鶴禅師から、『夜船閑話巻之下』にあるとおり懇切に、狩猟を止めたまえとの手紙を与えられた。

それに対し、石高が一万石に充たない武家には、「諸士法度」や「旗本家法」に狩猟権能の規定がなく、延宝四年（一六七六）七月御触（御触書寛保集成鉄砲之部一二五二三）には、「但壱万石以下之面々ハ、員数注帳面、支配方迄可差上之、」と鉄砲数を記した帳面を「支配方」に差し出すことが記述されているだけである。近世の知行制に関する文献

を探索してみても、石高が一万石に充たない武家の狩猟権能についての記述は見当たらない。

（二）　狩猟実施体制

諸藩の狩猟は、江戸幕府の動向に従いつつ、その藩なりの狩猟の場所と職制の狩猟体制を整えて実施されていた。江戸時代は、自然・気候環境が小氷期にあった。寒冷な気候が直ちに獲物の減少を来たしたわけではなく、獲物は局地的に増減を繰り返した。しかし、狩猟の盛行が続いた地域では確実に獲物が減少した。そのことは、諸藩の藩日記の記述が如実に示している。

藩の狩猟は、藩法体系に殺生禁断が次第に定着し、全体に獲物減少もあって、幕藩開設時から総じて衰退する傾向にあった。

（三）　男鹿の鹿猟

藩の狩猟については、狩猟愛好の藩主による狩猟実施ばかりでなく、「男鹿の鹿猟」という興味深い藩の狩猟実施例がある。これを、以下に取りまとめて検討することにする。

男鹿の鹿猟は、藩が武具用の鹿皮を入手するために鹿の放獣をした時期が特定でき、その後の鹿大繁殖、藩による鹿大量捕獲の狩猟実施、飢饉時の狩猟や農民への鹿猟許容などの長期にわたる藩による鹿を大量に捕獲した狩猟実例であるとともに、明治維新後における殺生禁断の終焉を受けて男鹿の鹿は絶滅したが、全体を通じて鹿を絶滅させた経過が判明する狩猟法制上の稀な狩猟の例である。史・資料の古文書には、鹿猟の猟師について「猟師、狩人、猟人、マタギ」などと多様に表記されているが、特に区別する必要があるときのほかは、「猟師」と統一して記述する。

(1)　鹿の放獣　　男鹿半島の鹿は、慶長七年（一六〇二）常陸国から移封の佐竹氏と入れ違いに常陸国へ転封となった秋田氏が、鹿を狩り尽くしてしまったと伝えられる。秋田氏の鹿絶滅についての確かな文献史料は、秋田氏が転封を繰り返したためか見当たらない。

佐竹氏側の久保田藩（明治四年秋田藩となる。）の『秋田沿革史大成』宝永三年正月一六日条には、「男鹿島鹿狩アリ。而シテ該島鹿ノ産タル昔シ秋田家領セシ頃之ヲ狩リ尽シタルモ、遷封ノ後義隆ノ当時鹿雌雄四足ヲ放チ、後来武具ノ用ニ供スル皮革ヲ得ンコトヲ図ラレタリ」と二代藩主佐竹義隆が鹿を放ったことを明記している。

鹿の放獣時期については、慶安二年（一六四九）、万治元年（一六五八）あるいはその両方の年とする説がある。本書では、鎖国令発令を考慮して慶安二年説によることにする。三代将軍徳川家光は寛永一六年（一六三九）七月の鎖国令をもって鎖国に踏み切ったと説かれている。その鎖国前の朱印船貿易による東南アジアからの主要な輸入品に鹿皮があった。それは年間数万枚から数十万枚という驚異的な枚数に上っていたが、鎖国で鹿皮輸入が止まってしまった。長崎に入ってくる唐船による鹿皮輸入は細々と続いたが、鎖国後の慶安三年（一六五〇）唐船による鹿皮輸入が三万八七七三枚に止まった。鹿皮生産に着目した藩主の財政観は鋭かったといえよう。

⑵　鹿の繁殖と猟師による狩猟　　二代藩主佐竹義隆のお声掛かりで、慶安二年に狩猟のために放たれた鹿雌雄四頭は、保護を受けて繁殖した。

慶安二年から約三〇年後の延宝の末年頃になると鹿の増殖が目立ってきた。「木山方以来覚追加十二」には、「鑑照院（義隆）様之御放し被成候由延宝之頃迄は多分に殖え申間敷く狩取候事御停止之儀は御意味合も可有之候」とあり、鹿が次第に増殖した経過がわかる。それが、「天和・貞享・元禄」の綱吉の生類憐憫政策下で狩猟実施が困難な時期を経過すると、「夥しく殖えて作物喰荒候等之申立により鹿狩被仰付」けられる大繁殖の状況となった。害獣駆除が要請されて鹿駆除が藩中央から命令されたという経過であったようにみえるが、秋田藩の鹿狩の実態からは、単に害獣対策を名目にして藩の狩猟に移ったと考えておくのが適切である。

鹿狩の好機が到来した。慶安二年から約六〇年後のことであった。男鹿の鹿狩は、「阿仁マタギ」や「舟岡村猟師」の雇い猟師が、鹿の動作が鈍る積雪期の一二月頃に男鹿に入り二月頃帰村する日程でそろりと開始された。『男鹿市史・昭和三九年版』に記載の宝永二年（一七〇五）正月一一日付け男鹿の鹿狩の指図書を検討すると、

覚

男鹿え鹿取御用に舟岡村猟師七人犬五匹宝永二年酉正月十一日被遣候万被下物定

一　銀百四拾目猟師七人分御合力壱人弐拾目つつ
一　当町男鹿え往還の御賄御判紙被下候事但犬共に
一　男鹿逗留中壱人壱日に米壱升五合宛御扶持被下度
一　犬壱匹壱日米五合宛男鹿逗留中被下候
一　薪壱日壱人に弐尺五寸廻壱把宛男鹿逗留中郷より受取自分にて食を拵被下筈、鍋木入用道具は郷中より貸置保管
一　猟師男鹿逗留中は妻子諸扶持のため猟師壱人に付壱日に米壱升宛被下候
一　鹿取皮張候節は張杭人用次第郷中より出し申筈

という狩猟実施日程であり、舟岡村猟師七人・犬五匹へ、手当金一人銀二〇目のほか、男鹿での食事・妻子諸扶持・猟犬食事の一切を藩が与えるという一方ではない待遇の狩猟である。「鹿取皮張候節は張杭人用次第郷中より出し申筈」との条項があるが、鹿の角・皮・肉の処置については記載がない。元来の放鹿の目的が「武具ノ用ニ供スル皮革ヲ得」るためであったから、当然のこととして鹿の皮を目当てにした狩猟が実施されたのであろう。この狩猟による鹿の捕獲数は不明で、藩が獲得した鹿皮の枚数は判らない。

(3)　藩の組織的狩猟　　そして、宝永から安永に至る約六〇年間にわたり鹿猟の最盛期を迎えた。慶安二年から

では約一二〇年後の期間であるが、藩役人の主導する組織的な狩猟が実施された。

『国典類抄』は、鹿猟の日時、藩狩猟隊の構成、鹿捕獲数等を記載している。これによると、

宝永三年（一七〇六）正月一六日、動員数代官以下中間・猟師三人・近郷農民三千人、鹿六三頭

正徳二年（一七一二）正月、鹿三千余頭

享保六年（一七二一）二月、動員数代官足軽以下人足五百人、鹿二千七百余頭

享保一五年（一七三〇）正月、代官足軽以下南磯勢子七百名・北磯勢子千百名、鹿八千余頭

寛延二年（一七四九）三月三日、鹿五千七百余頭

宝暦元年（一七五一）正月一五日、鹿約九千二百二〇頭

宝暦四年（一七五四）二月二九日、鹿五千百六〇頭

安永元年（一七七二）二月五日、鹿二万七千百頭

とある。鹿捕獲合計は、六万九四三頭であり、六万九四三枚の鹿皮が獲得されたことになる。宝暦三年から七年までは「宝暦の飢饉」である。組織的な狩猟であった。

(4)　飢饉時の狩猟　　天明三年（一七八三）から七年（一七八六）までは「天明の飢饉」の年であった。『秋田藩町触集（上）』に、天明の飢饉に当たり、天明三年九月五日に発出された「覚」が収載されており、

扨処男鹿村々、兼而鹿多く田畠江相障リ迷惑に付、鹿追等被仰付防候所、近年村々相窮、追払候儀相成兼候所、別而余計に相成、田畑守護不相成に付、鉄炮御免被成下度趣願申立候。御領内自分に而鉄炮打候儀難被成儀に候得共、両磯之儀者格別之次第も有之事故、当夘年より巳年迄三ケ年狩人相頼、鉄炮為打候儀御免被成候。万壱諸鳥に不相限、鹿之外打留候儀、惣し而猥ヶ敷儀相聞得候はヽ、郷人曲事被仰付、年数之内たり共狩人御引上被成候間、肝煎・長百姓至極可遂吟味

候。右之趣、両磯村々江可被申渡候、

とある。「男鹿村々、兼而鹿多く田畠江相障リ迷惑に付、」と鹿被害対策として、三か年に限り、猟師を頼んで実施する鹿狩を許したものである。鹿肉を藩へ上納する旨の記載がないことが注目される。飢饉時の食料とすることを認めたということであろう。

『時の旅四百年』（秋田魁新報社刊）で飢饉の死者の状況をみると、前記の宝暦の飢饉では人口三八万八千人のうち三万二千人が餓死し、この天明の飢饉では領内の六千人と他藩からの流入者一万人が餓死したとしているので、領内の人々にとっては鹿猟の成果もあったといえるのであろう。

(5)　生薬になる鹿血採取の狩猟と鹿絶滅　その後秋田藩は、浜塩谷村と滝川村に一人ずつの猟師を常駐させて鹿猟を実施した。この鹿猟の目的には、生薬としての鹿の血の採集が加えられた。二人の猟師は、鹿を打ち尽くして役目を終えた。そして他領へと派遣された。前記「木山方以来覚追加十二」は、鹿を「五七年中に打尽し」たと記述する。いつ鹿猟が開始され、いつ終了したのか不明であるが、「五七年」という期間は合計すると一二年となり寛政の年数と合致するので、ここでは寛政年中（一七八九―一八〇〇）をいうものと考えておく。莫大な頭数の鹿が猟獲され、その数の鹿皮や生薬原料の鹿の血が獲得されたことであろう。この「五七年中に打尽し」により、男鹿の鹿は絶滅した。慶安二年の鹿の放獣からでは、約一五〇年後のことであった。

(6)　鹿の再繁殖と臨時の農民鹿狩　秋田藩では、その後、文化七年（一八一〇）男鹿において「男鹿大地震」が発生し、文化九年（一八一二）から三年間の「文化の飢饉」、さらに天保四年（一八三三）から七年間の「天保の飢饉」の大災害に襲われた。その間に鹿が再び繁殖した。再繁殖の経緯はわからないが、鹿の放獣があったと推測する。

以下はそれぞれ『男鹿市史』に記載の古文書の引用であるが、安政三年（一八五六）九月に、「鹿多分に相成田畑江相障迷惑之趣」と鹿の田畑への被害を強調して鹿猟の申出があり、猟師による一〇月迄の鹿狩が行われることになった。その覚には、

近年男鹿山、鹿多分に相成田畑江相障迷惑之趣依願臨時格段之御取調を以今年に限り当時より十月迄田畑之害に相成候鹿打取候男鹿猟人共江此度被仰渡候間此旨相心得前以村々江申渡田畑江出候鹿見当り次第狩人共江聞為打取角、皮、肉共其時々滝川村御山守目黒周兵衛江相仕送可申候万一狩人共心得違田畑江不相障鹿於打取者同人共は不申及其村方同様無調法被御付候。尤右吟味形之儀は御山守共江前厳々申渡置候条此旨共可被相心得候

とある。短期間に、田畑に出てきた鹿だけを猟師に打たせて、鹿の角・皮・肉は山守を経て藩へ上納する手順を明記しており、この点からみても鹿の狩猟であったことが判明する。

ところが、男鹿の鹿はさらに増殖した。そこで、安政六年（一八五九）一〇月六日には、一五人の猟師を常駐させ、百姓に打殺し・落穴による鹿の捕獲を認めるという内容の覚が発出された。安政六年は、慶安二年の鹿の放獣から二一〇年後に当たる。その覚は、

年を追い鹿多分に相成田畑に害致候事不容易村々難渋の趣相聞得候に付明年麦作収り候迄右之通指許候間此段村々相可心得候

一　猟人拾五人被御置鹿狩打ち仰付候事
　　但し山中に入込打取候事不相成田畑に下り害致候鹿打取候事
一　猟人共打取鹿角、皮．肉共村々より久保田其向に仕送候事
　　但し猟人壱人に付三疋打取候得者壱疋の肉猟人に被下候事
一　猟人共山中に入込打候事不相成候故、村々においても相心得吟味致万一如何之儀有之候はゞ早速御役屋に可申出若し

隠し居候に於ては各肝煎長百姓共厳々無調法被仰付候事

一　猟人村々廻り可致候事

一　田畑に害致し鹿は百姓とも打殺し候事不苦候事

　但し角、皮、肉共其村方より久保田其向江仕送候事

一　田畑に落穴を仕懸百姓共鹿を取候事不苦候事

　但し右同断

というものである。この時節は麦撒き時であり、麦を蒔いても鹿に喰われることを心配し、その対策として、猟師一五人の常駐と百姓による鹿狩を実施することにした。しかし、猟師には打取三頭につき一頭分の肉を与えるとの奨励策があるのに対し、百姓には鹿の打殺し・落穴による殺傷を認めるだけで、畑の害になる鹿であっても、山に入ってまで殺すことは厳禁するというのである。その上、猟獲された鹿角・肉・皮のすべてを藩へ上納せよと規定した。百姓は、飢饉でも獲った鹿の肉を食用に供することはできなかったのであろう。この場合の百姓による鹿の猟獲は、その規定の内容から考察すると、百姓に狩猟権能を認めるものではない。この鹿狩で打ち取った鹿の数は、どこにも記述されていない。

(7)　男鹿の鹿絶滅　男鹿の鹿に関しては、秋田県が明治五年四月に狩人猟規則の第三条「男鹿山生産之鹿、私ニ狩取之儀宜く禁止之事」を発出して鹿狩取の禁止をしたのに、早くも同年一〇月には「男鹿山の鹿私ニ狩取候儀禁止之段四月中布告に相及び候処、今般御取消相成候条、其旨可相心得事」と鹿猟解禁の達を発布した。明治初年には鹿が再び生息していたことは確かである。

『男鹿市史』によると、「しからば鹿は何時頃まで棲息していたかということであるが、銃器の使用が一般的になっ

たのが滅亡の原因で、男鹿の狩猟家たちの推測によれば明治末期あたりが最後であったらしい」とあるので、明治末期には完全に絶滅したのであろう。明治末期といえば慶安二年の鹿の放獣から約二六〇年後に当たることになる。

ところで『男鹿市史』は、続けて次のような興味深い話を記述している。「ところが観光地男鹿半島に鹿が絶滅したことを遺憾として県観光協会では昭和一二年一一月二三日北海道大沼公園から妊娠中の雌鹿二頭と雄鹿一頭を購入移殖した。然し数年後鹿は繁殖する一方で十数頭となり田畑や樹木に害を及ぼし苦情がたえないので、遂に撃獲ってしまった。」という話である。男鹿市役所に照会しても現在は鹿の生息がないということで、正確には昭和一二年から数年後に男鹿の鹿絶滅に至ったというべきかも知れない。

4　猟師の狩猟権能

わが国の狩猟法制は、わが国最初の狩猟法制から中世法の終末に至るまで、狩人・猟師に対し成文の制定法をもって狩猟を実施する権限を付与し、規定したことはなかった。法律的にみると、中世法までは法主体としての狩人が不存在であったことになる。江戸幕藩法は、殺生禁断の狩猟の原則の下において、初めて「狩仕、渡世を送る人」を成文・制定法の法構成員として規律し、「猟師鉄砲」を所持して使用する狩猟権能を定めた。狩人の呼称は、概ね「猟師」に統一された。

(一)　鉄砲規制の推移と猟師の狩猟権能

猟師の狩猟権能は、鉄砲改の中に出現した。慶長二〇年（元和元年・一六一五）から寛保三年（一七四三）まで一二九年間の江戸幕府の御触書を集成した「御触書寛保集成」の「鉄砲之部」には、猟師の狩猟権能を含む御触が整理して集成されている。その主要な御触は次のとおりである。

(1)　正保二年六月御触　　御触書寛保集成鉄砲之部二五二〇の三代将軍家光正保二年（一六四五）六月御触は、

一　於江戸廻猥鉄砲放之、人馬疵付之由依有其聞、最前如被仰出、御鉄砲役人其外御鉄砲頭之面々計、如御定放之、其外は可為無用之旨、御旗本中え頭々之面々ニ可相知之由、老中并御目付中伝之、

と定めた。この御触は、鉄砲之部の最初の御触である。その内容は、旗本を対象としており、百姓らの庶民に適用されるものではない。江戸廻りでみだりに鉄砲を撃って人馬を傷付けるので、最前にも指令したように鉄砲役人以外の鉄砲打ちは無用と旗本へ命じたものであり、この御触の以前にも同様の命令があったようである。将軍への狙撃すら危惧された殺伐たる時代の御触であった。

(2)　寛文二年九月御触　　御触書寛保集成鉄砲之部二五二一の四代将軍家綱寛文二年（一六六二）九月御触は、

関東山中筋、此以前より鉄砲御免之所たりといふとも、猟師之外鉄砲所持すへからす、勿論其外之在々所々令停止之間、其所之地頭代官より相改之、鉄砲於所持は可取上之、猟師無紛鉄砲うち来輩には、地頭代官より札に郷村并鉄砲主之名書付相渡之、余人ニかす儀可為無用之由堅可申付之、若致違背、鉄砲令所持、昼夜ニよらす山野に住するものあらは、可申出之、縦雖為同類、其科をゆるし、御褒美可被下之、自然かくし置、他所よりあらわるゝにおゐてハ、御せんさくの上、其所之名主、五人組迄可被行罪科之旨、急度可被申付者也、

と定めた。この御触により、関東で鉄砲の規制が本格化し、猟師を法律的に認識するようになってきた。関東では、猟師鉄砲のほかは鉄砲の所持を禁じ没収するとし、猟師鉄砲には村名と鉄砲主の名を記した札を交付するというものであった。

(3)　延宝四年七月御触　　御触書寛保集成鉄砲之部二五二三の四代将軍家綱延宝四年（一六七六）七月御触は、

関東八州在々所々ニおゐて、百姓鉄砲不可所持旨、此以前被仰付、雖相触、其後御改依無之、今以致所持之由聞有之、今度御藏入は御代官、私領は地頭方、寺社領ハ其住持、神主、鉄砲并玉薬小道具等悉可取上之、但壱万石以下之面々ハ、

員数注帳面、支配方迄可差上之、山方にて猟師無之して不叶分ハ、其所之領主、御代官、住持、神主より、旨趣支配方え申断、可任指図、重て爲御穿鑿検使可被遣之条、無断して鉄砲令所持輩於有之は、御詮議之上急度可被行罪科者也、

と定めた。関東八州の村々においては、幕府が役職を置いて鉄砲取締に当たり、猟師鉄砲の登録を管理し、不法所持は罪科にするとした。

(4)　貞享四年一二月御触　貞享四年（一六八七）一二月以後、幕府による諸国の鉄砲改は本格化した。

御触書寛保集成鉄砲之部二五二五の五代将軍綱吉貞享四年（一六八七）一二月御触は、全国にわたる鉄砲規制の最初であり、用心鉄砲（実弾・治安用）、威し鉄砲（空砲・害鳥獣用）及び猟師鉄砲（実弾・狩猟用）のほかは、村々の鉄砲をすべて没収すると規定した。以下に、御触に基づく「鉄砲改帳面仕立案文」により各鉄砲の規定を確認することにする。

まず「用心鉄砲」である。これは、

何国何郡何村　用心鉄砲

右、拙者領分何村は、所から物窓御座候ニ付、百姓難儀仕候、就夫、爲用心、鉄砲何挺、百姓預ヶ置申度旨奉願候処、願之通被仰付候、此鉄砲を以盗賊人にことよせ、意趣遺恨有之者杯打殺申候か、其外にも悪事仕出し候におゐてハ、本人ハ不及申、名主、五人組迄可爲曲事旨急度申付置候、且又右之鉄砲にて殺生一切仕間敷候、此鉄砲之儀、他人ハ不及申、縦親子兄弟ニて御座候とも、鉄砲預り主之外余人え借シ申儀、曾以仕間敷段堅申付候、右之趣相背申候は、何様之曲事ニも可被仰付旨、名主、五人組、鉄砲預り主方より手形取置申候、為其如此御座候、

というものである。

次は、「月切鉄砲」である。威し鉄砲のうち月単位で期限を切って使用を許す鉄砲については、

何国何郡何村　月切り鉄砲

右、拙者領分之内、鹿猪多出、作毛荒し、百姓迷惑仕候、就夫、玉込不申候鉄砲にておとし申度存、鉄砲何挺何日より何日迄、百姓ニ預ヶ申度旨奉願候処、願之通被仰付候、若右之鉄砲ニ玉を込、悪事仕出し申候か、又は殺生杯仕候は、本人ハ不及申、名主、五人組迄可為曲事旨急度申付置候此鉄砲之儀、他人は不改申、縦親子兄弟にて御座候とも、鉄砲預り主之外余人え借シ申儀、曾以仕間敷段堅申付候、右之飽和背中候は、何様之曲事工も可被仰付旨、名主、五人組、鐵抱預り土方より手形取置申候、為其如此御座候、

というものである。

次は、「断鉄砲」である。「その一」の威し鉄砲のうち期限を切らないで使用を許す鉄砲については、

何国何郡何村　断鉄砲その一

右、拙者領分鉄砲相改候所、何村は山方ニて畜類多出、作毛荒し申付て、先規より御断申上、おとしのため鉄砲何挺百姓所持仕候、玉込不申候鉄砲ニておとし申度存候、若畜類防にことよせ、悪事仕出し申候か、又は殺生杯仕候候ニおゐてハ、本人ハ不及申、名主、五人組迄可為曲事旨急度申付置候、此鉄砲之儀、他人ハ不及申、縦親子兄弟ニて御座候共、鉄砲持主之外余　人え借し申儀、曾以仕間敷段堅申付候、右之趣相背申候は、何様之曲事にも可被仰付旨、名主、五人組、鉄砲持主より手形取置申候、為其如是御座候、

というものである。

最後は、「猟師鉄砲」である。「断鉄砲その二」の山間地の猟師が所持して「狩仕、渡世を送申候」のために使用する鉄砲については、

何国何郡何村　断鉄砲その二

右、拙者領分鉄砲相改候所、何村は山方ニて先規より御断申上、猟師鉄砲何挺致所持、狩仕、渡世を送申候、若此鉄砲

ニて狩之外悪事仕出シ申候ニおゐてハ、本人ハ不及申、名主、五人組迄可爲曲事旨急度申付置候、右之鉄砲他人ハ不及申、縦親子兄弟ニて御座候共、鉄砲持主之外余人え借し申儀、曾以仕間敷段堅申付候、右之趣相背申候ハヽ、何様之曲事ニも可被仰付旨、名主、五人組、鉄砲持主方より手形取置申候、爲其如一是御座候以上、右、私領分寺社共鉄砲相改候所、右書面之通り、何ケ村は爲用心鉄砲何挺、何ケ村ハ畜類おとしのため、玉込不申候鉄砲何挺百姓所持仕候、何ケ村は鉄砲何挺猟師所持仕候、何ケ村ハ鉄砲所持之者無御座候、彌自今以後、無断鉄砲持仕間敷堅申付、村切ニ名主、五人組方より　手形取置申候、爲其如是御座候、

というものである。

この猟師鉄砲の所持の申請をし、猟師鉄砲を使用し、狩を渡世とした者が猟師となった。猟師鉄砲の申請には、名主・所属する五人組の承認が必要であるので、この申請者は本百姓（高持百姓）の身分の者に限られる。したがって、猟師は専業者ではなく、農業との兼業者である。江戸幕藩法にあっては、「生業」としての猟師は、法制においては存在しない。

(5)　享保一四年二月御触　　御触書寛保集成鉄砲之部二五四五の八代将軍吉宗享保一四年（一七二九）二月御触は、

一　関八州在々猪鹿多出、作毛荒候節、只今迄は月切日切ニて鉄砲為打候得共、自今ハ不及其儀、猪鹿打候鉄砲百姓ニ預、四季とも為打可申候、尤初候節鉄砲改え承合、証文差出可申候、翌年よりハ正月中一度充、証文鉄砲改え差出可申候事、

一　御拳場江戸十里四方ハ、只今迄之通鉄砲為打申間敷候、但江戸十里四方と有之は、日本橋より東西南北え　五里充と可相心得事、附、猪鹿多出、耕作荒候ハヽ、此方より鉄砲打被遣候間、向々え可申出候、此旨地頭、御代官え可申

渡事、
一　捉飼場は、四月朔日より七月晦日迄は、無構鉄砲為打可申候、八月朔日より来三月晦日迄ハ為打申間敷事、附、御鷹捉飼場ニても、不苦所ハ御鷹匠頭え承合、鉄砲為打可申候、尤其節鉄砲改えも可相談事、
と定めた。この御触が、以後の江戸幕藩法の鉄砲に関する基本法となった。

（二）　猟師の狩猟義務

猟師の狩猟義務に関する興味深い法令として、熊猟師の猟師札取上げを検討する。
盛岡藩において、猟師は、藩の収入源として重要な動物生薬の熊胆や熊皮を獲得する役割を担っていた。藩法研究会編『藩法集盛岡藩上』に収載の安政四年（一八五七）九月二四日「猟師共熊胆・皮納方之儀ニ付被仰出」は、
猟師共近年熊胆・皮納方甚不足ニ付、先達て御吟味之上御褒美銭御増被下候得共、猶又不上納ニ付、御札頂戴居候猟師共一人より、一ケ年御役胆一つ宛差上候様、尤、御褒美銭は目方ニ而御定目之通可被下置旨、去年五月具被仰渡候得共、猶又納方不足ニて、御遣方御差支ニ相成候、猟師数十人有之候所も、胆・皮上納無之御代官所も有之、適有之候ても、実ニ無或ハ紛敷胆も有之御用相立不申、至て御差支ニ相成候、去年五月被仰渡候趣心得居候ハヽ、上納方有無之儀去暮可申出処、無其儀被仰渡之趣等閑ニ相心得、申付方不行届儀ニ相聞得候間、支配所限厳遂吟味、数人之猟師共之内ニは、御札頂戴而已ニて、稼方疎成有之候ハヽ可申出候、御吟味之上御札御取上可被成候、紛敷儀有之段相聞得候付、猶又被仰渡候間、行届候之様可申渡候、此上上納方不足候ハヽ、御吟味之上急度可被仰付旨被仰出、
と定めている。
この盛岡藩法の「御家被仰出」は、猟師の熊猟義務と猟師札取上げを規定している。これによると、盛岡藩の熊猟は、猟師が猟師の御札を頂戴し、各地の代官所にそれぞれ所属して熊猟を行い、熊を捕ると所属代官所へ熊胆（熊

皮）を上納し、熊胆の目方に応じて御褒美銭を受け取る仕組みであった。猟師には、年間の熊胆の上納割当てがあって一人に熊胆一つと定められており、これが猟師の熊狩猟義務として理解される。この義務の履行について、猟師が数十人も所属している代官所からの熊胆・皮の上納がないとか紛らわしい熊胆が上納される等のことがあって、藩としては「至って差し支え」る状況があった。猟師の中には、御札を頂戴したのに稼方が疎い者があるので、「御吟味之上御札御取上」をしたり、「紛らわしい熊胆」もよく吟味すべきであるという内容である。猟師札の運上金は不詳であるが、上納された熊胆・皮の徹底した吟味の結果により御札御取上げをしたものであろう。殺生禁断の狩猟の原則の下における、猟師の狩猟権能実施を考えさせる好例である。

藩は、「熊胆皮吟味役」という役職を設け、代官の下役の与力を充て、熊猟師の熊胆・皮上納に関する職務に従事させた。三戸代官所の与力石井良助は、熊胆皮吟味役として毎年八月から翌年四月までは猟師共取締のため廻山をしたが（前記藩法集盛岡藩下・御家被仰出天保六年二五九四）、石井家の執務日記『萬日記』巻一には、「天保一四年二月一七日石井良助が熊胆皮吟味為御用七戸通野辺地通へ廻山に出立」の記事等がみえる。

ところで、紛らわしい熊胆については、賀来飛霞（通称睦三郎）著『高千穂採薬記巻之一』に参考になる記述がある。賀来睦三郎は明治一〇年小石川植物園に職を奉じた本草家であるが、幕末の弘化二年（一八四五）三月から五月まで高千穂で採薬しこの紀行日録を著した。その間は延岡市南町の専念寺を宿にし、「八一歳の翁」と語るうちに、三月一六日夜、この翁から「かつて高千穂にて熊胆を買い、梅雨になり臭気がしたので熟視したが真物であった。その後偶々、熊と猪を獲った猟師の熊・猪の解体を見た際、猪の胆に熊胆汁を加え、胆汁の不足した熊の胆には口に含んだ猪の血を吹入れて一熊をもって二胆を偽造したのを見た。」との体験談のほか、海辺の熊は魚を食するので夏に臭穢をなすことや熊猟のことを聴取し、採薬記に記述した。熊胆偽物の話は世に流布しているが、盛岡藩の紛らわしい熊胆は、熊胆皮吟味役により吟味解明されたことであろう。

（三）　獲物の利用

猟師は、狩を渡世とする狩猟権能により、野生鳥獣を捕獲してその肉・皮等を利用することができた。一般に狩猟は、平常時でも飢饉等の災厄時であっても異なることなく実施されたが、特に飢饉の対策として準備・実施したという興味深い狩猟がある。高山彦九郎は、その著『北行日記』に、寛政二年（一七九〇）九月二〇日八戸藩の宿で主人とその次男から、天明三年（一七八三）の飢饉における鹿猟の体験談を聴取して記録した。その内容は、

飢年の事を尋ぬるに、平助語るに、米壱升四百文迄致し稗の搗かざるが壱升百文あわ壱升百八十文大豆壱升二百文、小児をは生るを川へ流すもの多し、人死すれは山の木立ある所へ棄て或は野外に棄て川へ流すもあり、猪鹿狗猫牛馬を食ひ人を食うものも有り。（略）私も男子両人よろしけれはこそ生き延びたり悪しき子を持ちたるものは子に棄てられて餓死するもの有り、子共常には鉄砲をは業とせされ共飢年には鉄砲をもちて鹿を打て食とす、鹿一頭にて二貫より四貫迄致せり、其年は鹿甚だ多く有りし神々の与へ玉ひつるにや首の所を赤ねの左り縄にて結ひたる鹿なと有りしと承ハる、奈良よりも来りたるや又異国よりも渡りつるや只事にはあらず、只今にては鹿甚だ希れ也。（略）平助の次男久右衛門語りけるは、飢年二三年前より鉄砲を求メて習ハしけるが一度も獣類殺せる事もあらねど稽古せしこそ飢年の幸い也鹿を打て食とし親をも養へり、雪海辺は山中より薄し因て海辺へ出でて鹿を打チ父は馬を引て駄して帰へる、若シ賊の為メに馬を取られ鹿を取られ父を害せらるゝにも至りてはと思ひ家の辺り迄父を送りて又行ひては鹿を打ツ。（略）狩人は其ノ年飢を救ふのミか金にも成る程也、鹿の価は二貫より四貫文皮なども四五百文致せり、壱人にて鹿を得るに二百或は三百に及べりと語る、平助今歳六十二其妻全し、久右衛門三十二歳妻と三歳の男子有り、久右衛門兄平七年三十八妻と四歳の男子有り是レは別家す、父母兄弟和睦の体也。

というものである。

宿の主人平助は、凶作が続いたため天明三年飢饉の二、三年前に息子二名に鉄砲を求めて狩猟の準備をさせていたが、飢饉の年に神々の賜物のように多数の鹿が現れ、その猟獲により家族全員が餓死を免れたばかりでなく、鹿を売って金にも成るほどであった。このような殺生禁断における狩猟の体験談は、秘匿されて語られることはほとんどない。これを聴取した寛政二年には、「只今にては鹿甚だ希れ也」に至ったということであるから、殺生禁断の下にあっても、飢饉を含む期間においては一定地域の鹿を獲り尽くすばかりに狩猟が実施され、それにより悲惨な結果を減少させることもあったのであろう。

（四）　救荒書『かてもの』における猪肉

米沢藩は、八代藩主上杉重定の治世下の宝暦五年（一七五五）に宝暦飢饉により表高一五万石の実に一一万三六〇〇石の損毛という大被害を受けて多数の餓死者を生じ、その後も旱害・水害・冷害が続き、藩政は危殆に瀕した。後に名君鷹山公と謳われた九代藩主上杉治憲は、凶荒対策に心を砕き、天明三年（一七八三）の天明飢饉には一〇万九〇〇〇石の損毛被害ではあったが少数の餓死者に止めたものの、諸情勢もあって藩政改革は大きく阻害され、一〇代藩主上杉治広に家督を譲ることになった。

上杉治憲は、以後は一〇代治広と一一代斉定の後見として米沢藩の再興に力を尽くした。治憲の治績の一つに救荒書『かてもの』の刊行がある。

この『かてもの』は、米沢藩重臣の莅戸善政（のぞきよしまさ・大華）をして編著させ、享和二年（一八〇二）に藩から刊行された。『かてもの』という言葉は、米沢方言で米や麦に混ぜ加えて増量することをいう。凶荒時に、平時には食することがない植物等を混ぜた食物を、稔りの時までの間に摂食して「生命の維持」を図る意味に用いられるが、鷹山公と莅戸大華の『かてもの』は、栄養にも配慮して健康の維持を目指した救荒書であったと栄養・調理学の髙垣順子著『かてものをたずねる』は評している。その内容は、救荒野生植物八二項目の調理・保存法を分かりやすく示しており、味噌を利用する際の適切な塩分の摂取についても解説するほかに、動物性食品摂取の奨励が記述してあることを高く評価される。それは、「魚鳥獣肉の心がけ」の項で、

凶年ならぬだに魚鳥毛ものの肉を食はねば生を養ふの助け少なし。況んや老ひたるものは、肉にあらざれば養ひがたし。（略）野猪の肉を厚さ二、三寸、長さ六、七寸に切り、蒸籠にてむしたるを取り上げ、灰をぬり縄にてあみ、火にほしかため火棚か梁のうへかなどにつるしをけば、数十年を経て変はらず。用ひる時は、あくを洗ひおとし、小刀にてけづり用ひるに、鰹節におとらずといふ。但し能くよくむして脂を去らざれば、虫ばみて永く囲ひがたし。よくよくむすべし。然らば野猪ばかりにも限るべからず。何毛ものの肉も同じなるべければ、是等の心がけも亦其の心懸けの一なるべし

という記述である。「老ひたるものは、肉にあらざれば養ひがたし」と人間における肉食の意義と栄養を説き、その具体例として野猪その他の獣肉を推奨する。そして『かてもの』は、巻末に「右は今の豊かなる日に能く能く心得させよとの御事に候条、油断すべからざるもの也」と締め括る。ここに記述された野猪は、狩猟により猟獲された猪に限らず、有害獣として駆除された個体も飢饉対策として用いられたのであろうか。

江戸時代には後記の「清め規定」により猪の食穢は七〇日間とされた。肉食の穢れのため、獣肉摂食を奨励する政策の事例は他に見当たらない。鷹山公時代の米沢藩は、真の意味の救荒書を生み出したといえよう。

5　農民の共同副業の猟業

江戸時代に少数の藩において、「組山」、「組池」と呼称された農民の共同副業としての猟業があった。猪や鴨・雁などが多数生息する山野池沼が部落用益の猟場に指定され、他部落とは相互にその領域を侵すことなく、当該部落の

農民に季節稼業の狩猟を行わせたものであり、限定的かつ臨時的な狩猟権能であった。藩法にその法源が見られることはないようで、藩が鳥猟運上・沼役・鳥役等の貢租の徴収や個別の猟業特許をし、これから僅かにその存在・内容が知られる。

二　狩猟規制

1　放鷹禁止

江戸幕藩法における放鷹の禁止は、鷹場法度に違反して「鷹をつかう」ことをいう。前に述べた三代将軍家光の寛永五年（一六二八）一〇月「放鷹場制札（『徳川禁令考』前集第二の番号一〇〇八）」は、五か条の鷹場法度であるが、その第一条には「御鷹御意にてつかひ候者は、此御判（御黒印）木札にて可有之候之間、能々あらため、御判無相違者にはつかハせ可申事」とあり、自らが「御意に」基づき御鷹をつかうことを、御判（御黒印）木札を提示して証明すべきことを定めている。第三条は、「御判なくしてつかひ候者、鷹師ともにとめ置、早々可申上事」と御判（御黒印）木札を提示することなく、鷹をつかうことを禁止する。仮に鷹師の職にあるとしても、御判（御黒印）木札の提示なくて鷹をつかうことは、放鷹禁止に違反することになる。

この鷹場法度が発出された時期は、江戸幕府の公儀鷹場が幕府鷹場と諸大名に下賜した恩賜鷹場とから編成され、幕府鷹場の地域には、鷹師・鳥見その他の鷹役人が配置されて鷹の飼養や鷹場の支配を行い、休憩施設の御殿・御茶屋が建設され、厳重に安全を確保しつつ将軍家康・秀忠・家光の放鷹に奉仕していた。鷹場の村々へは、鷹場法度が発せられ、法度に「御黒印木札渡候輩」として鑑札を渡された四名の鷹師頭の氏名が記されていた。他方村々の役人は、村々が法度を遵守することを誓約して請書を差し出した。

そこで、放鷹禁止違反事件の判例を探索してみた。『以上并武家御扶持人例書』という町奉行所の武家の刑事判例集に、大名の家来の事件が一件確認できる。大名松平豊後守の家来四名は、主人豊後守が在所へ出立した際鷹を追々仕込むように命じられたところから、鷹仕込みの程度を試したくなり、綱差良助の案内で武州草加宿の鷹場へ出掛け、二回にわたり鷹をつかった事案である。四名が「遠島一名」、「重追放二名」、「軽追放一名」と御差図をもって厳しく処断された。武家以外の処罰例としては、松平豊後守の家来四名を案内した武州足立郡花又村の綱差良助は、案内して謝礼金を貰い受けながら取調で事実を否認したので不埒とされ、「遠島」と御差図をもって厳しく処断されたほか、綱差良助の朋輩ら二名が良助の依頼を容れ違反を不届けにしたことにより所払をもって処罰された。

2　鉄砲禁止

（一）　公事方御定書第二一「隠鉄炮有之村方咎之事」

鉄砲禁止は、御定書下巻の第二一「隠鉄炮有之村方咎之事」の隠し鉄砲の所持と鉄砲打ちに関する規制である。御定書第二一の規定は、八項目あり、その全項は、

寛保元年極

一　隠鉄砲致所持候者
江戸拾里四方并御留場内　遠島
右之外関八州　中追放
関八州之外　所払

同

一　隠鉄砲打候もの
右同断

同　　　　　　　　　　　　　江戸拾里四方并御留場内
　隠鉄砲所持之村方　　　　　　　重キ過料
一　他所より参打候村方　名主組頭　右之外関八州
　　　　　　　　　　　　　　　　急度叱り
同　　　　　　　　　　　　　江戸拾里四方并御留場内
一　隠鉄砲致所持候者五人組　　　過料
同　　　　　　　　　　　　　江戸拾里四方
　隠鉄砲打候村方　　　　　　　　軽キ過料
一　　　　　　　　　　総百姓　御留場内壱ヶ年
　同致所持候村方　　　　　　　　為過怠鳥番
同　　　　　　　　　　　　　御留場内
　　　　　　　　　　　　　　　野廻り役儀可取放
一　廻り場之内鉄砲三度以上打候を不存候ハヽ、
　但、野廻り之居村ニ隠鉄砲所持いたし候者於有之
ハ、役儀可取放

江戸拾里四方并御留場内
享保六年極　　　　　　御褒美
一　隠鉄砲打、捕候もの　　　　銀弐拾枚
同　　　　　　　　　右同断
一　同訴人仕候もの　　同
　　　　　　　　　　　　　　同五枚

というものである。

御定書の全体の構成及びその法規定は、現代的な理解からは難解であるので、現行法の体系に則り、御定書を総論と各論に分類し、各論を刑法・民法・訴訟法・監獄法・雑に分説した『公事方御定書の研究』と題した論考がある。昭和二〇年横浜弁護士会長であった渡辺治湟弁護士の学位論文である。

(二)　御定書以前の処罰状況

御定書以前は、慣習法による処罰の時代で、御定書条文の肩に「従前々之例」とあるのが慣習法時代の法の内容であることを示している。「御仕置裁許帳」や「元禄御法式」を用いて江戸時代の刑事法研究が行われている。御仕置裁許帳は、江戸小伝馬町牢獄の収監者の牢帳から判例を選んで編集しており、収録判例合計九七四件が二三一の犯罪類型に類別されている。編集者・年代は不明であるが、町奉行所吏員が宝永期に作成したものであろうとされ、御定書以前のまとまった江戸幕府の刑事判例集として重要である。元禄御法式は、御仕置裁許帳に所収の判例を条文の形に編成したものである。

御定書第二一隠し鉄砲禁止と、次の第二二鳥猟禁止に関連する御仕置裁許帳と元禄御法式の判例を併せて検討する。御仕置裁許帳には、その九巻一五〇「黐縄并網を張、輪穴を指、鉄砲を打、鳥を取者之類」に、鉄砲を打つ等の合計一〇件・一六名の判例要旨が収録してあり、これを元禄御法式では、下巻一五二「黐縄并網を張、輪穴を指、鉄砲を打、鳥を取候者之類何も流罪、妻娘奴、」に取りまとめている。まず、御仕置裁許帳は、

通し番号七四〇　百姓三名流し黐で鴨取　斬首獄門
同　　七四一　百姓三名舟で鳥取　獄門
同　　七四二　百姓一名御鷹場で輪穴鳥指　斬首獄門
同　　七四三　百姓二名鉄砲打で鶴取　斬罪獄門
同　　七四四　百姓一名輪穴鳥指　斬罪獄門　妻娘は女房成ル故・娘成ル故に奴
同　　七四五　町人一名網で鴨取　牢病死
同　　七四六　町人二名黐網で雁取　一名死罪獄門一名牢病死
同　　七四七　町人一名鳥取　斬首獄門
同　　七四八　町人一名網で鴨取　隠岐へ流罪
同　　七四九　町人一名鉄砲打で鳥取　牢内発病し薩摩へ流罪

との判例を記述している。

合計一〇件のうち鉄砲打の事件は二件で、獲物は鶴鴨鳥である。合計一六名の者の刑については、死罪一二名・流罪二名のほか牢病死二名であり、鉄砲打の者では死罪（斬罪獄門）と流罪が各一名である。以上のとおり御定書以前の慣習法による殺生禁断の刑罰が厳格であったことは明白である。

3　鳥猟禁止

(一)　公事方御定書第二二「御留場にて鳥殺生いたし候もの御仕置之事」

鳥猟禁止は、御定書第二二「御留場にて鳥殺生いたし候もの御仕置之事」による規制である。この条の規定は三項目あり、前条と同様な法規定であり、

従前々之例

一　網或ハ黐縄にて鳥殺生いたし候もの　　過料

従前々之例

一　鳥殺生いたし候村方并居村　　名主　過料

組頭　叱

追加

従前々之例

一　隠鳥を売買いたし候もの　　双方共ニ過料

但、度々売買いたし候共、同断、

というものである。

(二)　御定書以前の処罰状況

前記の御仕置裁許帳の判例では、網・黐縄等の鳥猟禁止に該当するのは、鉄砲を除いた残り八件である。合計一〇

件の鳥猟の獲物としては、鴨三件・鶴一件・雁一件・鳥取五件であるが、注目されるのは、鉄砲打で鶴取による死罪（斬罪獄門）がある。また、死罪の妻・娘各一名が「女房成ル故・娘成ル故」にという「縁坐」により「奴（やっこ）」に処せられている。奴とは、関所破りの女や重罪人の妻娘などを奴婢とした女子の刑であり、その女子を乞う者に下げ渡した。御仕置裁許帳には、合計九七四件の判例中に四〇件余の奴婢とした事例があり、妻・娘・妹の女ばかりでなく、伜の場合もあった。

元禄御法式は、御仕置裁許帳の合計一〇件の判例を、「黐縄并網を張、輪穴を指、鉄砲を打、鳥を取候者之類」と記述して構成要件に取りまとめた上、その宣告刑を「何れも流罪、妻娘奴」と要約している。要約には死罪が欠落しており、その理由を明示していない。『柳営婦女伝系』にみえる四代将軍の生母の実父が鶴取で死罪になった等の旧事（厳有院殿御実紀は否定）や「奴女片付之儀」の将軍の御書付等を考えてみると、「鳥猟死罪と奴の組合せ」の先例を隠避する配慮があったようである。

ともあれ、御定書以前の鳥猟禁止の処罰は厳刑であって、これと御定書の法定刑とには画然とした差違があったことが判明する。

三　害鳥獣防除

1　幕府の害鳥獣防除

幕府の害鳥獣防除については、四代将軍家綱治世から五代将軍綱吉の治世初期までは幕府鉄砲方を各地に出動し、人にまで加害する山犬・狼・猪等の害獣防除に当たらせたが、その後は、私領の村々においては諸領主がこの役割を行い、次第に村々の直接に鳥獣被害を受ける百姓に害鳥獣防除を担当させるようになった。そこで、幕府鉄砲方への害獣防除の下命を確認した上、幕府が定立した害鳥獣防除規定と防除後における害獣等処理に関する規定を検討する。

（一） 幕府鉄砲方への山犬・狼・猪の打留下命

(1) 万治二年一一月下命　厳有院殿御実紀巻一八の四代将軍家綱万治二年（一六五九）一一月三日条は、「相州辺豺狼多く、人を害すよし聞えしかば、鉄砲方田付四郎兵衛円方、隊下の与力、同心をひきつれ、打留べしと仰つけらる、」と幕府鉄砲方をして相州辺の山犬・狼を打ち留め、害獣防除することを下命した。害獣防除には、「打留る」「打払う」「打取る」等の狩猟とは明確に別の表記を用いていることに留意する必要がある。

(2) 万治三年八月下命　厳有院殿御実紀巻二〇の四代将軍家綱万治三年（一六六〇）八月一二日条は、「品川、目黒の辺狼いでゝ、人を害する聞えあれば、鉄砲方田付四郎兵衛円方、与力、同心引つれてかしこにまかり、打払ふべしと抑付らる、」と幕府鉄砲方による品川、目黒辺の狼の害獣防除を下命した。

(3) 寛文三年二月下命　厳有院殿御実紀巻二五の四代将軍家綱寛文三年（一六六三）二月一一日条は、「上野国近辺猪多く田圃を損害するにより、銃もて打払ふべきむね、鉄砲方田付四郎兵衛円方に仰付らる、」と幕府鉄砲方による上野国近辺の猪の害獣防除を下命した。

(4) 寛文一二年二月下命　厳有院殿御実紀巻四四の四代将軍家綱寛文一二年（一六七二）二月八日条は、「鉄砲方井上左大夫正景、三浦金澤辺へ所属の与力、同心引つれまかり、猪を狩せよと命ぜらる、」と幕府鉄砲方による三浦金澤辺の猪の害獣防除を下命した。

(5) 延宝二年二月下命　厳有院殿御実紀巻四八の四代将軍家綱延宝二年（一六七四）二月一二日条は、「鉄砲方田付四郎兵衛円方に相州辺の猪狩を仰付らる、」と幕府鉄砲方による相州辺の猪の害獣防除を下命した。

(6) 元禄元年七月下命　常憲院伝御実紀巻一八の五代将軍綱吉元禄元年（一六八八）七月一二日条は、「武州山口の辺に狼出て人多く害せらるゝよし聞えければ、鉄砲方田付四郎兵衛直平に打とるべき旨命ぜられる、」と幕府鉄砲方による武州山口辺の狼の害獣防除を下命した。

(7)　元禄三年二月下命　常憲院伝御実紀巻二一の五代将軍綱吉元禄三年（一六九〇）二月二五日条は、「又下総佐倉の辺、山犬暴行するよし聞ゆれば、鉄砲方井上左大夫正朝に、所属引つれまかり、うちはらふべきむね命ぜらる。」と幕府鉄砲方による下総佐倉辺の山犬の害獣防除を下命した。

(8)　元禄五年一一月下命　常憲院殿御実紀巻二六の五代将軍綱吉元禄五年（一六九二）一一月四日条は、「武蔵の喜多見に狼出て、田圃の妨なせばとて、鉄砲方田付四郎兵衛直平が属吏をつかはし、打はらはしめらる。」と幕府鉄砲方による武蔵喜多見の狼の害獣防除を下命した。

(二)　害鳥獣防除の実施規定

(1)　元禄六年四月御触　御当家令条四七四の五代将軍綱吉元禄六年（一六九三）四月晦日御触は、

一　遠国にて猪鹿狼あれ候時、おとし鉄砲にて払、それにて不止時ハ鉄砲にて打せ、あれ候を早速しつめ候て、其わけ追て致書付、大目付中え可被指出候、伺候て其上ニて申付候ニハ、遠路之儀候間、下之者可致難儀候條、右之旨遠国之面々よりより可被相達事、

一　惣体生類あハれみの儀被仰出候ハ、人々仁心に罷成候様にとの思食故、被仰付事候、彌左様可被相心得候、

と定める。

(2)　宝永六年四月御触　御触書寛保集成鉄砲之部二五二九の六代将軍家宣宝永六年（一七〇九）四月御触は、

一　猪鹿狼多出、田畑荒し、人馬えも掛り候節は、不及相伺、玉込鉄砲ニて爲打可被申事、

附、目付家来置候儀并打留候数、寄々書付不及差出事、

一　玉込鉄砲免許之儀候間、常威鉄砲并月切威鉄砲向後不及願事、

一　猟師鉄砲相続并増減之儀、鉄砲改方え不及相伺、御代官、領主、地頭可為勝手次第事、

一　用心鉄砲并寄進鉄砲之事、

一　商売鉄砲并質物鉄砲之事、

一　江戸之外、諸國浪人所持之鉄砲并浪人稽古鉄砲之事、右三ケ條は前々之通相心得、鉄砲改方え相伺、可被任指図事、

一　猟師并荒候畜類打候外は、在々并町方迄猥鉄砲打申間敷旨、御代官、領主、地頭方ニて常々遂吟味、毎歳一度宛鉄砲改方え証文可被差出事、

と定める。

(3)　享保二年五月御触　御触書寛保集成鉄砲之部二五三二の八代将軍吉宗享保二年（一七一七）五月御触は、

一　鉄砲之儀、向後関八州は貞享四年に被仰出趣に相心得、鉄砲改役え相伺、可受指図候事、

但、猪鹿狼多出、田畑をあらし候節は、不及相伺、御料私領寺社領共に月切日切を極、玉込鉄砲にてうたせ、其段早速鉄砲改役え可相届候、打仕廻候ハヽ、鉄砲取上之、是又其趣改役え可相届候事、

一　江戸より十里四方ハ、猟師たりといふとも、一切ニ鉄砲取上可申候事、但、猪鹿多く出、田畑をあらし、人馬え掛り、百姓及難儀候節は、鉄砲改役え相伺、可受指図候事、

一　関八州之外之国々ハ、鉄砲改役え例年証文等差出候事、以来不及其儀候、尤猥ニ無之様ニ、御領私領寺社領共ニ急度可申付候事、

と定め、第二条但書に、「但、猪鹿多く出、田畑をあらし、人馬え掛り、百姓及難儀候節は、鉄砲改役え相伺、可受指図候事、」と鉄砲改役へ伺をするように命じている。その伺により、鉄砲を用いる防除対策を講じるとした。

(4)　前記享保一四年二月御触第二条　前記の江戸幕藩法の鉄砲に関する基本法となった享保一四年（一七二九）

二月御触は、その第二条の「御拳場江戸十里四方ハ、只今迄之通鉄砲為打申間敷候、但江戸十里四方と有之は、日本橋より東西南北え　五里充と可相心得事、」の本文に続けて、附として、「猪鹿多出、耕作荒候ハヽ、此方より鉄砲打被遣候間、向々え可申出候、此旨地頭、御代官え可申渡事、」と定め、幕府鉄砲方をして害獣の猪鹿等防除に従事させることを明記している。

（三）　害獣防除後の処理規定

御当家令条番号四七二の五代将軍綱吉元禄二年（一六八九）六月御触は、「猪鹿狼打候ハヽ、其所に慥埋置之、一切商売食物に不仕候様可被申付候、右ハ猟師之外之事候、」と定め、猪・鹿・狼を害獣防除した後におけるその死体処理について定めた。その処理は厳格なもので、「其所に慥埋置之、一切商売食物に不仕候様可被申付候、」と必ず土中に埋めるものとし、動物の肉・皮利用の「一切商売食物」を禁じている。

この御触は、「右ハ猟師之外之事候、」と禁止から猟師を除外している。この猟師除外の立法趣旨については、一切禁止の個別列挙として「商売」と「食物」とを並記しているので、肉食を禁止する仏教の三種浄肉の思想に基づくものとは考えられず、近世猟師に対する卑賤視観の見返りとして動物の肉・皮利用を独占的に認めたものだと説く多数説がある。これに対し、獲物の遺体の一部は前述の熊胆や熊皮のように藩の重要な収入源でもあるので、為政者側が猟師を掌握して獲物の有益な部分までをも把握するものであるとの意見が提示されている。

防除獣の利用禁止に関して「埋有之猪掘出者」事案の判例がある。御仕置裁許帳番号一四三「猪狩仕者之類并埋有之猪を掘出ス者、熊を殺者、猫を殺者」中の、次左衛門・十兵衛・太郎兵衛ら三人は、元禄六年七月二六日高田馬場之際において、十兵衛・太郎兵衛が埋置猪を掘り出し、次左衛門が手伝ったという事案がそれである。判決結果は、十兵衛・太郎兵衛の両人は翌八月九日死罪に処せられ、次左衛門は九月十三日赦免となった。元禄御法式下には、番号一四五に「猪狩を仕者之類流罪、并埋在之猪を掘出す者死罪、手伝赦免、」と要約した記載がある。この防除獣利用禁止の罪は、御定書に規定されなかった。

2　藩の害鳥獣防除

江戸時代、猪の大繁殖に直面した複数の藩がある。対馬藩は、猪を絶滅させて藩の危機を回避したのに対し、八戸藩は、猪害により餓死者を発生させるという対照的な猪害への対応振りであった。

（一）　対馬藩

対馬藩は、元禄一三年（一七〇〇）冬から宝永六年（一七〇九）春までの一〇年間に、対馬八郷の行政を主管する郡奉行の陶山庄右衛門（訥庵）及び平田類右衛門らの指揮により島民延べ三〇万人が、対馬全域で農業・林業に甚大な被害を加えなお増殖中の野猪を絶滅させた。

対馬の野猪は、民俗学の柳田国男の随筆に猪が朝鮮から泳いで来るとあるように、対馬の固有種ではない。対馬では山が険しく平地が乏しいため米作は困難で麦大豆そば等を木庭作（焼畑農法）しており、島民への穀物供給は常時不足していた。藩は、寛文四年（一六六四）に検地に基づき一切の耕地を収公して農民に分給する土地改革と「新検上畠廻し」の税制改革を断行した。これにより藩収入は増大したものの、農民にとっては、木庭を拡げるほかに食糧入手の途がなく、木庭を拡げると猪鹿の害獣が繁殖の好機が到来して一気に増殖した。寛文六年（一六六六）九月には、藩の『毎日記』に「鹿狩仕り猪鹿共に打取り、代替へ少しにても食物の用意仕り候様に申し付くべく候」とみえる。そこへ、五代将軍綱吉の貞享四年（一六八七）一二月御触により対馬藩にも鉄砲改が強化されて猟師鉄砲を八八三人に限定したが、元禄四年（一六九一）三月には公儀へ威し鉄砲の返却願いをし、八月になると「猪鹿鳥類心次第に打ち候様に」と猪鹿打ちの指示を下すまでに猪鹿荒れの激化が進行した。

元禄一〇年（一六九七）郡奉行に就任した平田類右衛門は、翌一一年の一年を通して害獣被害とその防除方法の調査等に過ごしており、元禄一二年（一六九九）郡奉行に就任した陶山訥庵と熟議を重ねた。両名は、元禄一三年（一七〇〇）九月、藩への「猪鹿追詰覚書」の建議案を取りまとめた。同年一〇月六日藩へ建議し、三日後の一〇日郡支配杉村頼母より「殲猪令」の発布を受けて、同年冬から猪の害獣防除を実施した。

猪の害獣防除計画は、四年間で全部を終了する予定であったが、作業開始後も反対・非協力者があったほか、必要工事が発生するなど予定外の事態が生じ、結局、後任郡奉行に引き継がれて一〇年後の宝永六年（一七〇九）三月二五日猪絶滅は終了した。「猪鹿追詰覚書」の建議には鹿も含めて記述されているが、鹿の加害程度が猪より低いとして実際の害獣防除対象は猪に限られた。作業の終了に当たり朝鮮の「絶影島」に猪児を放獣した。絶影島には田畠がないことが同島の選定された理由であり、種の完全な消滅を希求しないことが猪児放獣の理由であった。最近の文献資料には猪防除数を八万頭とし、防除した猪を島民の食用に供したとするものがある。陶山訥庵の著作にはこれを証する記述はなく、憶測の記述である。野猪絶滅は、陶山訥庵らの期待した成果を収めた。それに関連して行政上の成果も得られた。まず農家の猪に取られていた手が空いたことから、別の作物を対馬に導入することができた。甘藷の導入である。これにより享保一七年の飢饉では、西日本で対馬藩だけが大きな被害を免れた。次に鉄砲の整備に進展があり、島の防衛問題に資するところが大きかった。しかし、猪対策が不要になったため、浮いた手間で木庭を拡げる農民が現れた。陶山訥庵は、その不可である理由を挙げて「木庭停止論」を説き一時全島に木庭停止が行われたが、訥庵の死後に古式の範囲で木庭を認めるという制限付実施に戻った。

そして三百年後のことであるが、平成に至って猪被害が再現した。対馬市の統計によれば、猪は、平成七年度に一頭、平成九年度に一三頭捕獲されてから同二四年度の六二九八頭までに累計四万五六九頭が捕獲された。猪被害の再現について猪・イノブタの飼育との関連が推測されているが、詳細は不詳である。

鹿の防除問題もある。ことさら防除しなかった鹿が増殖して「大催鹿狩」を実施するまでになった。陶山訥庵は、そのことを予見して的確な鹿の防除を提言していたが、『毎日記』の記事によれば、対馬藩が宝暦八年（一七五八）から安永二年（一七七三）までに親鹿と子鹿の累計三万三四一五頭を防除しており、猪鹿の害獣防除の困難な実情が判る。鹿についても、鹿は平成九年度に一五四五頭捕獲されてから同二四年度の三六八七頭までに累計二万八〇四八頭捕獲という状況である。

（二）　八戸藩

寛延二年（一七四九）の巳年と翌三年（一七五〇）の午年、八戸藩領内には猪が大繁殖して田畑の作物を食い荒らし、餓死者が三千人とされる「巳午の猪飢渇（みうまのいのししけかち）」と呼ばれた飢饉が発生した。

八戸藩は、寛文四年（一六六四）二七代南部藩一〇万石の当主が後嗣なく死亡したため南部藩が断絶となり、新たに南部藩から分封して成立した藩である。旧南部藩主の年上の弟が南部藩八万石の藩主になり、年下の弟数馬が八戸藩二万石の初代藩主南部直房になったが、寛文八年（一六六八）初代直房が急死し、八歳の遺児が二代藩主南部直政となった。

八戸藩においては、猪や鹿が繁殖して田畑を荒らすことが常で、五代将軍綱吉の側用人を勤めた直政が辞職した後の元禄二年（一六八九）八月一四日に、「領内鹿猪狼等の被害甚きが為銃殺致させ度し」と老中に伺い出て、害獣防除をしたことがあった。元禄五年（一六九二）にも「九月各村に於て諸作の獣害甚だしきを以て、鉄砲を下付して銃殺せしむ」と藩が害獣防除させたことがあったが、次第に猪等の被害が増加し悪化した。その原因を八戸藩の大豆焼畑農業にあったとする研究がある。焼畑は、猪鹿の棲みかの山林を伐って焼き払い畑にする無施肥農法である。収量が連年低下するので、年々大豆を増産して藩財政を良好に維持するには、農家からの買上量を増加しなければならない。それは農家に対し大豆作付量を増やさせるほかないので、農家をして既耕畑を休耕地にして新規作付の焼畑を拡大させることが必須となる。猪鹿にとっては、もとの山林を追い出されたため、そこにできた畑を荒らすうちに、その畑が休耕地になり好物の葛などが繁る荒れ地に変わり、繁殖に最適な土地が得られたことになる。猪の繁殖力は強烈である。八戸藩における大豆の増産とは、実は猪の増殖でもあったといえよう。前記の天明三年（一七八三）の天明飢饉における五戸周辺の様子を記録した『飢歳凌鑑』には、「五戸郷からは年々千五百石の大豆を藩が買上げるのが例であったが、十年ばかり前から年々買上量が増加されてきて、飢饉の前年には五千五百石にまで達した。」旨記述されている。農家の大豆作付が一〇年ばかりの間に四、五倍になるほどの作付拡大状況であったから、猪が人の見ていない所で四、五倍をはるかに超えるほど殖えていたはずである。

そこで、「巳午の猪飢渇」発生前における八戸藩の猪対策を藩の日記で確認してみる。『勘定所日記』の寛延元年（一七四八）一一月一七日条には、「猪被害防止のため犬飼育につき申渡」として「犬飼置ふせき取様ニ可仕旨、」と犬を飼育して猪を防ぐことを申し渡している。この申渡は、延享三年（一七四六）と四年（一七四七）にも申渡が繰り返されたほどの重要な猪対策であった。猪狩については、寛延二年（一七四九）八月九日条に、「猪数討取候もの江ハ相応之御褒美等可被下候、」と複数の猪を討ち取った者には御褒美を出すとしている。藩が猪狩御用を派遣して数千頭や数百頭単位の猪を駆除したが、『八戸市史』の近世資料編Ⅰ収載の須藤清志所蔵「猪狩御用」の古文書によれば、某年の正月から二月に実施された人足四百余名の猪狩では、捕獲された猪はなかったという実績もあった。八戸藩の公式記録からみると、猪防除が的確に実施されたのか疑問が残る。

巳午の猪飢渇から三〇年後には天明飢饉が発生し、猪飢渇を上回る多数の餓死者が出た。

3　農民による害鳥獣防除

農民による害鳥獣防除は、猪垣・鹿垣の設置、鉄砲の使用、猟師の雇い等により実施された。

四　鳥獣保護

鳥獣保護は、江戸周辺地域の諸鳥生息の減少に直面し、将軍吉宗が鷹狩で獲物を捕獲できないという事態を回避するため、獲物の鳥類を飼育する役職である綱差を創設して開始された。綱差が飼育場の「御飼付場所（御場）」において、獲物の鶴・白鳥・鴨・鷭などを飼育し増殖を図るのである。鶴御場等の御飼付場所の維持のために様々な規制が実施され、農民は、常に鳥獣の被害に悩まされていたが、さらに御場周辺では飼付御用が終了するまで案山子立てが禁止されるなど、農業経営を阻害された。

五　肉食触穢

1　清め規定の制定

五代将軍綱吉は、貞享元年（一六八四）服忌令を制定公布したが、穢れに関する規定を簡略化して産穢・死穢等に限定し、穢れの展転伝染を認めないことにした。そして服忌令とは別に、元禄元年（一六八八）一二月、幕府霊廟参詣等の場合に穢れを忌避する新法令を制定し、参詣に供奉する者に遵守させることにした。将軍家に関わる社寺等への参詣の際に課せられる穢れ忌避の一連の規定であって「御清」、「清め規定」と呼称された。これに「食穢之事」として、肉食触穢の関係法令が定められた。規制の直接対象者は幕府武士であるが、次第に一般民衆にまで影響するようになった。

2　元禄元年御触の内容

御触書寛保集成・忌服穢等之部九五三の五代将軍綱吉御触元禄元年（一六八八）一二月「上野紅葉山増上寺御参詣

之時」の「食穢之事」は、

一　羚羊狼兎狸鶏　五日
一　牛馬　百五十日
一　豕犬羊鹿猿猪　七十日
一　二足は前日之朝六時より給申間敷候、玉子は魚に同し
一　五辛前日之朝六時より給申間敷候

と規定する。家畜の穢れが鶏の五日、牛馬の一五〇日、豕犬の七〇日であり、狩猟の獲物については、羚羊狼兎狸の五日、鹿猿猪の七〇日と定められて、食穢と当該穢れの忌み慎む日数が明定された。

3　元禄元年御触の改正

（一）　宝永七年三月御触

御触書寛保集成・忌服穢等之部九六一の六代将軍家宣御触宝永七年（一七一〇）三月発布御触は、元禄元年の清め規定を簡略化した。これにより食穢規定が明文から消えた。歴史学の研究者からは、「この法は肉食の穢に関する規定を欠くが、東照宮社参等の際、肉食の穢をどう扱う意図であったのかは未詳である」とされた。改正法が所要の規定を欠如するに至った場合は、通常、当該部分を削る法改正があったことになる。御触書寛保集成・忌服穢等之部九六五八代将軍吉宗享保二年（一七一七）五月御触が「御社参幷御宮御名代被仰付候節、御清之儀、宝永七寅年被仰出候通ニ候間、被存其趣、向々え可被達候、」と宝永七年三月の清め規定を簡略化した御触を容認したので、元禄元年御触の肉食の穢規定が削られたことがはっきりした。

ところで、橘川房常著『料理集』という享保一八年（一七三三）に書かれた江戸時代の料理書があり、同書の「う

し」の項には、「本汁に仕候、せんに引あらひ候て、水のすみ候節能く候、とり合いてうごぼうよく候、また粕漬に仕置、本汁に仕候ても能く候、」と調理方法を述べた後に、「給候ものは百五十日の穢と申候」と賜り物の牛肉の穢れを記述している。この料理本から、市井の料理人でも「牛一五〇日」の穢れと祓いの禁忌を遵守していたことが判明する。一般民衆には、そのまま肉食触穢の影響が及んでいたのである。

(二) 寛政三年一一月御触

そのいわば法令に穴の開いた状態が不都合と考えられたのか、一一代将軍家斉の時代に次の改正が行われた。御触書天保集成・忌服穢等之部五四四四の寛政三年(一七九一)一一月御触が発出され、

一 食穢

羚羊狼狸鶏　五日

牛馬　百五十日

豕犬羊鹿猿猪　七十日

二 足兎卯ハ魚に同し、葷物は精進刻限より断へし、

との条文が追加された。この改正により、元禄元年御触がほぼ蘇った。この食穢規定は幕末まで実施された。

六　罰　則

1　江戸幕藩法違反の罪と罰

殺生禁断における厳罰は中世法を承継した江戸幕藩法の特徴であったが、厳罰にも徐々に寛刑化の傾向がみられ、八代将軍吉宗期には公事方御定書の編纂(一七四二)により生命・身体・追放・自由・財産刑等の刑罰の整理と文明化が進み、「過料」が刑罰として体系化されて厳罰の緩和が進展した。

過料は、軽過料・重過料・応分過料・小間過料・村過料等の別があり、鳥猟その他の軽微犯罪に対する刑罰として科せられた。過料による厳罰の緩和が殺生禁断に対しどのような影響を与えたかについては、確たる史料がなく、不明である。宝暦一三年（一七六三）信濃に生まれた俳人一茶（小林弥太郎）が「けふからは日本の雁ぞ楽に寝よ」（『一茶集』三四八頁）と一句で渡り鳥を応援したほどであるから、殺生禁断の執行には様々な困難を伴ったことであろう。

2　狩猟法令違反の罪と罰

鶴売買と鶴殺生の擬律の問題があった。御定書第二二は、「御留場にて鳥殺生いたし候もの」の罪であるが、延享元年（一七四四）に「隠鳥売買」の罪が追加され、その法定刑を売り手と買い手の双方共に過料とすると規定された。

天保四年（一八三三）老中から評定所一座へ最近の事件処理に鑑み、鶴買取事件について最初の評議が命じられた。評定所一座は、同年一一月鶴は雁や鴨と同じ鳥であると判断し、「過料」を適当とする旨を第一次答申した。「鶴殺し死罪」と世間でもいわれたことが昔話になったようである。老中からは、鶴は雁や鴨と異なるので鶴殺生を含めた鶴の特別法を考えるよう評定所へ再評議が命じられた。評定所は、天保四年一二月鶴殺生につき「御留場内外之無差別江戸払」とし、鶴売買等につき「御留場内所払・他過料五貫文」等の内容で第二次答申をした。しかし、老中は、鶴犯罪が重罪であるとして三回目の評議を命じた。評定所は、翌天保五年五月鶴殺生につき「中追放」とし、鶴売買等につき「江戸十里四方追放・他過料十貫文」等の重い内容で第三次答申をした。老中はこの第三次答申を容れ、鶴売買と鶴殺生の特別法とすることを命じた。

ところが、天保一〇年（一八三九）になって京都町奉行から、「御定書第二一には、御留場内と関八州内外の刑一等ずつの緩和があるのに、前記特別法にそれがない。既に特別法による裁判もある」旨の相談書の提出があり、審議の結果同年一二月相談書どおりの評決がなされた。将軍の手から放たれた鷹が捕らえた由緒ある鳥である「鶴」が、幕末のその時期になると、普通の鳥になりつつあった。

第四節　外国人銃猟の頻発

一　日米和親条約締結交渉における米軍艦乗組員の銃猟と殺生禁断宣言

安政元年・嘉永七年（一八五四）江戸幕府は、アメリカ合衆国（アメリカ側全権は東インド艦隊司令長官海軍代将マシュウ・カールブレイス・ペリー）との間で「日米和親条約」を締結した。この条約は、三月神奈川で調印の「本条約（全一二か条）」と五月下田で調印の「附録（全一三か条）」から成り、さらに安政四年（一八五七）五月下田奉行とアメリカ総領事タウンゼント・ハリスが調印した「下田協定（全九か条）」により修補され、安政五年（一八五八）「日米修好通商条約」に吸収された。

安政元年五月下田で日米和親条約の附録が調印されたが、附録の第一〇条には、「鳥獣遊戯は、すべて日本において禁ずる所なれは、アメリカ人も亦此制度に伏すへし」との規定がある。この条の英語条約文は「ART. 10TH: The shooting of birds and animals is generally forbidden in Japan, and this law is therefore to be observed by all Americans.」とあり、日本語正文の「鳥獣遊戯」は、条約英文では「The shooting of birds and animals」に該当する。「shooting」は、一般に、「銃猟」あるいは「遊猟」と翻訳されている。下田における交渉の際米国軍艦乗組員が上陸して銃猟をしたため、銃猟禁止を議題にして交渉し妥結に至った条文である。

その経過について、幕末外交関係文書収載の幕府全権からの「附録条約上申書」によると、米国側は「これまで外国では自由に上陸し、また鳥獣猟もしてきたので同様の取扱いを求める」と主張したのに対し、幕府全権は、「日本は鳥獣猟の自由を認めない国法である」と反駁して屈服させたとしている。ペリーは、日本に関する研究を尽くした上、大統領から将軍へ託されたオージュボンの大著『アメリカの鳥類』、『北アメリカの獣類』等を持参したが、そのような鳥獣保護に連なる文献を尊重する社会風潮と当時の北米諸州における土地所有者の承諾が必要な狩猟法制から、日本の殺生禁断については十分な知識を取得していたものと考えられる。この点の交渉が難航しながら、妥結に至ったことについては日本側の殺生禁断に基づく主張が適切であったと認めて差し支えないであろう。附録第一〇条は、殺生禁断宣言であったともいえる。

二　外国人狩猟家の横行

条約により開港後のわが国には、外交関係者はもとより通商に関わる者など多数の外国人が渡来し、外国人の銃猟が頻発した。外交官が銃猟した事犯すら生じた。外国人狩猟家が横行した。幕府の取締は狩猟禁止を申し渡すに止まり、実際にはわが国の法制度の未整備や武力の未熟等から手出しができない状況にあった。

三　外国人銃猟に関するフランス公使の狩猟権制提言

元治元年（一八六四）正月、フランス公使ドゥ・ベルクールは、幕府の狩猟禁止の申渡しに対し、在留仏人の遊猟を禁じたことを回報し、別に猟区設置の如き狩猟権制の提言をした。当時世界でフランスが最新の一八四四年五月三日制定の「フランス国狩猟法」を誇っており同法からみると、殺生禁断による御定書の狩猟法制の不備を衝いて外国人の自由勝手な狩猟が拡大しつつあることを懸念し、狩猟権制による管理の必要を説いたのであろう。外国人からの貴重な提言であった。そのほんの一〇年後の明治六年には、フランス国狩猟法にならった狩猟法令制定を阻止した日本人の為政者が出現した。

第六章　明治太政官法の狩猟法制

第一節　明治太政官法

一　王政復古と明治太政官法

江戸幕府一五代将軍徳川慶喜は、慶応三年（一八六七）一〇月一四日政権を朝廷に返上する旨を申し立て、朝廷は、翌一五日この申立てを勅許した。大政奉還である。慶応三年一二月九日布告第一三号の朝廷の諭告に「自今摂関幕府等廃絶」とあり、大政奉還により江戸幕府等を廃止するので、「各勉励旧来驕惰之汚習ヲ洗ヒ尽忠報国之誠ヲ以テ可致奉公候事」と各々が旧来の風習を捨てて勉励するようにと王政復古の号令を発した。

明治元年（一八六八）政体書により設置された太政官は、明治一八年（一八八五）内閣制度発足に伴い廃止されるまで、明治新政府の最高施政機関であった。太政官が制定公布した明治初期法令には、「太政官布告」と「太政官達」がある。一般に国民に対する法規は太政官布告として公布され、官庁に対する訓令は太政官達として布達されたと説かれるが、厳格にその区別がなされたものでもない。日本国憲法下の現在において、計一〇件を超える太政官布告・太政官達が効力を有している。

江戸幕藩法と明治太政官法における狩猟法制の間には、法律的に連続するかという問題がある。慶応三年一〇月一九日布告第二号添付の一七日付け徳川慶喜伺に前将軍慶喜から刑法の効力についての伺いがあり、これに対し新政府は、同月二二日布告第三号で「召之諸侯上京之上、規則被相立候得共、夫迄ノ処ハ、是迄之通リ可心得候事」と諸侯上京までは是迄のとおりにするようにと回答した。そして、一二月二二日布告第二七号をもって「徳川祖先ノ制度美事良法ハ其侭被差置御変更無之候間」と維新の新秩序に反しない幕府の良法により暫定的に法執行するとする江戸幕藩法と明治太政官法の法制承継に関する基本方針を発した。法務省は、基本法である刑法について、犯罪白書で「慶応三年十月第十五代将軍徳川慶喜が大政を奉還したが、刑法については、当分の間幕府の旧制によることとなった」と説明している。狩猟法制については、明治六年鳥獣猟規則制定後に「網・モチ縄」等の猟具に関する疑義照会があった際、新政府は、「先ツ従前ノ通可取計事」と江戸幕藩法狩猟法令を適用するとの方針を示した。江戸幕府と新政府ともに狩猟法制の連続を否定したことがなく、狩猟が明治維新後において無法状態に陥ったこともないので、狩猟法制は法律的に連続して承継された。

二　狩猟黄金時代の再来と鳥類暗黒時代

明治初期は、中世の狩猟黄金時代を超える狩猟黄金時代の再来だと評された。銃器を商う業者が各地の戦乱から狩猟に転進してきてわが世の春を謳歌したし、要路の大官の遊猟が狩猟愛好の牽引役となり、羽根布団の原料の羽毛や装飾用の剥製鳥類の輸出が盛んになり、我先にと鳥獣を乱獲した。昭和二四年四月発行の雑誌『野鳥』で農林技官宇田川龍男が「鳥類暗黒時代」と指摘した。そこで、鳥類暗黒時代を点描してみる。

1　小鳥の捕獲

元老院議官であった陸奥宗光が、明治九年一二月五日鳥獣猟規則改正の第二読会に出席し、議案の銃猟時期の質疑に関連して、「各国公使を延遼館で饗餐し小禽を供したところ、既に銃猟禁止の時期であったため、ある公使が今の季節にこの小禽があるのは何をもって獲るのかと問うた。これは網を用いて捕獲したと答えると、公使は、網を張って禽鳥を捕獲すれば、その種類殆どまさに絶尽すべしと言って冷笑した」と外国公使から小鳥猟を嗤われたと述べたことが元老院会議録にみえる。明治初期には何の躊躇もなく野鳥を捕獲することが普通のことになってしまった。その上、遊びに用いることが流行してきた。飼鳥の流行である。

2　飼鳥とメジロ鳴合会の創始

明治一〇年武士の家禄制度が全面的に廃止され、旧家臣が様々な分野に進出し、飼鳥商に転じた人も多かった。飼鳥商に転じた武士の一人に、下総国関宿藩主久世大和守の旧家臣の飼鳥商村上定太郎がいる。飼鳥商村上は、鳥を仕入れて売るという普通の鳥商いをするうちに、金品を賭ける競技会の「メジロ鳴合会」を創案し、明治一七年（一八八四）四月東京で第一回眼白会を開催した。わが国におけるメジロ鳴合会の創始である。賭け事の創始者が創始の正確な時期や経過を明らかにしたという希有な談話が『日本愛鳥家談話録』にみえる。これから、メジロ鳴合会が大流行となった。津山藩主松平三河守の旧家従内藤徴は、愛鳥家であるが、富士の足高山で鳥捕獲人からメジロ数十羽を買い求めて飼養すると二羽のメジロが鳴合会で横綱と大関になり、明治二五年ころまでに横綱が金一〇〇円に、大関が金八〇円に売れた。大金を得たものの感ずる処あって手を引いたとの談話を残している。そのように、メジロ鳴合会はわが国の文化的伝統行事ではなく、明治一七年創始の単なる賭け事にしか過ぎない。

ところで、メジロ鳴合会を事業目的とする特定非営利活動法人（NPO）の設立趣意書等に「一一九二年ころから一三〇八年までの鎌倉時代に、将軍源頼朝がメジロを飼鳥し幕府内でメジロ会が催された」旨を記述してメジロ飼鳥が鎌倉時代から続く日本古来の伝統文化であると主張する人があった。そこで、『吾妻鏡』の各種書籍の索引を調査したほか、新訂増補国史大系本『吾妻鏡』のデータベースで全文検索も実施してみたが、メジロ飼鳥の記述探しは失敗した。また、江戸時代のペットブームを書いた書物がメジロとヤマガラについて、「江戸時代にこれらの鳥で鳴合が行われたという記録は今のところ見つかっていない」とする記述があり、この書物の記述を環境省の文書が引用していたので、念のため江戸時代の書物も探索したが、それも失敗であった。明治一七年創始の状況等は、国会図書館で書籍の閲覧ができる。

3　アホウドリの撲殺猟法

玉置半右衛門は、明治二一年東京府から鳥島開拓の許可を受けて配下の者とともにアホウドリの撲殺猟を開始した。アホウドリは大型の鳥であるが人を怖れないため離れて銃猟するまでもなく、アホウドリに近寄り「三尺ばかりの棍棒」を振り廻して撲殺し、その羽毛を海外へ輸出して巨利を得た。

玉置半右衛門がアホウドリ猟を開業してから一〇年余り経た頃、一人の狩猟家が東京の玉置宅を訪問してアホウドリ猟のことを聞いた顛末が狩猟雑誌『猟友』一巻三号「バカ鳥撲殺に就て」にみえる。玉置は、アホウドリが「羽翼を拡げた侭、二・三丁余を疾走し、而して漸く飛び上がるを得るなり、左れば之れを撲殺する、あたかも豚を撲殺するが如し」と撲殺猟法やバカ鳥の所以を説明し、「当初かの鳥は陸に空に海上にも満ちつつありしも、年々三十万羽撲殺の結果、今日にてはおもに陸の中央に集団し、海岸二分どおりは空地を為し居る」と言う。「減滅の憂いはないか」と問われると、玉置は、「充分保護の途を講じつつある、此の上減少するが如きことなかるべし。左れど白色の鳥は追々に減じ去らん」と答えた。「此の鳥の純白色に変ずるはよほど年経たる後にして、然らざるは黒色若しくは淡黒色なり」と言うのであった。これで記事は締め括られているが、明治三五年二月の鳥島の火山大噴火により玉置配下の者が全員災害死するまでの間に、五百万羽のアホウドリが撲殺の犠牲になりその羽毛が輸出されたと推定されている。アホウドリは、そのようにして鳥類暗黒時代にほぼ絶滅に至った。

第二節　法制度としての殺生禁断の終焉

一　法制度としての殺生禁断の承継と実施

法制度としての殺生禁断は、江戸幕藩法から明治政府の狩猟法制へそのまま承継された。豊臣政権法から江戸幕藩法へ殺生禁断が承継されたのと同様の統治手法により、鷹統治政策、武具没収、キリスト教対策、五人組、厳罰の各施策の中に含まれて殺生禁断が踏襲されたものの、既に、各施策そのものが幕府の崩壊により最終の局面にあり、法制度としての殺生禁断も終期にあった。

1　鷹統治政策による殺生禁断

鷹統治政策は幕末期に終末を迎え、慶応三年六月四日「鳥猟証文之事」御触が江戸幕藩法から明治政府へ殺生禁断の最後の狩猟法令として承継され、この御触が明治政府の狩猟法令の法源となった。

明治二年（一八六九）二月三日、外国官は、各国公使等へ各国の狩猟の法律を照会した。照会文書に、

遊猟発砲之義は我国従来之厳禁ニ候得共、（略）新ニ規則を立、先頃中内地之者江も許容いたし候へ共、自然農業之妨ニ相成候哉、民間愁訴不少、就ては再度禁制いたし度義ニは候へ共、猶我国而已禁止いたし候は是亦公法ニ違背いたし候間、

とあり、「新ニ規則を立、先頃中内地之者江も許容いたし候へ共」との内地の者へ銃猟を許容した旨の記述が注目される。この記述によると、「先頃中」とあるので右の慶応三年六月四日御触を指称するものと推認される。そこで、この御触の銃猟に対する態度を、先に逐条形式に整えておいた条文で確認すると、

（禁止猟法・違反者処分）

第三条　鳥猟之儀張切網・打網・羽子・もち網之外、縦令武家方たり共鷹并飛道具ニ而殺生之儀者堅不相成事、但、鑑札無之者鳥猟いたし候ハ、見懸ケ次第其所ニ留置早々可訴出事

とあり、一般人の銃猟厳禁であることは明らかである。

明治政府が明治二年までの間に銃猟解禁の法令を制定公布した事実はない。そうすると、わが国が再度銃猟禁止すると「（万国）公法ニ違背」するとの照会の趣旨は、虚偽を含むことになる。相手国へ法律を照会すること自体が軽率な所為であると分かっており、そんな稚拙な口実を構えたのであろうか。ともあれ、殺生禁断は終期にあっても、まだ継続していた。

2　武具没収による殺生禁断

鉄砲の発砲禁止は、直接的な殺生禁断の実施であって、明治元年と二年には「鳥打」や「鳥ヲ打取」と明示した発砲禁令がなされ、明治五年には銃砲取締規則が制定された。

（一）「鳥打・鳥ヲ打取」の発砲禁令

(1)　明治元年四月禁令

明治元年（一八六八）四月一九日達第二四八号は、

砲術之儀ハ一日モ怠ルヘカラス又軽々シク不可弄モノニ候処近来市中ニ於テ往々猥リニ発砲シ或ハ鳥打ナト慰ニイタシ候者モ有之哉ニ相聞如何ノ事ニ候万一ソレ玉等有之候テハ実ニ不相済儀ニ候巳来篤ト相心得タトヒ山野タリトモ容易ノ振舞不致候様其筋々ヨリ可申付置候若御趣意ニ戻リ候者有之ニオイテハ屹度可被及御沙汰条被仰出候事

と定める。「往々猥リニ発砲シ或ハ鳥打ナト慰ニイタシ候者モ有之哉ニ相聞」「鳥打ナト」を明示して発令の趣旨を明らかにしている。

(2) 明治二年四月禁令　明治二年（一八六九）四月二八日達第四〇一号は、

砲発之儀ハ市中端々ニ至ル迄従来厳禁之処近頃猥ニ小銃ヲ以テ鳥ヲ打取候者有之哉ニ相聞へ以ノ外ノ事ニ候向後右様之儀於有之ハ巡邏兵隊其外取締之者見懸ケ次第姓名取糺シ銃器取上ケ其主人へ可及沙汰候条諸向家来末々ニ至ル迄心得違之者無之様主人ヨリ屹度示シ置可申旨御沙汰候事

と定める。「近頃猥ニ小銃ヲ以テ鳥ヲ打取候者有之哉ニ相聞へ以ノ外ノ事ニ候」と、鳥ヲ打取候者はもってのほかとしている。

(二) 銃砲取締規則制定

その後の明治四年四月二七日に制定上申された銃砲取締規則は、翌五年に制定されることになる。

3 キリスト教対策による殺生禁断

キリスト教対策は寺院の宗門人別帳作成に転化して殺生禁断に関与したが、明治四年（一八七一）四月府藩県一般戸籍法への改正により、宗門改・宗門人別帳が全廃されるに至り、同年一〇月三日大蔵省達第七〇号「先般戸籍法改正ニ付、従前ノ宗門人別帳被廃候条、自今不及差出事」が示達された。

キリシタン禁制の高札は、「新規の布告は三〇日間掲示し、従来の高札は撤去する」という奇妙な内容の明治六年二月二四日太政官布告第六八号が発出され、これにより撤去された。

4 五人組による殺生禁断

明治三年（一八七〇）二月の長崎港糀島町五人組申合帳には、全一七か条の条項がある。第一条の冒頭に「天朝御高札之趣は不及申」と書き出して、明治維新後における申合せであることを明確にし、その第六条に「鉄砲之儀畜類之妨或は猟師に事寄慰殺生之鉄砲弥以猥に打申間敷事」と記述して猪鹿等の畜類による被害防除や猟師にこと寄せて

「慰の殺生」のため「鉄砲を打間敷く」と殺生禁断を申し合わせている。この五人組申合帳は、長崎港内の各町に行われた五人組申合帳二三冊のうちの糀島町の一冊であり、糀島町には計二四の五人組があって、その全員が申合せをして押印していた。

5　厳罰による殺生禁断

王政復古政権の司法機関である刑部省は、王政復古による律令法への復古に伴い、明治元年から三年までは「仮刑律」を執務準則として実務処理し、明治三年（一八七〇）一二月二〇日布告第九四四号「新律綱領」を公布した。新律綱領に弓銃殺傷人「故なく弓箭・銃砲を放つ等の者は杖六十、致死は絞」の罪が定められていたが、厳罰の威嚇により殺生禁断を実施する時代は、既に過ぎ去っていた。

二　法制度としての殺生禁断の終焉

法制度としての殺生禁断は、これを実施した各施策ごとにばらつきがあるが、全体として明治初年のある時期には崩壊の時を迎え、終焉に至ったものと判断される。その時期とは、明治六年（一八七三）一月の太政官布告鳥獣猟免許取締規則の制定の時である。

法制史学者からは、明治維新後のこの時期が「混沌としてほとんど訳の分からない時代」と評された。明治六年鳥獣猟規則は、税法と狩猟法令が混在した「訳の分からない時代」の申し子のような法であった。

第三節　殺生解禁への道程

一　概　説

殺生禁断から殺生解禁への道程は、明治六年鳥獣猟規則制定からローマ法無主物先占を継受した明治民法が三一年（一八九八）七月より施行された後の三四年狩猟法改正までの約二八年の過渡期にあった。それは試行錯誤の連続であり、殺生禁断の一一七〇年余の間のわが国の成果を、僅か二八年の歳月が殺生の解禁へと転換させた。その背景には不平等条約の改正があり、明治六年から一〇年までの外国人銃猟を巡る鳥獣猟規則改正、一三年から二二年までの内務・農商務・大蔵省の鳥獣猟規則改正の挫折が連なった。そして、民法編纂によりイタリア王国民法を母法としてローマ法無主物先占の法理に遭遇し、これを継受した。明治二五年勅令狩猟規則を、次いで二八年狩猟法を制定した。その間における狩猟の原則は、殺生禁断から殺生解禁へ乗り換える目的の国家狩猟権制であった。

二　明治太政官法の狩猟法令制定の背景

1　不平等条約の狩猟法令への影響

（一）　不平等条約

列強諸国から鎖国を破られて明治維新となり、開港して通商を開始してみると、明治政府は、江戸幕府が安政五年（一八五八）にアメリカ・オランダ・ロシア・イギリス・フランスと締結したいわゆる「安政五か国条約」と万延元年（一八六〇）から慶応二年（一八六六）までにポルトガル・プロイセン・スイス・ベルギー・イタリア・デンマークと締結した「六条約」ばかりか、明治政府自らが明治元年（一八六八）九月にスウェーデン＝ノルウェー合邦及びスペインと続けて条約締結し、翌二年（一八六九）一月にドイツ連邦及び九月にオーストリア＝ハンガリー合邦と条約締結した「四条約」も含めてすべての通商条約が「不平等条約」であることを覚るようになった。

これらの通商条約は、相手国に、領事裁判権を許与し、関税の自主権を喪失し、片務的で無条件の最恵国待遇を許したことによる不平等な条約内容であった。明治政府が明治元年と二年に外交担当者に対し、不平等条約について強く注意喚起したのにかかわらず、最後のオーストリア＝ハンガリー条約では英国公使パークスの主導により、オーストリア＝ハンガリー使節に高輪接遇所を宿舎として提供することまでさせられ、列国こぞって不平等条約の集大成にすべく条文の協議を重ねていたことを顧慮することなく条約締結したため、全部の通商条約が強力な不平等条約になってしまったという事態を招いた。そのような卑屈な外交交渉の理由について、歴史家は、「排外鎖国的政策を復活するとの列強の疑念を否定するジェスチェア」と説明しており、『大日本外交文書』には確かにこの見解に賛同すべき状況がある。これに加えて、外務省側に外国人銃猟に関する遊猟規則制定への協力を受けたいという姑息な思惑もあったものと考えられる。

明治四年にハワイと、また六年にペルーと各通商条約を締結したが、ハワイとの条約では相互に最恵国待遇を認めており、ペルーとの条約ではペルーの領事裁判権に留保条件を付してあったので、従来の不平等条約には該たらない。以後不平等条約の改正が、明治のわが国最大の悲願となった。

（二）　狩猟法令への影響

狩猟法令への影響は甚大であった。貿易の通商条約が狩猟法令へ影響するということは解せないことであるが、実は、条約条項の国際私法における属人主義の「領事裁判権許与」の規定が、私人への外交官にも匹敵する「治外法権許与」であるように仕組まれたという事情があった。その仕組は、英国公使が主導して、最後に締結のオーストリア＝ハンガリー条約の第五・六・七条の三か条の条文を、最終的に、通商条約の属人主義における領事裁判権を超越して治外法権を認める如き文章に作出された。

以後条約締結諸国は、当時の世界強国から弱小国まで均しく最恵国条項を利用し、この三か条を治外法権の論拠として常に援用した。これによりわが国は、鳥獣猟規則の制定・改正、外国人銃猟取締の行政規則制定等の狩猟関係から、通商貿易に限らず、コレラ流行の検疫規則をはじめ行政諸般において、独立国と称し難い境遇に陥ったのである。

2　岩倉使節団と森の樹を伐った留守政府の大蔵省

（一）　岩倉使節団と留守政府

全権大使岩倉具視、副使木戸孝允・大久保利通の新政府首脳らによる「岩倉使節団」は、明治四年（一八七一）一一月から六年（一八七三）九月まで、条約改正のための予備交渉・西洋文明の調査等のため、アメリカ・イギリス・フランス・ベルギー・オランダ・ドイツ・ロシア・デンマーク・スウェーデン・イタリア・オーストリア・スイスの諸国へ派遣され、帰路にセイロン・インド・シンガポール・サイゴン・香港・上海の列強諸国の植民地を経て帰国した。

その長期にわたる詳細な報告は、久米邦武編『特命全権大使米欧回覧実記』で読むことができるが、本書が対象とする狩猟や野生鳥獣保護は、使節団の関心事ではなかったようで、関係記事は見当たらない。

使節派遣に当たり、政府首脳は、使節団派遣中の内政処理について協議し、「大臣参議及各省卿大輔約定書」に、その第六款には「内地ノ事務ハ大使帰国ノ上大ニ改正スル目的ナレハ其間可成丈ケ新規ノ改正ヲ要スヘカラス」と国政処理の制約を定めるなどの合計一二項目を約定して連名調印した。

岩倉使節団派遣中は、その制約の下に留守政府が内政を担当した。太政官制には変遷があり、明治四年七月に民部省を廃止してその事務を大蔵省（大蔵卿大久保利通）に合併したので、大蔵省は大蔵大輔井上馨の統率の下に内政において隆々たる勢威を示していた。

（二）　森の樹を伐った大蔵省

わが国は社寺の森の樹を伐ることは、天皇ですら神道を軽んじるとして許さなかった。大蔵大輔井上馨が統率した大蔵省は、森の樹を伐ったと評された。

それは、こういうことである。官林の払下は、明治四年七月の民部省廃止までは、同省が統一的に官林土地の払下を管理し、払下処分も五町歩を限りに地元管轄官庁の裁断を認めたが、人民に重要な影響をもつ案件については、民部省が裁断する慎重な態度をとっていた。民部省の事務を合併後の四年八月二三日、大蔵省は「官林を斥売する処分を勧農寮の専管と為す」と定めた。「斥売」とは「投売りをする（出典・後漢書）」ことであるから、職務に「投売り」を掲げた官庁は大蔵省勧農寮のほかには見掛けない。同月中に大蔵省達第三九号「荒蕪地不毛地払下規則」を制定し、払下処分を大蔵省に移管するとともに、入札制を採用して落札者は即日代金の一〇分の一を納付すれば残余は開墾後の納付を認めるとし、面積制限も撤廃するという無制限な払下を明確にした。四年一一月岩倉使節団が出発すると、留守政府大蔵省は、はばかることなく官林の無制限払下を実行した。森の樹を伐ったと批判された財政政策である。そして、五年（一八七二）一月一三日大蔵省達第一号により民部省時代の規則を廃止し、これ以降官林無制限払下が広く全国で実施された。

横浜にあった外字新聞「ジャパン・ヘラルド」の同年三月二一日記事が、上野山内の大木数百株の伐採を痛烈に批判した。日本人からではなく、外国人からの批判であった。これが上野山内の森・土地の投売り（代金八百円らしい。）の最初の報道であった。そのころ、日本赤十字社を興した佐野常民の『佐野常民伝』によると「とんでもない、と佐野が言い出し」て払下の撤回に奔走した。

大蔵大輔井上馨は聞き入れず、五年四月一二日に大蔵省達第五三号を発出し、「先般荒蕪除地等払下ノ儀公布相成候ニ付テハ於各地方古来ヨリ声誉ノ名所古蹟等ハ素ヨリ国人ノ賞観愛護スヘキ者ニ付猥リニ破壊伐木セサル様篤ト注意可致事」と名所古蹟等を猥りに伐木しないようにと、白々しく注意をしたが、さらに同年六月一五日に大蔵省達第七六号「官林払下規則」を発出して、無制限払下の規則を定めた。林野庁編『日本林業発達史上巻』は、木曽山林が三万円、天城山が一万円で売却される機運さえあったと慨嘆している。

上野山内の森の樹を伐った結末であるが、外字新聞の批判や佐野常民の奔走等により、東京府が払下購入者から買い戻したようで、山内の伐り残しの樹木や土地は公園として残されることになった。明治五年の末頃は大蔵大輔井上馨が執務を下僚渋沢栄一らまかせにして自宅に引き籠もった時期であるが、年が明けて翌六年一月大蔵大輔井上馨名義により太政官へ公園建設の伺いがなされ、これが容れられて同月一五日太政官布告第一六号が発出され、上野公園が残されることになった。明治六年五月大蔵大輔井上馨と下僚の三等出仕渋沢栄一らが退官した。早速、同年七月二〇日太政官布告第二五七号により、一連の官林払下規則が廃止され、森の樹を伐る政策は瓦解した。侯爵井上馨の『世外井上公伝』には「藩庁所属の不用品などを売却した金額を蓄積して準備金に宛てた」という記述があるが、上野の森は、井上には不用品に見えたのであろう。なお、昭和五年（一九三〇）に「上野山内の森と土地は山縣有朋が自己の賞典禄をもって買い戻してくれた」という信憑性のない噂話の書物が現れた。噂話出現の三年後に刊行された『公爵山縣有朋伝』にはそれを明確に否定する記述が存在しているが、この噂話は現在でも国会図書館のホームページや公園関係の書物に散見される。

3　諸外国の狩猟法令の状況

（一）　西欧主要国

(1)　フランス　　フランスは、一八四四年五月三日制定のフランス国狩猟法が適用されており、所有者狩猟権制であった。

(2)　ドイツ　ドイツのプロイセンは、一八五〇年五月七日制定の狩猟警察法に引き続いて鳥獣害法・狩猟免状法・鳥獣保護法・共同猟区の管理方法に関する法律等の個別の狩猟法令を制定しつつあり、所有者狩猟権制であった。

(3)　イギリス　イギリスは、イングランド・スコットランド・アイルランドの各地方それぞれの狩猟法令によるが、一八三一年制定のイングランド狩猟法が基本法令であり、土地所有者の承諾を要する狩猟制であった。

(二)　北米諸州

北米諸州は、土地所有者の承諾が必要な自由狩猟制であり、実質的には所有者狩猟権制であった。

(三)　イタリア

イタリアは、イタリア王国の一八六五年ローマ法復活後においても狩猟法の制定ができず、所有者狩猟権制と自由勝手な狩猟の混在した法制であった。

(四)　スペイン

スペインは、一八三四年五月三日狩猟法が施行され、所有者狩猟権制であった。

4　明治初期の鳥獣生息状況

(一)　文　献

明治初期の鳥獣生息状況に関する学問的に確かな文献には、わが国のものは乏しい。そこで、専門外の「お雇い外国人」の報告を参酌することにする。

(二)　鳥　獣　類

エドウィン・ダンは、アメリカ人の獣医・牧畜家で明治六年（一八七三）七月北海道開拓使の招聘により二五歳で来日し、東京市青山所在の開拓使官園でアメリカから連れてきた三百頭を超える乳牛・緬羊等の牧畜に従事した。その後一五年北海道開拓使の廃止まで北海道において酪農技術を伝え、北海道の酪農の父と呼ばれ、札幌市内に「エドウィン・ダン記念館」が設けられている。一度帰国したが、外交官として再来日し、駐日公使を勤めて辞任後は新潟で石油開発事業に従事するなどし、東京の自宅で没した。

ダンの回想録「我が半世紀の回想」は、北海道大学の『北方文化研究報告』(第一二輯昭和三二年刊)に高倉新一郎・原田和幸により訳出されている。同回想録に「友達」の標題で、次の明治六年七月から翌七年までの東京市内のあちこちで目にした「友達である鳥獣」の話が、いきいきと描かれている。その一部は、

私が初めて日本に着いたとき先ず目についたものの一つは、いたるところに群をなしている野生の動物であった。芝でも上野でもその他東京市中草むらのあるところではどこでも、雉を隠れ場から狩り出しているのがよくみられた。郊外では、雉は鶏よりもたくさん居るほどであった。農場の傍には雉があまりたくさん居て、射ち落すのに何の手練も要らなかった。それはスポーツにしてはあまりにやさしすぎた。鳥の渡る時期になると、あらゆる種類の水鳥の大集団が、食物をあさっていた土地から、休息と安全とを求めて東京の濠へやって来た。英国公使館の前の濠はガチョウや鴨や他の種類の水鳥で真黒になった。農場にはむかし作られた人工の富士山が残っていた。そこは、狐や狸やその他その辺をうろつきまわる獣の穴で蜂の巣のようになっていた。夜になると、雄狐の鳴く声が、街の中の犬がほえるのと同じように、しょっちゅうきこえてきた。私は或る晩の事を忘れることができない。その晩私は食堂からきこえてくる音で目がさめた。静かにドアをあけると、食卓の上に立派な雄狐がのっているのが見えた。そいつは私のバター皿の中味を専ら御馳走になっているところであった。私を見付けるとそいつは、入って来た窓から悠然と出て行った。その時私に一瞥を与えたがその顔は「紳士が食事をしている最中に邪魔をするとは、お前はなんと不作法な奴だろう」とでもいっているようだった。上層の

紳士たちの間には、銃猟はスポーツとなっていなかったし、また一般大衆は銃器を持つことを禁止されていた。網やその他の仕掛けでわなにかけてとることは許されていたので、市場にはこういう方法でとられた獲物がいくらも出ていた。と、こんな回想である。これが明治六年の東京市中における鳥獣生息の実相であり、鳥獣猟規則制定の年の東京における鳥獣の姿であった。

(三)　鳥　類

コーリン・アレキザンドル・マクヴィーンは、イギリス人の測量技術者で明治四年（一八七一）七月から九年（一八七六）九月まで工部省測量司・内務省地理寮に測量師長等として勤務し、その間に東京で野鳥観察をしていた。イギリス帰国後の明治一〇年（一八七七）、『王立エジンバラ物理学会年報』第四巻二号にマクヴィーンの野鳥観察記「江戸の鳥類についての小論」が同年報一四四頁から一五四頁までに掲載された。これが最近発掘されて、岡田泰明・高木綾子がこの貴重な文献を邦訳した。

明治初期における東京での野鳥観察記には、

江戸（東京のこと）に住んでいた数年の間、私はさまざまな種類と、おびただしい数の鳥たちに出合った。実際、江戸の広さや人口の多さ、町の雑踏や騒音もさることながら、鳥の豊富さは、私には特に注目に値するように思われる。こんな大都市の中心部、しかも混雑する通りの両側から、ほんの釣竿ひとふりのとどく範囲に、シギから白鳥にいたるまでの、あらゆる種類の水鳥がいる。彼らは、周囲の雑踏を気にかけるでもなく、また通行人におびやかされることもなく、静かに、のんびりと水に浮かんだり、陸で餌をとっていたりするのであった。それというのも、ここでは市中の濠や水面にいるカモを殺すと死罪になるという古い法律の影響がまだ生きているからだと私は思う。今はもう死刑はなくなっているが、その古い法律は今もなお鳥たちを保護しており、それゆえに私は、車道や小路からある距離を置いて双眼鏡で観察することで満足するしかなかった。なぜそんなに数多くの、そしてさまざまな種類の野鳥が、大都市のどまん中で生活できるのだろうか。それを理解するためには（これは私がぜひ伝えておきたい大切なことなのだが）、江戸というところについて、ちょっと解説しておく必要があるだろう。

と、東京に野鳥とくに水鳥の豊富なこととその観察の概略を説明し、明治四年から九年までの東京で観察した野鳥について当時の鳥の学名を用いて詳細に報告している。

幸いなことに、邦訳文が安田健編『諸国産物帳集成第四巻』に収載されて「明治初期の東京の鳥・索引」が付されているので、これから引用し、次のように「あ行の鳥」から「や行の鳥」までの和名で鳥種を紹介すると、

（あ行の鳥・一六種）　あおさぎ、あめりかおおせぐろかもめ、あめりかひどり、あかげら、うずら、うみあいさ、うみねこ、おおずぐろかもめ、おおたか、おおはくちょう、おおわし、おかよしがも、おしどり、おじろとうねん、おながも、おばしぎ

（か行の鳥・一七種）　かいつぶり、かっこう、かもめ、かるがも、かわう、かわせみ、きじ、きじばと、きんくろはじろ、くいな、ごいさぎ、こがも、こがら、こさぎ、こざくらばしがん、このはずく、こよしきり

（さ行の鳥・一一種）　さんかのごい、じしぎ、しじゅうから、しのりがも、しまあじ、しゃくしぎ、しろちどり、すずがも、すずめ、せぐろせきれい、そりはしせいたかしぎ

（た行の鳥・九種）　だいさぎ、たましぎ、たんちょう、ちゃがしらかもめ、ちょうげんぼう、つぐみ、つばめ、とき、とび

（な行の鳥・二種）　ないちんげえる、にしせぐろかもめ

（は行の鳥・一八種）　はいいろがん、はくがん、はくせきれい、はしびろがも、はしぶとがら、はしぶとがらす、はましぎ、はやぶさ、はりおあまつばめ、ばん、ひがら、ひしくい、ひどりがも、ひめくいな、ふらみんご、へらさぎ、ほおじ

ろがも、ほととぎす
（ま行の鳥・六種）　まがも、まがん、まなづる、みさご、むくどり、もず
（や行の鳥・三種）　やましぎ、やまどり、ゆりかもめ

という合計八二種の鳥種が登場する。

そのうち、「ないちんげえる」は日本にいないので、その声から「コヨシキリ」かと推定されており、また「ふらみんご」は、「とき」に似ているが「とき」は別項にあるので、迷鳥であったかと考えられている。ほかに、つぐみの一種と、かもめの一種のそれぞれ和名が不明の二種があるとされたが、別の研究により「つぐみ」と「かもめ」のようである。たしかに山野の鳥より水辺の鳥種が多いようである。東京での激職をぬっての、「その古い法律は今もなお鳥たちを保護しており、それゆえに私は、車道や小路からある距離を置いて双眼鏡で観察することで満足するしかなかった」という殺生禁断の終期における野鳥観察記であった。

三　太政官布告銃砲取締規則

1　銃砲取締規則制定の経過

（一）　発砲の禁令

明治二年（一八六九）六月二三日布令第五五九号は、

発砲ノ儀ハ兼々御布令モ有之候処兎角稽古揚ニ非スシテ砲発致候者有之哉ニ相聞以ノ外ノ事ニ候向後尚又心得違無之様可致事

と発砲する者に対し、「もってのほかである」と厳しく発砲を禁止した。鉄砲の発射については、先に殺生禁断の実施に関して明治初年の鳥打ち等の禁令を述べたが、法令全書の法令沿革がこの非稽古場の発砲禁止を明治五年太政官

布告銃砲取締規則の前身としており、鳥打ちの類より危険性の高度な武器に係る鉄砲禁令であった。

（二）　外国人銃猟と外務省の遊猟規則制定の動き

明治二年七月八日布告第六二二号職員令の二官六省制により、外国官が外務省に改組された。外務省は、同年九月一四日にオーストリア＝ハンガリーと修好通商航海条約を締結すると、早速、翌一〇月一二日に太政官へ内外人遊猟規則制定の上申をした。明治元年から外国人銃猟を厳重に規制せよとの外務省への要望が高まり、前記のとおり翌二年二月三日には各国公使に狩猟の法令を照会して調査を進め、各公使らからの回報を参照するなどして「七項目の内外人遊猟規則案」を調製し、太政官へ上申するとともに狩猟を所管する民部省に対し、内国人と外国人の双方を規律する「内外国人一致」の規則を制定するための協力を求めた。

各国公使へは七項目の内外人遊猟規則案を送付したが、治外法権を主張されて愕然とするほかなかった。大急ぎで「六項目の遊猟規則案」に改訂した。明治三年一月一三日、イギリス・フランス・アメリカ・ドイツ公使へ「外国人遊猟規則案ニ関シ意見申出方ノ件」と題して六項目の遊猟規則案を回送した。各国公使は、治外法権を根拠にして、「各国法律あり、罪科を罰する自国の法律に従うことなれば、今敢えて日本政府より規則を設けらるるに不及」と日本が外国人遊猟規則を制定するに及ばないという態度であり、規則の制定自体に強く反対した。

この結果、外務省は、同年一二月一二日、英国公使館へ外務大輔寺島宗則らを派遣し、各国公使らと遊猟規則制定について協議させたが、不平等条約の解釈論を論駁する国際法の学識と経験がなかったため、規則制定の同意が得られず協議は不調に終わった。

かくて、外務省は、同月二二日から各国公使に、「外國人遊猟規則案ニ関シ彼我意見不一致ニ付暫定的禁例申入ノ件」と題して六項目の遊猟規則案から反対の出た条項を悉く削って作成した暫定的な「四項目の遊猟規則案」を送付した。次の四項目の遊猟規則案である。

一　府藩県の市中は勿論其外人家を距ること六百尺以内にて発砲遊猟することを禁す
一　遊歩程内といへとも門塀ある場所又は猟業の為め我政府より国民に貸置候場所且従來遊猟禁止の社寺境内に於て諸種の禽獣を猟するを禁す尤右場所は制禁の旨明白に知らしむる為め日本語及外国の文字を用ひ標札を建置へし
一　遊猟の為め作物を荒し候者は其作主へ相当の代価を払ふへし
一　前件ケ條に違背せしものは我取締の者其人を取押本国コンシュルの所に連行其本国の法相当の罰を加へらるへし

との案文である。銃猟禁止場所・作物被害の損害賠償・領事裁判の簡易な規則案に過ぎないものであった。

明治四年の年頭になると、各国公使からこの四項目の簡易な遊猟規則案に対してすら強い反対が表明された。明治二年から四年にかけての外務省の外交は、オーストリア＝ハンガリー条約の治外法権・税権等を最恵国条項により各国に「濡れ手に粟」と均霑させた不平等条約の威力に振り回され、遊猟規則の制定は到底なし得ないことであった。

㈢　明治四年兵部省の銃砲取締規則の制定上申・審議

明治四年（一八七一）四月二七日、兵部省は、太政官に対し銃砲取締規則の制定を上申した。規則案は、「大砲小銃并弾薬類商売ノ儀ハ武庫司の免許状ヲ請候テ売買」する「洋人武器売買規則」等を定めるものとし、違反の「売買イタシ候者ハ過料（罰金）トシテ其器械代料ノ半高宛ヲ」科するとの外国人に対しても違反を追及し、罰金を予定する内容であった。

同月二九日に太政官弁官は、外務省へ兵部省の上申書類を回付し意見を求めた。翌五月七日外務省は、遊猟規則制定に対する各国の動向から外国との紛議を避けるために、①銃砲取締事務を国の機関でなく地方庁をして行わせ、②「内外国人一致」の規則ではなく内国人のみを対象とし、③罰金を削る等の内容にすべき旨の回報をした。

これにより兵部省は、同年一一月一四日、外務省意見を容れて当初案から右の①・②・③を削り大きく補正した。ところがこの補正に関連して、大蔵省から「何程か税銀被取立可然か」という大蔵省の収税の観点からの意見が出てきた。「免許猟人ノ外猥リニ銃砲猟致間敷、就テハ田猟致度者ハ其官庁へ願出候ハヽ、免許猟札可差遣事」旨の鳥獣猟の免許規定を設ける案を提案された外務省は、兵部省の所管する銃砲取締規則に収税に関わる規定を置くべきでないと強く反対した。大蔵省の提案が、これまで国をあげて保護してきた鳥獣の殺生禁断を解禁して銃猟自由にし、税収の増加を企てていることが明白であったからである。

原案の補正作業は、兵部・外務・司法・大蔵省が協議を重ねた末、五年一月末には大蔵省に押し切られた。同月二九日太政官史官より兵部省へ銃砲取締規則を布告すると連絡があり、同日太政官布告第二九号として制定公布し、同年四月施行された。しかし、外国の意向を配慮して講じた補正の欠陥がすぐに現れ、後記のとおり、規則の増補と称して手直しを余儀なくされた。

2　規則の内容

(一)　銃砲取締規則の概要

銃砲取締規則は、次のとおり、

第一則　大小銃弾薬類商売の規定
第二則　軍用銃砲等売買の規定
第三則　売買銃砲等報告の規定
第四則　弾薬類管理の規定
第五則　免許銃類以外所持禁止の規定

第六則　銃猟免許の規定

第七則　銃砲等製造の規定

以上計七則が定められた。狩猟に関係するものは、第五則中の免許銃類と第六則の銃猟免許の規定である。

（二）　規則第五則の免許銃類

第五則は、「華族ヨリ平民ニ至ル迄免許銃類ヲ除クノ外軍用ノ銃砲並弾薬類ヒストールニ至ル迄私ニ貯蓄不相成」と免許銃類以外の所持禁止を規定した。「免許ノ銃類」とは、

一　和銃四文目八分玉以下

一　各国諸猟銃、

但シ西洋猟銃ノ儀ハ其玉目稍大ナレ共霰弾ヲ用フルモノハ之ヲ許ス、右猟用銃所持ノ者ハ其銃名員数等巨細附記シ其管庁へ届出其庁ヨリ東京武庫司へ差出可申（東京大坂ハ所持ノ者ヨリ直ニ武庫司へ届出ヘシ）万一軍用猟用銃ノ差別難相弁者ハ官へ尋出候得ハ検査ノ上免許ノ証印ヲ据ヘ可相渡事

というものである。いわゆる「壬申刻印」を定めたほかに、威力の少ない四匁八分玉以下の火縄銃などの日本製の鉄砲と外国製の散弾銃を免許銃類とし、官庁への届出を規定した。これにより、外国製の散弾銃等の高性能の猟銃がわが国内において販売・流通する根拠法が設けられた。

（三）　規則第六則の銃猟免許規定

規則第六則は、外務省の反対を押し切り、兵部省の補正案の文言をそのまま採用して、

免許猟人ノ外猥リニ銃猟致間敷、銃猟致度モノハ其官庁へ願出候得ハ吟味ノ上別紙ノ通リ其庁ヨリ免許猟札可差遣事、

但免許猟人ノ姓名ハ其官庁ヨリ東京武庫司へ可届出事

と定めた。銃猟の一般禁止、免許猟札の取得による禁止の解除及び免許猟札申請手続であるが、これを規定するについて、これ以上に簡略なものはないというほどの銃猟免許規定である。

免許の要件については「吟味ノ上」とあり、条文上は銃猟の免許を猟師に限るとしておらず、第五則の免許銃類の規定と併せて読むと、一般人への銃猟免許の解禁を予定しているように理解される。銃猟の対象となる獲物については規定がないので、幕末期慶応三年の「鳥猟証文之事」御触よりは緩やかで、鶴でも銃猟できる規則である。免許猟札の様式については、「第何号・何府県何郡何町村何身分・何某・右鉄砲猟差免候事・年号干支何府県印」と定められており、何といっても「鉄砲猟差免」とあるのが同じ慶応三年五月二〇日の「鳥猟差免鑑札」御触より強力な鑑札である。規則第六則の銃猟免許規定は、ことさら簡略な条文にしてあるだけに、その実施により大人気を呼ぶことが必定であって、鳥獣の銃猟を税源にすることが可能になる。

このような簡便な規定を設けたことについては、明治初期に特有な事情があった。このころは、漁業や鉱業等の天然産物に関わる産業でも法制定が唱えられ、他方、反対運動が多発していた時期であった。天然産物自体やその存在する海・地上を対象にした殖産興業が構想され、紛議が絶えなかった。天然産物の野獣・鳥類を対象とする狩猟も、律令法以来の法制度としての殺生禁断を廃絶して殺生解禁するとなれば、極めて困難な事態が予想される。そこで、大蔵省は、兵部省の銃砲取締規則の中に強引に銃猟免許規定を差し込んで世間の反応を確かめようとしたものである。大蔵省の周到な配慮が看取され、かくて、殺生禁断から殺生解禁へという歴史的転換の準備が次第に整備されてきた。

3　規則制定後の状況

銃砲取締規則制定後の地方庁の対応と大蔵省の態度について検討する。地方庁の対応は、公文書館における旧公文書管理において優れている秋田県の文書を取り上げる。

（一）　秋田県の鳥猟規則

秋田県は、明治五年四月鳥猟規則を制定した。次のとおり、

自今季節ニ不拘、諸鳥猟致度者ハ願出之上、免許鑑札相渡候間、一枚ニ付壱ケ年金壱円宛上納可有之事

一　鶴捕候儀者、禁止之事

一　総而銃砲用候儀、不相成事

一　巣鳥捕候儀、禁止候事

右条件違犯并無印鑑之者、見当次第可訴出事

右之趣、区内不洩様可相達候也

壬申四月

と示達した。「総而銃砲用候儀、不相成事」とあって一般の銃猟を禁止し、獲物については鶴と巣鳥の捕候儀を禁止し、諸鳥猟致度者の免許鑑札を一枚につき一か年金一円としている。この鳥猟規則は銃猟以外の狩猟の規則である。

（二）　秋田県の狩人猟規則と男鹿山の鹿猟

秋田県は、明治五年四月狩人猟規則を制定した。次のとおり、

一　狩人之業致候者租税課山林係之支配ニ申付候条之業致度候ハヾ、其筋へ願可申出更ニ証書相渡候所、旧藩よ里相渡候証書速ニ返却可致候事

一　熊手柄致候者、速ニ届可申出、胆・皮共相当之値段を以、品等検査之上御買上被成、私ノ売買望之禁止之条、万一無証之品売買致候ニ於てハ品物引上、科申付事、但該前之狩人胆・皮持参候者速ニ可売上候

一　男鹿山生産之鹿、私ニ狩取之儀宜く禁止之事

一　証書無之狩致候者、見当候ハヾ、手柄之品取押可申出候事、但、里山ニ而雉子・兎之類追捕候儀不苦之右条件違犯之者見当訴申出候者は褒賞可被下候

右之通相達候也

明治五年壬申四月

と示達した。この規則は、第一条に「狩人之業致候者（略）旧藩よ里相渡候証書速ニ返却可致候事」とあり、その日付が「明治五年壬申四月」とあるので、銃猟免許規定を前提にした狩人規則と解される。猟具について銃器を明示しておらず、狩人之業の担当部局を租税課山林係とし、旧藩証書の返却、熊猟、男鹿山鹿猟、雉子兎を除く無証書狩禁止・訴人の褒美等を規定している。

第三条の「男鹿山生産之鹿、私ニ狩取之儀宜く禁止之事」との男鹿山の鹿猟禁止については、次のように取り消された。明治五年一〇月、秋田県は、「男鹿山の鹿私ニ狩取候儀禁止之段四月中布告に相及び候処、今般御取消相成候条、其旨可相心得事」と四月に示達した男鹿山の鹿猟禁止を取り消す「鹿猟解禁」の達を発出した。これが一般人を対象にして鹿猟を解禁していることは、その文辞から明白であるが、銃猟と明示していない。取消理由には「今般御取消相成候条」とあるだけなので、秋田県公文書館所蔵の『秋田県布達集』を探索してみた。取消の直接的な理由が判明する証跡は発見できなかったが、鹿猟禁止の達が発出された直後に、大蔵省官員が秋田県庁へ出張した事実が判明した。出張理由は「地方巡回」である。「今般御取消相成候条」という曖昧な理由とその後の同年八月に大蔵省から銃猟免許取締税則の制定上申がなされた事実を併せて考えると、出張した大蔵省官員が県庁担当者へ鹿猟禁止達の取消を強く慫慂したであろうことは容易に推測できる。

他の府県について同様なことがあるかと調査してみたが、秋田県公文書館のように旧公文書管理が整った県はほか

に見当たらなかった。ともかく、大蔵省の懸念した大反対運動もなく殺生禁断の解禁という歴史的転換が実施できる見込みが付いてきた。

4　規則の増補

（一）　銃砲弾薬類外国人より買入等の増補

明治五年六月二二日太政官布告第一八五号は、「開港開市場ニ於テ免許商人ノ輩銃砲並弾薬類外国人ヨリ買入度儀願出候節ハ（略）一旦官庁へ買上然ル後願出ノ商人へ可相渡売払ノ節モ同様官庁ニ於テ致取引可遣事」と定め、免許商人が銃砲弾薬類を外国人より買入・売払の際には取引を行わせるため、一旦官庁が介在する形式をとることにし、外国人取引について規則を増補した。

（二）　罰則の増補

(1)　第五則の所持禁止　　明治五年九月二三日太政官布告第二八二号は、「銃砲取締規則ニ違銃砲弾薬類ヲ窃ニ所持シ且致取扱候者有之節ハ各地方ニ於テ其品取上ケ更ニ五十銭ノ過料可申付候事、但取締向ニ関係無之者見当リ訴出候ニ於テハ犯人過料ノ半金ヲ可被下候事」と定め、過料（罰金）と訴人に対する褒美金を増補した。

(2)　第七則の銃砲等製造　　明治七年一二月八日太政官布告第一三二号は、「免許ヲ得スシテ銃砲弾薬ヲ製造スル者ハ其品取上ケ更ニ三円以内ノ過料可申付候事」と定め、過料（罰金）を右の罰則に増補した。

第四節　明治六年太政官布告鳥獣猟規則

一　明治六年鳥獣猟規則の特色

先に、「訳の分からない時代」の申し子のような法と紹介した明治六年鳥獣猟規則の特色は、規則の中に税法と狩猟法令が混在していることである。鳥獣猟規則の原案である銃猟免許取締税則の制定を上申した大蔵省は、豊かに生育する鳥獣を銃猟させ、その銃猟鑑札から多額の銃猟税収入を図ることを目的とした。これに対し法案審査を担当した太政官の左院は、外務省が挫折した「四項目の遊猟規則案」の法制化に向けて、当時最高のフランス国狩猟法を継受するという視点から規則制定を構想した。その結末は、税法と狩猟法令が混在した鳥獣猟規則を制定させることになった。

二　明治五年八月銃猟免許取締税則の制定上申

1　大蔵省の諸税改正整理

井上馨は、明治三年一一月大蔵少輔に、四年七月大蔵大輔に任じられて六年五月に辞職したが、その間に『世外井上公伝』が諸税改正整理と呼称した税法の改正整理を行った。酒類税、醤油税、証券印紙税、船税、馬車・人力車税、牛馬売買免許税と銃猟税の整理である。

銃猟税は、幕府時代に鉄砲役や鉄砲運上という名称の雑税であったが、明治三年一〇月に猟師役と改称され、五年一月銃砲取締規則制定後の二月に税法改正の対象税目とするため猟銃免許税と改められた。井上は、長州藩士時代に武器商人トーマス・グラバーから伊藤博文とともに大量の藩のライフル銃を購入した経歴があり、また維新後の長崎府製鉄所御用掛時代に独力で「英国式元込銃」一〇挺の鉄砲製作に成功したことがあったし、明治六年下野して貿易商社「先収会社」を経営した時代には、陸軍省へ新式のスナイドル銃一〇万挺を納入した実績もあるなど銃砲への関心は高かった。銃猟については後記の逮捕者第一号事件のほかには文献が見当たらず、もっぱら銃砲は利潤の対象物であったようである。

銃猟税の大量課税は、殺生禁断という堅固な障碍を打破して殺生を解禁しなければならず、そのために周到な配慮を廻らす必要があった。岩倉使節団の留守中の省務は井上が全権を握り、大蔵少輔は吉田清成であるが、大蔵三等出仕渋沢栄一が実質的に井上を補佐し、租税・勧農等四寮一局の事務を三等出仕上野景範が主任として分課担当し、井上馨・渋沢栄一・上野景範の執務系統により銃猟税の整理に当たった。

2　明治五年八月大蔵大輔井上馨からの銃猟免許取締税則の制定上申

明治五年（一八七二）八月一〇日大蔵大輔井上馨から正院へ「銃猟免許取締税則」の制定上申がなされた。四年七月に民部省を廃止してその事務を大蔵省に合併し、大蔵省には勧業司（勧業寮）が移管された。勧業寮は、一等寮の租税寮からみれば下位の三等寮で、その事務は「利便の法を授け又は生殖の法を与る」という農の勧めであり、勧農寮事務章程には「鳥獣保護」がない。

3　銃猟免許取締税則案

銃猟免許取締税則の案文は、府県に対する達の案文に別紙の銃猟免許取締税則案が付されていた。

（一）　達の案文

達は、府県に向けた制定文と全四か条の示達事項から成っていた。制定文の案文は、

銃猟免許取締並税則別紙之通相定候ニ付管内無遺漏触示シ願出候モノ有之候ハハ遊猟ハ勿論新規稼ノ分トモ身元其近傍ノ故障有無篤ト相糺シ差支無之候ハハ兼テ御布告有之候規則ニ照準免許銃猟鑑札相渡シ屹度取締可相立事

一　古来銃猟差許來候地所ノ字地名詳細取調当十月中マテニ当省並ニ陸軍省ヘ可届事

但従來許來候地所ニテモ人民ノ障碍可相成場所ハ更ニ禁止ノ見込取調本文同様可申立事

一　従来銃猟差許ノモノ並ニ願ニヨリ新規差許候人員名面当年ニ限リ十月中マテニ取調可差出事

一　新規免許税並願継免許税過料金ニモ収入ノ度毎上納取計置一ケ年分総計ヲ一人別帖ニ詳細取調其年十二月限リ差出シ勘定仕上ケ候儀ハ雑税帖元ニ組歳入皆済帖ヲ以テ仕上可申事

一　鑑札焼印並割印ハ雛形ノ通其管轄庁ニテ製造イタシ右印鑑当省へ可差出事

右之通相達候事

というものである。

「兼テ御布告有之候規則ニ照準」とあって、明治五年太政官布告銃砲取締規則に関連することを強調している。示達事項の第一条は、銃猟場所届出の示達である。「古来銃猟差許來候地所ノ字地名詳細取調当十月中マテニ当省並ニ陸軍省へ可届事」と銃猟場所を「十月中」に届出することを命じ、「但從來許來候地所ニテモ人民ノ障碍可相成場所ハ更ニ禁止ノ見込取調本文同様可申立事」と従来銃猟が許された地所であっても禁止する見込の場所も届出することを命じた。銃猟場所の規定は、税則条文には欠如しており、江戸時代各藩の狩猟の許された地所・禁止の地所を踏襲するもので、全国一斉に銃猟を自由に行わせる趣旨でないことが明白に認められる。

（二）　税則の案文

税則案文を確認する。銃猟免許取締税則案は次のとおり、

第一ケ条　銃猟ノ儀渡世或ハ遊猟トモ自今免許鑑札無之モノ一切令禁止候事

第二ケ条　渡世並遊猟共免許鑑札相願度者ハ身分明細相記戸長副戸長ノ連印ヲ以テ可願出事但猟札ハ猟銃一挺毎ニ一枚ツヽ可相渡事

第三ケ条　新規猟札願受候節ハ為免許税左ノ通上納可致事渡世之者金一円遊猟之者金五円

第四ケ条　従来免許ヲ受銃猟稼致シ来候者更ニ猟札願受候ニ付テハ金一円上納可致事但従前ノ免許税ハ当申ヨリ上納不及

自然此節マテニ当年分税金上納相済候分ハ可下戻事
第五ケ条　来酉年以後ハ年々正月中其庁へ猟札差出其年限銃猟免許願出許可ヲ可受其節為免許税第三ケ条之通上納可致事
第六ケ条　武庫司或ハ管轄庁ノ検査ヲ受小銃所持ノ儀免許ヲ得候トモ銃猟免許ヲ得サル者ハ猟業禁タルヘキ事
第七ケ条　銃猟致シ候節ハ必ス猟札所持可致事
第八ケ条　万一発砲ノ砌人民へ誤中怪我為致候節ハ早速其管轄庁へ届出指揮ヲ可受事
第九ケ条　免許ヲ不受モノ窃ニ銃猟候モノハ銃器取揚ケ過料金七円可申付事
第十ケ条　銃猟免許札ノ儀他人ニ貸与ヒ或ハ売渡シ候儀一切可為禁止事
第十一ケ条　猟札ノ儀ハ売買譲リ渡シトモ不相成候事
第十二ケ条　窃ニ他人ニ貸シ与ヒ或ハ譲リ渡シ候時ハ猟銃所持双方ヨリ過料金五円ツツ上納可申付事
第十三ケ条　総テ犯禁ノ者有之候ヲ他ヨリ其証跡ヲ取リ訴出ル時ハ犯人過料金ノ半方為賞誉可下賜事

という全一三か条である。

銃猟免許・職猟・遊猟区分と鑑札税額、銃猟時の鑑札携帯、罰金及び訴人への褒美金等の税法規定の案であり、税額は、免許税として渡世之者金一円、遊猟之者金五円を課すとある。

地主からの収税を明記した条文は置かれていないが、第七ケ条の「銃猟致シ候節ハ必ス猟札所持可致事」により地主は自己の所有地内で銃猟する場合であっても収税対象者となる。大蔵省が二年越しで細心の注意を払ったのは、この条の意図するところを全国地主に看破されて大反対運動化されることを怖れたからであり、銃猟場所の条文を税則本文に記載しなかった理由でもある。

三　左院の法案審査

1　審査の概要

鳥獣猟規則の法案審査は、太政官の左院が担当した。審査事務は、明治四年に民部省権少丞で米国へ出張を命じられ、帰国後は新設の左院に転じた少議官細川潤次郎らが左院御雇外人の仏人ヂュ・ブスケの教示を受けてその事務に従事した。細川少議官は、後に元老院議官になり元老院会議明治九年（一八七六）一二月五日鳥獣猟規則改正第二読会において、「旧規則起草ニ参与セリ。紛議ヲ生ジ之ヲ仏人某ニ質セシニ」と明治六年の鳥獣猟規則審査に当たり仏人ヂュ・ブスケから教示を受けた旨を述べている。

明治五年一一月八日左院から法案審査報告書が差し出された。これには、「大蔵省ヨリ伺相成候銃猟規則取調候処遺漏ノ廉モ相見へ候ニ付英仏等猟業規則ヲ参考致シ別冊ノ通編制差出候尤条中罰金モ有之候ニ付一応司法省へモ御垂問相成度事」とあり、大蔵省上申の銃猟免許取締税則案には遺漏があるとして「英仏等猟業規則」を参考にしたこと及び司法省へも垂問されたいとしている。

左院が参考にした「英国の猟業規則」は探索しても不明であるが、簡便な書物を参考にした趣旨であろう。フランス狩猟法については、仏人ヂュ・ブスケが邦訳した一八四四年五月三日制定「フランス国狩猟法」の和訳本があり、左院の諸猟規則案にはフランス国狩猟法の条文を敷写した個所が多数見出される。諸猟規則案は、ゲルマン法狩猟権のフランス狩猟法の継受を目指したものであった。

2　諸猟規則案の内容

左院の諸猟規則案の全文を確認する。諸猟規則案は次のとおりであった。

第一条　銃砲及其他ノ猟具ヲ用テ鳥獣ヲ猟シ以テ生活トスル者ヲ職猟トシ遊楽ノ為ニスルヲ遊猟トス

第二条　有害ノ鳥獣ヲ殺スコトハ地方官ヨリ臨時ノ免許ヲ与フヘシ

第三条　職猟遊猟共必ス地方官庁へ願出テ免許鑑札ヲ受クへシ
第四条　猟鑑札ハ一人一己ノ用トナスへクシテ只一ケ年ノミ効アリトス
第五条　鑑札ヲ渡スニハ職猟ニハ五十銭遊猟ニハ三円ツツノ税ヲ取ルへシ
第六条　出猟ノ時ハ必ス鑑札ヲ持ツへシ
第七条　鑑札ハ貸借或ハ売買スルコトヲ禁ス
第八条　鑑札ヲ遺失スル者及遺失セル鑑札ヲ拾ヒ得ル者ハ直ニ官庁へ届ケ出ツへシ
第九条　左ノ輩へハ鑑札ヲ与フへカラス
一　十六歳以下ノ幼者
一　治産ノ禁ヲ受ケシ者
一　故ナク弓箭銃砲ヲ放ツノ刑ヲ受ケシ者
以上銃猟ニ限ル
一　政府ノ森林監守人及漁釣監守人
一　猟事ニ関セル諸規則ヲ犯シ前刑ノ言渡ヲ謹守セサル者
第十条　猟ヲ禁スルノ地左ノ如シ
一　人家稠密ノ地
一　人家ニ近キ所総テ銃丸ノ迸リテ人ヲ害スルノ恐レアル所
以上銃猟ニ限ル
一　禁猟制札ノ場所

一　他人ノ住居或ハ構内但其主人ノ承諾ヲ得ル者ハ此限リニアラス

第十一条　己ノ地内ニ於テ鳥獣ヲ猟スルコトハ勝手タルヘシ尤人家稠密ノ地ニ於テハ銃猟ヲ禁ズ

第十二条　猟ヲ禁スルノ地ニ非スト雖モ田畑植物ヲ踏荒シ且樹木ヲ毀損ス可カラス

第十三条　山林田野共植物及鳥獣保存ノ為猟ノ時限ヲ定ム可シ右時限ノ外ハ出猟ヲ禁ズ

但右時限ハ各地方官ノ定メニ由ル可シ

第十四条　此諸規則ヲ犯ス者邏卒地主森林監守人並漁釣監守人等ヨリノ口書ニ拠リ猶証人ヲ以テ証シ其罪ヲ論ス

第十五条　犯人ヲ即時ニ捕ヘ或ハ其猟具ヲ直チニ取上クルヲ得ズ然共其面ヲ隠クシ又其姓名ヲ告ケ肯セス且本宅知レザル時ハ最寄ノ役所ニ伴ヒ犯人ノ身上ヲ聞糺ス可シ

第十六条　此諸規則ヲ犯ス者ハ所在裁判所ニテ罪及罰金ノ言渡ヲ受クヘシ

第十七条　凡テ再犯以上ノ罰金ハ倍シテ取ルヘシ但罪ヲ犯シタル時ヨリ前十二月内ニ諸規則ヲ犯ス時ハ再犯ナリトス

第十八条　諸規則ヲ犯スニ詐偽脅迫ノ挙動アル者ハ本律ニ依リ従重科断ス

第十九条　若シ無力ニシテ罰金ヲ出スコト能サル者懲役法ニ依ル

第二十条　此諸規則ヲ犯スニ由リ他人ニ損害ヲ蒙ラシムル者ハ之ヲ償フヘシ

第二十一条　何ノ罪ヲ問ハス免許ヲ得スシテ猟スル者ハ猟具ヲ取上ク可シ猶本罪ヲ科ス

第二十二条　此諸規則ヲ犯シテ獲タル鳥獣ハ之ヲ取上クヘシ

罪名	職猟罰金	遊猟罰金
免許ヲ得ズノ猟スル者	一円	六円
免許ヲ得テ鑑札ヲ持タザル者	十銭	五十銭

鑑札遺失セル者	十銭	五十銭
遺失セル鑑札ヲ以テ猟スル者	一円	六円
禁猟制札ノ場所ニ於テ猟スル者	七十銭	三円
猟ヲ禁スルノ地ニ於テ猟スル者	七十銭	三円
猟ヲ禁スルノ時限中猟スル者	一円	六円
他人ノ構内ニ於テ猟スル者	七十銭	三円
鑑札ヲ貸シ或ハ之ヲ売ル者	一円	六円
鑑札ヲ借リ或ハ之ヲ買フ者	七十銭	三円

以上の全二二か条の条文である。

このうちで特に重要な条は、第一〇条第四項の「猟ヲ禁スルノ地左ノ如シ（略）一　他人ノ住居或ハ構内但其主人ノ承諾ヲ得ル者ハ此限リニアラス」と、これに続く第一一条の「己ノ地内ニ於テ鳥獣ヲ猟スルコトハ勝手タルヘシ尤人家稠密ノ地ニ於テハ銃猟ヲ禁ズ」の条である。これは、フランス国狩猟法第一条「誰ニテモ他人ノ持地内ニ於テ遊猟スルニハ必スソノ主人或ハ主人ノ名代ノ許諾ヲ受ケサルヲ得ス」及び第二条「土地ノ所有人或占有人ハ住宅ニ接附シ且隣地トノ往来ヲ妨クル間断ナキ藩囲アル持地内ニ於テ何時ニテモ遊猟ノ免状ナクシテ遊猟シ且遊猟セシムルノ権アリ」に由来する条であり、諸猟規則案がフランス国狩猟法から所有者狩猟権を継受することを明示する。

第一二条「猟ヲ禁スル地ニ非スト雖モ田畑植物ヲ踏荒シ且樹木ヲ毀損ス可カラス」の条は、フランス国狩猟法第六条の遊猟免状拒絶規定のうち、第四「左ノ諸罪ニヨリ刑ノ言渡ヲ受ケシ者（略）或刈ラサル樹木（略）或人ノ作リタル草木ヲ荒ラシタル罪」に由来する条文である。フランス狩猟法は、他人の土地上で単に他人の許諾なく狩猟した場合の処罰が基本の刑罰で、田畑を荒らすなどの悪質な犯情が重なると刑が順次加重された。

四　正院における審議と規則の公布

1　正院の書面照会・審議

正院は、明治五年一一月一二日から銃猟免許取締税則案・諸猟規則案を大蔵省・司法・陸軍・外務省等の関係省へ送付し、主として書面照会と回報の方式により意見を聴取して審議を進めた。審議の状況は回報書や付箋により知ることができる。

2　大蔵大輔井上馨の自宅引籠りと大蔵省

銃猟免許取締税則の制定上申後、大蔵大輔井上馨が自宅に引き籠ったことがあった。明治五年九月末に各省の予算要求で兵部省が一千万円、海軍・文部・司法三省が各二百万円を要求し、大蔵省の予算内示に対し各省が増額を要請したことがあり、正院を巻き込んで大蔵省と他省の衝突が激化した。井上は、同年一〇月に一度辞表を提出した。そのころの井上の書信に「十一月五日より引籠」とあるように自宅に引き籠り、その間は事務代理三等出仕渋沢栄一に省務を行わせていた。鳥獣猟規則の制定審議は、渋沢栄一が中心となり検討・進展したが、大蔵省の収税意見は頑として変わることがなかった。

3　主要な審議事項

（一）　地主からの収税と条文の変更

先に左院の諸猟規則案のうち重要な条文として摘示した第一〇条第四号と第一一条は、両条の規定を適用するならば地主からの銃猟税の収税が困難になる。審議において、右の両条について、鳥獣猟規則第一〇条第四号では「左ノ場所ニハ銃猟スヘカラス（略）一他人ノ住居或ハ構内」を残して「但其主人ノ承諾ヲ得ル者ハ此限リニアラス」が削られ、第一一条の「己ノ地内ニ於テ鳥獣ヲ猟スルコトハ勝手タルヘシ尤人家稠密ノ地ニ於テハ銃猟ヲ禁ズ」は全部削られて、その代わりに「猟銃ハ和銃四匁八分玉以下ノ小筒並西洋猟銃等併セ用ユ可シ軍用ノ小銃ニテ鳥獣ヲ猟スルヲ禁ス但シ猟銃ヲ所持スル者銃砲取締規則ニ照準スヘキ事」と差し換えられた。

この両条の条文手直しにより、鳥獣猟規則は、狩猟の原則である所有者狩猟権制の根拠条文を失った。

(二)　職猟・遊猟区分と鑑札税額

世界では職業としての狩猟者こそが鳥獣を乱獲すると認識され、法制上、職猟者は存在しない。したがって、職猟と遊猟の二本立ての区分は存在しない。職猟と遊猟の区分は、大蔵省提案にかかる銃猟免許取締税則の税区分であり、大蔵大輔井上らの創案した収税区分に過ぎない。わが国においては以後、職猟者を助けるという気風が醸成されるようになった。

鑑札税額の決定は、銃猟免許取締税則案第三ケ条「渡世之者金一円、遊猟之者金五円」が左院諸猟規則案第五条「鑑札ヲ渡スニハ職猟ニハ五十銭、遊猟ニハ三円ツツノ税ヲ取ルヘシ」となり、審議において「職猟一円、遊猟三円」となったが、外務卿から外国人から多額の収税をするためとして「遊猟ノ儀ハ十五円」と意見申出があり、最終的に「職猟一円、遊猟十円」と決定した。

(三)　規則の名称

左院提案の「諸猟規則」との法名称については、司法省から諸猟とは魚猟までを含むとして「鳥獣猟規則」にすべしとの意見が提出されて変更された。

(四)　銃砲取締規則第六則の取消・改正意見

前に述べたとおり、銃砲取締規則第六則の銃猟免許規定は、大蔵省の「何程か税銀被取立可然か」との周到な意向に基づき設けられたものであったが、諸猟規則案第一一条「己ノ地内ニ於テ鳥獣ヲ猟スルコトハ勝手タルヘシ尤人家稠密ノ地ニ於テハ銃猟ヲ禁ズ」を残すとなると、同条と矛盾することになる。そこで、司法省から銃猟免許規定の方こそ取り消して改正すべきであるという意見が示された。大蔵省には重大事である。この意見は採用されず、前記の達の案文と対比すると明白であるが、かえって鳥獣猟規則の制定文中に「従前ノ猟銃税ヲ相廃シ第二十八号布告ノ銃砲取締規則第六条ハ此規則ニ引換へ候事」と明記されてしまった。

4　鳥獣猟免許取締規則の公布

鳥獣猟免許取締規則は、明治六年（一八七三）一月二〇日布告第二五号として制定公布された。

（一）　鳥獣猟規則の制定文

達の案文は、鳥獣猟免許取締規則の制定文となったが、その全文は次のとおり、

鳥獣猟免許取締規則等別紙ノ通リ被定候ニ付管内無遺漏触示シ願出候者有之候者ハ身元竝近傍故障有無相糺差支無之ハ規則ニ照準鳥獣猟免許鑑札相渡屹度取締可相立事、但シ従前ノ猟銃税ヲ相廃シ第二十八号布告ノ銃砲取締規則第六条ハ此規則ニ引換へ候事

一　従来鳥獣猟差許来候地所ノ字地名共取調七月迄大蔵省へ届出銃猟ノ分ハ陸軍省へモ可届出事、但シ従来許可候地所ニテモ人民障碍相成候場所ハ更ニ禁止ノ見込取調本文同様可申立事

一　鳥獣猟免許ノ者ハ新古ニ拘ラス名面取調毎年十二月迄大蔵省へ届出銃猟ノ分ハ陸軍省へモ可届出事

一　鑑札免許税ハ収入ノ度毎大蔵省へ相納一ケ年分一人別帳ヲ製シ毎年十二月限リ同省へ差出右総計ハ雑税帳へ組入歳入皆済帳ヲ以テ成算可致事

一　新規免許鑑札願出候者ハ時間ノ遅速ニ拘ラス税金ハ一ケ年ノ本額可為納事

一　過料金ハ一ケ年ニ括リ明細仕訳書ヲ以テ司法省ヘ可差出事
一　鑑札雛形ノ通リ相心得焼印竝割印ノ儀ハ在来相用為見本一枚大蔵省ヘ可差出事
一　従前免許鑑札ヲ渡置モノ此規則ニ従ヒ鑑札改渡税金上納済ノ分ハ下戻更ニ本額ノ税金可為致上納事
　右ノ通リ候事

というものである。

第一条「従来鳥獣猟差許来候地所」の届出は、案文の「十月中」を「七月迄」と変更して手続を急がせることになった。明治五年一一月二日司法省が同省達違式詿違（いしきかいい）条例を制定したが、猟場における妨害行為の処罰規定がなかった。翌六年七月一九日太政官が太政官布告第二五六号違式詿違条例を制定すると第六九条「他人ノ猟場ニ妨害スル者」が設けられた。この罪は、拘留の罪である「詿違罪目」に置かれたが、国家狩猟権制による狩猟の管理に周到な準備をしていたことが明白に看取できる。

（二）　鳥獣猟規則の全文

鳥獣猟規則の全文は、次のとおりである。

第一条　銃砲ヲ用ヒ鳥獣ヲ猟シ以テ生活トスル者ヲ職猟トシ遊楽ノタメニスルヲ遊猟トス
第二条　銃猟ノ事自今免許鑑札ナキモノ一切禁止シ有害ノ鳥獣ヲ威シ或ハ殺スコトハ地方官ノ便宜ニヨリ臨時ノ免許ヲ与フヘシ
第三条　職猟遊猟トモ必ス願書ニ名住所身分年齢ヲ記シ地方官庁ヘ願出免許鑑札ヲ受ケ出猟ノ節ハ必ス之ヲ所持スヘシ
第四条　猟鑑札ハ一人一己ノ用トナスヘクシテ只一ケ年ノミ効アリトス
第五条　鑑札ヲ渡スニハ職猟ニハ壱円遊猟ニハ十円ツツノ税ヲ納ムヘシ

第六条　鑑札ハ各地方庁ニテ別紙雛形ノ通製造シ相与ヘ尚翌年モ願出ルモノハ最前ノ手続ヲ用ユヘシ
第七条　鑑札ハ借貸或ハ売買スルコトヲ禁ス
第八条　鑑札ヲ遺失スル者及遺失セル鑑札ヲ拾ヒ得ル者ハ直ニ管庁ヘ届出ツヘシ但シ其遺失セシ者ハ印鑑遺失例ニ照スヘシ
第九条　左ノ輩ヘハ鑑札ヲ与フヘカラス
一　十六歳以下ノ幼者
一　猟銃用ヒ方ヲ知ラサル者
一　白痴風顛等人事ヲ弁セサル者
一　故ナク弓箭銃砲ヲ放ツノ刑ヲ受ケシ者
一　山林田野川沢等ノ監守者
一　猟事ニ関スル諸規則ヲ犯シ前刑ノ言渡ヲ謹守セサルモノ
第十条　左ノ場所ニハ銃猟スヘカラス
一　人家稠密ノ地
一　人家アル所及人ノ往来作業スル所都テ仮令郊外ト雖トモ銃丸ノ迸リテ人ヲ害スルノ恐レアル所
一　禁猟制札ノ場所
一　他人ノ住居或ハ構内
第十一条　猟銃ハ和銃四匁八分玉以下ノ小筒並西洋猟銃等併セ用ユ可シ軍用ノ小銃ニテ鳥獣ヲ猟スルヲ禁ス但シ猟銃ヲ所持スル者銃砲取締規則ニ照準スヘキ事

第十二条　猟ヲ禁スル地ニ非スト雖モ田畑植物ヲ踏荒シ且樹木ヲ毀損スルコトヲ厳禁トス

第十三条　銃猟期限ハ十二月一日ヨリ三月中ヲ限リトス右ノ時限ノ外ハ出猟ヲ禁ス但シ銃猟期限ハ地方ノ模様ニヨリ其見込ヲ以テ此期限ヲ伸縮シ山間等人家ニ遠隔ノ地ハ其期限ヲ定メサルコトモアルヘシ

第十四条　戸長邏卒地主山林田畑川沢等ノ監守者銃猟者所持ノ鑑札ヲ検査スルノ権アルヘシ若シ検査スルコトヲ否マハ無鑑札ノ者ト見做スヘシ而シテ此諸規則ヲ犯スモノハ右ノ輩申立ニ拠リ其罪ヲ論ス猶決シ難キ時ハ証人ヲ以テ証スヘシ

第十五条　犯人アリト雖モ之ヲ即時ニ捕ヘ又ハ其猟具ヲ直ニ取上クルニハ及ハス犯人ノ鑑札ヲ所持スルモノ其番号姓名等ヲ取調申立ヘシ若シ鑑札ナキモノハ其姓名住所ヲ聞糺其犯人ニ同行シテ其本宅ヲ認ムヘシ若犯人其面ヲ隠シ又其姓名ヲ告ケ肯セス且住所本宅知レサル時ハ最寄ノ役所ニ伴ヒ其身上ヲ聞糺スヘシ

第十六条　此諸規則ヲ犯スモノハ所在裁判所及地方官庁ニテ罪及罰金ノ言渡ヲ受クヘシ

第十七条　銃猟セシ者ノ為ニ其官庁ヘ出訴スル時ハ右出訴ニ属スル入費其不理ナリト裁判ヲ受クルモノヨリ出サシムルコト一般ノ公布面通リタルヘシ

第十八条　凡テ再犯以上ノ罰金ハ倍シテ取ルヘシ但罪ヲ犯シタル時ヨリ十二月内ニ諸規則ヲ犯スモノヲ再犯トス

第十九条　此諸規則ヲ犯スニ詐偽脅迫ノ挙動アル者ハ本律ニ因リ従重科断ス

第二十条　若シ無力ニシテ罰金ヲ出スコト能ハサル者懲役法ニ依ルヘシ

第二十一条　此諸規則ヲ犯スニ由リ他人ニ損害ヲ蒙ラシムル者ハ之ヲ償フ可シ

第二十二条　何ノ罪ヲ問ハス此諸規則ヲ犯スモノ銃器ヲ取揚ケ本罪ヲ科シ及免許ヲ得スシテ猟スル者ハ職猟遊猟ヲ問ハス銃器ヲ取上ケ罰金六円ヲ科ス

第二十三条　此諸規則ヲ犯シテ獲タル鳥獣ハ之ヲ取上クヘシ

第二十四条　鳥獣ノ死シ或ハ落酔スヘキ餌或ハ薬品ヲ用イテ猟スルコトヲ禁ス

第二十五条　総テ犯禁ノモノヲ他ヨリ証跡ヲ取リ訴出ル時ハ犯人罰金ノ半ヲ賞与トシテ賜フヘシ

罪名	職猟罰金	遊猟罰金
免許ヲ得テ鑑札ヲ持サル者	二十銭	壱円
他人ノ遺失セル鑑札ヲ以テ猟スル者	二円	十二円
禁猟制札ノ場所ニ於テ猟スル者	一円四十銭	六円
猟ヲ禁スル地方ニ於テ猟スル者	一円四十銭	六円
猟ヲ禁スル時限中猟スル者	二円	十二円
鑑札ヲ貸シ或ハ之ヲ売ル者	二円	十二円
鑑札ヲ借リ或ハ之ヲ買フ者	一円四十銭	六円
鳥獣ノ死シ或ハ落酔ス可キ餌等ヲ以テ猟スル者	二円	十二円

以上のとおりである。

第二四条「鳥獣ノ死シ或ハ落酔スヘキ餌或ハ薬品ヲ用イテ猟スルコトヲ禁ス」は、司法省の意見により、フランス国狩猟法第一二条「左ノ輩ハ五十フランクヨリ二百フランク迄ノ罰金ノ刑ヲ受ケ其外ニ六日ヨリ二月迄ノ囚獄ノ刑ニ処ラルヘシ」の「第五鳥獣ヲ酔ハシメ或ハ之ヲ殺スノ質アル薬物或ハ餌ヲ用ヒシ者」を敷写した条文である。

五　鳥獣猟規則の主要な内容

1　狩猟の原則

鳥獣猟規則は、第一条に「銃砲ヲ用ヒ鳥獣ヲ猟シ」と定める。明治六年鳥獣猟規則の特色で指摘したように、規則の中に税法と狩猟法令が混在しているので、税法としては銃砲で鳥獣を猟することが収税の税源であることは明白であるが、狩猟法令としての鳥獣の銃猟につき狩猟の原則を明示的に定めた条文は存在しない。規則の条文中にフランス国狩猟法を敷写したものがあるにしても、それぞれが警察規定に過ぎず、フランス法地主狩猟を定めたものとは認め難い。ローマ法自由狩猟やドイツ法猟区の条文は存在しない。

ここで、わが国狩猟法制の基本に戻って考えてみる。日本列島人は、長い歳月をかけて不殺生の思想を形成し、唐令を継受して法制度としての月六斎日皆断殺生を創始した後、中世に殺生禁断に拡大し、江戸時代には殺生禁断を広く展開した。明治維新後に西欧の法制を継受することになり、不殺生の思想から狩猟をする思想へ転換し、殺生禁断から殺生解禁へ乗り換えるという重大な決定に迫られた。前記のとおり、森の樹を伐った大蔵大輔井上馨の大蔵省が、税収を上げるべく国家としてこの重大な決定を断行した。わが国は、狩猟をする思想への転換を行うために、国家狩猟権をもってわが国の狩猟を運営したのであり、鳥獣猟規則における狩猟の原則は、殺生禁断から殺生解禁へ乗り換える目的の国家狩猟権制であったと解するほかなく、自由狩猟制に移行したものではない。殺生禁断から殺生解禁という過渡期を経て、明治三四年の狩猟法改正により自由狩猟制へ移行したのである。明治六年から三四年までの間の狩猟の原則は、国家狩猟権制であった。明治初年のわが国の狩猟は自由狩猟であったとする説をよく見掛けるし、狩猟の場の議論においても語られるが、それは誤りである。

2　狩猟の場所

鳥獣猟規則は、狩猟の場所について、規則の場所的効力の及ぶわが国の国土全域であるのか、そのうちの特定地域とするのかの決定ができておらず、規則公布後に地方庁から届出をさせて判断することにし、規定の先送りをした。

鳥獣猟免許取締規則の制定文に、「従来鳥獣猟差許来候地所ノ字地名共取調七月迄大蔵省へ届出銃猟ノ分ハ陸軍省ヘモ可届出事、但シ従来許可候地所ニテモ人民障碍相成候場所ハ更ニ禁止ノ見込取調本文同様可申立事」と定め、従来鳥獣猟が許された場所を七月までに大蔵省へ届出をさせた後に決定するという態度であった。従来鳥獣猟が許された場所の届出としては、東京府から明治六年二月九日に「従来免許之場所ト申ハ一切無之候ニ付此度品川千住板橋内藤新宿右四駅外ノ郊野ニ於テ第十条銃猟スヘカラサル場所ヲ除之外差許候事ト相定置」と回報があった。他の地方庁の届出が遅滞しているうちに、同年三月一八日太政官布告第一一〇号による規則改正があり、改正規則制定文に「従来鳥獣猟差許来候地所ノ字地名共取調七月迄大蔵省、陸軍省へ可届出事、但従来許可候地所ニテモ人民障碍相成候場所ハ更禁止ノ見込取調本文同様可申立事」と定めて回報の督促をした。これでも地方庁の届出が遅滞し、九月一九日大蔵省達第一三三号により、「今以不差出向有之然ル処右者人民之生産ニ相関シ候儀ニ付等閑ニ打過候テハ追々期節ニ差迫不都合候条地名帳簿書式左ノ通改而相達候間至急取調往復日数ヲ除之外三十日ヲ限無遅滞可届出候此旨相達候事」と「三十日ヲ限」ってまた督促がなされた。鳥獣猟規則は、旧幕府時代の諸藩の狩猟場所を踏襲することから出発しており、全国を一括して狩猟場所として免許する政策をとっていなかった。

3　銃砲以外の猟具

（一）『鳥獣行政のあゆみ』の解説

鳥獣猟規則第一条は、「銃砲ヲ用ヒ鳥獣ヲ猟シ」と定めて、左院の諸猟規則案第一条「銃砲及其他ノ猟具ヲ用テ鳥獣ヲ猟シ」を採用しなかった。『鳥獣行政のあゆみ』八頁に「鳥獣猟規則において注目されることは、もっぱら公共の危険防止の観点から、銃猟のみを規則の対象とし、銃器以外の猟具の使用を放任した」と解説するが、この解説は誤りである。鳥獣猟規則は、銃猟に係る収税を目的にし、更に加えて新式銃器の開発により旧式になった銃器を猟具に転換するなどの殖産興業の一環として銃器産業の興隆を企図したものであって、銃猟以外の猟法からは収税が見込めないとしたに過ぎない。

（二）　ワナ・オトシアナ等の対応

鳥獣猟規則を施行すると、銃猟以外の猟法についての疑義照会があり、ワナ・オトシアナ等の取設禁止等の問題が生じて立法的な対応を余儀なくされた。

(1)　太政官布告第八五号の禁令　　明治六年（一八七三）三月四日太政官布告第八五号は、「田畑村里ノ近傍人ノ往来スル地ニ於テワナ・オトシアナ等ヲ取設候儀堅ク令禁止候事」と定めた。罰則はない。その立法趣旨については、『鳥獣行政のあゆみ』八頁は「銃器以外の猟具の使用を放任したため、農山村地域において、とくに『わな』『おとしあな』による人身事故が発生したために、」と解説している。

(2)　窩弓殺傷人律の制定　　明治六年三月七日に、太政官布告第九五号窩弓殺傷人律を制定した。罰則のある刑罰規定である。

(3)　改定律例第一九〇条車馬殺傷人条例の制定　　明治六年六月一三日には、改定律例に第一九〇条車馬殺傷人条例を制定した。大宝律令の雑令作檻穽条と同趣旨であり、「深山・曠野、猛獣の往来する処における落とし穴や罠の設置・その標識不立」に「懲役四十日、致死は懲役三年。埋葬金二十五円を死者の家に給付」とする罪と罰を設けた。

4　狩猟権能

鳥獣猟規則の第一条から第九条までに狩猟権能とその関連規定を定めた。主要な条文は、第一条に「銃砲ヲ用ヒ鳥獣ヲ猟シ以テ生活トスル者ヲ職猟トシ遊楽ノタメニスルヲ遊猟トス」とし、第二条には「銃猟ノ事自今免許鑑札ナキモノ一切禁止シ（以下略）」と定める。職猟と遊猟の区分が大蔵省提案の税区分であることは前述したとおりである。

免許鑑札については、「免許鑑札の欠格事由である第九条の第一号「十六歳以下ノ幼者」と第五号「山林田野川沢等ノ監守者」は、フランス国狩猟法第七条の第一及び第四を敷写した条文である。右の「十六歳以下ノ幼者」の規定については、規則公布後の二月二日に司法省から、明治三年一二月二〇日公布の新律綱領「老小廃疾収贖」に幼者は「十五以下」と定めてあるがそれとの整合性を問うとの伺いがなされ、これにより明治六年（一八七三）二月七日太政官布告第三八号をもって「第二十五号布告鳥獣猟規則第九条十六歳ノ六ノ字五ノ字ノ誤ニ候間此段相達候事」と正誤の方法により補正した。

5　有害鳥獣を威し或は殺す臨時の免許

鳥獣猟規則第二条後段の「有害ノ鳥獣ヲ威シ或ハ殺スコトハ地方官ノ便宜ニヨリ臨時ノ免許ヲ与フヘシ」による有害鳥獣の防除については、五代将軍綱吉元禄二年六月御触のような害獣防除後の処理規定が規定されていない。この臨時免許からの収税ができないので、敢えて立ち入るまでもなかったのであろう。その後、実際には綱吉元禄二年御触のような処理が行われたものと推測されるが、資料が見当たらない。現在防除個体の資源化が可能になっても、地方公共団体等は、漫然と「其所に慥埋置之」の処理を実施している。

六　規則制定後における疑義照会

1　銃猟以外の猟法についての照会

明治六年三月一七日岡山県から太政官正院宛てに、「網又はモチ縄等ニテ鳥猟致候類、鑑札収税ノ儀、如何相心得可然儀ニ御座候哉」との銃猟以外の猟法である網又はモチ縄等についての伺・疑義照会があった。照会の「網又はモチ縄等」とは、銃砲以外の猟具を指称するものであるが、具体的には堀内讃位著『写真記録日本鳥類狩猟法』や『鳥獣行政のあゆみ』の法定猟具等を参照すると網・モチ縄を含めて多様な猟具を知ることができる。

翌三月一八日正院は岡山県に対し、「鳥獣銃猟規則ノ儀、御詮議ノ次第有之、今般改定相成候間、其旨可心得、尤網モチ縄等ニて鳥猟致シ候儀ハ、先ツ従前ノ通可取計事」と指令・回答した。「先ツ従前ノ通可取計事」とは江戸幕藩法の適用を示したものである。

2　職猟・遊猟についての照会

明治六年三月二三日岡山県から太政官正院宛てに、鳥獣猟規則には、「第一条、銃砲ヲ以テ鳥獣ヲ猟シ云々」とあるが、「右ハ農商トモ、素々聊タリトモ生業有之、就中鳥獣猟ヲ以テ、生活ノ助ケト致シ候者ハ、遊猟ニ属シ候儀ニ可有之哉、従前猟師杯ト相唱候者モ、側ラ聊ノ田園等耕作致シ両業兼用、生活相営來候者モ不少候処、右ハ職猟ト見倣シ候哉、且又士族ト雖トモ、従来鳥獣猟ヲ以テ、助産致來候向モ有之候処、右ハ概シテ遊猟ト相定候哉」との伺・疑義照会があった。

同日正院は岡山県に対し、「第一條、職猟、遊猟ノ区別ハ、本人ノ願書ニ基キ処分可致、」と指令・回答した。これでは、本人の願書により職猟・遊猟とするときは、職猟者が増大し多額収税の見込みが立たないことになる。この指令・回答に不満を抱いた大蔵省は太政官史官に対し、まず翌四月五日にこの照会・回答について、正院が直に取調べ指令したものかと問合せをした。史官は同日、正院が取調べ指令した旨を答えた。次に四月一三日大蔵大輔井上は、「岡山県伺鳥獣猟御指令ノ儀ニ付伺」と題し、収税関係は当省の所管事項であるが、「職猟遊猟ノ区別ハ本人ノ願書ニ基キ処分可致旨ノ御指令ニ候へ共（略）豪農巨商ノ類ト雖トモ職猟ト相願候へハ其通リ聴許致事ニ」なるので何分の下命を求めた。正院はこれの回答を渋った。同月一八日大蔵大輔井上は、大蔵省へ各県から伺があり、「猟ヲ以営業ノ一助ト致候者ハ篤ト事実取糺、職猟ノ鑑札相渡収税可致旨」を指令しているので、至急何分の下命されたいと催促かたがた申し迫った。正院は同月二四日、岡山県に対する指令を取り消した。ところが、明治一一年（一八八八）農商務大臣に任ぜられた井上馨は、職猟遊猟の区別は本人の願書に基づき処分することを下僚に命じた。要するに、「森の樹を伐った」井上の施政の態度が現れたといえよう。

七　大蔵大輔井上馨と三等出仕渋沢栄一らの退官

大蔵大輔井上馨は、明治六年五月尾去沢事件等により部下の渋沢栄一とともに下野し、遅れて造幣寮権頭益田孝も退官した。作家海音寺潮五郎著『悪人列伝』近代篇には、尾去沢事件が記述され、井上馨は維新政府の「貪官汚吏」の代表者としてとり上げられ、「明治の初年には、新政府の大官連のこうした私曲汚職の事実は一にして足りないが、この事件ほど悪辣暴悪なものはない」と書かれている。

同年八月井上馨は益田孝らと尾去沢銅山を視察した後、益田孝らを率いて岡田平蔵と貿易商社先収会社を設立し経営した。益田孝の伝記によると先収会社の資本金は一五万円で、岡田が八万円、井上が三井組に預けてあったと称して三万円を出資したとある。会社は、輸出が米・生糸・茶、輸入が銃器・羅紗・米・肥料等の営業をし、銃器では陸軍省からスナイドル銃一〇万挺の注文を受けて納め、西南戦争に役立ったとある。香港上海銀行から七〇万円を借りておって会社経営をし、創立以来二年有余で会社の閉社に当たり純益が一五万何千円であったとの井上の談話がある。

八　内務省設立と所管事務移管

大蔵省勧農寮は明治六年一月には租税寮に吸収・廃止されたが、同年一一月一〇日太政官布告第三七五号「内務省被置候条此旨布告候事」により内務省が設立された。「但掌管ノ事務ハ追テ可及布告事」とされ、翌七年（一八七四）一月九日太政官布告第一号「内務省中寮司左ノ通被置候条此旨布告候事」により、勧農寮の事務は、内務省一等寮である勧業寮に事務移管された。

九　前大蔵大輔井上馨と鳥獣猟規則違反の逮捕者第一号事件

1　概　要

明治七年（一八七四）一月一六日発行の『郵便報知新聞』の「府下雑報」欄に、鳥猟のことが掲載された。それは、「去る十二月十二日頃の由、本材木町三丁目西村勝三、下谷茅町二丁目富永冬樹、北品川宿益田孝、其他元重職の人なる由一名加わり、本所辺にて鳥猟せしかば、たちまちに西村富永益田の三名は取押えられ、第六大区よりその筋へ送致せられしと云う。なお確報を得て次号に記す」という事件記事であった。

『明治ニュース事典』には、「本所付近で鳥猟した者、逮捕されて話題に」と見出しが付けられているので、本事件を「鳥獣猟規則違反の逮捕者第一号事件」としておくが、予告があった次号とそれ以降には「確報」の記事が見えず、鳥猟事件の犯行態様・鳥種は不明である。

2　前大蔵大輔井上馨の犯行関与

取り押えられた者と其他元重職の人なる由一名を確認する。①本材木町三丁目西村勝三、②下谷茅町二丁目富永冬樹、③北品川宿益田孝と④其他元重職の人なる由一名で四名になる。

①　西村勝三は、江戸佐野藩邸に出生、藩の砲術助教に任じた後脱藩して銃砲店を屋号「伊勢勝」等で営み、慶応三年新聞記事の住所に転居し横浜で貿易にも携わり、製靴業に転じて狩猟用靴等を製造するなどし、品川白煉瓦会社等を経営した。その伝記の井野辺茂雄ら著『西村勝三の生涯』には鳥獣猟規則違反事件の記述はない。

②　富永冬樹は、御家人の家に出生し文久三年騎兵差図役勤役（小十人格）の役についた。慶応四年には妹榮子が③益田孝と結婚した。明治四年米国に留学し義弟益田孝の退官後に帰国したが、前記の井上馨が益田孝らと尾去沢銅山を視察した際に同行した。事件後に、裁判官となり大審院部長判事で退官し、東京株式取引所理事等を歴任した。

その伝記の柴興志著『富永冬樹伝――教養の明治裁判官』の年表に、「本所付近で鳥猟をして捕まる。益田孝、西村勝三、某貴官も」との記載がある。

③ 益田孝は、大蔵大輔井上馨に遅れて退官し、三井物産会社に創立から関わった。その伝記の白崎秀雄著『鈍翁・益田孝』及び長井実編『自叙益田孝翁伝』には鳥獣猟規則違反事件の記述はない。

④ 其他元重職の人なる由一名は、右①から③との交際関係及び元重職者であること等から判断すると前大蔵大輔井上馨であると認められる。前記の『世外井上公伝』と最近刊行の井上の伝記の堀雅昭著『井上馨――開明的ナショナリズム』には鳥獣猟規則違反事件の記述はない。

3 事件後の状況

鹿児島県歴史資料センター黎明館の『黎明館調査研究報告第3集』に堂満幸子著「中井弘関係文書の紹介（三）」があり、この番号七〇に、年月日がなく、差出人「晩」とだけある中井宛書簡がある。封筒には、「中井君 晩」「極親展」とあり、書簡の全文は、堂満解読によれば、

御懇書ハ今朝拝読いたし、段々御心配被成下、忝御礼申上候、冨永義ハ于今被召留候次第、いせ勝にも余程心配之至ニ候、乍御苦労老兄御親発之上、篤と山下・有川等へ御示談被成下、何分ニも内裁之姿にて相済候様御尽力被下候様、偏ニ所希候、実ニ忽然之災難ニ罹らしめ、生ニおひても残懐之至ニ候、併幸ニ弟丈ハ虎口之難を遁れたれ共、不図同列ケ様之迷惑ニかゝり候而ハ、何とも心外ニ被為候間、劣弟ニ代り、何卒御尽力所希候、細事ハいせかつより直ニ御聞取可被下候也、猶余之事ハ拝眉ニ可申承候、匆々頓首

とあり、宛先を「中井君 貴下」「晩拝」とするものである。

書簡の文中に、その出現順に「冨永」「いせ勝」「山下・有川等」「弟」と人の表示があるが、「山下・有川等」とは

交渉の相手方と読めるので、差出人「晩」のほかは、逮捕者第一号事件の西村勝三・富永冬樹・富永の義弟益田孝と一致する。

冒頭の「御懇書ハ今朝拝読いたし、段々御心配被成下、忝御礼申上候」は、事件後に中井弘に対し事件の「御示談被成下、何分ニも内裁之の姿にて相済候様御尽力被下候様」に依頼し、これにより中井からの「御懇書ハ今朝拝読いたし」たものと認められる。中井弘に対し、この種紛議の取りなしを直接になし得る人物としては、書簡の筆跡は流麗で、井上馨のほかにはあり得ない。この書簡の時点では、富永冬樹が「于今被召留候次第」と身柄拘束のままであり、他の者は身柄拘束ではなかった。

書簡差出人「晩」は、本事件限りの井上馨一流の名乗りと窺知され、「自らの晩節を汚した」というあたりからの「晩」と想定しておくのがよいであろう。書簡の宛先・中井弘（号・桜州）は鹿鳴館の命名者として知られているが、明治六年に長期の外遊をしており、その伝記の屋敷茂雄著『中井桜州――明治の元勲に最も頼られた名参謀』によれば、中井が明治六年の「十二月ヨーロッパを発ち、アメリカを経由して太平洋を横断、帰国する」とあるので、この書簡の時期に帰国したかが一応問題になり得る。井上・中井らの相談先は大久保利通内務卿になるところから、『大久保利通日記二』を精査すると、同年一一月二二日に「中井子等入来」（これに編者が（弘）と注記）とあり、以後続けて大久保内務卿を訪問していることが判明する。したがって、一二月一二日ころの事件の当時中井が帰国していたことは明らかに認めることができ、この書簡のとおり、中井弘が「御示談被成下」に奔走し、事件も大久保内務卿の尽力により郵便報知新聞の続報記事になることもなく終結したものであると認められる。

4　事件の影響

前大蔵大輔井上馨のこの事件への関与は、その後鳥獣猟規則の改正に関係したと推認される。明治七年（一八七四）

一一月一〇日太政官布告第一二二号をもって鳥獣猟規則が改正され、その制定文の中に鳥獣猟規則の違犯者の取締につき詳細な注意があり、これに続けて、「犯人高貴ノモノト認ムル時ハ前条ノ処置ヲ施ストモ別テ粗暴ノ事ナキ様注意スヘシ」と規定された。違犯者取締の注意規定は、規則本文の条文を制定文に移動したものであるが、これに唐突に、「高貴」な犯人に対する注意が並記された。明治時代には「大日本皇国高貴之肖像」と題し、明治天皇をはじめ、井上馨も伊藤博文らと並んで高貴の人として石版刷の肖像画に描かれ販売されていた。井上の盟友として名高い伊藤博文や大久保利通らの要路者が狩猟愛好者であった事実は周知のことであった。「犯人高貴ノモノ」と定めた改正趣旨について、鳥獣猟規則違反の逮捕者第一号事件を契機にしてとは記述されていない。しかし、当時の情勢から、この事件の影響がここまで及んだと考えるのが普通であろう。

第五節　外国人銃猟を巡る鳥獣猟規則改正

一　頻繁な鳥獣猟規則改正

1　明治六年二月一七日規則改正

明治六年（一八七三）二月一七日太政官布告第五七号鳥獣猟規則改正は、鳥獣猟規則第一〇条「人家アル所及人ノ往来作業スル所都テ仮令郊外ト雖トモ銃丸ノ迸リテ人ヲ害スルノ恐レアル所」を「仮令郊外ト雖トモ銃丸ノ迸リテ人ヲ害スルノ恐レアル所」と改めた。

前記のとおり、同月九日銃猟の場所について東京府が最初に回報を寄せたが、「品川千住板橋内藤新宿右四駅外ノ郊野」との回報に併せて「（郊野）ニ於テ第十条銃猟スヘカラサル場所ヲ除之外差許候事ト相定置」と東京府伺がなされていたことから、大蔵省は「人家稠密ノ場ヲ距ル三町以外ノ地ニテ鳥獣猟差許」との方針を固め、同月一四日太政官へその観点から指示を求め、鳥獣猟規則第一〇条の改正方の伺をなした。東京府の伺を「聞届」けるために本件改正が実施された。大蔵省は、本件改正翌日の二月一八日付けで東京府の伺を「聞届候」旨の指令をした。改正の趣旨は、東京府内に銃猟の場所を解禁することによる外国人銃猟の横行を懸念し、その取締を念頭に置いての措置であった。

『法令全書』の法令沿革では、東京府伺及び指令を次の三月一八日規則改正に関連させている。

2　同年三月一八日規則改正

鳥獣猟規則制定直後の明治六年（一八七三）一月三〇日、司法省は、太政官へ「鳥獣猟規則は外国人も一般に遵守すべき規則であり、この点は各国公使と掛合済みと考えるが、取締上の関係があるので問合せる」旨書面を提出した。これが即日太政官から外務省へ回付され、二月四日外務省より各国公使へ司法省の問合せの趣旨を伝達したとの回答があった。三月一三日になると、外務少輔上野景範から太政官へ「鳥獣猟規則内外人民ヲシテ等シク遵奉致サセ候ニ就テハ（略）御評議ノ上御改正ニ相成度」との回報があり、外務省が内外人民に遵法させるため鳥獣猟規則を改正することになった。

明治六年（一八七三）三月一八日太政官布告第一一〇号鳥獣猟規則改正は、そのような背景の下に、鳥獣猟規則に対し各国公使が示した反対意見を採用した全部改正であった。外務省は、同月二五日各国公使に改正規則を送付した。英国公使パークスは、治外法権を論拠にして日本の法規を英国人に適用すべきではなく英国の法規を制定して適用するべきだとし、罰金も英国政府へ納付するように主張した。各国外交団では意見が一致せず、わずかに米・仏・独の公使が狩猟に必要な注意を自国民に布告しただけであった。結局、この規則改正は外国人に実施することができなかった。太政官は、同年一二月一〇日「鳥獣猟免許取締規則外国人ヘ布告セサル内ハ遵守スルニ不及旨ヲ令ス」るほかない窮地に陥った。

3　明治七年一一月一〇日規則改正

明治七年（一八七四）一一月一〇日太政官布告第一二二号鳥獣猟規則改正は、内務省設立後の初めての改正であるが、法制執務上の異様な法典構成による改正であった。それは、大きくは外国人銃猟を巡る列強諸国との外交交渉に困窮した末の屈辱的な規則であるとともに、国内的には身分差別による法執行を示した規則であった。改正後の本規則は、全一九か条という少数条の法典であるのに、二箇の章を設けてある。「第一章」は単に「第一章」との章名で第一乃至一二条を配置し、「第二章」は単に「第二章」との章名で第一三乃至一九条を配置するという構成であるが、両章の内容は、一般に理解されている章の構成である「第一章」に通則的な規定を置き、「第二章」以下に実体的な規定を置く条文配置ではない。明治初期とはいえその法制執務上の異様な法典の構成について、外務省からその改正趣旨を各国公使宛に覚書で通知した。覚書の文中に「第一章中ノ三か条及規則中第二章ノ諸箇条ハ外国人ニ於テ関係ナシトス」との説明があり、「第一章中ノ三か条」と「第二章」には、外国人が規則を遵守しなくともよい規定をまとめて配置した旨の通知である。俗に言えば、列国公使に対しこの法令で承知願いたいと懇請した屈辱的な規則改正である。その上、国内に向けては外国人に対し適用しないことを秘匿し、わが国全土に法執行するかのように仮装したと認められる。国内的な身分差別による法執行については、前に述べた「犯人高貴ノモノ」に関する改正を行うための規則改正であったと認められる。当時要路の大官が狩猟を愛好したことは、各種の文献に記述があるが、それらの規則違反の対策であったとしか想定できない。

本規則改正を受けて、明治八年（一八七五）三月二〇日内務省達乙第三六号銃猟鑑札渡方条例が制定された。鳥獣猟免状鑑札の調製・交付等の手続を定めたものであり、所定の手続完了後の内務省への報告を命じていた。

4　明治八年一月二九日規則改正

明治八年（一八七五）一月二九日太政官布告第九号鳥獣猟規則改正は、「明治七年十一月布告第百二十二号改正鳥獣猟規則中第十六条削除候此旨布告候事」とし、第一六条「若シ無力ニシテ罰金ヲ出ス事能ハサル者ハ懲役法ニ依ルヘシ」を「削除」とする改正をした。司法省から太政官へ、改定律例贖罪例に照らすとこの条は削除すべき旨の伺があり、これを契機に改正したものである。太政類典明治八年一月二九日条に司法省伺等の資料がある。

5　明治一〇年一月二三日規則改正

明治一〇年（一八七七）一月二三日太政官布告第一一号鳥獣猟規則改正は、外国人銃猟取締を断念した末の名目だけ「内外国人一致」の規則改正であった。実際には、内国人に対しては鳥獣猟規則と銃猟免状渡方条例を改正し、外国人に対する銃猟取締実施は、所管省である内務省の行政命令としての外国人銃猟約定書と免状取扱条例によることになった。

（一）　規則改正の経過

内務省の上申により明治九年一一月一〇日太政官から元老院へ鳥獣猟規則改正の議案が下付された。第一条「小銃ヲ用テ鳥獣ヲ猟シ生業トスル者ヲ職猟トシ遊楽ノ為メニスルヲ遊猟トス」以下全一九か条の議案であり、旧規則の章の区分を削り全文改正とされた。

内閣委員の説明によれば、主な改正事項は旧規則から二か条を削り二か条を新設するものであって、条文新設は、議案第六条の鑑札再交付の手数料規定と第一七条「職猟ノ鑑札ヲ受ケ遊猟スル者ハ五十円ノ罰金ヲ科シ鑑札取上ケ銃猟ヲ禁スヘシ」の新設であり、その他はただ字句の修正に過ぎないというものであった。職猟は従来「生活トスル者」とあったが、第一条の「生業トスル者」に改めた。「生業」なる語は、華族等の富裕者が職猟免状を得るために利用した「生活」の語を規則の上から抹消するものであった。明治三四年（一九〇一）鳥獣猟規則改正における「生業」とは、語の意義が異なることを指摘するに止める。

字句修正の条文のうちに、以後問題になった第八条及び第一三条があるので、ここで確認しておくことにする。

議案第八条は、旧規則第七条の、

第七条　鑑札所持ノ者タリ共左ノ場所ニ於テハ銃猟ヲ禁ス

一　都府ハ勿論人家稠密ノ場所

一　総テ人家ヲ距ル事五十間以内（百ヤルト）

一　衆人群衆ノ場所或ハ銃丸ノ達スヘキ恐レアル距離ノ人或ハ家ニ向テ発砲スヘカラス

一　禁猟制札ノ場所

但制札ニハ猟銃二梃ヲ交叉シタル図ノ下ニ銃猟禁制ノ四字ヲ記シ掲ケ置クヘシ

一　作物植付アル場所

一　社寺人家等ノ構内

について、その二・三項（会議録のママ・号）を合わせて第二項とし、その五・六項を合わせて第四項にしたという説明があり、新規則第八条は、

第八条　左ニ記列シタル場所ニ於テハ銃猟ヲナスヲ禁ス

一　都府市街ハ勿論衆人群衆ノ場所

一　銃丸ノ達スへき恐レアル人家ニ向ヒタル距離ノ場所

一　禁猟制札ノ場所

但制札ハ猟銃二梃ヲ交叉シタル図ノ下ニ銃猟禁制ノ四字ヲ記シ掲ケ置クヘシ

一　作物植付アル田畑内或ハ社寺人家等ノ構内

但該主又ハ管守人ノ許諾ヲ得タル者ハ此ノ限ニアラス

となり、各字句を修正したとの説明があった。

第一三条「地主其所有地内ニ於テ他人ノ銃猟スルヲ有害トスル時ハ第八条所示ノ如キ制札ヲ建テ其周囲ニ縄張又ハ仮囲ヲナスヘシ」については改正理由の説明がなかった。

元老院の審議は、同月二四日議官陸奥宗光が議長となり第一読会を開き、前記（本章第四節三1）の細川潤次郎議官も出席した。その後、同年一二月五日第二読会、同月七日第三読会が開かれ、職猟・遊猟の条については第一五条「銃猟ヲ生業トスル者ニアラスシテ職猟ノ免状ヲ受ケ遊猟スル者ハ五十円ノ罰金ヲ科シ免状取上ケ其期内銃猟ヲ禁スヘシ」と字句を改めた。字句修正の条文の第八条及び第一三条については、第二読会では両条とも「発議スル者ナシ次条ニ移ル」とされ、第三読会で両条とも「起立・全会一致」として何も審議するところはなかった。以上により明治九年一二月末に議長において僅かの字句整頓をし、全体としてほぼ下付議案のとおり可決して上奏され、翌一〇年一月二三日本改正規則の公布に至った。

(二)　狩猟の原則

本改正規則の狩猟の原則は、明治六年鳥獣猟規則の狩猟の原則そのままであり、殺生禁断から殺生解禁へ乗り換える目的の国家狩猟権制であった。

後記の青木周蔵外務大臣が明治三三年（一九〇〇）五月に公刊した『狩猟規則草案』の緒言に、本改正規則の狩猟の原則に論及した個所がある。青木大臣は、「狩猟ニ関スル立法者ノ主義ハ甚タ明瞭ナラス」とした。そして、「一方ニ於テハ自他ノ所有地タルニ関セス各箇人ヲシテ各所自由ニ狩猟セシムルヲ以テ其様恰モ十分ナル自由ノ狩猟ニ似タレトモ他ノ一方ニ於テハ銃猟免許税ヲ課スルノ規定アリ」「政府ハ狩猟ヲ以テ十分ナル自由トナセシニ非ズ又之ヲ地主ノ完全ナル所有権ト認定セシニモ非ズ」「規則ノ主義ハ恰モ十分ナル自由ト地主ノ完全ナル所有権ト政府ノ特有権トヲ合併シタルモノニ似タリ」と記述し、自由狩猟に似ているが自由狩猟ではなく、地主狩猟と認定すべきものでもなく、あたかもこれに政府の特有権（国家狩猟権制）を合併したものに似ていると指摘していた。自由狩猟制を採用した事実は認め難いのである。

6　その他の小改正

明治一〇年一二月一七日太政官布告第八五号鳥獣猟規則改正は、北海道の狩猟に関する追加等の改正である。明治一四年九月一三日太政官布告第四三号及び同年一一月四日太政官布告第六一号の改正は、農商務省設立に伴う官庁の呼称等の改正である。

二　外国人銃猟約定書式及免状取扱条例

1　外国人銃猟約定書式及免状取扱条例の制定

外務省では明治七年以降、外国人銃猟に対しわが国の法規としての規則制定が極めて困難な情勢から、一種の国際約定に拠ることにして罰金は外国領事が受取って日本政府に納入するという案も模索するようになった。各国公使は、これに対しても領事裁判権・治外法権を強硬に主張する意見があって意見が一致せず、太政官は、明治八年一一月一三日「一季限リ銃猟差許候儀不相成候事」として外国人の遊猟を禁止することにした。しかし、なおも外国人銃猟が発生したため、翌九年一月一五日外務省に宛て「外国人銃猟差止ノ件」をもって「自今我ガ警察官吏ニ於テ外国人ノ銃猟スルヲ見認候節ハ其銃猟ヲ差留ム可ク若シ差留ヲ肯セサル時ハ拘引シテ該国領事へ可引渡候条」と下命した。その後外務省は、日本駐在の各国公使ばかりでなく各本国の外務省にも強く交渉した。

その結果、同年一〇月一〇日になつて各国公使は「外国人ニ対スル銃猟免許規則設立方ニ関シ申出ノ件」の建言書を提出した。それは、銃猟希望者と日本官憲との民事契約により外国人に遊猟を許す方式で、希望外国人は免許料を差出して官庁から免状を受け、条款を犯す場合は洋銀一〇弗を差出し、自国の領事裁判によって処断されるという趣旨であり、「外国人ニ対スル銃猟免状並ニ約定書式案」を付属してあった。外務省は、建言書の趣旨を容れ、無免許銃猟者に対する罰金納付についての各国公使の承諾を確認するなどして、明治九年一二月二九日付けで各国公使へ免状出願者と地方長官との約定と免状書式を送付し、この約定等に基づき外国人の銃猟を許すことになった。明治一〇年（一八七七）一月四日内務省達丙第一号「外国人銃猟約定書式及免状取扱条例」が内務卿大久保利通から警視庁・開港場有之府県に発出され、外国人へ銃猟が許された。

2　約定書・条例の内容

外国人銃猟約定書式及免状取扱条例は、行政庁の命令の内務省達である。別紙甲号「約定書式」には、大要、前文に「某県令ヨリ何国人何某ニ銃猟免状ヲ付与セシニ何某左ノ条々ヲ確守スヘキヲ某県令ト約定ス」とあり、第一条に「日没後日出前の銃猟・妄りに食用に供しない禽類銃殺の禁止」を、第二条に「一般的な場所による銃猟禁止と条約規程外の銃猟禁止」を、第三条に「免状点検等・明治十年四月十五日千八百七十七年四月十五日以後の同免状の使用禁止」との三か条が定められており、その乙号「免状雛形」には日本文と英・仏文により右三か条の規定が記載されている。「外国人銃猟免状取扱条例」は全八か条の免状取扱規定であり、その第八条に「此条例ハ来明治十年四月十五日限リタルヘシ」と定められている。

3　約定書・条例の終了

外国人銃猟約定は免状の有効期間を定めており、また外国人銃猟免状取扱条例も限時的に有効期間を定めていたので、これらの制定以降は毎年その改正・更新が行われた。『法令全書』には明治一一年（一八七八）一〇月一五日内務省達丙第五三号「免状并条約及ヒ渡方条例共改正」の登載以後の改正・更新が見当たらないが、外務省の保存記録中には毎年の関係原議が保存されている。明治二五年勅令狩猟規則を制定したが、その際外国人に対する銃猟許可はわが国が外国人へ遊猟免状を下付する特典を与えるという構成に変更し、この旨を外務大臣から通告した。規則違反に係る領事裁判による処断には、変更がないものとした。

外国人銃猟に関する制度は、不平等条約の改正に至りイギリスをはじめ諸国との新条約が正式に発効する三二年（一八九九）まで継続した。この制度により外国人で狩猟免状の交付を受けた者は、後記の「参考資料」の「狩猟者数の推移」に記載したとおり、明治九年から三一年までで合計三三二一人であった。

三　外国人銃猟を巡る紛議の事例

1　ドイツ皇孫の釈迦ケ池における遊猟

明治一三年（一八八〇）二月七日午後三時頃、ドイツ国皇孫ハインリッヒ親王が非公式の「微行」で大阪府吹田村の「釈迦ケ池」へ遊猟に訪れた。一八歳の親王は前年五月末に軍艦で来朝し、折から神戸に滞留していた。当日は侍従と日本人雇人を従え猟犬を引き連れた銃猟の一行であった。釈迦ケ池は、禁猟の制札が掲げてある大きな水鳥猟場の池で、常時地元民の見張当番が監視していた。皇孫一行は、獲物を池から飛び立たせて銃撃すべく日本人雇人が木の棒を振り回すなどし、これを地元民が身を挺して制止するうちに数回銃声が響いたが、水鳥の捕獲はなかった。急報により釈迦ケ池付近の交番所から巡査が駆け付け、巡査が一行に姓名を質問しても答がなく、一行は、近くの「吹田停車場」に移動した。猟犬を乗せるために姓名を書いた書類作成が必要であることを嫌い、全員が汽車に乗らずに人力車を雇って「梅田停車場」へ向かった。大阪天神橋辺で応援の巡査も加わり、外国人に銃猟免状の提示を求めると一名が提示した。その者が「ケンチヨウ」と言い巡査に大阪府庁へ行きたいという身振りをしたので、そろって大阪府庁へ向かい、到着したのは午後六時半を過ぎていた。府庁では、別の警部らが登庁して一行から事情を聞いた。皇孫側は、巡査が通行を遮り拘引したと抗議し、姓名を明かさなかった。その場にドイツ人の居留民が来合わせて、外国人の姓名を尋ねさせると四名のうち二名が銃猟免状を提示し、ドイツ国皇孫のハインリッヒ親王一行と判明した。既に午後八時頃になっていた。その後、一行は府庁を出て帰った。地元民のうち一名は、帰宅後に医師の診断を受け、頭部・右肘・背中・臀部の傷害につき診断書の交付を受け、翌日に告訴に及んだ。

2　井上馨外務卿による重大外交問題への拡大

翌八日午後二時過ぎ、神戸駐在ドイツ国領事は、大阪府庁へ赴き大阪府知事渡辺昇に対し抗議した。渡辺府知事は冷静に応対した。

その後ドイツ国側は、外務卿井上馨へ強く不敬に待遇された旨抗議した。ところで井上馨は、明治九年六月から欧州等へ長期出張を命ぜられ一一年七月帰国するや参議兼工部卿に任ぜられ、一二年二月太政官中の法制・調査二局の法制局長官を兼任仰附けられ、一二年九月に参議兼外務卿に就任していたが、井上外務卿は、ドイツ皇孫側の抗議に甚大な外交問題発生と狼狽し、太政官にはその趣旨で報告するとともに、外務省として宮本小一外務大書記官をドイツ皇孫のもとへ派遣することを決定した。その結果、太政官を経て宮内卿よりドイツ国皇孫侍従に天皇の御見舞伝達があったとともに、藤波侍従が在京ドイツ国公使館へ赴き天皇の御見舞を伝える等のことがあった。九日に渡辺府知事は、午前六時の汽車で神戸の独領事館へ赴き、長時間待たされたのち皇孫侍従らと面会し謝罪の意を伝えた。その際ドイツ側は、「人民ヲシテ謝罪ノ式ヲ行」うことを要求したが、府知事が本件の全容を説明し、謝罪状を差し出すことで了解した。ところが一三日正午頃、宮本外務大書記官は皇孫侍従と面会し、ドイツ国側から、①謝罪式を行うこと、②巡査らを処分すること、③皇孫に対し知事が府庁において謝言を申し上げること、④処分・謝言を新聞紙に掲載すること、⑤皇孫を讒謗した大阪の新聞紙等を厳罰に処置すること、⑥皇孫には日本の法律に触れることがなかったという証明書を知事より交付すること、⑦これらを明日中に行うことの各要求を受けた。宮本大書記官は、渡辺府知事と協議することなく、要求を了承した。よって、ドイツ国皇孫ハインリッヒ親王は、翌一四日午前七時四〇分過ぎ大礼服に威儀を正した兵庫県令に見送られて神戸から大阪に向かい、右の要求諸事項のうち謝罪式・府知事謝言・証明書交付等を実施させ、午後一時半頃に兵庫県令に迎えられて神戸に帰った。

3 関係者の処分等

巡査らの処分等の要求事項は、その後完全に実施された。新聞紙等も讒謗律・新聞紙条例により刑事罰・行政罰を科せられた。そして渡辺府知事は大阪府知事の職を辞した。この一〇年後には「大津事件」が発生し、明治政府の卑屈な対外方針に逆らって司法権の独立が守られた。

第六節　所管省による鳥獣猟規則改正の挫折

一　明治一三年内務省の鳥獣猟規則改正上申

明治一三年（一八八〇）五月五日内務卿松方正義から太政官に対し、明治一〇年一月二三日太政官布告第一一号鳥獣猟規則の改正が上申された。改正案は、狩猟の原則として、フランス国狩猟法から所有者狩猟権を継受するものであった。案文の第一条に「鳥獣猟規則ハ有益鳥獣ノ繁息ヲ謀ル為メニ設ル所ニシテ特別ノ免許アルノ外此規則ヲ遵守セサルモノニハ一切猟スルヲ許サス」と、第二条には「猟ヲ分ッテ銃猟捕猟ノ二ツトス免許銃類ヲ以テ猟スルヲ銃猟トシ猟網陥穽黐縄餌鳥其他此種ノ猟具ヲ用フルヲ捕猟トス」と始まり全四三か条で、第七条第四項には「左ニ記列シタル場所ニ於テハ猟獲スルコトヲ許サス（以下三か項略）一作物植付アル田畑及ヒ社寺人家等ノ構内、但所有主又ハ管守人ノ承諾ヲ得タル者ハ此限ニアラス」と、これに続く第八条には「地主及ヒ管守人又ハ其家族ハ免許ヲ得スシテ垣牆結囲シタル其所有又ハ仮有地内ニ於テハ自カラ捕猟シ得ヘシ」とのフランス国狩猟法から所有者狩猟権を継受する条文を定めていた。規則改正案には明治一〇年内務省達乙第一一号銃猟免状渡方条例を「鳥獣猟免状取扱規則」と改める改正案文全七か条が付属していた。

太政官法制部では、翌一四年一月二四日までに内務省の規則改正案を審査し、右第七条第四項及び第八条を、太政官の案第三条の一か条に取り纏め、「何人ヲ問ハス免状ヲ受ケスシテ銃猟及び捕猟スルコトヲ禁ス、但左ニ掲ル者ハ此限ニ在ラス。一地主借地人其垣牆内ノ地ニ於テ捕猟スル者。一地主借地人の承諾ヲ得テ前項ノ地内ニ於テ捕猟スル者（第三項略）。」としたほか多数の修正を加えた成案を得て法制部参事の決裁を了した上、この成案を内務部と合議した後、元老院へ下付するように準備を調えていた。

わが国に、狩猟を法律化するゲルマン法の所有者狩猟権が実現するほんの手前までに至った。

二　明治一四年農商務省の鳥獣猟規則改正上申の挫折

内務省の規則改正上申については、明治一四年（一八八一）四月に農商務省が設立されたため、農商務省において引き継ぐことになった。

農商務省は、同年五月一三日付けで内務省の鳥獣猟規則改正上申を引き継ぎして同省の規則改正上申を取り下げる旨の申出をした。そして、農商務省から鳥獣猟規則改正上申をした。農商務省の規則改正の案文は、太政官法制部が前記内務省案を修正した成案について多少の補正を加えたもので、第一条に「小銃・網等の猟具による猟獲」を鳥獣猟とし、以後はフランス国狩猟法から所有者狩猟権を継受する条文であった。農商務省では、農務局長田中芳男が規則改正業務を主管し、七月一日からの改正規則施行を目論んで所要の準備を調えていた。太政官法制部も、農商務省からの新規の鳥獣猟規則改正上申の審査を開始した。法制部主査による関係省への協議が進められるうちに、協議先の外務省から、鳥獣猟規則は内国人・外国人に一致して適用されるべきものであるという意見が示された。つまり、明治六年の鳥獣猟規則制定以来明治一〇年の外国人銃猟約定等の内務省達までに繰り返された各国公使らとの外交交渉を経て、前任の外務卿が構築した外国人銃猟取締を崩壊させる如き意見が出てきたわけである。法制部主査は、内・外国人一致が不可能であるとして鳥獣猟規則改正を行ってきた従来の経過を考慮すると、農商務省上申の規則案により改正すべきものと決断し、これにより明治一四年八月二九日付けで農商務省上申に対する元老院への議案下付の起案書を作成し、所管の法制部と合議の内務部の参事決裁に供した。ところが、法制部参事の決裁は了したが、内務部参事の決裁が長期に未済のまま放置された。

その状況は、法制部参事の決裁欄は押印が一個あり、不鮮明ではあるものの法制部参事「大木喬任・山田顕義」のうち法制部主管の「大木喬任」の印影であろうと推認されるが、内務部参事の決裁欄には何もない。そこで、未済にした内務部参事を探索してみた。起案書には内務部参事の氏名記載がないので、『世外井上公伝』三巻一三三頁に記載してある明治一三年三月の内務部参事「伊藤博文・黒田清隆・西郷従道」の所属参事三名の氏名に、前記のとおり井上馨が一二年二月法制局長官に任じたことを併せて検討すると、法制局長官を歴任した井上馨と狩猟愛好家の伊藤博文が協議して未済にすることを指示したと推測するのが普通のことと思われる。

農商務省は、規則改正を見越して多数の関係文書の印刷等の準備を終えて太政官の連絡を待ち、督促をしていたが、やむなく明治一五年（一八八二）五月三〇日と九月二〇日の二回に、規則改正上申については「御裁可無之」「御指揮無之」であるという理由を記述し、規則改正に至らずとして現行規則により内国人と外国人に免状を下付する旨を通達するような始末であった。やがて、放置された未済の起案は廃案になって、農商務省の明治一四年鳥獣猟規則改正上申は挫折した。

これで、明治六年以来の「訳の分からない時代」の申し子である鳥獣猟規則が生き長らえることになった。

三　明治一九年農商務省と大蔵省共同の鳥獣猟規則改正上申の挫折

農商務省は省をあげて鳥獣猟規則改正への方策を講じていた。

1　明治一九年の規則改正上申の経緯

（一）　明治一六年鳥獣に関する調査

(1)　農商務省達第三号鳥獣調査　農商務省は、明治一六年（一八八三）四月二一日農商務省達第三号をもって各府県に鳥獣調査を示達した。調査の趣旨・方法について、「鳥獣ノ有効ナルモノヲ保護シ其有益ナルモノノ繁殖ヲ謀リ有害ナルモノヲ駆除スルハ農務上ノ要点」であるとし、鳥獣を有功・有益・有害の三類に区別して「例ヘハ一種ノ鳥アリテ田圃ノ害ヲナスコト四分ニシテ、有害鳥獣及ヒ虫類ヲ啄食スルコト六分ナラバ有功鳥トシ、又有功若クハ有害鳥獣ナルモ、以テ食料製造料ニ供シ或ハ飼養愛翫スヘキモノハ有益鳥獣ト爲スカ如シ」と説明を加え、「鳥獣ノ名称、性質、効用、蕃殖期及猟具猟法等」を詳細に調査して六月三〇日限り提出することを命じた。鳥獣行政に関する基本的な鳥獣の調査の着手であった。この鳥獣調査の各府県からの回報を取り纏めた資料・文献を探索したが見つからない。そこで各地の公文書館を探索したが、回報控は秋田県公文書館に残っているだけであった。

(2)　農商務省達第二十二号鳥獣猟関係制度調　また農商務省は、明治一六年（一八八三）一二月二八日農商務省達第二二号をもって各県に鳥獣猟関係制度調を示達した。これは、「旧藩々ニ於テ鳥獣猟ニ関シテ設ケタル制度又ハ一時限ノ達示禁令等ノ有無」の調査を命じたもので、旧藩の鳥獣猟制度ばかりでなく藩内郡村の申合慣行まで詳細に取り調べて明年三月限り報告を求めていた。詳密な調査項目が羅列されており、狩猟の原則が自由狩猟か狩猟権かということに鳥獣猟関係制度調の要点があったようである。この鳥獣猟関係制度調の各府県からの回報や資料等を探したが、これも見つからないので、各地の公文書館を探索した。回報控は秋田県と東京都の公文書館に残っているだけであり、狩猟慣行は自由狩猟ではなく、国家狩猟権であることが確認された。

(3)　明治前期の狩猟関係書類の行方　明治二一年の井上馨農商務大臣就任のほんの直前である同年六月に、大冊の『農務顛末』の編纂が終了した。

その総目次には狩猟は「第十八銃猟」とある。しかし「銃猟ノ事ハ別ニ之ヲ詳記セル顛末書類備ルヲ以テ今略シテ更ニ之ヲ編セス」とあり、銃猟関係書類は農務顛末には編纂しないとして編綴されていない。その「別ニ之ヲ詳記セル顛末書類」には、明治初期から殺生解禁を経て明治二一年の農務顛末編纂までの間における、狩猟を巡る詳細が判明する顛末書類が編綴されており、右の①鳥獣調査や②鳥獣猟関係制度調の回報類も編綴され、それらの大量の文書類を編綴した別冊であったと推認される。

その別冊は、井上農商務大臣が退任した後には、文献に報告されることがなくなり、姿を消してしまった。関東大震災以前の出来事である。消えた経過は不明である。古くは、続日本紀和銅六年（七一三）五月甲子（二日）条に元明天皇が諸国に「禽獣」などの物産の報告をさせ、現に出雲国や常陸国等の五か国の風土記として目にすることができるし、江戸時代にも諸国産物帳がよく知られ、充実した研究文献となっている。他方、明治の鳥獣調査その他の必須の資料は、残念なことに井上農商務大臣退任後には、消え去って利用できない。

(二)　明治一七年農商務省大書記官前田正名ら編纂の『興業意見』の公示

『興業意見』は、明治一七年(一八八四)一二月農商務省より公刊された。当時、松方正義大蔵卿のいわゆる松方デフレ政策の下に地方産業と国民生活は惨状にあった。農商務省大書記官前田正名を編纂主任にして同年三月の編纂開始から一二月に定本『興業意見』全三〇巻が刊行されるという驚異的な努力が傾けられた。その狙うところは、わが国がとるべき政策方向を体系的に確立し、その実践を課題とした。

『興業意見』巻二八の「農制ヲ整理スル方法」に第八として「鳥獣猟規則ヲ改正スル事」を掲げている。全八項目の「規則改正ノ要項」は、

一　独立猟区及ヒ聯合猟区ヲ設クル事
一　猟区ニ編入スヘカラサル土地ノ制限ヲ立ル事
一　猟期及ヒ猟獲スヘカラサル鳥獣ヲ定ムル事
一　猟具ノ制限ヲ立ツル事
一　銃猟ヲ禁スル場所及ヒ時間ノ事
一　幼者白痴者其他免許ヲ受クルコトヲ得サルモノノ制限ヲ立ツル事
一　有害獣類殺獲者ニ賞金ヲ与フル事
一　犯則者処分法ヲ定ムル事

というものである。

鳥獣猟規則を改正する理由については、「我国已ニ鳥獣猟規則ノ設ケアリト雖モ之ヲ実験ニ徴スル尚ホ不完全ナリ

トス。抑モ有益有効ノ鳥獣ヲ蕃息シ、及ヒ有害鳥獣ヲ駆除スルノ農業上森林上ニ関係スルヤ大ナリ。是レ規則ノ改正発布ヲ要スル所以ナリ」と記述してあった。狩猟の原則としては、ドイツ法の「猟区」の導入を主張していた。

（三）　明治一八年農商務省から外務省への規則改正等に関する協議

農商務省は、明治一八年（一八八五）八月六日鳥獣猟規則改正等に関する協議を外務省に申し入れた。この申入れは、鳥獣猟規則改正及び外国人銃猟規則改正に関する協議であって、農商務省から議題として各改正の案を提供し実務担当者による検討を企図したものである。議題の鳥獣猟規則改正案はドイツ法の狩猟権・猟区制により作成された案であり、外国人銃猟規則改正案は従来の仕組み見直しの案であった。同年末に青木周蔵駐英公使が外務大輔（次官）に就任したが、同次官が主になって鳥獣猟規則改正案を点検・修正し、明治一九年六月一四日付けで「猟獲規則」が農商務省へ送付された。なお、同次官は駐独公使であった明治一三年「狩猟規則草案」なる私案を起草し、これを一五年に井上外務卿へ贈っている。外国人銃猟規則改正案については、明治一八年七月二二日付けで農商務省次官から照会があり、同月二八日付けで外務大臣井上馨から「一時御見合相成候方可然」旨の回答がなされた。

2　明治一九年農商務省と大蔵省共同の鳥獣猟規則改正上申

（一）　明治一九年農商務・大蔵省共同の規則改正の閣議請議

明治一九年（一八八六）六月二四日農商務省と大蔵省から共同して鳥獣猟規則改正が閣議請議された。閣議請議書には、鳥獣猟規則改正案・同理由書壱と弐・前記青木周蔵外務次官の猟獲規則・現行北海道鹿猟規則が添付されていた。規則改正案は、ドイツ法の猟区制の継受を目指しており、第一章猟権、第二章猟区、第三章猟期及猟具、第四章鳥獣猟免状、第五章罰則と章に区分し、興味深い条文としては、

第一条　猟権ハ土地所有権ニ属ス故ニ地主ハ其地ニ在ル鳥獣ヲ猟獲スルノ権利アルモノトス

斃死シタル鳥獣及ヒ脱落シタル鹿角ヲ収取スルノ権利モ亦猟権ニ属ス
猟権ハ飼養主アル鳥獣及ヒ水中ニノミ生活スル獣類（鯨、海豚ノ類）ニハ及ハサルモノトス
第三条　凡ソ全国ノ土地ハ左ノ猟区ニ編入スヘキモノトス但社寺境内、公園地、道路、堤塘、溝渠、墳墓地、火葬地、火薬庫敷地、官用地、宅地、河海ハ此限ニ在ラス
一　独立猟区　一人若クハ二人以上共同ノ所有地ヨリ成ルモノヲ云フ
二　連合猟区　所有主ノ異ナル地所二箇以上ノ連合ヨリ成ルモノヲ云フ

と定めており、全四一か条で構成されていた。

（二）　法制局審査と元老院への議案下付

明治二一年（一八八八）六月二八日法制局から審査結果が報告された。

その要旨は、「改正案は鳥獣保護のために猟権が土地所有者に属するとした上、猟区制を設けるとするが、それでは明治十六年度職猟者総数六万二千九十五人の多数者や貧賤職業者の多数人民はその生計を失うに至る。現行規則が不完全であるならば、有益鳥獣の狩猟を禁じ、無益有害鳥獣に限り随時猟殺するように取締方法を厳にすれば鳥獣保護はできる。」と断定して、第一条に「猟権ハ土地所有権ニ属ス。他人ノ社有地内ニ於テハ其土地所有者又ハ管理者ノ許諾ヲ得ルニアラサレハ鳥獣ヲ狩猟スルコトヲ得ス、但欄柵囲障ノ設ケナキ地ニ於テハ此限ニアラス」との条文をことさら残置し、猟区関係条文をすべて削る等の修正を施した全二三か条の規則案を審査報告した。翌七月二〇日内閣から元老院へ議案下付された。下付の議案は法制局の審査報告による案である。

（三）　元老院の審議

元老院の審議は、明治二一年七月二〇日の議案下付により同月二七日に第一読会が開始された。会議は、内閣委

員（法制局参事官広瀬進一）の議案朗読と説明を終え元老院議官の審議に移ったが、小畑美稲議官から下付議案は内容不十分でありこれを修正するため「全部付託修正委員」を選出して議案を修正すべきであるとの建議があり、全部付託修正委員・議官田中芳男ら七名を選出した。同年一一月三〇日修正委員から「全部付託修正委員修正報告書」が提出された。そして、翌一二月五日第二読会（内閣委員法制局参事官平田東助・同広瀬進一）が開かれて右修正報告書に関する質疑があった。同委員・議官田中芳男から全部付託修正委員の会議においては下付議案の廃案を主張する廃案説が多く、そのためもあって下付議案の第一条をはじめ狩猟規制に関わる規定を削って報告書にまとめたという報告があり、明治六年鳥獣猟規則の大蔵省原案を彷彿とさせる内容に縮小されていた。同月七日・八日・一八日・一九日と第二読会の続会を重ねたが、一九日の第二読会において第五条以下につき更なる修正のために「再修正委員」として前の七名を選出した。翌二〇日に「五條以下再修正報告書」が提出された。同月二四日第二読会を続会して右再修正報告書につき質疑が行われ、二六日及び二七日に第二読会を続会し、これにより議決に至り議定案を確定することになった。上奏する議定案についてはさらに第二〇・二一条を加えた上、二八日に議定上奏した。

議定上奏案は、下付議案冒頭の第一条「猟権ハ土地所有権ニ属ス」を抹消し、第一条「狩猟ヲ為サント欲スル者ハ管轄庁ニ願出狩猟免状ヲ受ク可シ」から始めて第二一条に共同猟場の営業許可を付加した全文二一か条のものであった。なお、第二一条は、「各地方ニ於テ従来ノ慣習ニ依リ相当ノ税ヲ納メ共同ノ猟場ヲ設ケ狩猟ヲ営業トスルモノアルトキハ地方長官（東京ハ警視総監）ハ農商務大臣ノ許可ヲ得テ当分ノ内其営業ヲ継続セシムルコトヲ得。但其狩猟者ハ本則ニ依リ狩猟免状ヲ受ク可シ」というものであるが、農商務省農務局長の経歴のある議官田中芳男が強くこれを主張し、その後の明治二八年狩猟法に共同狩猟地として法制化された。

（四）明治二二年鳥獣猟規則を改正しない旨の閣議決定

右の経過により議定上奏があったが、法制局からの議定上奏の審査として、明治二二年（一八八九）五月一四日法制局長官より内閣へ元老院議定上奏の鳥獣猟規則改正案につきこれを行わないことを可とする旨の請議があり、鳥獣猟規則を改正しないとの閣議決定がなされた。

法制局の意見の要旨は、

現行規則と議定上奏を比較検討するとその異なる要点は、第四条「地方長官ニ於テ鳥獣繁殖ノ為メ必要ト認ムルトキハ農商務大臣ノ許可ヲ得テ其鳥獣ニ限リ狩猟ヲ禁止若クハ停止スルコトアル可シ」の鳥獣保護の規定があるに過ぎず、この一か条の規定の故に全体を改正する必要はないとし、「右ノ規定ヲ以テ今日ニ必要トセハ単行ノ法律ト為シ之ヲ発布セラレ然ルヘシト信認ス」とこの第四条の規定が今必要であるなら鳥獣保護法と冠した単行法を発布するのがよい。

というものであった。そして、結論として、「此ノ規則ノ改正ハ今日ニ於テ之ヲ行ハレサル方可然ト認ル」と規則を改正しないとした。

本件の経過を簡略に辿ってみると、明治一九年農商務・大蔵省共同で閣議請議されたドイツ法の猟区制による全文四一か条の改正案は、法制局審査により第一条「猟権ハ土地所有権ニ属ス」との条文をことさら残置して内容・条文数ともに全文二三か条へとほぼ半減され、元老院の審議により右の「猟権ハ土地所有権ニ属ス」の条文等が削られて全文二一か条となり、法制局の議定上奏の審査において議定上奏二一か条は現行規則と「その異なる要点は第四条」の一か条だけと断定されたことが判明する。この経過をみると、法制局には当初の審査に当たり、「猟権ハ土地所有権ニ属ス」という農商務・大蔵省の猟区制による規則制定を抹殺するという予断があったと認められる。本件の法制局審査は、巧妙に元老院の審議を誘導したものと評するほかない。右法制局請議書の起案者氏名は明記されていないが、一連の文書に照らして元老院審議担当の内閣委員法制局参事官平田東助らによるものと認められる。

第七章　明治憲法の狩猟法制

第一節　明治憲法

一　大日本帝国憲法

大日本帝国憲法は、近代立憲主義に基づく日本の憲法である。

わが国は、明治維新により旧来の封建的幕藩政体から、近代的な官僚機構を備える天皇の直接的君主政に移行した。明治天皇は、明治八年（一八七五）四月一四日「立憲政体の詔書」を発した。詔書には、五箇条の御誓文の趣意を拡充して元老院・大審院・地方官会議を設置し、「漸次ニ国家立憲ノ政体ヲ立テ、汝衆庶ト倶ニ其慶ニ頼ント欲ス、汝衆庶或ハ旧ニ泥ミ故ニ慣ルルコト莫ク、又或ハ進ムニ軽ク為スニ急ナルコト莫ク、」と段階的に立憲政体を立てる旨が宣明された。そして、一四年（一八八一）一〇月一二日「国会開設の勅諭」を太政大臣三条実美が奉詔した。この詔勅には、「将ニ明治二十三年ヲ期シ、議員ヲ召シ、国会ヲ開キ、以テ朕カ初志ヲ成サントス、今在廷臣僚ニ命シ、假スニ時日ヲ以テシ、経画ノ責ニ当ラシム、其組織権限ニ至テハ、朕親ラ衷ヲ栽シ、時ニ及テ公布スル所アラントス。」と明治二三年（一八九〇）を期して国会を開設し、欽定憲法を定めることが表明された。かくて、大日本帝国憲法は、二二年（一八八九）一月枢密院の審議を経て、翌二月一一日明治天皇より黒田清隆首相に手渡すという欽定憲法の形式で告文・憲法発布勅語・上諭とともに「現在及将来ノ臣民ニ対シ此ノ不磨ノ大典ヲ宣布ス」として発布された、官報号外で広く公布された。そして、上諭に「帝国議会ハ明治二十三年ヲ以テ之ヲ招集シ議会開会ノ時ヲ以テ此ノ憲法ヲシテ有効ナラシムルノ期トスヘシ」とあり、明治二三年（一八九〇）一一月二九日に施行された。

その全体像は、第一章天皇、第二章臣民権利義務、第三章帝国議会、第四章国務大臣及枢密顧問、第五章司法、第六章会計、第七章補則の全七章・七六か条から成り、明治憲法と略称される。明治憲法には第二章臣民権利義務に第一八條から三二條までの条文があるが、直接に狩猟に関して規定した条文は存在しない。第二七條「日本臣民ハ其ノ所有権ヲ侵サル、コトナシ公益ノ爲必要ナル処分ハ法律ノ定ムル所ニ依ル」の所有権に関する条は、狩猟が他人所有地上で実施されることが多いので、猟場に所有権がある者の権利保障の問題が生じる。

明治憲法においては、「法律による行政」の原則が確立していなかったとされるが、明治二五年（一八九二）一二月一三日第四回帝国議会衆議院において勅令狩猟規則に対する憲法違反非認決議がなされ、これにより狩猟行政に「狩猟法律主義」が確立された。

二　帝国議会開設と駆込み法令整備

帝国議会は、明治憲法の定める立法府である。貴族院・衆議院の両院を以て成立し、明治二三年（一八九〇）一一月二九日開会の第一回帝国議会から昭和二二年（一九四七）三月三一日解散の第九二回帝国議会まで存在し、日本国憲法の国会に連続した。

わが国の立法の諮問機関としては、太政官の議政官、公議所、集議院、左院、元老院と変遷したが、帝国議会が諮問機関に止まらず立法府として立法を所管することが構想されたことから明治憲法の公布を終えると、明治政府は、近代国家としての各般の法令整備とともに、当時最重要の課題であった不平等条約改正のための法令整備を急ぐことになった。

明治二二年と二三年の太政官・元老院による極めて多数の法令発布は「駆込み法令整備」と呼ばれた。難航が予測される帝国議会の立法審議を嫌って議会開設の前に元老院を誘導して法令を発布したことの呼称であるが、この駆込み法令整備を見事に説明した話がある。米沢藩出身ながら長州閥に属し法制官僚として栄達を遂げた平田東助の『伯爵平田東助伝』には、「二十二年十二月山縣公総理大臣に任ぜられる。翌二十三年一月伯（平田東助）は法制局行政部長を命ぜられ、（略）此際に処するの道は、要するに『断行』に在りと。乃ち之を山縣首相に進言せしに、首相は同感の旨を答へ、曰く、小事を以て大局をあやまるべからず、足下善く之を謀れと。万事を伯に一任しければ、伯乃ち勇断果決、僅々一週間を出でざる中に、百有余種の法令を公布し終わりたり。時人之を『法律の雨』と評したり。」という「法律の雨」の話である。僅々一週間を出ないほどの短期間に百有余の法令を公布したというから、驚くべき駆込み法令整備である。平田東助法制局参事官が関与した明治一九年鳥獣猟規則改正上申の挫折を思うと、伯爵に栄進した同参事官の手に掛かれば、法律の雨なるものは、降ってみたりあるいは降らなかったりと変幻自在であった。そのような駆込み法令整備が産出した弊害の中には、現在においても国家社会に甚大な害を遺しているものがある。狩猟法令がその例である。

第二節　民法編纂と民法におけるローマ法無主物先占の継受

一　民法編纂の概要

民法とは私法の一般法をいい、国の統一的な民法を編纂して法典に取りまとめることを民法編纂あるいは民法典編纂という。フランスは、世界に先駆けて一八〇四年（文化元年）民法を編纂して民法典を制定施行した。これは、「フランス人の民法典」と命名され、後に「ナポレオン民法」と呼ばれるようになった。

わが国においては、江戸幕藩法に民法典はおろか統一民法すら無く、幕府外国奉行栗本鋤雲が幕末にナポレオン民法を紹介したとされるものの、もちろん民法典の編纂を目指したわけではなかった。そんなわが国は、明治三年（一八七〇）の太政官制度局における民法編纂事業の開始に始まり、一二年ころにフランス人法律顧問ボアソナードの民法起草開始、二三年フランス民法を模範にした「旧民法」の編纂・公布により、二六年一月一日から民法が施行されることになった。しかし民法典論争のため、二五年旧民法の施行が延期され、翌二六年法典調査会を設けて旧民法の修正により「明治民法」の編纂を行い、二九年に民法前三編と三一年に民法後二編をそれぞれ公布し、明治三一年（一八九八）七月一六日に明治民法の全編を施行した。

以下には、私法一般ではなく狩猟の獲物の猟獲に関係する規定である「先占」に限定して民法編纂について述べる。

二　旧民法編纂

1　箕作麟祥のフランス民法による民法草案

わが国の民法編纂について、旧幕臣の箕作麟祥が起草したフランス民法による民法草案からみていくことにする。

（一）　フランス民法の先占

箕作麟祥は、江藤新平司法卿の命を受けて一八〇四年フランス民法を邦訳刊行した。明治四年刊行本や一六年刊行本が知られている。フランス民法の先占に関係がある第七一四条を確認すると、明治一六年刊行本では、

第七一四条　何人ニモ属セスシテ其使用ノ各人ニ共通ナル物アリ

其物ヲ収益スルノ方法ハ警察ノ法律ヲ以テ之ヲ規定ス

と条文が練れてきた。

明治の先人の労苦が伝わってくるが、実のところ、フランス民法第七一四条は、民法典制定の際に大論争があり、ローマ法無主物先占を継受したものではない。

（二）　箕作麟祥の民法草案における先占

江藤司法卿の後任の大木喬任司法卿は、司法省に民法編纂課を置き、箕作麟祥らに民法の起草に当たらせた。箕作麟祥は、明治一一年民法草案を脱稿した。その「第三篇財産所有権ヲ得ル方法」の総則に、

第六二八条　何人ノ所有ニモ属セス衆人ノ共通シテ用フ可キ物アリ但シ此類ノ物ヲ用フルノ方法ハ別段取締ノ法則ヲ以テ之ヲ定ム。

第六二九条　漁猟ヲ為スノ権モ亦別段ノ法則ヲ以テ之ヲ定ム。

とフランス民法を参考にした条文を起草した。

2　ボアソナード民法草案とイタリア王国民法を母法とするローマ法無主物先占との遭遇

（一）　イタリア王国民法の無主物先占

フランスの法学者ギュスターヴ・ボアソナードは、明治一九年三月までにフランス民法にならい「旧民法」の仏文による草案を起草した。しかし、フランス民法の先占に関係する第七一四条については、この条はフランス民法の誤りであるとし、一八六五年イタリア王国民法の第七一一条からローマ法無主物先占を「ボアソナード民法草案」に採用した。つまり、わが国の旧民法は、イタリア王国民法を母法にしてローマ法無主物先占に遭遇したということになる。

（二）　ボアソナード民法草案におけるローマ法無主物先占

ボアソナードは、民法草案第三編「物上及ヒ対人ノ諸権利ヲ獲得スル方法」第一部「各箇ノ名義ニテ獲得スル方法ノ事」第一章「先領」に、第六〇二・六〇三・六〇四条を起草した。

第六〇二条　先領ハ無主ノ動産物ノ所有権ヲ自己ノ所有トスル意思ヲ以テ最初ニ占取スルニ依リ其物ヲ獲得スルノ方法ナリトス

第六〇三条　所有者カ野獣ヲ放チ置キ又ハ飼ヒ置ク繞囲セル所有地内ニ於テ其允許ヲ受ケスシテ其禽獣ヲ捕ヘタル者ハ現物又ハ対価物ヲ以テ之ヲ返還スヘキモノトス

繞囲セル私有ノ池沼、湖若クハ水流中ニ於テ魚ヲ捕ヘタル者モ亦同シ

第六〇四条　田猟及ヒ捕魚ノ権ノ実行並ニ河海ノ漂着物及ヒ陸上ノ遺失物ノ獲得ハ特別法ヲ以テ之ヲ規定ス

戦時ニ行フ海上ノ掠奪及ヒ其他ノ分取ニ付モ亦タ同シ

以上の条文である。第六〇二条には、「イタリア民法七一一条参照」と付記され、イタリア王国民法第七一一条を母法として草案を起草した経路が明示されていた。ボアソナードは、この仏文草案を、無主物と先占と所有者侵入禁止権の三つの要件に基づいて起草し、その起草理由を仏文で注釈した。無主物先占の全体について、最近の仏文注釈の和訳によると、

先占は、不動産について適用しえないとしても、動産についてはかなり広く適用することができる。三つの要件を満たすことが必要である。第一の要件は、所有権を主張する者が、所有する意図をもって目的を実際に占有していることである。第二の要件は、物がほんとうに無主の物であることである。第三の要件は、特別法が、所有権取得を禁止または制限していないことである。

と注釈した。第三の要件については、明治時代の別の和訳書によると、

他人ノ土地ニ於テ其所有者ノ允許ヲ受ケスシテ捕ヘタル禽獣ニ就テハ既ニ前ニ述ヘタルニ依リ茲ニハ禁止シタル時期、場所、方法ニ因リ禽獣若クハ魚貝ヲ捕ヘタル猟者漁者ハ其獲物ノ所有者ニ非ストヲ云フヲ得サレトモ概シテ特別法ニテ其禽獣魚貝及ヒ禁止ノ器具等ノ没収ヲ命スルモノナレハ乃チ其獲得シタル所有権ハ背法又ハ有罪ノ為メニ直チニ之レヲ失フニ至ル可シ

と注釈し、他人の土地において其所有者の許可を受けずに獲得した獲物の所有権を失うとした。

ところで、ボアソナード草案は、全体にフランス民法にならったため、条文に定義を明記するなどの特徴があり、民法草案「財産編」の無主物を定義する条文などでは、

第二十四条　無主物トハ何人ニモ属セスト雖モ所有権ノ目的ト為ルコトヲ得ルモノヲ謂フ即チ遺棄ノ物品、山野ノ鳥獣、河海ノ魚介ノ如シ

との無主物を定義する条文や、

第六十五条　用益者ハ用益地ニ於テ狩猟及ヒ捕漁ヲ為ス権利ヲ有ス

という用益地における狩猟の条文があり、ドイツ法流の法文とは異なるものがある。

さて、第六〇二条から六〇四条までの草案の条文は、民法草案「財産取得編第一章」中に、

第二条　先占ハ無主ノ動産物ヲ己レノ所有ト為ス意思ヲ以テ最先ノ占有ヲ為スニ由リテ其所有権ヲ取得スル方法ナリ

第三条　狩猟、捕漁ノ権利ノ行使及漂流物、遺失物ノ取得ハ特別法ヲ以テ之ヲ規定ス

戦時ニ於ケル海陸ノ掠奪物ニ付テモ亦同シ

第四条　遺棄物ヲ先占シタリト主張スル者ハ原所有者ノ任意ノ遺棄ヲ証スル責ニ任ス

と、起草が終結して旧民法の先占の成案が姿を見せた。

3　民事慣例調査と狩猟慣例

司法省は、明治九年から一三年にかけて民法編纂の資料を得るため大規模な地方慣例調査を実施した。その成果が、一〇年五月刊行の『民事慣例類集』とこれを増補追録した一三年七月刊行の『全国民事慣例類集』である。手塚豊・利光三津夫著『民事慣例類集』によれば、この調査実施の契機は、司法卿大木喬任の司法省法律顧問ジョージ・ヒルへの諮問「日本ノ民法及ヒ習慣法ヲ編纂スルノ事業ニ進ントスルニ当リ如何ナル方法ヲ以テ最モ適当ナリト為スヤ」に対する、ヒルの九年四月付け「西欧近世の法律をそのまま継受することを非とし、民法編纂に先立って昔時の慣習を諒知すべきである」旨の書信回答であった。調査関係者は、司法省御用掛らのほか、各地の調査担当者の多数名であった。

『民事慣例類集』と『全国民事慣例類集』の両慣例類集について狩猟慣例を精査したが、狩猟慣例の記述は存しない。なお、農林省山林局が大正一三年から昭和四年までに調査収集した『日本林政史資料』があり、これの一部が『徳川時代に於ける林野制度の大要』として昭和二九年三月林野庁から刊行され、その記述中にも「狩猟」がある。これも精査したが、これは主に江戸幕藩法の狩猟法令を調査したに止まり、狩猟慣例として採用するに足るものはない。

4　旧民法公布と民法典論争

（一）　旧民法公布

民法編纂の事業は司法省の行うところであったが、明治一九年（一八八六）井上馨外務大臣は、民法編纂が不平等条約改正に関係することを強調し、外務省に法律取調委員会を置き、自ら委員長となり条約改正事業の一環として民法編纂を行うことにした。その後、井上外務大臣の条約改正案中の外国人裁判官や法律制定の際の外国への通告等の条項が漏洩して二〇年（一八八七）一〇月条約改正交渉が中止され、井上外務大臣主宰の民法編纂が頓挫した。司法省に民法編纂事業が復帰し、以後は山田顕義司法大臣により事業の推進が図られ、旧民法の成案が得られた。成案は内閣に提出されて、元老院の議に付された。元老院の審議は、各編について一括して議題にするようなこともあり極力その進捗が遂げられた。

そして、明治二三年（一八九〇）三月二七日法律第二八号「財産編、財産取得編（第一条乃至第二八五条）、債権担保編、証拠編」が公布され、また同年一〇月六日法律第九八号「財産取得編（第二八六条乃至第四三五条）、人事編」が公布され、いずれも明治二六年（一八九三）一月一日から施行することと定められた。

（二）　民法典論争による旧民法の施行延期

民法典論争は、旧民法公布前の明治二二年五月に法学士会が「法典編纂に関する意見書」を発表したことが発端となりそれ以来、旧民法の施行を巡って施行の延期論者と実施論者間で交わされた論争をいう。論争の結果、二五年（一八九二）に旧民法施行延期法が可決され、旧民法修正のため翌二六年（一八九三）三月二一日法典調査会が設置された。

（三）　狩猟に関する論争

民法典論争において狩猟に関する論争と考えられるものは、財産編第六五条「用益者ハ用益地ニ於テ狩猟及ヒ捕漁ヲ為ス権利ヲ有ス」の論争に限られる。明治二五年五月一五日出版の梅謙次郎他六名著『法典実施意見』の「六　民法ハ行政命令ヲ束縛セス」の末尾に、「延期論者は第六五条の規定が効力を生じると『職猟、遊猟ノ制ハ廃セラレサルヘカラス』と絶叫するが大いなる見当違いである旨の意見が記述されている。その理由として、この条は所有者が狩猟の権利を有する範囲内において用益者は同一の権利を有すべきことを規定するに過ぎないというのである。まさにそのとおりであって論争というほどのものではない。他に狩猟の論争は見当たらない。

三　明治民法編纂

1　明治民法編纂の編別方式

明治民法の編纂については、実施論者の梅謙次郎と延期論者の富井政章・穂積陳重の法学博士・帝国大学教授が法典調査会の起草委員に選任され、旧民法を修正して明治民法を起草した。研究者は、「梅富井穂積三博士によって旧民法の修正の名においての実は全く新しい立場方法において新民法の編纂が開始された事を何よりも先きに想起せねばならない」と述べるが、明治民法はその新しい方法により編纂された。それは、旧民法が採用したローマ法「法学提要」の流れを汲むフランス民法のローマ式編別方式から、ローマ法「学説彙纂」の流れを汲み統一民法典編纂に向けて作業中であったパンデクテン法学によるドイツ・ザクセン式編別方式への転換を意味する。

2　法典調査会の審議

法典調査会の審議は、明治二六年（一八九三）年四月二八日の第一回総会に始まり、三一年（一八九八）四月一五日の整理会で終わった。審議結果は、整理会によって整理され、草案が確定した。

（一）　先占に関する審議

無主物先占については、明治二七年（一八九四）九月一一日の第二七回法典調査会の会議において旧民法を修正して起草された条文の審議が行われた。出席委員は、議長箕作麟祥・起草委員梅ら三名など総計二五名で、箕作議長が開会を宣して議題の「第二節所有権ノ取得」の審議に入った。

富井政章起草委員は、所有権の取得について、「諸国の法典に倣って別に一節を設け此処に規定したと説明し、「第一款先占」の全体説明に移った。法典調査会の会議では、起草委員は出席委員に対し旧民法を「既成法典」と呼称して説明したが、富井起草委員は、まず「先占ハ既成法典ノ財産取得篇第一章ニ規定シテアリマス」と述べ、前記の旧民法財産取得編第一章の、

第二条　先占ハ無主ノ動産物ヲ己レノ所有ト為ス意思ヲ以テ最先ノ占有ヲ為スニ由リテ其所有権ヲ取得スル方法ナリ

第三条　狩猟、捕漁ノ権利ノ行使及漂流物、遺失物ノ取得ハ特別法ヲ以テ之ヲ規定ス

戦時ニ於ケル海陸ノ掠奪物ニ付テモ亦同シ

第四条　遺棄物ヲ先占シタリト主張スル者ハ原所有者ノ任意ノ遺棄ヲ証スル責ニ任ス

が審議されることを明らかにした。

そして「先占ハ占有ニ因テ所有権ヲ得ル一ツノ方法デアリマス夫故ニ占有ノ効果ノ所ニ規定スルコトハ出来ヌコトハナイデス併シナガラ先キニ申上ゲマシタ第百九十二條ノ場合杯（など）トハ余程性質が違ッテ居リマス、先占ハ無主物ノ所有権取得方法デアル、通常ノ場合ト余程性質ガ違フテ居ル夫故ニ一般ノ例ニ倣ッテ此ノ処ニ一款ヲ設ケテ規定ヲ掲ゲルコトニ至ッタ訳デアリマス。」と先占の意義を説いた。

次いで「尚ホ一言致シマスル、既成法典中ノ先占ニ関スル修文中ニ於テ取得篇第三条及ビ第四条ヲ削リマシタ」と旧民法の第三・四条を削除したことを述べ、「第三條第一項ハ全ク当然ノコトデアラウト思フ、狩猟、捕漁ニ関スルコトハ大ニ此行政上ノ便宜ニモ関スルコトデアッテ民法ニ規定スルノハ得策デナイ既成法典ト同ジ精神デ特別法ニ譲ル積リデアリマス特別法ニ譲ルト云フコト丈ケヲ云フノハ如何ニモ必要デナカラウト思フタ。」「第三條ノ第二項ハ是ハ民法ノ範囲ニ属スルモノデナイト思ヒマシタカラ削除致シマシタ。」「第四條ノ規定ハ之モ明文ヲ俟タナイコトデアラウ総テ権利ノ抛棄ハ推定セズト云フ分リ切ッタ一般ノ原則ニ依テ少シノ疑モ生ジナイト信ジマス夫故ニ此條モ削除

スルコトニ致シマシタ。」と両条を削った理由を説明した。

以上の富井委員の説明の後、箕作議長は、「表題ニ付テ御発議ガナケレバ条文ニ這入リマス」と先占の条文審議に移り、書記に条文朗読と参照の諸規定の朗読をさせた。審議に付された先占の条文は、

第二百三十八條　無主ノ動産ハ所有ノ意思ヲ以テ之ヲ占有スルニ因リテ其所有権ヲ取得ス

無主ノ不動産ハ国庫ノ所有ニ属ス

である。参照の諸規定は、「旧民法（財産編・財産取得編）、フランス民法、オーストリア一般民法、オランダ民法、イタリア民法、ヴヲー民法、グラウブュンデン民法、ツユーリヒ民法、モンテネグロ財産法、スペイン民法、ベルギー民法草案、ドイツ民法草案（一読会・二読会）、プロイセン一般ラント法、ザクセン民法、カリフォルニア民法、ニューヨーク民法草案」である。

富井起草委員は、当日の会議に提出された第二三八条一項及び二項について、「本條ハ取得篇第二條ニ当リマス唯少シク文章ヲ修正致シマシタノト第二項ヲ加ヘタノデス」と同条起草の概要を述べ、旧民法財産取得編第一章第二条を第二三八条第一項に修正した理由について、「文章ニ付キマシテハ原文ニハ『最先ノ占有』ト云フ辞ガアル是レハ無主物ト云フコトト衝突スルト思フ最先ノ占有デナクテハナラヌ是ハモウ先占ノ目的物が既ニ無主物デナケレバナラヌト云フノト全ク同ジコトデアリマス夫故ニ之ヲ省キマシタ『其所有権ヲ取得スル方法ナリ』トアリマスガ是ハ少シク法文ノ体裁トシテハ如何デアラウカト思フテ本案ノ如クニ書キ替ヘマシタ。」と詳述し、「第二項ハ財産篇第二十三條第二項ニ当ルノデス、固ヨリ明文ヲ要スル性質ノ事柄デアリマスルニ依テ掲ゲルコトニ致シタ場所ハ本條ガ最モ適當デアラウト考ヘテ此処ニ置キマシテ既成法典ニ『国』トアルノヲ『国庫』ト改メマシタ訳ハ先キニ本案ノ第七十三条第三項ノ例ニ依ッタノデス其時ニ色々議論ガアリマシタガ遂ニ国庫ト云フコトニ極マツタノデアリマスルカラ兎ニ

角例ガまち々々ニナツテハ往ケマセヌカラ前ノ例ニ依ル『国庫ノ所有ニ属ス』ト云フヨリモ或ハ単ニ『国庫ニ属ス』ト云フタ方が宜イカモ知レヌ私ハどちらデモ宜シイ。」と第二三八条第二項の起草理由を述べた。

以上の説明の後、磯部四郎委員から「占有」を「先占」に改めるとの修正案が提出されたが、採決の結果否決され、その他格別の議論もなく、法典調査会において先占原案の第二三八条は原案どおり可決された。

（二） 狩猟に関する審議

無主物先占の審議において、狩猟に関する議論があった。富井起草委員からの旧民法第三条第一項中の「狩猟ノ権利ノ行使ハ特別法ヲ以テ之ヲ規定ス」との条文を起草の際に削ったことの説明は、右の法典調査会の審議のとおりである。そして、旧民法財産編第二四条「無主物トハ何人ニモ属セスト雖モ所有権ノ目的ト為ルコトヲ得ルモノヲ謂フ即チ遺棄ノ物品、山野ノ鳥獣、河海ノ魚介ノ如シ」も削られた条文である。

この法典調査会の審議において、「公有財産」、「無主物」についての質疑があった。都筑馨六委員から、「私ハ一ツ質問致シマス只今ノ所ハ公有財産ト云フモノハ総テ無主物トシテ取扱ッテ居リマス無論判然タル規定ハアリマセヌケレドモ取扱方ハ無主物ノ方が近イ例ヘバ川ノ砂利トカ道路ノ土ダトカ不動産ノ一部ヲ成シテ居ル部分デモ不動産トシテ取扱ハズニ寧ロ私権ノ目的トナレナイト云フ方デ取扱ッテ居リマス此規定が極マレバ或ハ之カラ川ノ砂利ヲ採ルトカ或ハ道路ノ土ヲ採ルトカ云フコトハ総テ是ハ行政布達ナリ或ハ会計法ノ面倒ナ規定ニ依テヤッテ往カナケレバナラヌト思ヒマスガ殊ニ只今ノ所デハ警察上ノ行爲ノミニ由テヤッテ居ル事柄迄モ総テ所有権ノ一部トナッテ來ルト官有財産管理規則ナリ或ハ会計法ナリ細カイ規則ニ拠ラナケレバナラヌト云フコトデアラウト思ヒマスガ其辺迄ノ御覚悟ノ上ノ御規定デアリマスルカ如何デゴザイマスカ。」との質問があり、「ローマ法無主物先占」の日本における「狩猟への適用」を尋ねるものであった。

富井起草委員は、「本條ハ特別法ニ別段ノ規定ヲ設ケラレルコトハ固ヨリ妨ゲナイノデアリマス先刻申シマシタ狩猟法、捕漁法ト云フヤウナモノモ出来マス其他幾ラ出来テモ本條ト衝突スルコトハ固ヨリ構ハヌノデアリマス只今御話ノヤウナ場合果シテ不便デアレバ特別法ヲ以テ規定スレバ宜シイコトト思フ特別法ノナイ限リハ本條が當嵌マル固ヨリ夫レ丈ケノ事ハ覚悟シテ立案シタノデアリマシテ総テ之デ不便ナ場合ハ特別法ヲ以テ補フ特別ナ場合ニ不便ガアルカラト云フテ一般ノ原則ハ本條ニ掲ゲルヨリ別ニ規定ヲ設ケルト云フコトハ何ウモシ悪クイト思フ兎ニ角然ウ云フ主義ニ依テハ適當ナ案ヲ発見スルコトハ出來マセヌ。」と答弁した。狩猟について言えば、「ローマ法無主物先占の日本への適用を拒む特別法でも構わない」という回答である。つまり、無主物先占は、民法の原則に止まり、狩猟に当然適用されるものではないことの説明であった。

3　帝国議会の審議

帝国議会の審議において、狩猟に関係がある明治民法条文の原案は、民法物権編中の、

第二百三十九条　無主ノ動産ハ所有ノ意思ヲ以テ之ヲ占有スルニ因リテ其所有権ヲ取得ス

無主ノ不動産ハ国庫ノ所有ニ属ス

である。その審議の経過は、以下のとおりであった。

(一)　第九回議会

第九回帝国議会は明治二八年（一八九五）一二月二八日から二九年（一八九六）三月二八日までの会期であるが、二八年一二月同議会に民法総則・物権・債権編法律案が提出され審議された。第二三九条についての質疑は、衆議院民法中修正案委員会速記録等を精査しても見当たらない。翌二九年三月に可決成立し、二九年四月二七日法律第八九号として民法前三編が公布された。

(二) 第一〇回議会

第一〇回帝国議会は明治二九年（一八九六）一二月二五日から三〇年（一八九七）三月二四日までの会期であるが、同議会において二九年一二月二九日旧民法の施行を再延期する法律第九四号が制定された。これは、二五年民法施行延期法の期限が二九年末をもって到来するため、三一年六月末まで延期したものである。

(三) 第一二回議会

第一二回帝国議会は明治三一年（一八九八）五月一九日から三一年六月一〇日までの会期であるが、三一年五月同議会に民法親族・相続編法律案が提出・審議され、衆議院で議員から別に民法中改正法律案の提出と撤回があったが、同年六月可決成立し、三〇年（一八九七）六月二一日法律第九号として民法後二編が公布された。

4 明治民法におけるローマ法無主物先占継受と狩猟の条文

(一) 明治民法の施行

明治二九年（一八九六）法律第八九号民法第一編第二編第三編及び明治三一年（一八九八）法律第九号民法第四編第五編は、民法の施行日を定める同年六月二一日勅令第一二三号「民法（略）施行ノ件」により、明治三一年七月一六日から施行された。右三〇年法律第九号は二九年法律第八九号に条文を加える改正法であり、明治民法は一個の法典である。

(二) ローマ法無主物先占の継受

わが国は、明治民法の施行により、民法においてローマ法無主物先占を継受した。ローマ法無主物先占を継受する条文は、

第二百三十九条　無主ノ動産ハ所有ノ意思ヲ以テ之ヲ占有スルニ因リテ其所有権ヲ取得ス

無主ノ不動産ハ国庫ノ所有ニ属ス

の、第一項である。わが国の旧民法編纂以来のローマ法継受への労苦がこの条文に詰まっているので、狩猟や漁撈に関する法律の解釈は、わが国の法令・裁判例や文献に止まらず、一八六五年イタリア王国民法やドイツ民法等の外国法も参酌して具体的な事案を解決することになる。

四　民法学と無主物先占の要件

1　民法学におけるドイツ法学の学説継受

フランス民法、イタリア王国民法及びドイツ民法草案とを継受して成った明治民法の編纂は、わが国にも法律学としての民法学を根付かせた。民法施行時の明治三一年頃の注釈中心の民法学に対し、明治末期から大正期にかけてドイツ法学の学説継受が行われ、簡潔な民法の規定に対しドイツ法の学説を下敷にして解釈されるようになった。ドイツ法学の学説継受の結果、日本民法の母法はドイツ法であるという新解釈が登場し、フランス法やイタリア法による制度であってもドイツ法による解釈論が展開されるまでになった。

2　無主物先占の要件に関する解釈の変遷

（一）　明治民法起草世代の解釈

旧民法を修正した明治民法は、先占を規定する第二三九条を「無主ノ動産ハ所有ノ意思ヲ以テ之ヲ占有スルニ因リテ其所有権ヲ取得ス」と定めた。ローマ法無主物先占の無主物・先占・侵入禁止権の要件に関し、明治民法起草世代がどのように解釈したかについて確認する。起草委員の富井政章は、明治三九年九月発行の著書『民法原論第二巻物権上』において、先占と無主物の要件を説明した後、それ以外の要件として「法律ニ定メタル制限ニ従フヘキコト言ヲ俟タス、例ヘハ狩猟ニ依リテ鳥獣ノ所有権ヲ取得スルニハ其種類、場所、時期、猟具等ニ付キ狩猟法ノ規定ニ従ハサルコトヲ得サルカ如シ（取三条）」と記述し、狩猟の場所等を指摘するとともに参照条文に「財産取得編第三条」を掲げた。先占と無主物に侵入禁止権を加えた三つの要件をもって解釈するものと解される。起草委員梅謙次郎は、大著『民法要義』の執筆の経過について、「新民法の意義を明らかにするを以て目的とし、旧民法・外国法と比較することを主眼としないとの方針の下に睡眠の時を奪いて成った」旨を述べるように、明治二九年九月初版発行の梅謙次郎著『民法要義巻之二物権編』の「先占」は、二頁余の文中には要件に拘泥するところはなく単に先占の意義を説くに止めている。起草委員穂積陳重は、民法のこれに関する書籍がない。

（二）　概念法学世代の解釈の変遷

明治民法起草世代の後継者である概念法学世代の鳩山秀夫著『物権法』は、先占について「その要件二あり。イ所有の意思を以て占有することを要す、ロ主体は無主の動産なることを要す」と二要件を述べた上、「占有をなすことは一般に自由なり」とし、これを説明して「何人と雖も無主物を先占することを得、然し法律は或は一般的に占有を禁じ、或は特定の人のみに先占をなす権利を与ふることあり。」とドイツ民法による解釈を説いた。その後継者である我妻栄著『物権法民法講義Ⅱ』は、無主物先占について、要件を無主物と先占に「動産」を加えた三つの要件とする。そして「先占は意思を要素とする準法律行為中の非表現行為を呼ばれるものである」と事実行為であることを付加してドイツ民法による解釈に従って解釈した。民法学者川名兼四郎は、後に紹介する「裏面解釈」を唱えた最初の学者であるが、狩猟法第四条第七号に明文のない「欄柵囲障又は作物植付なき土地」について、「余輩は寧ろ後の見解を採るものなり、何となれは所有者にあらさるものと雖も第四条の裏面に於て狩猟をなすことを許されたるものなり。」と、ドイツ民法による解釈を展開した。いずれも、ドイツ法学の解釈に従い先占と無主物の二つの要件を説いた。

（三）　乱場制に及ぼした影響

わが国の民法学者は、土地所有者の侵入禁止権に対し冷淡であった。元来、所有者侵入禁止権がローマ法の概念であり、狩猟へのローマ法無主物先占の適用を拒否したドイツの狩猟法制をもってわが国の狩猟を解釈することが難事であったし、ドイツ法学の学説継受からは自然な流れであったといえよう。この民法学者の冷淡な態度が、わが国狩猟法制への社会の関心を適正に導くことを怠らせた。狩猟行政は、自由狩猟の母国イタリアにおける所有者侵入禁止権に係る民法・狩猟法の立法作業には、何も学ぶことがなかった。スペインの自由狩猟にも無関心であった。狩猟行政官僚は、所有者侵入禁止権を定める明文の法を欠如しても、裏面解釈で良しとして百年余を無為に過ごした。それらのことが合して、狩猟行政と狩猟者は、わが国独自と自賛する「乱場制」を産出し、そして破綻に至らせたのである。

第三節　明治二五年勅令狩猟規則

一　狩猟規則制定に至る経緯

1　概　要

狩猟規則制定までの所管省からの鳥獣猟規則改正上申は、

① 明治一三年内務省の鳥獣猟規則改正上申（フランス法の地主狩猟権の継受）、農商務省引継。
② 明治一四年農商務省の鳥獣猟規則改正上申（フランス法の地主狩猟権の継受）、太政官放置。
③ 明治一九年農商務・大蔵省の鳥獣猟規則改正上申（ドイツ法の猟区の継受）、改正しないとの閣議決定。

がある。いずれもゲルマン法狩猟権の継受を目指したが挫折した。

2　狩猟規則制定直前の農商務省の動向

狩猟に対する農商務省の態度は、誰が大臣になったかによってちょうど逆になるようである。

(一)　井上馨農商務大臣の農商務省

井上馨外務大臣は、外務大臣を辞した後、明治二一年（一八八八）年七月黒田内閣の農商務大臣に就任し、翌二二年一二月まで在任した。その間に、前述したように『農務顛末』の「第十八銃猟」が行方不明になったし、また在職官吏への職猟免許下付の大臣指示がなされた。

在職官吏への職猟免許下付の大臣指示とは、明治二一年一一月三〇日付け熊本県知事から内務・農商務大臣あて「官吏銃猟之義に附伺」に対する指示であったが、二二年一〇月一一日農商務省指令第一二七号により井上農商務大臣は、「明治二十一年十一月第三二九号伺官吏職猟許可之件は服務紀律第十一条に準拠すべき限にあらず依て在職官吏と雖も職猟免状下付することを得る。但し従前之指令にして本指令に抵触するものは総て取消す」と在職官吏への職猟免状の下付を指示した。翌日の一〇月一二日付けで、岩村農商務総務局長は、大臣指示の概要説明に続けて「大臣之命に依り御心得之為此の段御通知に及候也」と懇ろに通知した。まさに明治一九年鳥獣猟規則改正上申が挫折した時期であるが、井上は鳥獣の乱獲に通じる職猟の拡大を目指した。

(二)　陸奥宗光農商務大臣の農商務省

明治一七年『興業意見』の公刊に編纂主任として関与した農商務省大書記官前田正名は、非職になり官を離れたが、山梨県知事を経て農商務省に戻り、二三年一月岩村通俊大臣の下に農商務次官に昇任した。同年五月に陸奥宗光が山縣内閣の農商務大臣に就任し、二五年三月まで在任した。陸奥農商務大臣の就任後間もなく大臣と次官に不和が生じ、陸奥大臣から前田次官の後見役ともいうべき品川弥二郎に次官の退陣を促すよう申入れがあり、前田次官が辞任することになった。品川弥二郎は陸奥大臣に書翰を送り、前田次官が退官に際し、茶業・蚕糸・農林学校等の案件のほか、鳥獣猟規則改正を熱望している旨を伝えた。

陸奥大臣は、二四年六月九日、各地で頻発している鳥網の鳥類乱獲防止のため、道府県へ「猟獲禁止の必要ありと認めた鳥類については、農商務大臣に伺の上、猟獲禁止とすべし」とする鳥類猟獲禁止の農商務省訓令第二六号を発出した。これを受けて各地方庁は、乱獲の著しいつばめのほか、ひばり・せきれいなど多数の鳥類の禁猟を定めた。つばめは、全国のほぼ半数の府県で禁猟となり、益鳥の代表として保護されるようになった。

3　鳥獣保護のための猟区の推奨

（一）　東京帝国大学教授飯島魁の狩猟雑誌『猟の友』創刊と猟区

東京帝国大学教授飯島魁は、明治二四年一〇月一〇日に狩猟雑誌『猟の友』を創刊し、二七年三月八日発行の第三巻二七号まで発行した。飯島教授は、ドイツに留学し、大正元年には「日本鳥学会」を創設して初代会頭を務めた経歴があるが、『猟の友』とは別の雑誌である大正八年三月発行の雑誌『猟友』一六五号に「今昔の感」と題する随想を寄せ、猟の友創刊と廃刊の事情を回想した。その中に、「猟の友創刊当時から、さかんに猟区制の問題を主張した。一定の猟区制を設け、鳥類の保護繁殖を図れと欧米における猟区制を引用して痛論した。私が猟の友に掲げた議論は、当時の猟界に顧みられなかった為に、勢いその論旨も過激にわたり、ついに発行以来四年目に至って発売禁止の厄に遭遇した」旨の記述がある。その発売禁止の厄のことは後に述べるが、当時鳥獣保護のために猟区制を推奨したと述懐するのである。

（二）　青木周蔵子爵の猟区による規則改正意見の『猟の友』掲載

明治二四年一一月一〇日から翌二五年九月まで、雑誌『猟の友』論説欄に、「青木子爵の狩猟規則草案」が連載された。一巻二・三・四・五・七・八・九・一〇・一二号の各号に分割連載され、草案最後の約一〇か条を残すばかりになったが、勅令狩猟規則が制定されて連載は終了になった。猟区に対する狩猟者の反対意見は厳しかった。なお、次の号の二五年一〇月発行の二巻一三号の雑録には、「新狩猟規則に付き」という別人の解説記事が掲載されている。この記事は、猟区について、「世には此猟区設定規則を見て猟権を富貴僅数の手に帰せしむなどとやかましいことを云う人沢山あれど、それは素人考にて（略）猟区嫌いの方々はまずまず安心して宜しからん」とするなどの猟区を揶揄する内容であった。

二　狩猟規則制定の経過

1　明治二四年八月農商務大臣陸奥宗光の勅令狩猟規則制定の閣議請議

明治二四年（一八九一）八月二八日農商務大臣陸奥宗光から、現行規則である明治一〇年一月二三日太政官布告第一一号鳥獣猟規則を改正する勅令狩猟規則制定の閣議請議がなされた。勅令案として、全二九か条の案文を添えてあった。明治憲法は第八条に緊急勅令を、第九条には行政命令たる勅令を定めるが、この勅令案は行政命令たる勅令の案文である。第一条に銃器・張網等の各種の猟具による狩猟に適用する旨を掲げ、第八条第一項に「土地ヲ限リ狩猟区ヲ設定セント欲スル者ハ地方長官ヲ経由シテ農商務大臣ニ願出テ其免許ヲ受クヘシ」との私人の狩猟区設定を規定したもので、農商務大臣への委任事項を多く規定して全体に比較的簡素に取りまとめた勅令狩猟規則制定の請議であった。

2　法制局審査

明治二四年九月七日、法制局長官から法制局審査を終えた勅令案を枢密院に付議されるべく閣議請議された。農商

務大臣の請議書に押捺された印判から第二部の担当案件と判明するが、当時第二部の部長は平田東助である。法制局はまず、

別紙農商務大臣請議狩猟規則制定ノ件ヲ案スルニ其要旨ハ近来鳥獣ヲ捕獲スルモノ甚タ増加シ濫獲ノ弊漸ク生セントスルニ当リ現行鳥獣猟規則ハ其制裁厳ナラサルヲ以テ之ヲ防止スルニ道ナク今ニシテ放棄シ置カハ遂ニ謂フニ思ヒサルノ惨状ヲ見ントスルニ至ルヲ以テ現行鳥獣猟規則ヲ廃シ新ニ狩猟規則ヲ設ケ鳥獣蕃息ノ道ヲ開カントスト謂フニアリ

と、農商務大臣からの勅令狩猟規則制定閣議請議の趣旨を要約した上で、

然ルニ現行鳥獣猟規則ハ特別ノ場合ヲ除ク外一般ニ銃猟ヲ免許シ土地所有者ノ権利ヲ制限シタルモノナレハ憲法実施ノ今日ニ於テハ之ヲ法律ト看倣ササルヲ得ス、従テ之ヲ改正又ハ廃止セントスルニハ法律ヲ以テセサルヘカラス又現行鳥獣猟規則ハ単ニ銃器ヲ以テ狩猟スルノ規定ノミニ係リ張網モチ縄等ヲ以テ狩猟スルモノニ及ハス右ノ二理由ニ依リ別紙提按中銃器ヲ以テ狩猟スル場合ノ規定即チ現行鳥獣猟規則ハ帝国議会ノ協賛ヲ経テ改正又ハ廃止スヘキモノトシ

と、鳥獣猟規則を法律とする見解を展開した。すなわち、明治一〇年鳥獣猟規則は「一般ニ銃猟ヲ免許シ土地所有者ノ権利ヲ制限シタルモノナレハ憲法実施ノ今日ニ於テハ之ヲ法律ト看倣ササルヲ得ス」「銃器ヲ以テ狩猟スル場合ノ規定即チ現行鳥獣猟規則ハ帝国議会ノ協賛ヲ経テ改正又ハ廃止スヘキモノ」であるので、今次勅令による改正においては法律の部分を改正し得ないとするのである。その結果、

今回ハ単ニ捕獲ノ濫弊甚シキ張網モチ縄等ヲ以テ狩猟スルモノノ規定ヲ設ケラレ可然ト思考ス依テ付箋ノ通修正ヲ加へ勅令ヲ以テ発布セラレ可然ト認ム

として、原案から銃猟の字句を全部削って条文の補正をし、勅令案二六か条に縮小した。

法制局は明治一〇年鳥獣猟規則が「一般ニ銃猟ヲ免許シ」たことにより自由狩猟を採用したと主張するが、法制局

主張の要点である自由狩猟の採用については、既に明治太政官法の「明治一〇年一月二三日規則改正」の「狩猟の原則」において検討したとおり、自由狩猟は明確に否定され、自由狩猟採用の事実は認め難いので、この点に留意する必要がある。

3　閣議における激論

陸奥農商務大臣は、翌九月八日付け内閣書記官長からの閣議請議書において、法制局審査意見に反論し、農商務省原案のまま枢密院へ付議すべきことを強く求め、別紙「現行鳥獣猟規則ハ法律ニ非ラサルノ件」と題する書面を添付し、各大臣の意見を問うた。これにより内閣に激論を生じた。反論の要点は、明治一〇年改正鳥獣猟規則は、法制局主張のような、「一般に銃猟を免許して土地所有者の権利を制限したものではない」ということに尽きる。そこで、右添付書面は三段に分けて論証しているので、これを検討する。

(一)　明治一〇年鳥獣猟規則は法律ではないこと

第一段は、明治一〇年鳥獣猟規則が法律ではないことから説き起こし、

現行規則ヲ法律ナリト云フノ論ハ末ヲ見テ本ヲ誣ユルモノナリ。民法ノ規定ヲ以テ其規定ナカリシ以前ヨリ既ニ所有権ハ恰モ現在規定ノ如キモノナリシカノ如ク推測セハ所有権ヲ制限シタル法律ナリト云フノ誤謬ニ陥ルコト怪ムニ足ラス。然レトモ現行規則ハ実ニ此クノ如キモノニハ非サルナリ。抑モ所有権ハ絶対的無制限ノモノニ非ラス、而シテ其権利ノ区域及行使ハ法律命令ノ規定ヲ待テ始メテ明カナルモノナリ。現行鳥獣猟規則ヲ制定シタル当時ハ今日ノ如キ民法ノ規定ナシ、随テ其権利ノ区域及行使モ分明ナラス

と、改正対象の鳥獣猟規則は近代的な所有権を前提とした規定ではないとし、

故ニ現行規則ハ土地所有者ノ権利ヲ制限シタルニハ非ラスシテ、却テ土地所有者ヲ保護センカ為メニ第八条第四項及第

十三条ノ規定ヲ設ケタルモノナリ。是レ現行規則ヲ制定シタル当時ノ事実ナリ

と、法制局が土地所有者の権利を制限したとする「第八条第四項及第十三条ノ規定」はかえって土地所有者を保護する規定であって、元老院議官として現行鳥獣猟規則改正を審議した立場からの「立法的解釈」を強調する。

(二)「裏面解釈」により他人所有地で自由狩猟を許したと解すべきでないこと

第二段では、銃猟禁止場所の規定は刑罰規定であり、その裏面において他人所有地で自由に銃猟を許したものではないと反論し、

一歩ヲ進メ法律上ヨリ之ヲ解釈センニ、現行規則第八条第四項及第十三条ニ於テ銃猟ヲナスコトヲ得サル場所ヲ示シタルハ、間接ニ其他ノ場所ニ於テハ自由ニ銃猟ヲナスコトヲ得ルヲ示シタルモノニシテ即チ他人ノ所有地ニテモ銃猟ヲナスコトヲ得、約言スレハ他人ノ所有権ヲ制限シタルモノナリ故ニ之ヲ法律ナリトストノ論ハ、一理ナキニアラス

と、銃猟禁止場所の規定が「間接ニ」「他人ノ所有権ヲ制限シタルモノナリ故ニ之ヲ法律ナリトストノ論」は一理なきにあらずとしつつも、

然レトモ是レ単ニ銃猟規則ノミヲ見テ他ノ法律規則ヲ問ハサリシ誤解ナリ、他ノ法律規則ニ於テ何等ノ規定ナキ場合ニ於テハ或ハ此種ノ推測ヲ為スコトヲ得ト雖モ、抑モ現行規則第八条第四項及第十三条ハ土地所有者ヲ保護センカ為メノ規定ナリ。之ヲ犯セハ刑事ニ問フヘシ即チ罰金ヲ科スヘシトノ理由ヲ以テ掲ケタルモノナリ。其裏面ニ於テ他人ノ所有地ニテモ自由ニ銃猟ヲナシテ可ナリト許シタルモノニハ非サルナリ

と、右の銃猟禁止場所の規定は土地所有者を保護するための処罰規定であるに過ぎず、「裏面ニ於テ」他人所有地における自由な銃猟を許したものではないと論駁するのである。すなわち、条文の解釈に当たり、たやすく「間接ニ」あるいは「裏面ニ於テ」解釈をすべき場合でないと主張する。間接解釈あるいは裏面解釈という確立した法解釈の方

法は、法律学に存在しない。当時のドイツ民法学のハインリヒ・デルンブルヒ著『独逸民法論・パンデクテン』には拡張解釈をなすべき場合には「反対の推測」を適用することを許さずとし、富井政章著『民法原論』には「反面論法ト称シテ法律ニ或一ノ場合ヲ規定セル為メ其法文ニ包含セラレサル場合ハ挙テ反対ニ決セサルヘカラストスルハ甚危険ナリトス」していることからも窺知されるが、かかる解釈は許されず、明文の根拠規定が必要である。

(三) 他人所有地において自由に銃猟をなし得る旨の明文規定がないこと

第三段において、他人所有地において自由に銃猟をなすことを得るには、特別法の成文・明文規定が定められなければならないと反駁して、

現行規則第八条第四項及第十三条ノ規定以外ハ普通法ノ支配スル所ニシテ銃猟規則ノ関係スル所ニアラス。普通法ニ於テ他人ノ所有地ニ入ルヘカラス、入ル者ハ罰スト規定セハ其規定ニ従フモノナリ。又他人ノ所有地ニ入ルコトヲ得、入テ損害ヲ与エタルトキハ之ヲ償フヘシト規定セハ、其規定ニ従フモノナリ。要スルニ其規定ノ如何ヲ問ハス総テ普通法ノ規定ニ従フモノナリ。故ニ現行銃猟規則ニ於テ明カニ他人ノ所有地ニ於テ自由ニ銃猟ヲナスコトヲ得ト規定シタランニハ、或ハ所有権ヲ制限シタル法律ナリト云フコトヲ得ト雖モ、此クノ如キ明条ナキ以上ハ、如何ナル点ヨリ観察スルモ現行規則第八条第四項及第十三条以外ノ場合ハ、此規則ノ関係スル所ニアラスシテ普通法ノ支配スル所ナリ。故ニ現行規則ハ他人ノ所有権ヲ制限シタルニアルト断定セサルヲ得ス。果シテ然ラハ現行規則ノ法律ニアラサルハ炳トシテ火ヲ見ルカ如シ。

と述べ、単なる刑罰規定をもって自由狩猟の根拠法とはなし得ず、現行鳥獣猟規則が法律でないことは火を見るように明らかであるとしたのである。

(四) 激論の結果

陸奥大臣は、右のとおり詳細に意見を述べ、「本大臣意見ニ同意ノ大臣ハ本紙ニ捺印ヲ請フ」とした。田中不二麿

司法大臣は、ひとり法制局意見に賛成して別紙に意見を開示した。書面の冒頭に「狩猟ハ捕漁ト相並ンテ一個ノ権利タルモノナリ」と書き出して、未施行の旧民法により立論して狩猟権制の意見を述べた。法制局意見が明治一〇年鳥獣猟規則が自由狩猟を採用したとして審査を行ったのに対し、やや見当違いの意見であった。多数意見は、陸奥大臣に同意して農商務省原案により枢密院へ付議されることになった。

（五）　裏面解釈とその初出文献

この内閣における激論は、要するに、法律の明文が欠如するときの法律解釈の問題として、平田東助法制局第二部長の意見と陸奥農商務大臣の反論により交わされた。ベルリン大学で政治学を、ハイデルベルク大学で国際法を、ライプツィヒ大学で商法を学び、ハイデルベルク大学から日本人として初のドクトル・フィロソフィの学位を得た平田東助部長の裏面解釈は、結果として、イギリスで法律を学んだ陸奥農商務大臣の反論に屈したことになった。

明治中期における近代的法律論争であるとも考えられるので、念のためわが国の裏面解釈の初出文献を探索してみた。いろいろと探索しても、発見できなかった。何故なら、この明治二四年九月七日の法制局長官の閣議請議書が、その文献上の初出であった。この閣議請議書は、ハイデルベルク大学から日本人が最初に法学博士の学位を得た平田部長の力作であった。後記するように、後に東京帝国大学から法学博士の学位を得た後継者を輩出したという名誉の初出文献であった。

4　明治二五年一月狩猟規則案上奏

明治二五年（一八九二）一月（日欠）を以て内閣総理大臣松方正義からから狩猟規則案が上奏され、枢密院の議に付された。農商務省原案の第二四条の公訴時効を定めた規定を削り、全二八か条の案であった。

5　枢密院の審議・諮詢

枢密院の審議は、明治二五年九月二六日開催の枢密院の顧問官会議までに、道家斉書記官らにより議案の審査が行われた。その間に、狩猟規則制定の勅令の法形式について問題になったことはなく、同年六月、七月及び九月の各修正規則案が検討された。枢密院書記官長伊東巳代治の狩猟規則審査報告書と後任の同平山成信の同報告書がある。修正は、原案を「第一章猟具猟法」から「第五章罰則」までに章区分して条文を配置し、銃器を使用しない狩猟と使用する狩猟とに甲乙二種の免状を設け、両種の処罰に配慮し、猟区設定を明記し、鳥獣保護は規則本文に鳥獣名称を記載するなどし、農商務大臣の命令への委任事項についても規則本文へ移すなどしつつ、規則全体について行われた。九月二六日の枢密院会議において枢密院上奏案を議決した。これにより諮詢を経た。

6　明治二五年一〇月勅令狩猟規則の制定公布

明治二五年（一八九二）一〇月五日勅令第八四号狩猟規則が公布された。規則の全容は、

第一章　猟具猟法
第二章　狩猟免許
第三章　猟区設定
第四章　鳥獣保護
第五章　罰則

に、第一条の狩猟における銃猟と網猟等の類別から第三二条の科料の規定までの全三二か条の本則・附則二か条を配置した近代的な体裁の狩猟法令であった。そして施行の手続規定として、同月一二日農商務省令第一三号狩猟規則施行細則及び同日農商務省令第二八号狩猟規則取扱手続が発出された。

7　狩猟規則の一部改正

明治二五年一一月一〇日勅令第九三号を以て狩猟規則第二九条を改正した。第二九条「免状ヲ得スシテ狩猟ヲ為シタル者及詐欺ノ所為ニ申リ免状若クハ猟区設定ノ免許ヲ得タル者ハ十円以上百円以下ノ罰金ニ処ス」とあるのを、「第六条第一項及第二十条ニ違背シテ狩猟ヲ為シ又ハ第十四条ニ違背シテ乙種免状ヲ受ケタル者ハ三円以上三十円以下ノ罰金ニ処シ第八条ニ違背シテ職猟免状ヲ受ケタル者ハ七円以上七十円以下ノ罰金ニ処ス」と改めた改正である。

三　狩猟規則の主要な内容

1　狩猟の原則

勅令狩猟規則の狩猟の原則は、明治六年布告第二五号鳥獣猟規則の狩猟の原則と同一の殺生禁断から殺生解禁へ乗り換える目的の国家狩猟権制である。農商務省は、ドイツ狩猟法から猟区制の継受を目指しながら、失敗に終わった。ドイツ法の猟区による鳥獣猟規則の法律化に向けた規則改正の意図は、明治一九年の鳥獣猟規則改正上申で挫折し、二三年五月職を辞した農商務次官前田正名が熱望したにもかかわらず、また失敗に帰した。その結果は、税法と狩猟法令が混在する殺生解禁の法のままであった。

2　狩猟権能

狩猟権能は、免状を職猟免状と遊猟免状に区分し、更に種類を甲種と乙種に区分した。そして免許税を免許料と改めて、職猟免状甲種五〇銭・乙種一円、遊猟免状甲種五円・乙種一〇円の免許料と定めた。この職猟・遊猟の存在は、明治六年布告第二五号鳥獣猟規則の収税政策から脱却できずに狩猟規則の中に遺物として残存したが、今次改正では職猟免状を「生業ト」から「生計ノ」に改めて職業としての性格を表現した。そして、職猟免状の下付欠格者を、

第八条　左ニ掲クル者ハ職猟免状ヲ受クルコトヲ得ス

一　判任以上ノ官吏及其待遇ヲ受クル者
二　所得税ヲ納ムル者
三　地租拾五円以上ヲ納ムル者
四　所得税拾五円以上ヲ納ムル者ノ家族

と定めた。銃器使用の有無により甲・乙種を区分した。そのように職猟と遊猟を厳格に区分するについて狩猟規則は熱意を示した。

ところで行政裁判所は、職猟と遊猟の区分に関する興味深い判断をし、鳥獣猟規則の法律性についても特異な意見を示した。旧家で財産家である農業中島七右衛門が原告になり、明治一〇年鳥獣猟規則に基づき願い出た職猟免状の下付を被告の所轄警察分署長から拒否されたとして提起した明治二五年第三四号「営業免許拒否不服ノ訴」に対し、行政裁判所は同年七月八日原告勝訴の判決を宣告した。理由において、「何人ト雖自己ノ望ム所ニ従テ職猟遊猟ノイズレヲ為スモ固ヨリ妨ナキモノトス」「之ヲ為スハ貧富ヲ論セス各人ノ自由ナレバナリ」とし、「鳥獣猟規則即チ法律」と断じた上、被告の職猟免状の下付拒否を「法律」に適したる処分というを得ずと判示し、「被告ハ原告ノ職猟願ヲ受理シ職猟免状ヲ下付スヘシ」と判決した。その後同原告は、勅令狩猟規則制定に基づく職猟免状の下付も拒否されたため訴を提起した。行政裁判所は、原告が農商務大臣を被告として提起した明治二五年第一二四号「営業免許拒否ノ命令取消ノ訴」に対し、同年一一月二五日訴状却下の裁決をした。理由において、原告が「被告大臣ハ本年十月六日狩猟規則ヲ発布シ其第八条ニ於テ職猟免状ヲ受クルコトヲ得サル者ノ制限ヲ設ケタルハ命令ヲ以テ法律ヲ変更シ」たと難じたのには判断せず、「本件ハ被告ガ行政処分ヲ以テ営業免許ヲ拒否シタルモノニアラサレハ」とのみ判示して訴状を却下したものである。

3　猟　区

（一）　猟区の立法趣旨

狩猟規則の立法担当者である農商務省参事官島田剛太郎著の『狩猟規則詳解』が、明治二五年一〇月の狩猟規則公布から一か月半ほどの翌一一月二一日に出版された。同書の「狩猟規則発布ノ主旨」には、「狩猟規則制定ノ主旨ハ則チ此等ノ弊（鳥獣減少の意）ヲ矯正スルニアリ此ヲ以テ一方ニ於テハ鳥獣ヲ保護シ一方ニ於テハ遊猟職猟ノ区別ヲ明晰ニシタリ」とある。これに続けて猟区に言及し、猟区を規定した趣旨を「其従来ノ規則ニ見サル猟区ノ設定ノ如キハ独逸法ヨリ移シ来レルモノニシテ畢竟此規則ノ本旨ニアラスシテ客位ニアルモノト見テ可ナラン」と記述する。当時、猟区に対する反対が激しかったのに対し、狩猟規則は鳥獣保護と遊猟職猟の区別を明確にすることが主旨であり、それに比べるとドイツ法から継受する猟区設定はさほどのものではない、というのが猟区の立法趣旨としてある。

（二）　猟区の条文

わが国の狩猟法令に登場したドイツ法からの継受を志向した歴史的な猟区の条文であるので、第三章「猟区設定」の全条文を確認すると、

第十六条　日本臣民ニシテ猟区ヲ設定セント欲スル者ハ十箇年以内ノ期限ヲ定メ地方長官ヲ経由シテ農商務大臣ニ願出テ免許ヲ受クヘシ

猟区ノ設定ニ関スル制限ハ農商務大臣ノ定ムル所ニ依ル

第十七条　官有ニ係ル森林、原野、水面ヲ借用シテ猟区ト為サント欲スル者ハ管轄官庁ニ願出テ許可ヲ受クヘシ

猟区設定ノ場所他人ノ所有ニ係ルトキハ先ツ其ノ所有者又ハ管理人ノ承諾ヲ受クヘシ

第十八条　一猟区ノ面積ハ千五百町歩ヲ以テ最大限トシ一箇年金拾円ノ割ヲ以テ免許料ヲ納ムヘシ
連続ノ面積最大限ヲ越ユルトキハ其越ユル所百町歩マテ毎ニ一箇年金壱円ノ割ヲ以テ免許料ヲ増納スヘシ
農商務大臣ハ土地ノ情況ニ因リ前項ノ免許料ヲ低減スルコトヲ得
第十九条　猟区内ニ於テハ免許本人及其承諾ヲ受ケタル者ノ外狩猟ヲ為スコトヲ得ス
第二十条　猟区内ト雖モ免状ヲ有スル者ニ非サレハ狩猟ヲ為スコトヲ得ス
第二十一条　猟区ヲ廃シ又ハ其ノ区域ヲ減縮スルトキハ地方庁ヲ経由シテ農商務省ニ届出ツヘシ
第二十二条　農商務大臣ハ免許本人此規則ニ違背シタルトキ若クハ第十六条第二項ノ制限ニ従ハサルトキ又ハ公益ニ害アリト認ムルトキハ其猟区全部若クハ一部ニ対シテ免許ヲ取消スコトヲ得
第二十三条　第二十一条及第二十二条ノ場合に於テ既納ノ免許料ハ還付セサルモノトス

以上のとおりである。この猟区の一連の条文中に、猟区から出てきて付近の農作物等を害する鳥獣害の損害賠償規定が不存在であり、注目される。

(三)　猟区に対する行政側の批判

『鳥獣行政のあゆみ』は、明治二五年の猟区について「ここで、私人の猟区設定の制度が突如として登場したことは、理解に苦しむ点である。しかし、この制度もわづか三年の命脈を保ったにすぎず明治二十八年の狩猟法の制定の際に、廃止されている。私人猟区が何故この時代に登場し、しかも短命に終ったかについて理由を明らかにした資料がない。察するに、当時狩猟先進国の猟区制度になじんだ一部特定の狩猟家の意見を参酌して制度化したものの、現実的には独占的な猟区（註・会員制か）となり、多くの弊害が生じたため、この制度が廃止されたのではなかろうか」と猟区を批判している。この批判は、記憶に留めておく必要がある。農林省に猟区の資料が豊富にあり、帝国議会の会議録を手近に参照できる立場であるのに、「理由を明らかにした資料がない」との不誠実な態度が物語っているように、この類の認識は狩猟行政官僚には普通のことであった。『鳥獣行政のあゆみ』の有力な執筆者である林野庁造林保護課の職員が昭和四〇年二月号『林業技術』誌に寄稿した「鳥獣行政の問題点」の「3猟区制度の検討」には、猟区を「われわれ関係者が最もいみきらっている個人の独占狩猟地」と書いている。明治期の「猟区をいみきらった」狩猟者が、そのまま狩猟行政の中枢に生き残って猟区を嫌い通した如きである。

4　御猟場

第四条に「左ニ掲クル場所ニ於テハ狩猟ヲ為スコトヲ得ス」として、その第一号に御猟場を定めた。明治二四年八月の農商務省原案にはなかったが、二五年七月の修正案に登場した宮内省が経営管理する猟場である。明治維新以来皇室御料地の制度は廃止され、皇室維持費は国家経費として宮内省予算により賄われることになったが、明治五年の地券発行に際し皇宮地として官有地第一種の御料地を設定する途が開かれ、明治一四年政変後に御料地設定論が活発になった。その後、憲法発布・議会創設以前に皇室財産を確立しておく必要から二二年には官有林の御料地大編入が行われた。そのような情勢の中で、明治一五年以降各地に御猟場が設けられた。習志野・蓮光寺の雉猟場、江戸川筋の鴨猟場、日光の鹿猟場、天城・雲ヶ畑の猪鹿猟場等の御猟場が設けられたが、大正末年に皇室の経費節減等のため次々に廃止され、国営猟区に併合された。現在でも新浜・越谷の鴨猟場が残存している。

5　狩猟規則に対する立法事務官僚の裏面解釈

島田剛太郎著『狩猟規則詳解』は、農商務大臣が許されないとした裏面解釈をやって見せた。裏面解釈による解説は、同書に二か所あった。

その一は、第四条第七号の解説である。第四条の全文は、

第四条　左ニ掲クル場所ニ於テハ狩猟ヲ為スコトヲ得ス
一　御猟場
二　禁猟制札アル場所
三　公道
四　公園
五　社寺境内
六　墓地
七　欄、柵、囲障ヲ設ケ又ハ作物植付アル他人ノ所有地但所有者又ハ管理人ノ承諾ヲ得タルトキハ此限ニ非ス

である。狩猟禁止場所の規定であり、その第七号の解説として、「欄、柵、囲障又ハ作物植付ナキ場所ニテハ何レノ場所ヲ問ハス狩猟ヲ為スコト随意タルヘシ」と記述した。

その二は、同書冒頭の「二、狩猟規則ハ勅令ヲ以テ発布シタリ」と題する法律・勅令論の論点を対比した文章中に、勅令を可とする論者つまり農商務省の意見として「狩猟規則ハ欄柵囲障ノ設ケナキ処又ハ作物植付ナキ場合ハ狩猟ヲ禁セス則チ裏面ヨリ之ヲ見ルトキハ所有者ハ他人ノ狩猟ヲ欲セサルトキハ欄柵囲障ノ設ケ或ハ作物植付ヲナスヘシト云フニ外ナラス」と記述した。いずれも、「則チ裏面ヨリ之ヲ見ルトキハ」と、条文の「裏面解釈」によることを明記していた。前者は、第四条第七号の「欄、柵、囲障ヲ設ケ又ハ作物植付アル他人ノ所有地但所有者又ハ管理人ノ承諾ヲ得タルトキハ此限ニ非ス」とあるだけの条文から、「狩猟ヲ為スコト随意タルヘシ」と土地所有者の受忍義務を引き出して解説したし、後者は、「所有者ハ他人ノ狩猟ヲ欲セサルトキハ欄柵囲障ノ設ケ或ハ作物植付ヲナスヘシ」と土地所有者の作為義務まで引き出して解釈した。

狩猟規則の立法事務担当者が法の明文を欠如しても、裏面解釈により国民に受忍義務及び作為義務を課すとするのである。重ねて枢密院会議録を精査してみた。各読会を通じて、第四条第七号に関する審議が行われた事実はなく、その類推解釈が許容された事実もない。それであるのに、前記法制局の初出文献に次ぐ、わが国第二番目の裏面解釈文献が現れたのである。しかし、いかにも解説が稚拙であるので、島田参事官の経歴を確認してみた。明治二三年文官高等試験合格・配属先農商務省参事官室とあるので、駆け出しの官僚に対し法制局から法令審査に名を借りて、その識見の域を超えた強力な指導があったのであろう。やがて、この裏面解釈は狩猟行政に定着してしまった。この島田著書がわが国の裏面解釈の第二番目の文献であり島田法学士の力作であるので、念のため同学士の法学博士学位を探索したが見出せなかった。

四　不平等条約相手国への狩猟規則の実施通知

外務省は明治二五年一〇月五日勅令狩猟規則を公布・施行した後の同月七日、外務大臣陸奥宗光から不平等条約相手国等の公使宛に勅令狩猟規則の実施を一斉に通告した。通告先は、領事裁判権に関わりのあるイギリス・フランス・ドイツ・イタリア・オーストリア・オランダ・スウェーデン・デンマーク・ロシア・アメリカ・スペイン・ベルギー・ハワイ・清国・スイスである。通告書には、領事裁判手続には変更がない旨を記載し、従来の外国人免状取扱条例では年毎に狩猟に関する権限を譲与していたが、狩猟規則においては永久に譲与する特典を与えることを強調していた。相手国に領事裁判権のないメキシコ・朝鮮・ポルトガルに対しては、明治二五年一一月一一日農商務省訓令第三四号により、朝鮮人・メキシコ人・ポルトガル人の遊猟免状出願手続を定めた。

外国人の条約規程外の狩猟については、狩猟規則施行細則附則第一一条に「狩猟免状ヲ受ケタル外国人ハ条約規程内ニ限リ狩猟スルコトヲ得若シ其ノ規程外ニ於テ狩猟シタルトキハ該免状ハ爾後無効ノモノトス」と規定された。

第四節　狩猟規則の憲法違反決議と狩猟法律主義の確立

一　狩猟規則の憲法違反問題の出現

狩猟規則の憲法違反問題は、それを指摘する法律雑誌記事が現れ、また立法担当官の逐条解説書が出版されてたちまち政治問題化した。

1　明治二五年一一月法学協会雑誌の記事

明治二五年一一月一日発行の『法学協会雑誌』第一〇巻第一一号雑録に、「狩猟規則ノ発布」と題する記事が掲載された。この記事は、「本年ノ議会亦必ズ此問題ノ湧出シテ一大論戦ヲ開クベキヤ期シテ待ツベシ」と議会での論戦を期待するもので、勅令狩猟規則の憲法違反説と合憲説の論拠の概略を示していた。その論拠は、それぞれ四項目あるが主要なものは、憲法違反説は、①狩猟は土地を利用して行い、他人の所有地の利用は憲法上法律による所有権制限のみでなし得ること、②狩猟免許料は租税であるから憲法上法律のみで改廃すべきこと、とするのに対し、合憲説は、①わが国では飛禽走獣は無主物にして土地からの収得ではなく、他人の土地も自ら立入禁止を公表しない限り何人にも踏践を許すこと、②租税・手数料の区分はその実体により変動するためこれに拘泥する価値のないこと、としていた。

2　『狩猟規則詳解』による解説

島田参事官は、前記のとおり解説書を出版したが、その冒頭に勅令狩猟規則の憲法違反説と合憲説の論拠を詳細に記述した。これが議会論戦の好資料となった。

二　第四回帝国議会衆議院における勅令狩猟規則の憲法違反決議

1　質問書提出と政府答弁

衆議院議員清水文二郎は、明治二五年一一月三〇日鳥獣猟免許税の件に付き、政府へ質問主意書を提出した。質問の理由として「勅令ヲ以テ之ヲ改メ租税以外ノモノト為シタルハ議会ノ議権ヲ犯シ遂ニ憲法ノ神聖ヲ侵スノ嫌アリ」と記述し、賛成者渡邊芳造外二九名を記載した。これに対し翌一二月六日、後藤農商務大臣から憲法に違反しない旨の答弁がなされた。

2　狩猟規則に対する憲法違反非認決議

（一）　憲法違反非認決議案の提出

第四回帝国議会は明治二五年（一八九二）一一月二九日から二六年（一八九三）二月二八日までの会期であるが、二五年一二月七日、同議会衆議院に議員高田早苗、山田東次及び中村弥六から狩猟規則に関する決議案が提出された。同決議案は、「勅令八十四号狩猟規則ハ憲法ニ反違スルヲ以テ当初ヨリ其効力ヲ有スヘキモノニアラス依テ本院ハ政府ノ発令ヲ非認スルコトヲ決議ス」というものである。同月一三日これの審議中、議員高梨哲四郎から修正案が提出され、同修正案は「勅令八十四号狩猟規則ハ憲法ニ反違スルモノトス依テ本院ハ政府ガ其責任ヲ明ニスヘキコトヲ決議ス」であった。

（二）　審議と憲法違反非認決議案の可決

明治二五年（一八九二）一二月一三日、勅令狩猟規則に対する憲法違反非認決議案の審議が行われた。まず提案者の高田早苗議員が決議案の内容を述べ、後藤象二郎農商務大臣から答弁があり、提案者の山田東次議員や決議案に反対する井上角五郎議員その他の賛否の弁論が陳述された。また、高梨哲四郎議員から修正案が提出され、最後に政府委員の法制局長官末松謙澄から弁明の意見が表明された。

決議案の提案理由は、最終的に狩猟における他人所有地への立入・狩猟に絞られ、審議も「他人所有地への狩猟のための立入り並びに他人所有地における狩猟は成文の法律を以て定める」という他人所有地における狩猟の法律主義が論議された。討論終結後、記名投票により採決され、まず修正案が否決され、原案に対しては総員二四七、原案の可が一七四、否が七三の投票結果となり可決された。かくて、他人所有地と狩猟に関する憲法違反決議として重要な決議が可決成立した。

三　狩猟法律主義の確立

この明治二五年憲法違反非認決議は、わが国狩猟法制において極めて意義深いものがある。明治憲法は、その条文において「法律による行政」の原則が確立していなかったとされるが、憲法制定後の初期議会において、「狩猟は法律を以て定める」という「狩猟法律主義」が確立したのである。

一八六五年制定のイタリア王国民法第七一二条が狩猟法令の制定を規定し、これによりイタリア全国の統一狩猟法の制定作業が精力的に推進された。イタリア王国民法を継受したわが国は、明治民法制定に当たりイタリア王国民法第七一二条とほぼ同旨の旧民法財産取得編第三条を削ったが、これについては、明治二七年九月開催の第二七回法典調査会において富井政章起草委員から同第三条は特別法の狩猟法が規定することとして民法から削った旨の説明があり、同調査会がこの説明を了承したという経過がある。明治二五年一二月の「他人所有地への狩猟のための立入り並びに他人所有地における狩猟は成文の法律を以て定める」という憲法の観点からの狩猟法律主義が確立した後、二七年九月の民法修正を審議した法典調査会において特別法である狩猟法を以て立法することが議決されたのである。わが国は、明治二五年一二月確立した狩猟法律主義を厳守することは当然であり、それは、日本国憲法下の現在においても変わることはない。

四　貴族院の動向

貴族院においても、衆議院と同様な決議の機運があった。新荘直陳議員らの質問書提出や小畑美稲議員の同趣旨の緊急動議等がなされたが、成果を収めるには至らなかった。

第五節　明治二八年狩猟法

一　狩猟法制定経過の概要

第四回帝国議会衆議院において勅令狩猟規則の憲法違反非認決議がなされた後、直ちに衆議院で議員大島信提出の狩猟法案の審議が開始された。大島議員の議案は単に狩猟規則から猟区の条文を削っただけの議案であり、これが可決されて貴族院へ送付された。貴族院では同法案は第二読会の審議に付することなく否決された。第五回議会においては、貴族院で議員清棲家教ら提出の狩猟法案が可決されて衆議院へ送付され、審議中に衆議院解散になり廃案になった。その後、前記の狩猟雑誌『猟の友』の出版差止があった。第六回議会においては、貴族院で清棲議員ら提出の狩猟法案が可決されて衆議院へ送付され、これも審議中に衆議院解散になり廃案になった。第七回臨時会は日清戦争のため広島に招集され、狩猟法の審議はなかった。第八回議会においては、貴族院で清棲議員ら提出の狩猟法案が可決されて衆議院へ送付され、衆議院が修正可決し、両院協議会を経て狩猟法が可決、制定に至った。

二　帝国議会の審議経過と『猟の友』の出版差止

1　第四回議会

明治二五年一二月一三日第四回帝国議会衆議院において、勅令狩猟規則の憲法違反非認決議がなされた直後、議員大島信提出の狩猟法案の第一読会の審議が開始され、大島議員の提案理由説明があり、狩猟法審査特別委員選出の動議があった。大島議員は、奄美大島選出の議員で吏党として活躍していた。同議員提出の狩猟法案は、勅令狩猟規則から「第三章猟区設定」の八か条の全条を削り、他に数か条の整理をした全四章・一九か条・附則一条の法案であり、勅令狩猟規則の猟区を抹消した法案である。狩猟法審査特別委員は、その後の期日で議員粟谷品三（銃猟売買人と自称した議員）、大島議員ら計九名が当選した。二六年二月一八日第一読会の続審議が開かれ、狩猟法審査特別委員長から審査報告があり、第二読会に移り逐条審議した後、第三読会を省略して確定議とする動議により起立多数により可決した。同狩猟法案は貴族院へ送付された。同月二二日貴族院で同法案の第一読会が開かれ、狩猟法案特別委員選出の動議があった。狩猟法案特別委員は、その後の期日で議員鳥尾小弥太、同小畑美稲ら計九名が当選した。同月二七日第一読会続審議が開かれ、狩猟法案特別委員長から審査報告があり、審議に移った。議員村田保の質問に対し、農商務大臣後藤象二郎は、狩猟法案が狩猟規則から猟区設定の全廃のほか、職猟免許制限全廃、鳥獣保護期全廃をしたことがいけないと答弁した。審議終了の間際になり議員箕作麟祥は、猟区設定の全廃について、

猟区設置ノコトが無イカライケナイト云ハレマシタガ、猟区設置ト云フコトハ是レハ始メテ昨年ノ勅令デ出来マシタガ、是レハ猟師ヲ保護スルト云フ点ニ至ッテハ宜シウゴザイマセウガ土地ノ所有又ハ一般人民ノタメニハ迷惑ナコトデアリマス、是レ等モ以前カラ猟区設置ガ無イカラト云フテ猟ヲスル者ハ或ハ少シハ困ッタカモ知レマセヌガ日本全国一般人民ガ困ッタト云フコトハ聴カナイ、此度ノ様ニ猟区ガ入ッテ居リマスト猟ヲスル者ニハ便利ヲ与ヘマセウガ数多ノ人民ハ困リマスカラ是レモ実際ニ於キマシテハ無イ方が宜シイ、夫レ故ニ本員ハ憲法論ハ一切申シマセヌガ此狩猟法ノ方ガ狩猟規則ト比較致シマシテ宜イト考ヘマスルカラ農商務大臣ノ先刻ノ御論ニハ大イニ反対ノ意見デゴザリマス

と反対意見を述べた。その要点は、「数多人民は困る」というもので、ドイツ狩猟法の狩猟権行使に係る猟区の目的には遠い俗論であった。箕作議員が鳥獣乱獲に対処する狩猟権行使の猟区に関する知識を有していなかったとは考え難いので、狩猟法から猟区を峻拒すべきであるという巨大な反対意見があり、そのあたりの発言依頼を推測すべきであろう。第一読会の審議が終結し、第二読会に移ることの可否について記名投票により採決した。総数一七七で第二読会へ移るとする数八八であり否の数八九の一票差となり、同法案は第二読会の審議に付されることなく否決された。

2　第五回議会

第五回帝国議会は明治二六年（一八九三）一一月二八日からの会期であるが、二六年一二月一日貴族院において、議員清棲家教及び同村田保から提出・賛成三〇名の狩猟法案の第一読会が開かれ、清棲議員の提案理由説明があった。狩猟法案の条文は、勅令狩猟規則と同旨の案文であった。その調査等のため狩猟法案特別委員選出の動議がなされ、特別委員は各部選挙により議員清棲・村田・箕作麟祥・谷干城ら計九名が選出された。同月八日、第一読会の続審議が開かれ、狩猟法案特別委員長谷干城から審査報告があり、法案の修正案が提出された。委員長報告のうち猟区に関する部分は、

抑々此猟区ト云フコトヲ勅令其他此原案ニ掲ゲマシタコトハ何ニ基クカト云フコトヲ段々聞イテ見マシタガ外国ニアル、殊ニ独逸ニ在ル、独逸ノ狩猟法案ニ依ッテ成立ッタモノト云フコトデアリマスル、（略）然ルニ委員会ニ於キマシテ之ヲ排撃シマシタ理由ト申シマスルモノハ、ドウモ此猟区ト云フモノヲ拵ヘテ見ルト遂ニ金持、貴族ナドガソコヘモココヘモ追々ニ猟区ヲ作ッテ到頭職猟者ト云フモノハ猟ヲスル所ノナイ様ニナルデアロウ、（略）サウナッテ来ルト職猟者ハ足ヲ容レル地ハナイ様ニナッテ来ル、夫レデ甚ダ此猟区ト云フコトハ宜シクナイ、詰マリ猟区ナドヲ拵ヘテ貴族金持が猟

ヲスルニ及バヌ、今日ノ日本ニ左様ナ必要ハナイ、ト云フ斯ウ云フ様ナ簡短ナコトデアリマス

というものであった。多少の質疑があって第一読会を終了した。

同月一一日、狩猟法案特別委員長提出の狩猟法案修正案の逐条審議が行われた。箕作麟祥議員から、共同狩猟地を設ける第七条とこれに関連する第四条第七号の修正説が提出された。同議員は、登壇して修正意見を述べたが、その際、

猟区ハ之レニ反シテ過日委員長カラ猟区廃止ノコトニ付キテ述ベラレマシタ如ク、是レハ外国ノ輸入物デアッテ随分日本ニハ贅沢過ギタ即チ慰物デアル

と猟区に関する意見を述べた。勅令狩猟規則の第四条第七号が処罰規定か土地所有者の権利制限規定かという問題については、審議がなされた事実はなく、第四条第七号のいわゆる裏面解釈に関する質疑はなかった。以上で第二読会の審議を終了して起立多数により第三読会へ移った。第三読会では、第二読会の決議案を原案として、これにつき起立採決とした。採決の結果、起立者多数により可決され、衆議院へ送付された。

衆議院においては、同議員角田真平・同内藤利八・同石井定彦の狩猟法案と同大島信の狩猟法案が既に提出されていた。明治二六年一二月一九日同院で貴族院送付の狩猟法案の第一読会が開始されたが、同日一〇日間の議会停会になった。同月二九日、狩猟法案審査特別委員として大島議員ら九名が指名されたが、外務大臣陸奥宗光が外交方針演説を終えた後、更に一〇日間の議会停会になり、同月三〇日解散になったため狩猟法案は廃案になった。

3　内務大臣井上馨による『猟の友』の出版差止

内務大臣井上馨は、明治二七年（一八九四）三月二三日、内務省告示第三九号をもって雑誌『猟の友』の出版差止を命じた。前記飯島魁の「一定の猟区制を設け、鳥類の保護繁殖を図れと欧米における猟区制を引用して痛論した。

発売禁止の厄に遭遇した」との回想の処分である。

告示は、「猟の友、右出版物ハ第二十七号記載ノ事項出版法第二条ノ記載外ニ渉ルモノト認ムルヲ以テ自今出版法ニ依リテ出版スルコトヲ差止ム明治二十七年三月二十三日内務大臣伯爵井上馨」とあるのみで、処分理由が判らない。猟の友第二七号を精査してみると、特に猟区を取り上げた記事があるわけでないが、雑録に「猟友会員客員及猟の友購読家諸君に訴ふ」と題する「一、猟友会員、客員及猟の友購読家諸君は此際相互に誓って一名にても多く会員、客員、購読者を募集し玉はるべき事」という会員募集の大宣伝があった。出版法第二条は、新聞紙・定期発行雑誌は新聞紙法が所掌するものとし、それ以外の「専ラ学術、技芸、統計、広告ノ類ヲ記載スル雑誌ハ此ノ法律ニ依リ出版スルコトヲ得」と定めるところから、政府の方針に反する政策賛同者の大募集を右の記載外の事項と認定したのであろう。猟区制が審議の焦点になっている帝国議会情勢におけるこの出版差止には、このあたりの判断があったと推察できる。井上内務大臣の猟区制を阻止しようとする態度が、この処分に露わになったといえよう。

4　第六回議会

第六回帝国議会は明治二七年（一八九四）五月一五日からの会期であるが、二七年五月一七日貴族院において、議員清棲家教及び同村田保から提出され賛成四九名の狩猟法案の第一読会が開かれ、清棲議員の提案理由説明があった。狩猟法案の案文は、貴族院から衆議院への前回送付狩猟法案を一部修正した条文であり、狩猟法案特別委員が選出された。同月二一日、第一読会続審議が開かれ、狩猟法案特別委員長谷干城から審査報告があり、法案を逐条審議した。多少の修正の質疑が展開された後、第二読会を開く動議があり賛成多数により第二読会が開かれた。第二読会において逐条審議を終了し、第三読会を開く動議があり賛成多数により第三読会が開かれた。第三読会において起立採決し、起立者多数により可決され、即日衆議院へ送付された。

衆議院においては、議員角田真平・同武市彰一の狩猟法案と同大島信提出の狩猟法案が既に提出されていた。同月二八日同院で貴族院送付の狩猟法案の第一読会審議が開かれ、狩猟法案審査特別委員選出の動議により翌二九日議員角田真平ら九名が指名された。そして、議事日程では同月三一日と六月一日に第一読会続審議が報知されたが、その審議がなされないまま同月二日衆議院解散になり、狩猟法案は廃案になった。

5　第八回議会

第八回議会は、明治二七年（一八九四）一二月二四日から二八年（一八九五）三月二三日までの会期であるが、二八年一月一四日貴族院において、議員清棲家教及び同村田保提出・賛成三〇名の狩猟法案について第一・二・三読会の審議がなされ可決して衆議院へ送付された。

衆議院においては、同議員角田真平・同武市彰一から狩猟法案が提出されていた。二八年一月一七日同院で貴族院送付の狩猟法案に右狩猟法案を併せて第一読会の審議が行われ、狩猟法案審査特別委員選出の動議があった。同月二六日第一読会の続審議が行われ、特別委員長から同委員会の経過及び結果の報告があり質疑の後第二読会へ移ることになった。同月三一日貴族院送付の狩猟法案について第二読会が開かれ逐条審議を経て第三読会において衆議院修正事項を含めて可決し、貴族院へ回付された。翌二月二日貴族院において衆議院回付の狩猟法案を審議し、狩猟法案特別委員会を設けることになった。同月一五日特別委員長から衆議院の修正につき同意し難い旨の審査報告があり、審議の後起立採決した結果、同意せざることに決して両院協議会を求めることになった。

その後両院の協議委員が協議して成案を得た。同月二二日貴族院及び衆議院において両院協議会の成案についてこれを各可決し、ここに狩猟法が成立した。

三　狩猟法の主要な内容

1　狩猟の原則

狩猟法の狩猟の原則は、同法が勅令狩猟規則から猟区を削って免許による共同狩猟地を混在させ、鳥獣猟規則に戻した法律であり、明治六年布告第二五号鳥獣猟規則の狩猟の原則と同様な殺生禁断から殺生解禁へ乗り換える目的の国家狩猟権制であった。

2　狩猟権能

狩猟権能は、免状を一等、二等及び三等免状に区分し、更に種類を甲種と乙種に区分した。免許税は、一等甲種五円・乙種一〇円、二等甲種一円五〇銭・乙種三円、三等甲種五〇銭・乙種一円と定めた。

これにより、明治六年に職猟を「生活」と開始し、一〇年に「生業」と、二五年に「生計」と改めてきた職猟免状下付欠格者の問題が終了した。

3　狩猟禁止場所の修正

狩猟法は、狩猟禁止場所について、次の、

第四条　左ニ掲クル場所ニ於テハ狩猟ヲ為スコトヲ得ス

一　御猟場
二　禁猟制札アル場所
三　公道
四　公園
五　社寺境内
六　墓地

七　欄、柵、囲障又ハ作物植付アル他人ノ所有地及免許ヲ受ケタル他人ノ共同狩猟地但シ所有者又ハ管理人ノ承諾ヲ得タルトキハ此ノ限ニアラス

と第七号の旧規定を修正した。箕作麟祥議員の共同狩猟地の提案に関連する修正である。右の議会の審議経過で述べたが、本号の解釈に関する審議は全くなかった。後記のとおり、本号は「欄柵囲障又は作物植付なき土地」を定める条文ではないのに、やがてそれである如く解釈する「裏面解釈」が主張されるようになるが、この主張は第四回帝国議会衆議院において確立した「狩猟法律主義」に、早速、違反した主張ということになる。

第六節　明治三四年狩猟法改正と狩猟へのローマ法無主物先占の適用・乱場の導入

一　明治三四年改正狩猟法の特色

明治三四年改正狩猟法は、ローマ法無主物先占を継受した明治民法の施行に基づき、狩猟にローマ法無主物先占を適用するか又は適用を阻止するかの激烈な論争の結果、ローマ法無主物先占を適用することとなり生業保護自由狩猟制を採用した狩猟法令であることが主たる特色である。そして、自由狩猟の根拠規定を条文中に定めなかったという欠陥法律であることを従たる特色とする。総じてわが国の最低水準の法律であった。

二　民法施行に伴う明治三四年狩猟法改正

明治民法は明治三一年七月一六日施行され、民法においてローマ法無主物先占が継受された。二七年九月一一日の第二七回法典調査会の会議における富井政章起草委員の狩猟法の説明が明らかにしたように、無主物先占の狩猟への適用の有無を含めて狩猟特別法の制定が必要になった。鳥獣猟規則制定以降は、国家狩猟権により運営してきたが、

狩猟にローマ法無主物先占の自由狩猟を採用するか、西欧のほとんどの国のようにローマ法無主物先占の適用を阻止してゲルマン法狩猟権による地主狩猟・猟区のいずれにするかという狩猟の原則を決定することになった。その決定の任を担ったのは明治三二年一一月成立した第二次山縣有朋内閣であり、外務大臣青木周蔵、海軍大臣山本権兵衛、農商務大臣曽根荒助、法制局長官平田東助らの藩閥内閣であった。

三　明治三三年における狩猟法改正の経過

1　狩猟法改正反対活動の開始と狩猟雑誌『猟友』の創刊

明治二八年狩猟法制定により猟区制反対派が勝利したが、三二年一一月初旬、農商務大臣は、有力な狩猟愛好の議員・弁護士・学者らを招致し、第一四回議会に狩猟法改正案を提出することを内定したと通告し、猟区案の狩猟法改正法案を配布した。直ちに狩猟者と銃砲業者らは、狩猟法改正反対のため「日本狩猟協会」を設立し、この協会により、狩猟雑誌の創刊、全国各地での反対組織の結集、三三年一月に第一四回議会に向けた反対集会を開催する等の活動を行うことを決めた。そして、三三年二月一日に雑誌『猟友』を創刊した。この狩猟雑誌は、銃砲店経営者を中核にして編集し、華族・議員・実業家・弁護士・学者らの狩猟愛好家が寄稿する全国的な狩猟雑誌となった。その一巻一号の論説に、著名な弁護士森肇は、「狩猟法改正の非を論じて全国の同志諸君に訴ふ」と題して、「猟区と云うものは日本の慣習に背く所のものである」「西洋文明国に猟区が設けられている故に日本に輸入し来たって猟区を設けて鳥獣の繁殖を計れば宜しいではないかと云う説もあるが、実に無謀無智な策略と言わねばならない」と論陣を張った。以後、全国各地で猟区の反対活動が激化した。

2　明治三二年一一月農商務省の猟区による狩猟法改正の閣議請議

明治三二年（一八九九）一一月一七日農商務大臣曽根荒助から狩猟法改正の閣議請議がなされた。法案は、猟区を設定するほか、狩猟法第四条第七号を第五条に移して独立させる等の内容で、鳥獣乱獲防止を前面に出して明治二八年狩猟法改正の必要を訴えるとともにゲルマン法狩猟権猟区制を目指したものであった。この改正法案は、三三年四月一日発行の『猟友』一巻三号の「狩猟法改正私案」特集に、中村案なる私案に仮装して全文が掲載され、狩猟家に周知された。

3　明治三三年二月法制局の法案審査

明治三三年（一九〇〇）二月六日、農商務省の猟区による狩猟法改正法案の審査を終え、法制局長官平田東助から閣議請議がなされた。閣議請議書は、簡潔なもので、

別紙農商務大臣請議狩猟法改正ノ件ヲ案スルニ鳥獣ノ減少ヲ防制セントスルノ主旨ニシテ至当ノ儀ト思考ス唯猟区設定ノ事ハ其当ヲ得サルモノト認ムルヲ以テ之ニ関スル規定ヲ削除セリ猟区設定ニ関スル主務省ノ意見ハ猟区ヲ設定シテ多数猟者ノ濫猟ヲ禁シ以テ鳥獣ノ減少ヲ防制セムトスルニ在リト雖若シ国内ニ多数ノ猟区ヲ設定スルニ於テハ狩猟ヲ業トスル者ノ生業ヲ奪フテ之ヲ富豪ノ専有ニ帰セシムルニ至ルヘク若シ又猟区ノ設定少キトキハ本案改正ノ主旨ヲ達スルコト能ハス鳥獣蕃殖ノ保護ヲ図ル為ニハ必シモ猟区設定ノ方法ニ依ルヲ要セス其ノ免許料ヲ嵩加シ又必要アル場合ニハ各地方ニ於ケル禁猟区域ヲ拡ムルトキハ其ノ目的ヲ達スルニ於テ充分ナルヘシ

というものであり、

依テ付箋修正ノ通閣議決定帝国議会ニ提出セラレ可然ト認ル但付箋ノ廉ハ猟区設定ニ関スル規定ヲ除ク外主務省ト協議済

と、修正した法案の説明を付加していた。

法制局の法案審査により「唯猟区設定ノ事ハ其当ヲ得サルモノト認ムルヲ以テ之ニ関スル規定ヲ削除セリ」と猟区

設定の関係条文は、すべて削られた。したがって、狩猟の原則としてゲルマン法狩猟権の猟区を採用せず、ローマ法無主物先占の自由狩猟を採用することが明らかになった。

その理由について、「若シ国内ニ多数ノ猟区ヲ設定スルニ於テハ狩猟ヲ業トスル者ノ生業ヲ奪フテ之ヲ富豪ノ専有ニ帰セシムルニ至ルヘク」と記述してある。「狩猟ヲ業トスル者ノ生業ヲ」保護するというのである。すなわち、「猟者の生業保護」である。この「猟者の生業保護」とは、古代中国において行われた施策であった。中国先秦時代に遡る王土思想に淵源し、漢代には君主の家産的山野を貧民・飢民に「仮与」する例が多くあったとされ、君主が猟者に獲物を与えて恵護し、助けた施策である。王土思想は唐令を経て律令法に継受された。明治維新の王政復古により天皇主権の立法政策として、ここに復活したのである。明治二八年狩猟法制定後は、上は華族や富豪から下は市井の趣味人までの様々な階層の者が「生業」のためと称して三等乙種一円の狩猟免状の交付を受けており、それらの者の狩猟行政に対する発言力は強大であった。その強大な階層である猟者の生業保護を立法趣旨に掲げ、君主・天皇の名を戴いて強大な生業者を支援したのが、この法制局の法案審査である。鳥獣蕃殖は、狩猟免許税の増額や各地方に禁猟区域を拡めることによりその目的を達するに充分であると、付随的に取り扱われた。明治二五年勅令狩猟規則の法制局審査において、平田東助法制局第二部長は、「裏面解釈」の法律解釈論を繰り出したが陸奥農商務大臣に屈したことから、今次改正では猟区推奨の青木外務大臣相手のこととて、遂に君主・天皇による猟者の生業保護という最強の対策を持ち出したものと認められる。

4　閣議における激論

明治三三年二月六日付けの法制局長官の閣議請議書の所定の決裁欄に、海軍大臣決裁欄にのみ「権」と手書され、外見からは決裁の途中にあるが、同請議書に明治三三年二月一〇日付け外務大臣青木周蔵の毛筆書きの書面が編綴されており、こちらに閣僚の花押があり、二月中旬に閣議を終了したものと認められる。右青木大臣の書面は、法制局請議に対する同大臣意見書である。これから、閣議における激論が判明する。

外務大臣青木周蔵の毛筆書きの書面は、

本案に対しては根本の主義全体の方針に於いて既に之に反対せざるを得ず従て条項の按排自ら其意見を異にするを以て全部改案を望む。

と始まり、法制局審査法案に対しこれを全面的に否定し、改案が必要であるとする意見であった。そして、

抑も土地の所有権は法令の制限内に於いて其の土地の上下に及ぶは我民法の主義とする所而して所謂法令の制限に服せしめるの趣意は公共の安寧利益に基づくにあり故に原則としては土地の所有権は其の土地の上下に及ぶ専占の権なり果たして然りとせば土地の上に在る鳥獣に関しては其の土地の所有者をして捕獲権を専占せしむるを以て至当とす之を以て無主物として各人の捕獲に任せ他人の所有地の上までも横行闊歩せしむるが如きは公共の安寧に非ず利益に非ず是既に其の根本の主義に於いて誤れる所にして今日文明諸国に其の例を見ざる所なり。

と、民法においてローマ法無主物先占を継受しても、これを狩猟へ適用して自由狩猟を採用することは誤っており今日文明諸国に例を見ないと自由狩猟採用を否定し、

故に土地の所有者は其の土地の上に在る鳥獣の捕獲権を有することを以て根本の主義とし只公共の安寧利益及び鳥獣蕃殖の為に必要なる制限を設けるを以て法案の方針と為さざるべからず、即ち鳥獣蕃殖の為には孳尾期妊娠期育児期を避けしめんが為め狩猟期を限定し公共の安寧利益の為には猟器を制限し猟者の年齢資格等を定め人家に近き処其の他人命に危害を来すべき恐れある地域内に於いては狩猟を禁じ又有益鳥獣を禁猟物と為し鳥獣蕃殖並びに公共の安寧利益特に土地所有者の権利を保護する為めには全国を通じて狩猟区を劃定し狩猟者の携帯すべき鑑札の附与に対しては相当の手数料を徴

収すべし現行法律に於ける如く之に租税の性質を帯びしむるは不可なり而して狩猟区を劃定するには例えば面積若干以上の連続地区にして同一人の所有に属するものは独立狩猟区として所有者自ら狩猟し又は一定の人をして狩猟せしむるに任じ数人の所有に属するものは即ち一村一部落の地域は之を聯合狩猟区とし多数小地主の随意狩猟を恣にするを許さず村会の決議に因て狩猟権を貸付するか又は数個の住居に課して自治団体の為め営利的に狩猟せしむることとすべし官有地公有地も亦凡て此の方針を以て狩猟区に区画し天下の地一として其の無頼なる所謂職猟者の恣に脚を容る所なからしめ以て一方に於いては官有地狩猟権の利用に依りて国庫に収入を得、市町村等の公有地狩猟権及び聯合狩猟区狩猟権の利用に依りて地方経済の経営資金に資し他方に於いては社会の秩序経済上の安寧に害ある従来の所謂職猟者なるものの跡を絶たしむべし。

と、ゲルマン法狩猟権制のドイツ狩猟法にならって猟区を採用し、職猟者を廃止すべきだとする。結語に、

以上の如くして始めて狩猟に関する主義方針を一定し滔々たる現在の弊風悪習を一掃することを得べし

と、意見の如く狩猟の原則を一定して現在の弊風悪習を一掃すべきことを陳述する。

これに、日付を「明治三十三年二月十日」と書き、外務大臣と署名して名下に花押が一個みえる。その近くに他の五個の花押がある。これが青木外務大臣の意見書であるが、法制局長官の閣議請議書の下部に一枚の貼紙がある。これには、「改案スルカ如キ到底事ヲ成就スルノ望ナシ依テ会期ニ於テハ提出セサルコトニ決セラレタシ」と山縣有朋内閣総理大臣の指示と認められる毛筆書きの記載があった。指示は、今次の会期には狩猟法改正案を提出しないこととしたのみで、狩猟法改正案の改案を指示したものではなかった。こちらには花押が三個あった。

結局、この三三年二月中旬の閣議における激論において、猟区採用を主張した青木外務大臣は、自由狩猟採用を主張した平田法制局長官に敗れた。

5　第一四回帝国議会への狩猟法改正法案不提出の影響

第一四回帝国議会は明治三二年（一八九九）一一月二二日から三三年（一九〇〇）二月二三日までの会期であった。本議会の政府委員に法制局長官平田東助、法制局参事官道家斉ほか一名が指名されていたが、狩猟法改正法案が閣議における激論の結果この議会へ不提出になったため、その関与する場面はなかった。

この議会では、興味深い議員の動きがあった。三三年二月一七日衆議院議員大津淳一郎外一名から同院へ狩猟法改正法律案が提出された。大津議員は、第一回総選挙からの衆議院議員であり、のち貴族院議員に転じた経歴を有し、大冊の『大日本憲政史』の著作がある。同法案は、「第九条第一号中『十円』ヲ『十二円』ニ、第二号中『三円』ヲ『六円』ニ、第三号中『一円』ヲ『三円』ニ改ム」という銃砲を使用する乙種免状の免許税を増額するものであった。第一読会において大津議員は、議場の演壇に登って、「法案改正の要点は極く簡単で、その理由は遊惰の民を作らず鳥獣を保護するという二点である。現行狩猟法に改正を加えねばならないということは誰も知らぬ者はない。政府が改正案を提出すると聞いていたが、会期が終わろうとしても提出がない。すなわち銃砲火薬の免許商人の運動で斯様になった。運動のために政府が出そうとしたものが潰れた。免許税だけ改正をしても、現行法よりまだしも益があろうと考える」「故ニ是ダケデモ改正ニナレバ、幾ラカ鳥獣ノ保護ト遊惰ノ民ハ作ラヌト云フ利益ガアリマスカラ、之ヲ私ガ提出致シタ、ソレ故委員会付託ニナロウガ、否決ニシヤウガ、諸君ノ勝手ニスルガ宜イ」と提案理由の説明を終えた。その後この法案は、起立者少数により第二読会が開かれずに否決された。右の提案理由説明に関連することであるが、次の第一五回帝国議会において狩猟法改正が成立した後、明治三五年になると銃砲火薬営業者から免許税減額を求めて改正狩猟法修正の請願が連続して出てきた。大津議員の「銃砲火薬の免許商人の運動で斯様になった」との提案理由説明が、事実であったことが明らかになった。

6　明治三三年五月外務大臣青木周蔵の冊子『狩猟規則草案』公刊

外務大臣青木周蔵は、明治三三年（一九〇〇）五月一八日『狩猟規則草案』を私家版の冊子にして発行し、同年一〇月外務大臣の地位を去った。『青木周蔵自伝』は、昭和四五年坂根義久校注で平凡社から出版されたが、その「第十回狩猟規則草案と日仏同盟論」に、同草案を明治一三年（一八八〇）中に起草して井上外務卿に贈ったことが書かれてあり、その個所には校注者注があって「草案見当らず」とある。青木には、狩猟権猟区に係る法律草案は、外務次官当時に農商務省の依頼により同省の鳥獣猟規則改正案を修補した「猟獲規則」、狩猟雑誌『猟の友』論説欄に連載された「青木子爵の狩猟規則草案」とこの『狩猟規則草案』があり、本草案は国会図書館に所蔵され、電子データが公開されているので即時に読むことができる。とりわけ、本草案「緒言」は、草案条文と相まって、プロイセン王国の一八四八年一〇月三一日法律以来のドイツ狩猟法、とりわけ猟区を定めた一八五〇年五月七日狩猟警察法よりわが国の明治民法施行後において採用すべき狩猟法制を論じたものであり、仏人ヂュ・ブスケの一八四四年五月三日制定『フランス国狩猟法』和訳本とともに狩猟法制の比較法研究には欠かせない貴重な文献である。この『狩猟規則草案』は、井上馨侯爵や平田東助伯爵に縁の深い著作であった。『伯爵平田東助伝』には、学生平田が紹介なく井上馨を訪問して留学希望を伝えたのに快く推挙を承諾してくれ、留学が叶ったと井上への感謝を吐露し、当時ドイツ公使の青木には留学終了近いころ帰朝旅費の恩借を頼んだのに許諾がなく、大いに失望して去り後に義父となった品川弥二郎の救いを得たと記述されており、井上馨と青木周蔵への若き日からの異なった思いが連綿と絶えることがなかったのであろう。平田法制局長官は、青木外務大臣が狩猟規則草案に多言を費やして説いたドイツ狩猟法継受の主張を、前記の法制局審査のとおり僅かに「猟者の生業保護」の一言により一蹴したのである。

7　明治三三年一二月民法学者川名兼四郎の裏面解釈

後に法学博士東京帝大教授となった川名兼四郎法学士は、狩猟雑誌『猟友』に明治三三年一一月一日発行の一巻一〇号、一二月一日発行の同一一号、三四年二月一日発行の二巻二号の三回に分けて「土地の所有権と狩猟」と題する小論文を寄稿した。

この時期は明治三三年一〇月に山縣内閣から伊藤博文内閣に交代した直後のことで、第一五回帝国議会への狩猟法改正法案の準備が進行中であり、法制局が川名法学士に狩猟者向けの二八年制定狩猟法と施行直後の民法にほどよく適合した解説を依頼したものであろう。同法学士は、二年後にドイツ留学する新進の民法学者であるが、本論文は、第一回連載の冒頭に「時恰も狩猟法改正の議あるを聞き、此処に本題を掲げて独乙及ひ吾国現行狩猟法に於ける、土地の所有権と狩猟との関係を明らかにする」との記述をしている。

その内容は、

第一章　独乙に於ける土地所有権と狩猟との関係

第二章　吾現行法に於ける土地の所有権と狩猟との関係

第三章　他人の所有地に於ける狩猟の民法上の効力

と分説されている。川名法学士の裏面解釈は、『猟友』第二回連載の「第二章吾現行法に於ける土地の所有権と狩猟との関係」において展開された。同法学士は、狩猟免許を受けた者が如何なる土地において狩猟をなすことを得るかという問題を決定するのは、狩猟法第四条に依るほかないとし、同条各号の場所を右の三種類の土地に区別する。

まず、明治二八年狩猟法第四条の条文は、

第四条　左ニ掲クル場所ニ於テハ狩猟ヲ為スコトヲ得ス

一　御猟場

二　禁猟制札アル場所
三　公道
四　公園
五　社寺境内
六　墓地
七　欄、柵、囲障又ハ作物植付アル他人ノ所有地及免許ヲ受ケタル他人ノ共同狩猟地但シ所有者又ハ管理人ノ承諾ヲ得タルトキハ此ノ限ニアラス

と定められている。これを、

第一　絶對に狩猟を禁止せられたる土地
第二　特定の人に限りて狩猟をなし得るの土地
第三　何人と雖も狩猟をなし得るの土地

の三種の土地に区分するのである。

第一の絶對に狩猟を禁止せられたる土地に、狩猟法第四条の第二・三・四・五・六号の「禁猟制札ある場所・公道・公園・社寺境内・墓地」を区分した。また、第二の特定の人に限りて狩猟をなし得るの土地に、同条第一号と第七号後段の「御猟場・共同狩猟地」を区分した。いずれも、土地所有権との関わりがないとされた。次に、同法学士は、第三の「何人と雖も狩猟をなし得るの土地」の区分に移り、

現行狩猟法第四条は右に述へたる土地を除く、一切の土地に付き只欄柵、囲障又は作物植付ある他人の所有地に於て狩猟をなすことを得すと規定せるか故に、たとひ他人の所有に属するも此等の障害を与えざる土地に於ては何人と雖も狩猟

をなすことを得るものとなささるへからす、今此二つの土地を区別し以て其所有権と狩猟との関係を述ぶべしと記述する。すなわち、同法学士は、わが国の全土から右の第一と第二の土地を除く一切の土地について、ただ、第七号の「欄柵、囲障又は作物植付ある他人ノ所有地」だけが狩猟をなし得ないと明文で規定されているので、この「欄柵、囲障」と「作物植付」という「此等の障害を与えざる土地」においては、「何人と雖も狩猟をなすことを得るものとなささるへからす」と書き、何人も狩猟をなし得る土地であると解釈する。ここでは「此等の障害を与えざる土地」を不特定の内容のままにしておき、「欄柵、囲障又は作物植付ある他人ノ所有地」と「此等の障害を与えざる土地」の「此二つの土地」の検討を進めるというのである。ところが、次に進むと何も実証的な検討をすることなく、俄かに「此等の障害を与えざる土地」を「欄柵、囲障又は作物植付なき他人の所有地」と読み替えてしまうのである。

次に、「第三何人と雖も狩猟をなし得るの土地」について、その理由を検討し、

欄柵囲障又は作物植付なき土地に於ては其所有者は勿論、所有者にあらざるものと雖も亦狩猟をなすことを得るものなり、然しながら此場合に於て其所有者にあらさるものか狩猟をなし得るは只之をなすも犯罪を構成せざるに止まるのみにして、所有者は其所有権の効力として其狩猟を禁止することを得るや、將た又全く之を禁止することを得さるやの疑問を生すべしと雖も、余輩は寧ろ後の見解を採るものなり、何となれは所有者にあらさるものと雖も第四条の裏面に於て狩猟をなすことを許されたるものなり。

と、同第四条第七号前段の「欄柵囲障又は作物植付なき土地」に関する立法趣旨の解釈を述べる。そして、

其土地の所有権は現行狩猟法により此の如き限界を定められたるか故に、其土地の所有者は狩猟の爲めにする其土地の使用を禁止することを得さるものとなさざるへからざれはなり、從って其の目的の限度に於て使用せられたりとするはた

とひ其土地に損害を生したりと雖も其賠償を請求することを得す。

と土地の所有者は狩猟者に対し狩猟に関し損害賠償を請求することができないと結論して、この小論文第二章を締め括った。以上の理由から明らかであるが、川名兼四郎法学士の「何人と雖も狩猟をなし得るの土地」の根拠とするものは、単に、

何となれは所有者にあらざるものと雖も第四条の裏面に於て狩猟をなすことを許されたるものなり。

というのであり、それ以外の理由は何もなく、「第四条の裏面に於て」と単に裏面解釈をいうのに過ぎない。

この川名法学士の雑誌『猟友』への明治三三年一二月一日一巻一一号の「土地の所有権と狩猟」なる小論文が、わが国の裏面解釈の第三番目の文献であり、民法学者の初出文献の栄を担った。川名法学士は、明治三六年民法研究のためドイツへ留学し、三九年帰国して翌年東京帝大教授に就任したが大正三年四〇歳で死去した。裏面の解釈に関する学術論文は見当たらない。

四　明治三四年における狩猟法改正の経過

1　第一五回帝国議会へ議員から政府案を提出

第一五回帝国議会は明治三三年（一九〇〇）一二月二五日から三四年（一九〇一）三月二四日までの会期であるが、三四年三月一八日衆議院において、議員恒松隆慶外五名提出の狩猟法改正法律案の第一読会が開かれた。三三年一〇月に山縣内閣の後を受けた伊藤博文内閣が狩猟法改正の政府案を恒松議員らに議会提出を依頼した経緯については、不明である。議員堀越寛介からも狩猟法改正法律案が提出された。

2　審議経過

衆議院においては、第一読会で両法案を併せて審議し提案理由の陳述、審査の委員付託がなされた。三四年三月二

○日第一読会の続が開かれ、審査委員長報告があり、委員会において修正をしたこと、政府委員とも「能く協議を遂げ」たことが簡潔に報告された。直ちに第二読会に移り、第二読会では格別の審議はなく、政府委員農商務省総務長官藤田四郎が政府の見る所をと質問され、「政府ハ現行ノ儘デ、別段改正案ヲ出シマセヌノデゴザイマス。」と答弁した。その後恒松議員らの法案は第三読会に移り、堀越議員の法案は第三読会に移らないことに決し、第三読会では質疑がなく、恒松議員らの法案・修正案を可決し、貴族院へ送付した。

貴族院においては、三月二二日第一読会を開き、政府委員から「現在ノ法律ヨリハ余程厳重ニ法律ノ上デモナッテ居リマス。」との意見を聴取し、特別委員の選定手続を定めた。翌二三日第一読会の続を開き、特別委員長から二か条の修正をなした旨の説明があった。その後第二読会に移って多少の質疑があり、直ちに第三読会に移り採決し、修正可決した。これにより衆議院において、三月二四日貴族院回付の右修正案につき審議がなされ、政府委員から修正の概要説明があった。政府委員は、「極簡単ナ修正デゴザイマスカラ、ドウカ御賛成下サルコトニ致シタイ。」と述べた。そして議長から「貴族院ノ修正ニ御異議アリマセヌカ」と発問があり、異議なく貴族院修正案が同意された。かくて、明治三四年改正狩猟法が成立した。

3　自由狩猟制採用の根拠条文の欠如

以上の法律案提出と議会の審議経過により、民法におけるローマ法無主物先占の継受に基づき狩猟へのローマ法無主物先占の適用がなされ、わが国独自の生業保護のためにする自由狩猟が採用され、他人所有地における狩猟である「乱場」が導入された。しかし、衆議院議員恒松隆慶外五名提出の狩猟法改正法律案と修正可決後の法律を点検してみても、ローマ法無主物先占を適用する旨の条文や自由狩猟を規定する条文が見当たらない。明確にそれらの条文が欠如しているのである。平田東助法制局長官は、明治三四年改正狩猟法成立後の同年六月には農商務大臣に就任し、同年六月二六日農商務省令第七号狩猟法施行規則を発出しているが、全三四か条の同規則にも自由狩猟の根拠規定を実施する規則の条文が見当たらない。

五　主要な改正内容

1　狩猟の原則

明治三四年改正狩猟法の狩猟の原則は、狩猟へローマ法無主物先占を適用した「自由狩猟」である。それも、中国古代思想に淵源がある君主が猟者に獲物を与えて恵護し助けたという「生業保護」を目的とした自由狩猟であるので、その特異な目的に着目して「生業保護自由狩猟」と呼称することにする。この生業保護自由狩猟により、わが国独自の「乱場」が導入されたのである。

2　狩猟権能

狩猟権能は、甲種免状及び乙種免状に区分し、甲乙各種免状につき一等、二等及び三等に区分して免許税を納付するものとし、一等二〇円、二等一〇円及び三等二円と定められた。

六　狩猟へのローマ法無主物先占の適用・乱場の導入

1　狩猟へのローマ法無主物先占の適用

明治三四年三月二四日改正狩猟法が成立し、四月一二日法律第三三号として公布された。これによりわが国は、狩猟へローマ法無主物先占を適用して乱場を導入した。

2　乱場の導入

乱場とは、わが国の生業保護自由狩猟における猟場を表す用語である。古代ローマの法である自由狩猟と古代中国・日本の法である君主が獲物を恵護する生業保護とによる大切な猟場が「乱場」とは穏やかでない。というのは乱場という用語は、戦国時代の戦場で雑兵が自由勝手に人を拉致し、家財を掠奪した「乱取り」を想起させるからである。乱場がいつから用いられたか明らかでないが、狩猟者がわが国独自の自由狩猟と自賛し命名したということらしい。

ローマ法無主物先占では、所有者の侵入禁止権という要件に基づいて他人所有の土地に狩猟のために立入ることができるとされた。つまり、他人所有地に立入るだけの自由が認められた。立入りの自由に過ぎないものの、獲物が無主物であるので狩猟によって獲物の所有権を取得できることになる。この関係をゲルマン法狩猟権と対比してみるとよく理解できる。ゲルマン法の狩猟権では、自己所有地や所有者の許諾を受けた他人所有地において狩猟をする権利が認められ、狩猟権を行使して獲物の所有権を取得する。簡単に言えば、立入るだけの「自由」と狩猟をする「権利」の違いがあるということである。わが国の生業保護自由狩猟は、本来、立入りの自由に過ぎないことを銘記することが必要である。

明治三四年改正狩猟法は、未だ野生鳥獣が豊かであったことを背景にして、狩猟の原則として狩猟者の生業保護のための自由狩猟を採用し、これにより乱場制を導入した。乱場の導入は、わが国の狩猟法制において、律令法が月六斎日皆断殺生を創始したことに並ぶ大変革であった。

（二）　乱場の用法

乱場には、二つの用法がある。

第一は、「狩猟のために立入りができる場所」を表示する「要約的な定義としての用法」である。乱場は、自由狩猟において立入りができる土地を表示するが、その表示は、直接、具体的に猟場を示すのではなく、立入りができない土地を個別に数え上げ、それを要約して日本の全国土から差し引いた残りの場所が猟場であるという間接的な表示をすることにしている。この用法は、前記の川名兼四郎法学士が明治三三年末に雑誌『猟友』へ寄稿した小論文「土地の所有権と狩猟」で先鞭をつけた実定法による猟場の解説により知られた。

第二は、「自由狩猟の根拠規定としての用法」である。乱場は、そこが自由狩猟の猟場であることを、成文法の根拠規定に基づいて表示する。この用法は、乱場には自由狩猟の根拠となる条文が具備されていることを明確に要求しているのである。

（二）　要約的な定義としての用法

明治三四年改正狩猟法は、狩猟のために立入りができる場所を定めるに当たり、第四条に狩猟が「一般」に禁止される場所を規定し、わが国の全土から一般に狩猟禁止の場所を消去し、残った国土において狩猟ができるという規定の仕方をした。第四条は、

第四条　左ニ掲クル場所ニ於テハ狩猟ヲ為スコトヲ得ス
一　御猟場
二　禁猟区
三　公道
四　公園
五　社寺境内
六　墓地

である。その際、第四条の前条である第三条「日出前、日没後又ハ市街、人家稠密ノ場所、衆人群集ノ場所ニ於テ又ハ銃丸ノ達スヘキ虞アル建物、船舶若ハ汽車ニ向テ銃猟ヲ為スコトヲ得ス」の銃猟禁止場所は、乱場ではないとされ

た。第三条は「特別」の銃猟禁止の場所である。罰則の第二三条には、「第三条若ハ第四条ニ違背シタル者ハ」と定められているように、第三条の場所と第四条の場所は区別されている。

この要約的な定義としての乱場の具体的な使用例は、『鳥獣保護と狩猟』には、「都道府県の区域内の可猟地域（乱場）」「可猟地域（乱場）」「一般の可猟地域（乱場）」などと用いられている。そこで、乱場誤用の例を紹介しておくと、『鳥獣行政のあゆみ』の鳥獣猟規則第一二条「猟ヲ禁スル地ニ非スト雖モ田畑植物ヲ踏荒シ且樹木ヲ毀損スルコトヲ厳禁トス」の解説に、「乱場であっても、作物を踏荒し、かつ樹木を損傷することを禁止した。」とあるが、誤りである。鳥獣猟規則第一二条は、ゲルマン法のフランス国狩猟法に由来する条文であるので、ローマ法の自由狩猟の乱場とは明らかに異なる。

(三)　自由狩猟の根拠規定としての用法

明治二八年狩猟法を改正した三四年改正狩猟法は、旧狩猟法第四条第一ないし六号を第四条に残しておき、第七号を改正狩猟法第五条へ移して独立させた。第五条と罰条は、

第五条　欄、柵、囲障若ハ作物植付アル他人ノ所有地ニ於テハ所有者又ハ占有者、他人ノ共同狩猟地ニ於テハ免許ヲ受ケタル者ノ承諾ヲ得ルニ非サレハ狩猟ヲ為スコトヲ得ス

第二十三条　第五条、第十四条第三項、第十九条第一項、第二十条ニ違背シタルモノハ四十円以下ノ罰金ニ処ス但シ第五条ニ付テハ土地所有者、占有者又ハ共同狩猟地ノ免許ヲ受ケタル者ノ告訴ヲ待テ処断ス

である。この改正作業により、第四条をもって要約的な定義としての用法により乱場を規定するとともに、独立した第五条を自由狩猟の根拠規定としての用法により乱場の根拠法とした。

3　イタリア法との比較

イタリアは、民法に自由狩猟の根拠規定を規定するので、わが国の乱場の条文と比較してみる。わが国は、右に述べたとおり、

第五条　欄、柵、囲障若ハ作物植付アル他人ノ所有地ニ於テハ所有者又ハ占有者、他人ノ共同狩猟地ニ於テハ免許ヲ受ケタル者ノ承諾ヲ得ルニ非サレハ狩猟ヲ為スコトヲ得ス

である。イタリア法は、イタリア王国民法では、

第七一二条　狩猟及ヒ漁釣ニ関スル条件ハ特別ノ法律ヲ以テ之ヲ規定ス

然レドモ狩猟ノ為ニ土地ノ占有者ノ禁約ニ違犯シ其土地ノ域内ニ侵入スルコトヲ得可ラス

であった。イタリアの統一狩猟法の立法は既に詳説しているので、第七一二条を改正した現行イタリア民法典第八四二条を確認すると、

第八四二条　土地の所有者はその土地が狩りょうに関する法律によって定められた態様において囲われているかまたは現に損害を蒙る耕地の存する場合のほか、狩りょうを行うためそこにはいることを阻止することはできない。

所有者は官庁によって発行された免許状を所持しない者には常に異議を申立てることができる。

である。このようにイタリアとわが国の法律では、明確に条文に差違があることが判る。わが国が明文の法条を欠如しているのに、裏面解釈で法律の欠陥を補い、解釈してきたことは既に述べたとおりである。

4　乱場の関係条文

乱場の関係条文は、わが国の狩猟の原則となった生業保護自由狩猟を狩猟法の条文として定めており、次の、

第四条　左ニ掲クル場所ニ於テハ狩猟ヲ為スコトヲ得ス

一　御猟場

二　禁猟区
三　公道
四　公園
五　社寺境内
六　墓地

第五条　欄、柵、囲障若ハ作物植付アル他人ノ所有地ニ於テハ所有者又ハ占有者、他人ノ共同狩猟地ニ於テハ免許ヲ受ケタル者ノ承諾ヲ得ルニ非サレハ狩猟ヲ為スコトヲ得ス

第二十一条　第八条第一項、第十二条第二項ニ違背シテ狩猟ヲ為シ又ハ詐欺ノ所為ヲ以テ狩猟免状若ハ共同狩猟地ノ免許ヲ受ケ又ハ詐テ共同狩猟地ヲ表示シタルモノハ百円以下ノ罰金ニ処シ犯罪ノ用ニ供シタル器具ハ之ヲ没収ス

第二十二条　第二条一項、第三条若ハ第四条ニ違背シタル者ハ罰前条ニ同シ
前項ノ処罰ヲ受ケタル者ノ免状ハ其ノ効力ヲ失フモノトス

第二十三条　第五条、第十四条第三項、第十九条第一項、第二十条ニ違背シタルモノハ四十円以下ノ罰金ニ処ス但シ第五条ニ付テハ土地所有者、占有者又ハ共同狩猟地ノ免許ヲ受ケタル者ノ告訴ヲ待テ処断ス

の各条である。

七　明治三四年改正狩猟法と同年漁業法との対比

明治三四年（一九〇一）四月一一日漁業法が、改正狩猟法の次の法律第三四号として制定された。一九年に水産局長を漁業制度研究に渡欧させた後、議員提出法案の議会審議が始まり三二年第一三回議会、三三年第一四回議会を経て第一五回議会において法律制定に至った。この三四年漁業法に、漁業権と各自行使権が規定された。これを、漁業

官僚が「明治の先輩は偉かった」と賛嘆している。その大要は、
一村専用漁場の漁業慣行は、「地先水面専用漁業権」という漁業権に構成し、「地先水面専用漁業権」は「漁業組合」だけに免許することにして「漁業組合」をその権利主体とした。そして「漁業権の管理」を、漁業組合にやらせたのです。その一方で、「漁業組合の組合員」たる部落漁民各自には、「各自行使権」の権利主体であることを認めて、漁業権の収益を帰属させることにしたのです
というものである。漁業権の法律化を断行した点に先輩への賛嘆があるようで、この漁業権制度が改正を経て現在も、狩猟とは比較にならぬ巨大で複雑な利害の絡む漁業法制を支えている。狩猟を事実行為のままでは不可とした青木子爵の先見の明が、狩猟にも生かされるべきであったといえよう。

第七節　大正七年狩猟法改正と乱場の制度化

一　大正七年改正狩猟法の特色

大正七年改正狩猟法は、天皇主権を背景にした狩猟者の「生業保護自由狩猟」の結果鳥獣減少が顕著になり、その打開策として公権力の行使として行う「猟区」を設置するため、自由狩猟に併せて国家狩猟権を導入したことがその特色である。改正法案の審議において狩猟行政当局は、保護鳥類主義を狩猟鳥獣主義に変更するなどの全面的な改正が急務であることを力説したが、各改正事項を子細にみると、狩猟の原則の基本構造を改めることによる批判を緩和すべく、雑多な改正事項を盛り沢山に並べて全部改正の形態をとったに過ぎないことが明白であった。

昭和三九年林野庁が鳥獣保護員の研修用に財団法人日本鳥類保護連盟に作製を委託してできた冊子『野生鳥獣の保

護』の第一章を執筆した同連盟理事長・日本鳥学会会頭山階芳麿は、大正七年狩猟法改正後の小鳥の減少を慨嘆して、

然るに大正七年の改正で技術的な進歩、たとえば今迄の禁猟鳥の制度を廃して狩猟鳥の制度にかえる等の事はあったが、全体として保護という観念、根本精神がうすれて末梢的な問題に終止し、近年迄その弊害が尾を引いたのである。現在の小鳥の減少はこの大正七年の狩猟法の責であると云ってよい。

と本狩猟法改正の本質を喝破した。明治三四年（一九〇一）から大正七年（一九一八）までの僅か一七年で「生業保護自由狩猟」は破綻し、その隠蔽のための法改正であった。

二　法改正に至る経緯

1　非常特別税法による狩猟免許税増徴と狩猟者の推移

明治三七年三月三一日、非常特別税法が日露戦争の戦費調達のため制定された。「臨時事件ニ因リ生シタル経費ヲ支弁スル為」に、地租等の既存の租税を増徴し、毛織物等に新規に消費税を課し、民事訴訟印紙を増貼する法律であった。法律案にはなかったが、衆議院の審議でこの法律を時限立法とする附則第二七条「平和克復ニ至リタルトキハ其ノ翌年末日限本法ヲ廃止ス」が追加されて修正可決、成立した。

狩猟免許税は、非常特別税法第二条九に基づき明治三四年改正狩猟法の規定する一等二〇円、二等一〇円、三等二円の本税額に一等一〇円・二等五円・三等一円が増徴された。三七年一二月三一日には非常特別税法が改正され、右の増徴額が一等二〇円・二等二〇円・三等五円に改められ、改正後は、本税と増徴額の合計で一等四〇円・二等三〇円・三等七円と本税の倍額を超えるものになった。その後の三九年三月一日、第二七条の時限立法規定を削除する法改正がなされ、恒久税化が図られることになった。農商務省は、明治四一年（一九〇八）の第二四回議会に免許税増

額の狩猟法改正法律案を提出したが否決され、結局明治四三年（一九一〇）の第二六回議会においてようやく免許税増額法案が可決成立に至った。

この一連の狩猟免許税の増徴措置により、狩猟者が激減した。正規の狩猟者が減少すれば、違法な密猟者が増加するのが狩猟界のいつもの例である。雑誌『猟友』九三号（明治四一年一〇月一五日発行）は、この関係について、「明治三十二、三年は、狩猟の全盛時代とも称すべくして、三十四年狩猟法改正で免状数殆んど半減し、三十七年非常特別税法で其数又半減し、三十八年同法改正で三たび半減し」と激減の概略を示し、「狩猟税のいかに禁止税に等しくして又密猟奨励税法たるかを知るべし」と狩猟者から密猟者へ移っていく様子を巧みに説明している。ところで、昭和八年九月二五日に大日本連合猟友会は、機関誌『連合猟友』を創刊した。その三九頁に「明治八年以降狩猟免状下附表」なる資料が掲載された。編集後記に「明治八年以降狩猟免状下附表を入手して掲載した。欠けた所は資料を提供されたい」旨が記述され、狩猟者が明治八年から昭和七年まで波があるものの順調に増加した経過を示す資料であった。実は、この狩猟免許税増徴期間の明治三七年から四二年までの六年間の乙種三等免状の狩猟者数には、巨大な粉飾があった。その間、毎年きっちり一〇万人ずつの人数を実狩猟者数に上乗せ粉飾して四三年の実狩猟者数に連続してあった。この粉飾がその後補正された事実がなく、大日本連合猟友会という大団体の狩猟者資料としてそのまま通用していた。狩猟者が非常特別税法の増徴にもかかわらず、こぞって増徴分の納税もしたように装い、その間の密猟問題、すなわち鳥獣乱獲を隠蔽したと考えるのが普通である。このような狩猟者の実態が非常特別税法の増徴を契機に露見した。明治三四年改正の三三年二月六日法制局長官平田東助の法案審査意見のうち「鳥獣蕃殖は狩猟免許税の増額によりその目的を達するに充分である」との部分は、すべてを承知の上の遁辞であったとしかいえない。

2　帝国議会における議員提出の狩猟法改正法案の動向

（一）概　要

大正七年狩猟法改正に至るまでの間の狩猟の状況は、驚くばかりの数量の獲物を前にした写真を掲載した雑誌『猟友』の口絵写真が活写している。他方、その間の法改正の動向は、狩猟者らの意を受けて鳥獣保護には背を向けた事項の改正法案ばかりであった。議員提出法案は次のとおりである。第二六回議会衆議院の中村議員ら提出の法案はやや異なっていた。猟区の導入を唱えたため猟友誌上や議会で強烈な反対を受けた。その後の狩猟界は、既に鳥獣乱獲が進行しており、「狩猟の獲物を育てて獲る」という世界の自由狩猟には例のないことが声高に喧伝されるようになった。

（二）議員提出の狩猟法改正法案の動向

(1)　第一六回議会

衆議院議員松島廉作外四名提出の狩猟法改正法律案（狩猟期間）可決、貴族院否決。

衆議院議員鳩山和夫外三名狩猟法改正法律案（免許税）審議未了廃案。

(2)　第二一回議会

衆議院議員森肇外一名提出の狩猟法改正法律案（狩猟期間）否決。

(3)　第二二回議会

衆議院議員森肇外二名提出の狩猟法改正法律案（免許税）否決。

(4)　第二五回議会

衆議院議員上埜安太郎外三名提出の狩猟法改正法律案（免状期間）可決、貴族院否決。

(5)　第二六回議会

衆議院議員上埜安太郎外二名提出の狩猟法改正法律案（狩猟期間）可決、貴族院否決。
衆議院議員中村弥六外三名提出の狩猟法改正法律案（猟区）否決。

(6)　第三七回議会

衆議院議員伊東知也提出の狩猟法改正法律案（狩猟期間）否決。

3　明治四三年旧宇和島藩主の育てて獲る猪猟

明治三四年改正狩猟法の生業保護自由狩猟の実施から一〇年近く過ぎると、鳥獣減少が顕著になり、獲物を育てて獲る狩猟が唱えられるようになった。そんな折の四三年一月二〇日発行の雑誌『猟友』一〇二号に旧宇和島藩主の宮中主猟官伊達宗陳侯爵が旧藩御狩場の「鹿島（かしま）」に雄猪と雌豚の混血獣を大繁殖させて猟をしているという記事が掲載された。この記事は、育てて獲る狩猟の先駆けであり、わが国が自由狩猟を採用した後、獲物の減少が意識されるようになった時期に計画的に雄猪と雌豚の交雑種を作出した信頼できる最古の資料である。ここは記事の指摘に止めておき、後にイノブタに関して述べることにする。

4　明治四五年刊行の川瀬善太郎著『狩猟』と町村猟区

農商務省官僚からドイツ留学し東京帝大教授として活躍した林学博士川瀬善太郎は、明治四五年三月『狩猟』を刊行した。同書は、ドイツ狩猟文献によりドイツ狩猟権制を論及した著作であるが、猟区制のわが国導入とその方法も提言した。三四年改正で法制局法案審査が「若シ国内ニ多数ノ猟区ヲ設定スルニ於テハ（略）之ヲ富豪ノ専有ニ帰セシムルニ至ルヘク」と生硬な非難をしたのに対し、同書は、「猟区収益」の項目を設けて、「狩猟の価値は只其猟獲物のみの数量及価格によるにあらず其狩猟地を貸与し之より貸賃の収入を得べく現時欧州に於ける狩猟収入の大部分は寧ろ此貸賃収入によるもの多しとす」「収得する収益は直接野生動物の生産に依り得るものに比し遙かに多額に達し時としては森林主収入以上に達する場合少からず」とドイツの狩猟では猟区における狩猟者の狩猟が盛んでこれからの収益が大きいことを示して「町村猟区」を紹介した。すなわち、

通常猟区には国有林猟区、町村林猟区及び私人猟区の別あり而て私人猟区なるものは主として大森林主即ち多くは貴族の猟区にして小面積の私有地は凡て之を町村猟区に提供し以て可猟動物の蕃殖を十分ならしめ又損害に対しても相当の賠償を得、町村は之に由て少からぬ収入を得べく且つ其猟区野獣棲息の状態如何は直ちに貸賃に影響し結局町村住民全体に利益関係を及ぼす故十分に保護せられ借主も亦最も安心して猟区を設置するなり而て通常其猟区貸借の契約は五ケ年或は十ケ年とし競争に付して其貸賃を定む。

という小面積の私有地を集めた町村猟区の仕組みの紹介であった。

この町村猟区により、獲物の蕃殖と鳥獣被害の対策が行われ得るし、町村の収入が得られて町村住民全体に利益を及ぼすことができるというのである。わが国における町村猟区採用の可否については、

本邦現時の如く只た狩猟動物を自然生産の儘に委し又自由貨物として何人にも先占を許すことと爲し置かんか到底之等の利益効能を完ふすること能はざるべし。

と自由狩猟のわが国では不可能であるとする。しかし、

今茲に猟区制度を設けんとせば先づ任意設置の方法により且つ之を主として町村に設置せしむることとするを時宜に適する手段なりと称せざるべからず。其任意設置の方法とは欧州の如く狩猟は必ず狩猟権を有する者即ち猟区権者にあらざれは実行するを得ざることとせず猟区の設置なき方面に於ては従来の如く自由狩猟を許し而て猟区を設置せんと欲するものある時は監督庁の認可を経て之を設置し一定の表示を為し而て此区域には自由狩猟者の猥りに入猟することを禁ずることとするなり。

とも記述した。猟区において獲物が大いに繁殖するので、自由狩猟に猟区を調和的に導入するための「猟区の任意設置」の方法があるとする。その実施のために、

最も理想的なる猟区は町村猟区にあるを以て若し之等普通猟区を設置するを許すものとせば之により生すべき弊害を除却し且つ務めて地方の利益を保護する方針により即ち其猟区設置に付き特に関係町村に収益の配當或は一定額の交附を為し以て町村と其利害関係を共にするを要す。

と猟区設置側と町村との緊密な関係の維持を強調する。ドイツ狩猟権制において猟区は、狩猟権であるとともに有害獣の防除義務を負担するものであることが重要であって、自由狩猟という非法律行為の狩猟基盤の上に、法律行為による堅固な法体系である猟区を構築するとは、どうも安易な提言に過ぎるようである。

この町村猟区の勧奨が川瀬林学博士の学問的な成果であったのか、農商務省からの依頼によるものかは不明であるが、大正七年狩猟法改正の「獲物を育てて獲る狩猟」の理論的根拠の役割を担ったことは確かである。

三　法改正の経過

1　大正七年農商務省の狩猟法改正の閣議請議

（一）　閣議請議と関係省への合議

大正七年（一九一八）一月一〇日、農商務大臣は、第四〇回議会へ提出する予定として狩猟法改正を閣議請議し、法制局長官へは右改正法案を内務・大蔵・司法省の関係省へ合議したので各省から法制局へ直接回報されると通知した。農商務次官は、各省へ改正法案を添付して合議した。当初の改正法案は、法制局において補正があったため条番号に移動があり、各省の回報では閣議請議書添付法案と条番号に相違を生じているものがある。内務省から同月三〇日回報があり、大蔵省からは翌二月二五日回報があった。両省とも僅かの指摘事項があった。

（二）　法案の合議に対する司法省の違法指摘意見

司法省は、二月一三日司法次官法学博士鈴木喜三郎から法制局長官宛てに七項目の回報をした。その意見のうち、第三項の回報は、

三　（第十四条）現行法ヲ維持ス

現行法第五条ニ於テハ植付アル作物ヲ保護シ権利者ノ承諾アルニ非サレハ他人所有ニ係ル土地ニ於テ狩猟スルコトヲ禁ス。然ルニ本条ニ於テハ之ヲ保護セスシテ狩猟ノ免許ヲ得タル者ノ蹂躙ニ委ス。其可ナル所以ヲ見ス是レ現行法ヲ維持スル所以ナリ。

というものであり、改正の違法を指摘した意見であった。回報の形式的な事項に触れておくと、冒頭の条番号は、最終的に「第十七条」と補正された条であるが、これを回報では「本条」と表記してある。

改正は、現行法（明治四三年改正法）第五条「欄、柵、囲障若ハ作物植付アル他人ノ所有地ニ於テハ所有者又ハ占有者、他人ノ共同狩猟地ニ於テハ免許ヲ受ケタル者ノ承諾ヲ得ルニ非サレハ狩猟ヲ為スコトヲ得ス」を、第一七条「欄、柵其ノ他ノ囲障又ハ作物アル土地ニ於テハ占有者、共同狩猟地ニ於テハ免許ヲ受ケタル者ノ承諾ヲ得ルニ非サレハ狩猟又ハ第十二条第一項ノ規定ニ依ル鳥獣ノ捕獲ヲ為スコトヲ得ス」と改めるものであり、改正の要点は、「他人ノ所有地ニ於テハ所有者」を削る点にある。司法省は、これを違法と断定して指摘した。この司法省の意見に対し、法制局は何の反応も示さなかった。ところで、第五条が「狩猟ヲ為スコトヲ得ス」とあるのを、改正第一七条は「鳥獣ノ捕獲ヲ為スコトヲ得ス」と改めたが、この改正を解説した文献は見当たらない。狩猟法第一一条に「狩猟ヲ為スコトヲ得ス」をことさら残してあることから推察すると、「所有者狩猟権」という用語を嫌い抜いて本条から「所有者」と「狩猟」を消した姑息な発想があったのであろう。直後の大正一一年狩猟法改正により、狩猟法第一一

条の「狩猟ヲ為スコトヲ得ス」を「鳥獣ヲ捕獲スルコトヲ得ス」に改めたことが、「頭隠して尻隠さず」の俗諺を想わせるのである。

2　法制局審査

大正七年（一九一八）三月二日、法制局長官は、狩猟法改正法案の審査を終えて閣議請議した。請議書には「農商務大臣請議の狩猟法改正法案を審査するに右は相当の儀と思考す」とあり、法律案も呈案付箋の通とあるだけであり、審査の経過を知り得るものが乏しい。右の第一七条には、「第十二条」の下に「第一項」と書いた付箋が貼付してあるだけである。

3　第四〇回帝国議会における審議経過

（一）　審議の概要

第四〇回帝国議会は大正六年（一九一七）一二月二七日から七年（一九一八）三月二六日までの会期であるが、衆議院において、七年三月九日狩猟法改正法律案の第一読会が開かれ、農商務大臣は、野生鳥獣が極めて著しく減少しており、猟区を設定すること等の提案理由を説明した。そして狩猟法中改正法律案委員が選定され、同委員会は、四回の会議と委員三名による小委員会により、政府委員・農商務省農務局長道家斉から法案の全体にわたり聴取し審議した。政府委員道家斉は、同月一二日の狩猟法改正法律案委員会で法案の概要を、①保護鳥類主義を狩猟鳥獣主義に変更、②卵・雛採取禁止拡大、③猟具の禁止種類拡大、④猟区の導入、⑤禁猟区、⑥免許税増額、⑦罰則強化と説明した。同月一六日第一読会の続が開かれ、同委員長から委員会報告がなされた後、第二読会を開くことに決し、第二読会では第三読会省略により本法案が採決され、可決成立した。

貴族院において、三月一八日衆議院送付の狩猟法改正法律案の第一読会が開かれ、農商務大臣の提案理由説明があり、狩猟法改正法律案特別委員を選任した。同特別委員会は、三回の会議を開き、政府委員・農商務省農務局長道家斉から聴取して逐条審議した。同月二五日第一読会の続が開かれ、同特別委員長から委員会報告がなされた後、鳥獣の意義等について質疑があり、読会省略の動議が提出されて直ちに採決され、法案は可決された。

(二) 乱場に関する特異な答弁

乱場に係る第一七条について、大正七年三月二〇日の貴族院の狩猟法改正法律案特別委員会における改正法の逐条審議において、次のとおり特異な答弁があった。

委員長(子爵青山幸宜君) 御質問ナケレバ次ノ条ニ移リマス、第十七条

政府委員(道家斉君) 十七条ハ現行の第九条ニ当リマス、是ハ大体現行ト同ジコトデアリマス

という質疑の答弁である。

道家政府委員は、「十七条ハ現行の第九条ニ当リマス、是ハ大体現行ト同ジコトデアリマス」と答弁したが、同政府委員答弁の「現行の第九条」は「従来地方ノ慣行ニ依リ一定ノ区域内ニ於テ共同狩猟ヲ為ス者ハ農商務大臣ニ願出テ免許ヲ受クルコトヲ得但其ノ出願ニ関スル規則ハ農商務大臣之ヲ定ム」との共同狩猟地の条である。実際の答弁がこのとおりであれば、別の条文を挙げて答弁したことになる。仮にこれが現行「第五条」の速記の誤記であるとすると、「是ハ大体現行ト同ジコトデアリマス」との答弁では、司法省が指摘した「他人ノ所有地ニ於テハ所有者」が削られた事実を隠蔽したことになる。そうであれば、議会に虚偽の答弁をなしたと解される余地がある。他に第一七条に関する質疑が見当たらないので、乱場に関する特異な答弁として指摘する。

(三) 政府委員道家斉の答弁

農商務省農務局長道家斉は、衆議院と貴族院の両院において政府委員として、法案提案理由説明をはじめ、ほぼす

べての質問に対し答弁をした。道家農務局長は、岡山県士族の出で大学南校に学び法制局・内閣等に勤務し、勅令狩猟規則・明治三四年狩猟法改正の審査に内閣書記官や平田東助直属の部下として関与した。狩猟に造詣が深く明治一七年に『銃猟必携』を執筆して刊行した。その答弁から大正七年狩猟法改正の中心となり活躍したことがわかるが、右の第一七条のように適切ではない答弁も認められる。明治六年鳥獣猟規則から大正七年狩猟法までの法制定・改正の経過を辿ってみると、井上馨、平田東助及び道家斉の三名の高位高官者により、その思うがままに成し遂げられたことを痛感するのである。

四　主要な改正内容

1　狩猟の原則

大正七年改正狩猟法の狩猟の原則は、生業保護自由狩猟に獲物を増殖して狩猟者に猟獲させる猟区を営む国家狩猟権を混在させた「混在狩猟制」である。世界の狩猟においては、鳥獣乱獲により獲物が減少したときは、狩猟制度を改革し狩猟者を減少させつつ鳥獣保護に力を尽くした。自由狩猟制において、国民の負担において獲物を増殖し、狩猟者に猟獲させ狩猟者の増加を企図した例は、この大正七年改正狩猟法の狩猟のほかには世界に存在しない。

2　狩猟権能

狩猟権能は、乱場における狩猟免状又は猟区における承認証である。

(一)　狩猟免状

乱場の狩猟免状は、甲種狩猟免状及び乙種狩猟免状の二種とし、甲乙各種免状につき一等、二等及び三等に区分して免許税を納付するものとし、一等四五円、二等二〇円及び三等五円と定めた。

(二)　承認証

猟区の承認証は、狩猟法施行規則第二二条が「猟区設定者ハ狩猟法第十八条ノ規定ニ依ル承認ヲ受ケムトスル者ヲシテ一日ニ付二円以内ノ承認料ヲ納付セシムルコトヲ得」と定めた。

3 猟区

大正七年改正狩猟法の猟区の制度は、「奇怪な」とでも評すべき制度である。政府委員道家斉は、衆議院委員会で猟区について提案理由を、

猟区ノ制ヲ採用致シマシタ、是ハ現行法デハ認メテ居リマセヌガ、猟区ノ制ヲ今回認メマシタノハ、前申ス如ク段々鳥獣類ガ減ッテ参リマシテ、之ガ為ニ蕃殖ヲ図ルコトヲ努メナケレバナラヌノハ勿論デアリマスガ、一面ニ於テハ狩猟ヲスル人々ガ、狩猟スベキ鳥獣類ヲ増加シ、又自由ニ之ヲ獲ルコトガ出来ルヨウニ致シタイ趣意ヲ以チマシテ、猟区制ヲ設ケル方デ其目的ヲ達スルニ便利デアルト考エタノデアリマス（略）猟区ヲ設ケマスルト、自然的ニ鳥獣ノ蕃殖ヲ図ルト同時ニ、人工的ニ殖スコトモ出来ルノデアリマスカラ、此制ハ今日ニ於テハ適当ナル事柄ト考ヘマス、而シテ此猟区ニ付キマシテハ、個人ノ独占ノ弊ヲ防グ為ニ、猟区設定者ハ、国、道府県、郡町村、公共団体ト限ッタノデアリマス

とその新設理由を説明をした。

国を挙げて獲物を増殖し狩猟者に提供するのであるから、その組織の法的な性格を的確に定めておかなければならないが、貴族院委員会における議員からの「猟区は営造物であるのか」との質問には、「営造物云々ト云フコトガゴザイマスガ、是ハ全ク別ナコトデアリマシテ」と答弁するだけであり、「鳥獣害の損害賠償」の質問に対しては、「非常ニ蕃殖ヲシシテ参リマシテ、サウ云フ規定ノ必要ガアリマシタラ、其時ニ考ヘテモ未ダ遅クナイカト考ヘマス」と答弁をしたのみであった。勅令狩猟規則にも存しなかったが、猟区設定者の鳥獣害による損害賠償規定の定めがない。この猟区は、ドイツ狩猟権制を導入する制度新設ではない。自由狩猟において、単に目先の獲物の蕃殖方策を国・公

共団体等により公権力の行使として行うというだけのことで、「育てて獲る狩猟」という掛け声だけの制度新設であった。猟区設定の要件として重要な土地所有者の猟区編入に対する承諾については、議会での質疑はなかった。

五　乱場の制度化

1　乱場の法整備による制度化

大正七年改正狩猟法は、生業保護自由狩猟制における乱場とその根拠規定を条文中に的確に配置することにより乱場の制度化を確立するとともに、国家狩猟権による「猟区」を新設して乱場の制度化を揺るぎないものにした。

まず要約的な定義としての乱場の規定からみていくと、次の、

第四条　左ニ掲クル場所ニ於テハ狩猟ヲ為スコトヲ得ス

一　御猟場
二　禁猟区
三　公道
四　公園
五　社寺境内
六　墓地

の条文を第一一条に繰り下げた。これによって設けたスペースには狩猟規制の条文を配置した。そして、第一二条として第一八条の鳥獣特別捕獲の規定を繰り上げた。その以降に「猟区」や狩猟規制の条文を配置した。

次に自由狩猟の根拠規定の配置では、右の第四条に続く、

第五条　欄、柵、囲障若ハ作物植付アル他人ノ所有地ニ於テハ所有者又ハ占有者、他人ノ共同狩猟地ニ於テハ免許ヲ受ケ

タル者ノ承諾ヲ得ルニ非サレハ狩猟ヲ為スコトヲ得ス

の条文を改変して適切な位置に配置することが必要となる。そこで、

第十七条　欄、柵其ノ他ノ囲障又ハ作物アル土地ニ於テハ占有者、共同狩猟地ニ於テハ免許ヲ受ケタル者ノ承諾ヲ得ルニ非サレハ狩猟又ハ第十二条第一項ノ規定ニ依ル鳥獣ノ捕獲ヲ為スコトヲ得ス

と改めた。

本第一七条の改正に関し、司法省が改正法案について合議を受けた際厳しく違法指摘意見を回報したこと、及びそれにも拘わらず改正が断行されたことは前記のとおりである。本条の後段の「又ハ第十二条第一項ノ規定ニ依ル鳥獣ノ捕獲ヲ為スコトヲ得ス」の追加については、その改正趣旨を論じたものを見掛けないが、狩猟と鳥獣特別捕獲を一元化する将来を見通したものであったとみられる。

この一連の乱場の制度化への立法作業により、長期的な生業保護自由狩猟の構想が完成をみた。農商務省は、乱場の制度化に向けた条文の改正ができたことから、法施行前に国家学会雑誌に後記の佐藤説を掲載させ、乱場の制度化の宣伝を図った。この制度化への宣伝もあってか、土地所有者を切り捨てた乱場制が現に今日においても維持されている。

2　法第一七条を巡る自由狩猟の根拠規定と狩猟者側の意見

狩猟法第一七条という条文は、わが国の法律条文の中で特異な条文であるといってよい。法改正が何回あっても、大正七年以来ずっとそのままの条文番号と法文を保ってきた。狩猟行政側が自由狩猟の根拠規定として議論になることを避けているのに対し、肝心の狩猟者側からは第一七条の「撤廃」を主張されたことがあったりして始末に負えない条文である。農商務省官僚の論文と狩猟者側の撤廃の意見を検討する。

（二）『国家学会雑誌』掲載の農商務省事務官佐藤百喜論文「狩猟ノ制度ニ就テ」

農商務省官僚佐藤百喜は、東京帝国大学法科大学の『国家学会雑誌』に大正七年改正狩猟法の法律解説を掲載した。同佐藤は、現場の山林区署長の経歴から山林局に転じて大正八年（一九一九）六月に農商務参事官に昇任し、一〇年五月に欧州各国へ出張する前の時期のこととて、論理展開も闊達であった。後に東京帝大から法学博士号を得た省中随一の論客である。大正七年改正狩猟法は、同年四月公布で翌八年九月施行であったから、七年七月と八月の各一日発行の三二巻七・八号に「狩猟ノ制度ニ就テ」と題して掲載された改正法解説は、時宜を得たものであった。改正狩猟法第一七条についての解説は八号に掲載された。

その解説は、「第二　狩猟権」の冒頭に、

狩猟権ハ所有権狩猟権制ヲ採ル国ト狩猟自由制ヲ採ル国トニ依リテ著シク其意義ヲ異ニス。所有権狩猟権制トハ狩猟権ヲ土地所有権ニ結合セシメテ之ト終始セシムルノ制度ニシテ、狩猟自由制トハ私法的ニハ特ニ狩猟権ナルモノナク、狩猟ヲ以テ本来国民ノ自由トナスノ制度ナリ。独、墺、佛、英等ノ諸国ハ前ノ制度ヲ採用シ米国及我国ハ後ノ制度ヲ採用ス。

と概説し、まず所有権狩猟権制のドイツ狩猟法について述べた。

次に狩猟自由制の国に移り、

米国ハ狩猟自由ノ法制ヲ採用スルヲ以テ、狩猟ハ一般ニ自由ニシテ、別ニ狩猟権ナルモノ存在セズ。唯各州ノ法律ニ依リ狩猟免許ヲ受クルコトヲ要スル場合アリ。総ジテ云ヘバ非居住者ハ各州並カナダノ全體ニ於イテ免許ヲ要シ、四十二州及カナダノ七県ニ於テハ、居住者ニ対シテモ同一ノ制限アルモ、其免許料ハ非常ニ尠ク、多クハ名義上ノ料金ニ過ギズ。

と、米国の狩猟制を自由狩猟として解説した。北米合衆国の諸州は、実際は英米法の地主狩猟の主義であるがそこまで研究が行き届かず、川瀬善太郎著『狩猟』四七頁以下の記述に従ったものであろう。

そしてわが国について、

我国ニ於テモ米国ト同ジク、狩猟自由ノ法制ヲ採用シタルヲ以テ、野生鳥獣ハ全然無主物ニシテ、何人ト雖モ狩猟免許ヲ受ケタル者ハ、其土地ノ自己ニ屬スルト否トヲ問ハズ御猟場、禁猟地其ノ他法律が特ニ狩猟ヲ禁ジタル箇所ヲ除クノ外、狩猟ヲ實行スルコトヲ得、從テ狩猟ヲ爲スノ目的ヲ以テ他人ノ土地ニ立入ルコトハ、原則トシテ土地所有者ノ同意ヲ要スルモノニ非ズ、此ノ點ニ関スル土地所有者ノ受忍義務ニ對シテハ、法律ハ正面ヨリ之ヲ規定セザルモ、旧狩猟法第五條新狩猟法第十七條ノ反面解釋トシテ當然ナルベシ。從テ狩猟自由ノ法制ニ在リテハ、特ニ法律が反對ノ規定ヲ爲サザル限国民ハ他人ノ土地ノ上ニ狩猟ヲ実行スル本来ノ自由ヲ有スルモノト解スルヲ相当トス。因テ他人ノ土地ニ損害ヲ加ヘタルトキハ、不法行為ノ規定ニ依リ賠償義務ヲ負ウベキコト勿論ナリトス。

と、記述する。「我国ニ於テモ米国ト同ジク、狩猟自由ノ法制ヲ採用シタルヲ以テ、野生鳥獣ハ全然無主物ニシテ、」との米国の説示は、誤りである。「此ノ點ニ関スル土地所有者ノ受忍義務ニ對シテハ、法律ハ正面ヨリ之ヲ規定セザルモ、旧狩猟法第五條新狩猟法第十七條ノ反面解釋トシテ當然ナルベシ」がその理由の要点であるが、「反面解釋トシテ當然ナルベシ」との法律解釈論は、ドイツ法学には存在しない。「反面解釈」とは、裏面解釈とは別種の表現であり、類語では富井政章著『民法原論』が「甚危険ナリ」と挙示した「反面論法」があるが、その異同は不明である。単に「裏面」の語感を嫌って「反面」としたものであろうか。やむなく、裏面解釈の意味で使用していると推測しておく。

この佐藤事務官寄稿の『国家学会雑誌』の「狩猟ノ制度ニ就テ」が、わが国における裏面解釈の第四番目の文献となった。同事務官が、東京帝大から法学博士号を得る以前の著作であった。

(二)『猟友』掲載の撤廃の意見

狩猟者側の意見は、大正一二年八月一〇日発行の雑誌『猟友』二一四号掲載の「第十七條の成文も亦蛇足也」と題する筆名煤煙猟夫という一狩猟家のものである。土地所有者を切り捨て、占有者の承諾のみにして狩猟者の御機嫌取りをした改正後において、「土地所有者の制札」を非難するなど興味深い記述がある。その内容は、

第十七條の成文も言ふに易く行ふに難き事柄なり、狩猟期に入れば不埒極まる者は此の條文を真っ向に振り翳し、愚にも付かぬ何某又は何組合の名称にて、区域を定めず通路の傍に『此の附近に於て狩猟を禁ず』の制札を樹て、其裏面には之を以て内々無免許者の密猟に便する者すらあり、自己占有の猟場に於て撃洩らしたる獲物は、自在に去て他人の占有地内に飛入るべきを、斯る場合に一々占有者の承諾を得るの暇ありや、殊に僕等の如き尺寸の占有地もなき腰弁者に在りては、（略）一猟期間を通じて三十回の狩猟も覚束なし、然るに退庁後より出猟準備をなし目的地附近に在る占有者を戸別訪問し、其承知を得んが如きは殆ど不可能の話なり、さすれば免状の体裁を飾るに等しき空文は之を撤廃し、現行法をして権威ある実質の条文に改善せんことを望んで已ず、敢て狩猟調査会の諸公に寄語す。

というものである。イタリア狩猟法における「所有者侵入禁止権」と狩猟者の争いを彷彿とさせる情景と心境を吐露しており、狩猟行政側がこの条文の改正を手掛けなかった理由がよく判る文章である。

(三)　大日本連合猟友会第一回通常総会の決議

狩猟者側の次の意見は、昭和五年（一九三〇）九月一七日大日本連合猟友会第一回通常総会における決議である。この総会では、十数件の提案があり三件が決議に至ったが、決議第三事項は「作物ある場所においての狩猟について、占有者の承諾を要する法第一七条を適当に改正されたい」であった。「適当に改正」との文詞に、狩猟者側の心根が込められているといえよう。

3　乱場の関係条文

乱場の関係条文は、

第十一条　左ニ掲クル場所ニ於テハ狩猟ヲ為スコトヲ得ス

一　御猟場

二　禁猟区

三　公道

四　公園

五　社寺境内

六　墓地

第十七条　欄、柵其ノ他ノ囲障又ハ作物アル土地ニ於テハ占有者、共同狩猟地ニ於テハ免許ヲ受ケタル者ノ承諾ヲ得ルニ非サレハ狩猟又ハ第十二条第一項ノ規定ニ依ル鳥獣ノ捕獲ヲ為スコトヲ得ス

第二十一条　左ノ各号ノ一ニ該当スル者ハ五百円以下ノ罰金ニ処ス

一　第三条、第十一条、第十五条又ハ第十六条ノ規定ニ違反シタル者

第二十二条　左ノ各号ノ一ニ該当スル者ハ三百円以下ノ罰金ニ処ス但シ第十七条ノ規定ニ違反シタル罪ハ占有者又ハ共同狩猟地ノ免許ヲ受ケタル者ノ告訴ヲ待テ之ヲ論ス

一　第一条第一項、第二条、第五条第五項、第十三条、第十七条、第十八条又ハ第二十条ノ規定ニ違反シタル者

である。

六　大正一一年狩猟法改正

1　法改正審議の概要

第四五回帝国議会は大正一〇年（一九二一）一二月二六日から一一年（一九二二）三月二五日までの会期であるが、衆議院において、一一年三月一〇日狩猟法改正法律案の第一読会が開かれ、農商務大臣から免許税増額及び狩猟法第一一条改正の提案理由説明、狩猟法中改正法律案委員選定等の議事があり、同月二〇日第一読会の続が開かれ、同委員長から委員会報告がなされた後、読会省略により本法案を可決した。貴族院において、三月二二日衆議院送付の狩猟法改正法律案の第一読会が開かれ、農商務大臣の提案理由説明があり、狩猟法改正法律案特別委員を選任した。同月二四日第一読会の続が開かれ、同特別委員長から委員会報告がなされた後、第二読会・第三読会を経て法案は可決成立した。

2　改正内容

（一）　免許税の改正

免許税は、一等四五円が五〇円、二等二〇円が三〇円、三等五円が一五円へと各増額された。『鳥獣行政のあゆみ』に「この税額改正において三等の免許税を一挙に三倍に引上げたことにより狩猟者の不評を買い、狩猟者数の大半を占めていた三等免状の申請者はこの年大いに減少したといわれている」とある。他方、『猟友』二〇七号（大正一二年一月一〇日発行）には、免許税増額後の初猟期に入り「果然密猟者跳梁」とその活躍振りと当局の取締のないことを憤慨して伝えている。

（二）　乱場に関する改正

狩猟法第一一条の「狩猟ヲ為スコトヲ得ス」を「鳥獣ヲ捕獲スルコトヲ得ス」に改めた。『鳥獣行政のあゆみ』は、従来の規定は法定猟具を用いて鳥獣を捕獲する行為の禁止に止まったが、法定猟具であると否とを問わず一切の捕獲行為を禁止するという趣旨のもとに規制の範囲を拡大したと解説する。

3　乱場の関係条文

狩猟法第一一条の改正により、乱場の関係条文は、

第十一条　左ニ掲クル場所ニ於テハ狩猟ヲ為スコトヲ得ス

一　御猟場

二　禁猟区

三　公道

四　公園

五　社寺境内

六　墓地

第十七条　欄、柵其ノ他ノ囲障又ハ作物アル土地ニ於テハ占有者、共同狩猟地ニ於テハ免許ヲ受ケタル者ノ承諾ヲ得ルニ非サレハ狩猟又ハ第十二条第一項ノ規定ニ依ル鳥獣ノ捕獲ヲ為スコトヲ得ス

第二十一条　左ノ各号ノ一ニ該当スル者ハ五百円以下ノ罰金ニ処ス

一　第三条、第十一条、第十五条又ハ第十六条ノ規定ニ違反シタル者

第二十二条　左ノ各号ノ一ニ該当スル者ハ三百円以下ノ罰金ニ処ス但シ第十七条ノ規定ニ違反シタル罪ハ占有者又ハ共同狩猟地ノ免許ヲ受ケタル者ノ告訴ヲ待テ之ヲ論ス

一　第一条第一項、第二条、第五条第五項、第十三条、第十七条、第十八条又ハ第二十条ノ規定ニ違反シタル者

となった。

4　狩猟調査会の設置

大正一二年（一九二三）五月一五日勅令第二四一号をもって狩猟及び鳥獣保護に関する事項を調査審議する狩猟調査会が設置された。六月二九日に委員会が開催され、農商務大臣から、狩猟免許制度及び取締に関する件と鳥獣保護の施設に関する件が諮問された。三年間の審議の後、七項目の答申がなされた。そのうちで「狩猟免許の有効期間を内地にあっては、一一月一日から翌年二月末日までとすること。ただし一〇月一五日から同月末日までの期間におけるツグミ等の捕獲を目的とする鳥屋猟（カスミ網猟）については、勅令をもって爾今五ケ年間期間の短縮を猶余すること」と「警視庁、府県における狩猟取締りの事務を担当する官吏に対して狩猟免状もしくは許可証または捕獲した鳥獣もしくは採取した鳥類の卵を検査する権限を附与すること」が注目される。

狩猟取締に関しては、大正一二年一二月二八日勅令第五二八号「司法警察官吏及司法警察吏員ノ職務ヲ行フヘキ者ノ指定等ニ関スル件」が発布され、所属長官が管轄地の検事正と協議して指名する狩猟取締事務担当の庁府県技手等に司法警察官の職務権限を与えることになった。密猟対策の機構整備のためである。

5　東京日々新聞「通俗講話欄」の狩猟廃止と育てて獲る狩猟論争

東京日々新聞の朝刊四面に「通俗講話」なる社会解説の欄があり、そこで狩猟廃止と育てて獲る狩猟の論争が交わされた。大正一四年一〇月一三・一四日にわが国近代海藻学の祖とされる水産講習所（現東京海洋大学）所長の岡村金太郎理学博士は、「娯楽的狩猟を禁ぜよ」の標題で上と下の二回に分けて、

わが国では鳥類を益鳥と害鳥に区別して、少数の益鳥の外は狩猟者の捕獲するにまかせていた。益鳥といい害鳥といい、それが理学上どれだけの範囲まで徹底的に研究せられているかというに、単に鳥の胃の腑を解剖して、その中に存する食物を標準として定められているようである。猟を生業としている者に対して俄に狩猟を禁止することは酷であるから従来のままにして置くとしても、慰み半分に山野に遊猟して鳥類を射殺することは、断然禁止すべきものではなかろう

か。東京の郊外でも私の調べた所では、鳥らしい鳥を見出すことが出来ない。これは何故であるかというに、狩猟者が徒らに鳥を射殺した結果である。そこで鳥類の専門家内田清之助博士あたりから、狩猟奨励の根拠ある説を承りたいものである

と狩猟廃止論を提言した。

名指された鳥類学の内田清之助農学博士は、早速一五日から一八日に「岡村博士の狩猟廃止論に答う」と四回に分けて反論し、

①「鳥類の無限の繁殖を如何にすべき」との小見出しで、「鳥の或種類は随分農作物を荒らすものが少なくない。もし全部の鳥類を絶対に捕獲を禁止するとせば、これ等の鳥類の繁殖を防ぐことが困難となり、農林業者はその跋扈に苦しむという羽目に陥る」とする鳥の生態理論を前提にした反対意見を示し、②「刈る前に先ず蒔け」の小見出しで、「現在狩猟家の目的とする鳥は、多くは植物性の食物を主食とする種類であって、この種類の鳥類が肉味佳良なるがためである。狩猟家にとって便利なことは植物食の鳥類は、即ちキジ、ヤマドリ、ウズラなどの如く、よく人工蕃殖の出来る種類であるから、今後の狩猟家は盛んに人工蕃殖を行うて、どんどんこれを山野に放養するようにすれば、鳥類の種切れとなることは決してないのである。狩猟家は世の識者から鳥類減少の非難を受ける前に、自ら『刈る前に先ず蒔く』の用意があってほしい」と人工蕃殖を強調し、③「濫獲者は寧ろ本職の猟師か」の小見出しで、「もしも鳥類保護上の見地から遊猟を禁ずるならば、同時に職猟をも禁ずるの必要があろう」と職猟の禁止を述べ、④「東京近郊を禁猟区として」の小見出しで、「兎に角、東京郊外は禁猟区として鳥を少しでも余計にふやし、人の心を慰める一助としたい」と説き、育てて獲る狩猟の見解を披瀝した。

その後、岡村博士の話にマングースが出たことから、渡瀬庄三郎理学博士が論争に加わった。そして、岡村博士が

「娯楽的狩猟を禁ぜよ（再説）」として登場し、内田博士説・渡瀬博士説に対し意見を述べて、「遊猟の利益と禁猟の効果と」の小見出しで、「遊猟の利益と禁猟の効果と、果たしていづれが多いであろうか。それとも遊猟禁止の国民は文化に後れた国民だというのであろうか。一つ何所か有力な場所で、禁猟の範を示して戴きたいものである」とこの論争を締め括った。一般読者向けの企画の中に、識者の狩猟廃止論を尻目に、「育てて獲る狩猟」という力強い狩猟への掛声が新聞の通俗講話にまで登場した。

6　狩猟統計の整備

(一)　統計資料

わが国の狩猟統計は、狩猟主務官庁の年次報告書である『年報』と『農商務統計表』により確認できる。明治期の統計は、大蔵卿年報（明治六・七年）、内務省年報（明治八―一三年）、農商務省年報（明治一四・一五年）により調査し、その以降は農商務統計表を使用して調査する。大蔵省時代の明治六・七年と農商務省設立時の一四・一五年分は不備が多い。必要に応じて予算・租税資料で補充するほかない。この時期の統計の根拠規定は、明治七年一一月一〇日太政官布告第一二二号鳥獣猟規則改正により制定された明治八年三月二〇日内務省達乙第三六号銃猟鑑札渡方条例である。統計事項は、大正九年までは狩猟者と銃猟税に限られる。外国人は、明治一〇年から三二年までの狩猟者と銃猟税である。

(二)　大正一〇年以降の狩猟統計

わが国の農林統計全体については、大正一〇年六月に「農商務統計報告規則」が制定され、従来の統計に大幅な改良が加えられた。狩猟においても統計の見直しが進められ、昭和五年六月に最初の『狩猟統計』が刊行された。この最初の狩猟統計には、大正一〇年度から昭和三年度までを一括して登載し、統計事項も「狩猟・鳥獣特別捕獲・狩猟事故」等が加えられ、統計として整備された。昭和五年一二月に昭和四年度『狩猟統計』を刊行し、以後定期刊行されたが、先の戦時下の昭和一八年から二〇年度までは欠刊であった。二三年四月に再刊された昭和二一年度から引き続き現在は平成二三年度まで刊行されている。昭和三八年刊行の昭和三六年度狩猟統計から『鳥獣関係統計』と名称が変更され、平成一〇年度統計から紙の統計書に代え電子統計になったが、時折閲覧が休止されるなど不安定である。

第八節　戦時体制における狩猟

一　毛皮獣の狩猟

狩猟鳥獣は、大正七年改正狩猟法に基づく大正八年（一九一九）八月一五日農商務省令第二八号狩猟法施行規則において、第一条が狩猟鳥四六種と「アマミノクロウサギを除く獣類全種」の狩猟獣を規定し、第二条が狩猟獣のうちイタチ・キツネ・タヌキ・テン等の毛皮獣等の資源保護のため狩猟期間を制限していた。戦時体制に入り軍事上の要請から、昭和一二年以降には毛皮獣養殖所設置、種毛皮獣払下規則制定、兎毛皮等配給統制規則制定等のほか、タヌキ肉販売価格の指定が実施された。戦時下における狩猟の役割が窺い知られる。

二　狩猟主任官会議における議題

昭和一一年（一九三六）九月農林省会議室において、諮問事項「有益鳥獣保護・密猟取締」、協議事項「有害動物防除・狩猟鳥類増殖」の議題により狩猟主任官会議が開催された。会議の冒頭に山林局長は、説示の後に「狩猟事務に関する注意」をした。右の注意において、「狩猟と農山村振興に関する件」として、狩猟ハ原始産業ノ一ニシテ、現在ニ於テモ尚農山村ニ於ケル副業トシテ、相当重要性ヲ有スルモノニシテ、其ノ捕獲物ノ処分ハ、概ネ農山村ノ収入トナリ居ル現況ナルヲ以テ、農山村ノ疲弊セル今日、狩猟鳥獣ノ維持増殖ヲ計リ、之等鳥獣ヲ捕獲セシメ、其ノ収入ヲ得セシムルハ農山村振興ニ資スル所以ト思料セラルルヲ以テ、之カ対策ニ関シ留意セラレンコトヲ望ム。

と述べた。現在から約八〇年前のまさに戦時に突入する時期に、狩猟は生業保護であると強調されたのである。

第八章　日本国憲法の狩猟法制

第一節　日本国憲法

一　日本国憲法

日本国憲法は日本の現行憲法である。わが国は、昭和二〇年（一九四五）八月一四日ポツダム宣言を終局的に受諾する旨を連合国に申し入れ、翌一五日天皇はラジオ放送で国民にその旨の詔書を発し、先の大戦に敗れた。政府は、二一年四月一〇日衆議院議員総選挙を実施し、「憲法改正草案」を公表し、枢密院の諮詢を経て六月二〇日第九〇回帝国議会衆議院に明治憲法第七三条の憲法改正手続に従い勅書を付して「帝国憲法改正案」を提出した。

衆議院において、同月二五日第一読会を開き、吉田茂内閣総理大臣から提案理由説明があり、以後同月二八日まで連日質疑を重ねた後、帝国憲法改正委員を選出した。帝国憲法改正委員会は翌二九日から同年八月二一日まで計二一回にわたり審議した。同月二四日第一読会の続を開き、同委員長報告があり、第二・第三読会を開き記名投票により修正を加えて可決した。

貴族院において、同月二六日衆議院送付の修正帝国憲法改正案の第一読会を開き、吉田総理大臣から提案理由説明があり、以後同月三〇日まで審議を行い、憲法改正特別委員選出の手続を行った。憲法改正特別委員会は翌三一日から同年一〇月三日まで計二四回の質疑を尽くした。同月五日第一読会の続を開き、同委員長報告があり、翌六日第一読会の続・第二・第三読会を開き起立者多数により修正を加えて可決した。同月七日衆議院において、貴族院の修正に同意し「修正帝国憲法改正案」は可決成立した。

そして、帝国議会の修正帝国憲法改正案につき枢密院の諮詢を経て同年一一月三日、日本国憲法が公布された。日本国憲法第一〇〇条第一項に「この憲法は、公布の日から起算して六箇月を経過した日から、これを施行する。」と定めてあり、これに従い翌二二年（一九四七）五月三日から施行された。

日本国憲法は、「第一章天皇、第二章戦争の放棄、第三章国民の権利及び義務、第四章国会、第五章内閣、第六章司法、第七章財政、第八章地方自治、第九章改正、第十章最高法規、第十一章補則」の全一一章・一〇三か条から成り、憲法の題名から「日本国憲法」と呼称され、あるいは単に憲法とも略称される。

日本国憲法における狩猟法制を考察するとき、憲法には明治憲法より格段に民主的な「法定手続条項」が「法律による行政」の原則として定められたことに留意しなければならない。それは、第三一条「何人も、法律の定める手続によらなければ、その生命若しくは自由を奪はれ、又はその他の刑罰を科せられない。」の条である。この条は、帝国憲法改正案の第二八条で、衆議院で第三一条に修正されたため双方の条番号を用いて審議されたが、いわゆる「適正な法の手続（due process of law）」と趣旨を同じくし、法治主義の観点から「形式的法治主義」に対し「実質的法治主義」と説明される。狩猟や鳥獣保護の分野においても、実質的法治主義は厳格に適用されるべきであり、特に、自由狩猟・乱場制を検討するに当たって基準となる重要な規定である。

二　民法改正

明治憲法が日本国憲法に改正されたことに伴い、昭和二二年法律第七四号「日本国憲法の施行に伴う民法の応急的措置に関する法律」が制定された。同法律第一条に「この法律は、日本国憲法の施行に伴い、民法について、個人の尊厳と両性の本質的平等に立脚する応急的措置を講ずることを目的とする。」と規定されており、昭和二二年中に二回の民法改正があった。

しかし、狩猟に関係する物権法の無主物先占については、敗戦直後はもとよりその後現在に至るまで改正がない。気が付くと、世界で野生鳥獣を無主物と規定する先進国は日本だけになった。

第二節　昭和二五年狩猟法改正

一　敗戦日本の天然資源調査と狩猟規制

1　敗戦日本の天然資源調査

昭和二一年（一九四六）九月米国の鳥類学者オリバー・ルーサー・オースチン博士は、敗戦国日本の占領管理に従事するため連合国総司令部（ＧＨＱ）の天然資源局水産部野生生物課長として進駐来日した。

天然資源局は日本の天然資源調査を所管した。天然資源調査とは、「日本国の主権は本州・北海道・九州・四国と諸小島に局限さるべし」とポツダム宣言が定めた三六万八四八〇平方粁とカルフォルニア州より狭い国土に、二三年（一九四八）の人口が八〇六九万七〇〇〇人とアメリカ合衆国の総人口の半分以上で二五年（一九五〇）末には八四〇〇万人になりそうな急激な人口増加が見込まれていたわが国について、「日本の資源運営の諸問題及びこれらの諸問題が経済的自立の日本の建設に及ぼす影響を全面的に調査する要請に応えて企てられたものである」という調査であった。

ＧＨＱは、その調査結果を一九四九年に英文の『日本の天然資源――包括的な調査』として刊行し、これを経済安定本部資源調査会が二六年（一九五一）二月邦訳刊行した。この調査の結論の中に、「日本が不足している必需物資を入手できれば」として、「日本は自立できるであろう。もし自立を図ろうとすれば、日本は国内資源の利用法を改善する方法をもまた求める必要がある」と記述してあり、敗戦当時の日本の自立は極めて困難で、諸々の改革が必要と考えられた。

オースチン野生生物課長の担当した調査結果は、必需物資としての日本における食糧供給源の「肉」である狩猟による「猟鳥・猟獣」として数値化されている。第三二表の「一九四七年全体に対する蛋白質の％」の欄に、猟鳥は「〇・一二」と、猟獣は「〇・〇四」と記入されている。わが国における狩猟の全猟果は、蛋白質に換算すると猟鳥が肉全体の〇・一一パーセント、猟獣が〇・〇四パーセントという極めて小さい比率を占めていた。その調査結果に到達するまでに、オースチン課長は、各地を視察調査して野生鳥類の激減している実情に驚愕し、徹底した野生鳥類の保護を図る必要があると結論付けた。

ＧＨＱの日本管理は、原則として間接的に行われ、日本政府の存在と機能を認めてこれを利用しつつ遂行された。ＧＨＱの指令・勧告は、日本政府に発せられると各省の関係局課がＧＨＱ担当官と公式・非公式に協議を行って迅速に事務遂行を図った。狩猟・鳥類保護に関するオースチン課長からの指示・勧告もこの方式により処理された。

2　狩猟規制の勧告

ＧＨＱの鳥類保護に関する日本政府に対する指示・勧告は、農林省山林局が「鳥類保護打合会」を開催し、オースチン野生生物課長と農林省側及び日本鳥学会・大日本猟友会の各責任者らが、会議冒頭に同課長が諮問した事項について意見交換・協議した結果をもって勧告とするものであった。

昭和二二年（一九四七）一月一〇日に第一回、一二四日に第二回、翌二月二一日に最終の第三回鳥類保護打合会が開催された。出席者は、山林局中尾局長・清井正林政課長・林政課松山資郎技官ら、日本鳥学会内田清之助会頭、大日本猟友会鷹司信輔会長、農林省各局代表者であり、イタリア大使も出席した。オースチン課長は助手（正式には野生生物課技術顧問）として後の日本野鳥の会黒田長久会長を伴っていた。林政課松山技官が詳細な打合会記録を作成し、その記録綴は現在日本野鳥の会に所蔵されている。

オースチン課長の諮問事項は、第一狩猟法の改正（その内容は狩猟の規制であり、狩猟鳥の縮減・猟期短縮・甲種免状廃止・食料飼鳥の野鳥売買禁止・捕獲数の制限）、第二狩猟法の厳格な実施、第三保護区の多数設置、第四野生鳥類の愛護教育、第五農林省の鳥獣調査等の主として狩猟規制であった。

諮問事項については、オースチン課長と日本側の協議がほぼ円滑に進行したが、第一の狩猟法改正は、国会審議があるのでまずは行政命令で改革を実施したいとの農林省の意見に、同課長も迅速な実施のためやむを得ないと了承した。第三保護区の多数設置は、鳥獣保護の指示であり、大日本猟友会が不賛成の態度で答申書においても保護区の意見欄をことさら空白のままにして反対の態度を示した。大日本猟友会は多数の鳥獣保護区設置により狩猟ができなくなり、ひいては生業保護自由狩猟が廃絶されることを怖れて抵抗していた。

最終の第三回鳥類保護打合会において、GHQから日本政府に対する勧告とこれに対する日本側の対応措置が確定され、すべての勧告事項が応諾された。鳥類保護打合会の終わりに同課長は、「狩猟規則を改正したならば、狩猟者からは随分うらまれるでしょう。一部伝統の此等の人々を擁護するよりも七千万人日本人全部の将来のことを思ったならば改正することは当然のことです」と挨拶した。

3　昭和二二年狩猟法施行規則改正

この勧告に基づき、昭和二二年九月九日農林省令第七二号により狩猟法施行規則が改正された。霞網猟禁止や飼鳥規制を含む狩猟規制の大改革であり、法律ではなく省令による改正であった。農林省猟政調査室が同年一一月発行の大日本猟友会の狩猟雑誌『猟』に寄稿した「改正狩猟法施行規則解説」は、次のように解説を始めていた。「今回、狩猟法施行規則に画期的な改正が加へられることになった。今回の如き大改正に当たっては、本来ならば法律を改正して其後に施行規則を改正すべきなのであるが、法律の改正には議会の審議を経なくてはならないので、多少の無理はあるが先づ規則を改正し、足らざる点は農林省の告示を以てこれを補ふことになったものである」というのである。省令と告示の行政命令を使って案件の変更を先行させ、時期をみて法律改正をするという、法治主義を回避する行政手法を用いて省令改正をしたという種明かしをして見せている。GHQとの関係からやむを得ない措置であったとしたが、残った法律事項の改正は、昭和二五年（一九五〇）狩猟法改正により実現することになった。

施行規則の主要な改正内容は、①狩猟鳥は四六種類から霞網猟対象のツグミ・アトリ・カシラダカを含めて半数超の種類を除き二一種類にし、狩猟獣はカワウソ・ヤマネコ・サル・牝ジカの五種類を除く、②主要な狩猟鳥獣の狩猟期間を短縮し、③法定猟具からライフル銃・霞網・鈎等を除き、④有害鳥獣駆除・飼鳥捕獲の特別捕獲許可を厳格にし、⑤猟区の規定を改めた。規則改正に併せて農林省告示第一三三号により、狩猟鳥獣を飛行機・自動車・モーターボート上より行う捕獲を禁止し、きじをきじ笛を使用して捕獲することを禁止し、狩猟鳥について狩猟免許者一人一日当たりの捕獲数量を制限して告示した。本規則改正により、狩猟鳥からツグミ・アトリ・カシラダカを除いたことと、法定猟具から霞網を除いたことを組み合わせると、霞網猟の禁止になる。

この規則改正については、同じ雑誌にオースチン課長の新聞発表が転載してあり、飼鳥について「鳴禽類及び食虫鳥類が猟期に関係なく永久的に保護される」と小鳥類の永久的な保護が強調されていた。同課長執筆の『天然資源局報告』第一一六号の「wildlife conservation in japan」にも同旨の記述がある。

二　狩猟の改革

1　概　要

オースチン課長の精力的活動に基づく勧告により狩猟規制の強化ができたが、実は、北米狩猟制度にならった狩猟の改革という大きな問題があった。わが国の狩猟制度の民主化である。

2　オースチン野生生物課長の意向

オースチン課長のわが国狩猟制度の民主化に関する改革発言が多くなった。黒田長久著『愛鳥譜』には、「元来、日本では野生鳥類を捕らえて私有化する習慣が強く、『無主物優先所有』の概念であったが、オースチン博士は、アメリカの野生鳥類は『国民の共有物』という考え方を紹介して役人、法律家などを当惑させた」と書かれている。

この「国民の共有物という考え方」とは、アメリカ合衆国では野生鳥獣に対する所有権は、鳥獣が人間の支配に入らず自由な状態にあるかぎり全人民のためその代表者として最高の資格をもつ国家・州にあるとされ、民主主義国家の法的原理から国家が人民から離れて鳥獣を独占するものではなく、国家は全人民のため人民の権利を信託されているに過ぎないので、鳥獣に対する所有権も実質的には全人民共有と考えられるということの表現なのである。オースチン課長は、ヨーロッパの法律用語の「自由狩猟制」や「所有者狩猟権制」を使わずにアメリカの言葉で語りかけたそのままに記述してあるように、狩猟制度民主化に関連した質問・発言が目立つようになった。

3　鳥類保護打合会におけるオースチン発言

第一回鳥類保護打合会において、オースチン課長が「野生鳥獣は誰の持物になっていますか」と質問した。打合会記録では、これに対し農林省所管課長の清井正林政課長が「誰の?」と問い返すと、日本鳥学会内田会頭が「土地の所有者のものではない。捕った者の所有です」と言い添えた記載がある。同林政課長としては、長く農林省に勤務した内田会頭に発言を促した情景とみられる。オースチン課長が急激な狩猟法改正ということを繰り返し発言していたことから、農林省側の抵抗は、予測されたことであった。

4　改正狩猟法打合会におけるオースチン発言

昭和二二年二月二五日林政課から従来の鳥獣行政が分離されて猟政調査室の所管になり、内田清之助博士が初代猟政調査室長に就任した。二三年（一九四八）四月二三日ＧＨＱ建物内の野生生物課において、オースチン課長と農林省山林局猟政調査室の改正狩猟法打合会が開催された。出席者は、オースチン課長と農林省林野局三浦局長・内田室長・田中事務官・松山技官ら、日本鳥学会、山階鳥類研究所、大日本猟友倶楽部、大日本猟友会、日本鳥類保護連盟の代表者・担当者である。出席者の顔触れから狩猟制度の民主化を含む議題を協議する打合会であったと判る。

打合会では、前記の鳥類保護打合会と同様に、オースチン課長から諮問事項が提示された。諮問事項は五項目あり、「第一野生鳥獣の所有権、第二新法の実施方法、第三免許税の等級廃止、第四免許税使途の条文明記、第五飼鳥」であった。

第一議題の「野生鳥獣の所有権」は、狩猟の民主化に関するものであった。同課長は、「これから狩猟法を論じて頂きたい。勇気のある内田博士から提出された新しく起案されて批判を受けることになった」「この新法は説明によると一九一八年の古い法を根幹として改正されたと聞いています。私としては、新法は古い法にとらわれない新しいものであるべきと考える」と述べた。勧告事項を条文化した草案が出来つつあったようであるが、この発言の趣旨は、大正七年狩猟法にとらわれない狩猟法への改正を期待するという狩猟の民主化宣言とみることができる。「鳥の所有権はどこに帰属するか明らかにして貰いたい。古い法では勿論明らかでない。地主のものとか、偉い人に属するものとか考えられて、明らかになっていない」「日本の法は何処の法によっているか」と同課長から自由狩猟に否定的な発言が続いた。内田室長は、「どこということもないが、大体はドイツか。日本の法では所有権は無主物である」と民法の無主物を説明した。オースチン課長は、二三年九月に日本全国を調査した結果を、『天然資源局予備調査』第二八号の「一九四八年の日本の禁猟区および公共猟区」に取りまとめているが、文献研究としては、明治四三年（一九一〇）の『動物学雑誌』に「北米合衆国狩猟法の一般」を寄稿した内田室長から日本の狩猟法制はもとより北米狩猟制度との比較に関しても高度の知識を得ており、そのあたりの知識は充分であったと考えられる。ここに田中事務官が言葉を挟み、「所有権が国にあるものを捕らせることはどうか」と発言し、これに対してオースチン課長も「日本にいる間は日本の所有権を主張してよい」と発言した。この田中事務官と同課長の双方の発言こそが、「国民の共有物」という字句を用いていないものの、アメリカ合衆国において鳥獣に対する所有権を全人民共有と考える理解からの発言なのであった。農林省側の北米州法の理解が進んだことが判明する。「研究する」との内田室長の答弁でこの第一議題の協議が終わった。自由狩猟制からアメリカ合衆国の狩猟制へ改革する研究が開始されることになったと推測されるが、打合会記録はこの内田室長の答弁が終わると、次の議題に移っていた。第二から第五の議題は、法律をもって規定すべき事項であり、特にその「第五飼鳥」については後記のとおり実現した。

5 米国法による狩猟制度改革の挫折

(一) オースチン課長の帰国

しかしその後は、オースチン課長と狩猟制度の民主化に関して協議した資料が見当たらない。林政課松山技官の詳細な打合会記録を精査しても見当たらないし、同技官の自叙伝『野鳥と共に八〇年』にも記述がない。

そのころの猟政調査室は、二三年七月に黒田長禮博士が猟政調査室長に交代し、翌二四年（一九四九）六月一日に猟政調査室が猟政調査課に昇格して黒田初代課長になっていた。同課は、明治以来最初の主管課の誕生であったが、平和条約後の三一年（一九五六）には廃止された。

オースチン課長は、昭和二五年（一九五〇）二月には日本で狩猟規制の成果を収めてアメリカへ帰国した。帰国後に助手を務めた日本野鳥の会黒田長久会長と英文の共著で刊行した書籍に、「九月・一九四六から二月・一九五〇まで」と書いてあり帰国の時期を明記しているが、その帰国が予定のものであったのか、あるいは狩猟改革という大きな改革のための担当者交代により早期の帰国になったのかは不明である。ただ中西悟堂著『定本野鳥記』五巻には「昭和二十四年十二月十七日、アメリカへ帰るというオースチン氏の送別会の席上、私は臍（ほぞ）の緒切って始めての英語挨拶をやった。（略）オースチン博士を、今はとどめるすべもないが、今さらに名残惜しい」とあり、二四年の年末には狩猟制度の民主化の職務は、オースチン課長の手から離れたことは確かである。

（二）　新基本狩猟法の制定勧告

昭和二五年狩猟法改正があったが、改正後で未だ占領下の二六年（一九五一）一月GHQから「日本の猟政に対する勧告」（昭和二六年一月最高司令部天然資源局基本調査第五六号）がなされた。この勧告は、環境庁自然保護局編集『自然保護行政のあゆみ』（昭和五六年一〇月一日発行）に基本部分の文書が「抄」として掲載されている。

そのうちの、新基本狩猟法の制定勧告は、

一　新基本狩猟法

ａ　新基本狩猟法を制定して鳥獣管理と法令の実施の責任を農林大臣の権限に置くべきである。

ｂ　法律の一部を改正して、鳥獣の予算を創設し、法の定めるところによって狩猟免許証からすべての収入はこの予算に繰り入れ、鳥獣行政、管理、保護のためにのみ支出しなければならない。

c　都道府県知事に与える権限は禁止に関するものにのみ止めなくてはならない。

d　大臣の諮問機関を設け、補助規則設定に当って日本の一般の人々及び凡ゆる関係機関を代表するものとする。

というものである。

この新基本狩猟法については、三二年（一九五七）七月開催の野生鳥獣審議会において林野庁長官が諮問事項を説明した際、「昭和二十六年には、我国の狩猟制度を改善指導する目的で、米国コロラド州魚類野生生物局クリーランドル・N・フィースト長官が占領軍司令部天然資源局顧問の資格で来朝して三月十三日以降三か月間に亘って各地を調査し、その結果に基いて司令部を通じ、農林大臣に勧告がなされたのであります。その内容は、新しい基本的な狩猟法の制定、行政機構の改革及び訓練教育の三部門について、かなり詳細を尽したものでありましたが、この勧告は、諸種の事情で実施に移されずに終っているのであります」と述べている。この説明からみると、新基本狩猟法制定は、オースチン課長が強調した「国民の共有物」という考え方による狩猟制度の民主化を目指した狩猟法と同様の新基本狩猟法であったのであろう。

そのような経過を経て、わが国狩猟のアメリカ合衆国狩猟制度にならった改革は挫折した。明治初年の殺生禁断の終焉をもたらした黒船来航に匹敵すべき「第二の黒船」は、生業保護自由狩猟・乱場制を改革することはなかった。

三　戦前からの野生鳥類全種飼養の終焉と野鳥七種飼鳥規制の確立

1　オースチン課長の勧告

わが国の飼鳥規制は、オースチン課長の勧告に基づいて、二段階に分けて法制化された。まずオースチン課長からの勧告である。オースチン課長は、昭和二二年一月一〇日の第一回鳥類保護打合会において第一議題狩猟法改正中の「食料飼鳥の野鳥売買禁止」につき、「米国では鳥の売買を禁止しています。野鳥は売れない。野鳥を籠に入れて飼うことはできない。米国ではその必要がありません。庭へ沢山の小鳥が来ますから」と飼鳥規制勧告の趣旨を説明した。

2　戦前からの野生鳥類全種飼養の終焉

オースチン勧告により、第一段階の法制化として昭和二二年（一九四七）狩猟法施行規則が改正された。大正七年狩猟法では第一二条の特別捕獲許可により飼鳥のために鳥類全種の捕獲ができ、狩猟法施行規則第七条により飼鳥許可は地方長官の手続と定めてあり、飼養鳥の登録手続きはなく実際は自由勝手に飼鳥を行っていた。その条文を確認すると、狩猟法第一二条は、

第十二条　学術研究又ハ有害鳥獣駆除ノ為其ノ他ノ事由ニ因リ農林大臣又ハ都道府県知事ノ許可ヲ受ケタル場合ニ於テハ前数条ノ規定ニ拘ラス鳥獣ヲ捕獲シ又ハ鳥類ノ卵ヲ採取スルコトヲ得

であり、飼養は第一二条の「其ノ他ノ事由」の場合である。狩猟法施行規則第七条は、

第七条　狩猟法第十二条第一項ノ許可ヲ受ケムトスル者ハ飼養又ハ有害鳥獣ノ駆除ヲ目的トスル場合ニ於テハ地方長官ニ其他ノ場合ニ於テハ農商務大臣ニ出願シ鳥獣捕獲許可証ノ下付ヲ受クヘシ

であった。

オースチン勧告に基づき昭和二二年九月九日農林省令第七二号狩猟法施行規則により旧規則が改正され、即日施行されたので、施行前日の九月八日まではすべての鳥獣を対象とした有害鳥獣駆除と飼鳥の特別捕獲は都道府県知事が許可したが、翌九日からは狩猟鳥獣の有害鳥獣駆除のほかは農林大臣の許可を要することになった。戦前からの野生鳥類全種飼養に終焉の時が来たのである。その知事許可が大臣許可になり、自由な飼鳥が警察の台帳登録をするように変わった。同年一二月一二日林野第九九七五号林野庁長官から各県知事あて「狩猟法施行規則の運用について」の

通達には、並々ならぬ改正への決意が披瀝されていた。その「3飼鳥」に「現に飼養して居る非狩猟鳥獣は各警察署管内毎に一応調査し飼養者台帳を作製し正当の手続によって捕獲したもののみ登録しその飼養状況を随時視察し不正飼養を防止すること。登録外の鳥獣はすべて放翔（獣）させること」との記述があり、警察官署の飼養鳥登録をして不正な飼養鳥を放鳥するよう厳命していた。

3　野鳥鳥類七種に限定した飼鳥規制の確立

次の第二段階は、飼鳥関係の昭和二五年狩猟法改正と狩猟規則改正である。昭和二五年狩猟法改正については後記するが、飼鳥規制の関係はここで述べることにする。これは、既に実施に移してあった第一段階法制化の狩猟法改正であるとともに、昭和二三年四月二三日に開催された改正狩猟法打合会の諮問事項「第五飼鳥」に関する狩猟法改正でもあった。具体的には、一旦農林大臣に移した飼鳥の特別捕獲許可権限を知事に戻し、飼養鳥の登録を警察署長から知事に格上げして知事許可の飼養許可証として発行するという法律改正である。伊達源一郎参議院議員は、国会の狩猟法改正の提案理由において「第七に、現在わが国におきましては、一部に、第十二條の特別捕獲許可により捕獲した保護鳥獣の飼養が行われておりますが、これにつきましては、特に飼養許可証を発行して、特別捕獲許可によらないで捕獲したものとの区別を明かにすることによりまして、取締を容易にいたしますと共に、その保護を図ることといたしたのであります」と説明した。第一三条の改正条文を確認すると、

第十三条　前条第一項ノ規定ニ依リ捕獲シタル鳥獣（狩猟鳥獣ヲ除ク）ハ省令ノ定ムル所ニ依リ都道府県知事ノ発行スル飼養許可証ト共ニスルニ非ザレバ之ヲ飼養シ、譲渡シ、又ハ譲受クルコトヲ得ズ但シ同項ノ許可ニ附シタル有効期間満了後三十日以内ニ於テ飼養スル場合ハ此ノ限ニ在ラズ

である。昭和二五年五月三一日法律第二一七号狩猟法改正により第一三条の飼養許可証が導入された。

次に、野生鳥類の特別捕獲許可の手続を定める狩猟法施行規則は、同年九月三〇日農林省令第一〇八号狩猟規則改正により、

第九条　法第十二条第一項の許可を受けようとする者は、左の各号に掲げる事項を記載した申請書を、キジバト、カラス、スズメ、ニュウナイスズメ、クマ、ヒグマ、イノシシ、ノウサギ、ノネコ又はノイヌを国の管理する土地以外の土地において駆除しようとする場合及びマヒワ、ウソ、ホホジロ、ヒバリ、メジロ、ヤマガラ、ウグイスを飼養しようとする場合は、都道府県知事、その他の場合は、農林大臣に提出しなければならない。

と改められた。旧規則第七条と新規則第九条を対比すると、旧規則第七条が「飼養」と規定するだけで鳥類全種を対象とする飼養であったが、新規則第九条がマヒワ、ウソ、ホホジロ、ヒバリ、メジロ、ヤマガラ、ウグイスの野生鳥類七種を明記して七種だけを対象とする飼養に限定したことが判明する。

これにより、野生鳥類七種に限定した都道府県知事の特別捕獲許可・鳥獣飼養許可証発行が実現した。鳥獣飼養許可証は、狩猟法施行規則の別記様式第三号の定める様式である。九センチ四方の紙片に「鳥獣飼養許可証」と「鳥籠に付けておく票」が表裏に印刷され、「鳥籠の票」は鳥獣名・雄雌と有効期限を記入して鳥獣の個別識別を施すもので切り離して鳥籠に付けるものであった。七種の野生鳥類選定は、狩猟統計の飼鳥の実績等から選ばれ、メジロが全体で一位の捕獲と飼養数であった。

以上の昭和二五年狩猟法改正と狩猟規則改正に基づく七種飼鳥規制の趣旨は、飼鳥を即時全廃できないことから規制を厳しくし、飼鳥の対象鳥種を右のマヒワなど七種に限定するが、できる限り早期に全対象種の除外を進め、愛がん飼養そのものをわが国から廃絶することにあった。この飼鳥規制法制の確立は、多くの困難があるにしても、わが国の国情に適合する形で飼鳥廃止の目的を実現しようとした戦後民主化立法として大きな意義を有していた。

四　農林省の狩猟法改正法案の閣議請議と廃案指示

1　改正狩猟法案の作成

農林省は、狩猟法の改正に向けて作業を進めていた。「昭和二四年度狩猟法全面改正部内草案」と題する「野生鳥獣の保護及び捕獲に関する法律案」がある。本則は全五章・五九か条で、第一章第一条は「この法律は野生鳥獣の生育と繁殖とに最適な基礎条件を与え且つその捕獲の適正化を図ることによって、国民の生活内容の高度化と産業の健全な発展に寄与することを目的とする。」と目的を定め、第二条は「野生鳥獣及び野生鳥類の卵は、すべて国民のものであって、国民は、この法律又は他の法令に基いて野生鳥獣を捕獲する場合を除き野生鳥獣が自然に生育し且つ繁殖するように保護しなければならない。」と国民の義務を定める。そして、第二章野生鳥獣保護区、第三章捕獲（第一節狩猟免許と鳥獣捕獲許可・第二節狩猟者に対する捕獲の制限・第三節猟区・第四節野生鳥獣調査試験地・第五節雑則）、第四章補則、第五章罰則及び附則である。

全体にオースチン課長の意向に沿ったようでもあるが、自由狩猟はそのまま存置する構成になっており、野生鳥獣保護区は所有者らの受忍規定を定める等の内容であって、大日本猟友会・狩猟者への配慮が目立つものである。検討途中の案文であり、その後に法制局審査を受けた農林省の最終案との関係は不明である。

2　農林省の狩猟法改正法案の閣議請議

昭和二五年（一九五〇）一月（日未記入）の閣議請議書をもって法務総裁から狩猟法改正の閣議請議がなされた。これに同月二三日付け農林大臣から総理大臣宛の「狩猟法の一部を改正する法律案提出に関する件」と題する書面及び内閣法制局（当時法務府）の法案審査が終了した改正法案が編綴してある。この閣議請議書類は、国立公文書館が最近公開した、内閣の公文類聚第七五編・昭和二五年廃案法案中の「狩猟法の一部を改正する法律案」である。

右の閣議請議書は、所定様式で大臣の署名が未了の閣議開催前のものであり、内閣総理大臣官房総務課長の名の下に薄い汚れがみえるが印影とは確定し難い。同総務課の文書受理手続印等の押捺は見られない。同請議書の表紙の左側上方欄外に「職業として成りたたぬような改正は再考を要する故を以て保留」と記載した付箋が貼付されており、また右側上方欄外に「廃案」と記載した付箋が貼付されている。そして、改正法律案の一件書類が編綴してある。その全体の形状及び付箋二枚の内容から、本閣議請議書が「保留」となり、その後「廃案」とされたことが認められるが、それが法務総裁の措置であるか又は内閣総理大臣官房の指示によるものであるのかを確定すべき資料を備えていないので、内閣の他の公文類聚、内閣法制局の昭和二五年改正狩猟法の法案審議書、農林省の昭和二五年改正狩猟法関係書類等を可能な限り探索してみたが、その資料もなかった。

3　廃案指示

そこで、以下法務総裁の措置であるものとして検討する。付箋の「職業として成りたたぬような改正は再考を要する故を以て保留」との記載については、一見するとその意味が判然としないが、「職業として」の文辞の前に「狩猟が」と補ってみると文意が明確になる。すなわち、「狩猟が職業として成りたたぬような改正は再考を要する故を以て保留」ということであれば、大日本猟友会が一貫して鳥獣保護区の設置により狩猟ができなくなり、ひいては生業保護自由狩猟が廃絶されることを怖れた状況と符節することになる。大日本猟友会からの高度の陳情・諸活動が窺われるところである。オースチン課長の帰国を好機とした措置とみて誤りはなかろう。そのような背景事情が想定されるところではあるが、この廃案指示の持つ意味は極めて大きなものがあったと考えられる。

明治三四年改正法の生業保護自由狩猟は、破綻したために大正七年法改正に至ったが、大正七年（一九一八）改正法とて国家狩猟権制の猟区を導入したものの鳥獣保護に失敗した状態に陥って、敗戦によりＧＨＱの調査を受けたのであった。ＧＨＱの狩猟に関する指示は、鳥獣保護の強化による狩猟の規制であった。鳥獣保護の強化に向けた鳥獣保護区の設置は、狩猟を縮減することを企図した。そのようなＧＨＱの狩猟改革は、自由狩猟を根底から改める機会を提供したといえる。

それであるのにこの廃案指示は、明治憲法が日本国憲法に改正された後のわが国狩猟法制においてもなお、生業保護自由狩猟を狩猟の原則となすべきことを宣明していた。実際には廃案指示された法案は、後記のように大日本猟友会に助けられて国会に提出されたが、この廃案指示の意義は極めて大きい。

五　国会審議

1　廃案の改正法案を大日本猟友会に依頼して議員から国会提出

昭和二五年狩猟法改正法案は、「職業として成りたたぬような改正」として廃案となり、国会提出が不能になった。『鳥獣行政のあゆみ』の大日本猟友会の記事に、当初内閣提出法案の予定が「重要法案以外は提出しないという政府の方針により政府提案では行うことが不可能となったため、黒田猟政調査課長から大日本猟友会へ議員提出法案として国会への提出依頼があり、同会の助力を得て伊達源一郎議員を提案者代表と定め国会の審議に附託された」との記述がある。しかし、「重要法案以外は提出しないという政府の方針により政府提案では行うことが不可能となった」との理由は、いわゆる後付けの理由であろう。黒田猟政調査課長らの懸命な大日本猟友会への説得があったとみえ、国会の最終日での法案可決に間に合った。

2　国会審議

第七回国会は、昭和二四年（一九四九）一二月四日から二五年（一九五〇）五月二日までの会期であるが、二五年四月二七日参議院議員伊達源一郎外九名が狩猟法の一部を改正する法律案を提出した。

翌二八日参議院農林委員会において伊達議員らの議員提出法案の審議が開始された。伊達議員から「①狩猟鳥獣の猟法制限、②空気銃規制、③狩猟鳥獣の猟期制限、④狩猟免許登録の手数料、⑤鳥獣保護区、⑥公聴会、⑦飼養許可証、⑧きじ等の販売禁止、⑨鳥獣輸出輸入の適法捕獲証明書、⑩罰則（体刑導入）」の提案理由説明があり多少の質疑があったが、鳥獣保護区に関する質疑はなかった。その後採決され総員起立により委員会で可決された。二九日本会議において委員長報告があり直ちに採決され総員起立により可決された。

同月二九日、衆議院農林委員会において、伊達参議院議員が提案理由を説明した。翌五月二日衆議院本会議において委員長報告があり直ちに採決され総員起立により可決された。

六　主要な改正内容

1　鳥獣保護区

鳥獣保護区の新設は、鳥獣保護の方向に前進したと評価された。第八条ノ二に、「農林大臣又ハ都道府県知事ハ鳥獣ノ保護蕃殖ヲ図ル為特ニ必要アルトキハ政令ノ定ムル所ニ依リ鳥獣保護区ヲ設定スルコトヲ得」と定められた。伊達参議院議員の提案理由説明には、「鳥獣の積極的な保護繁殖を図るため、農林大臣又は都道府県知事は、鳥獣保護区を設けることができ、鳥獣保護区内には、営巣、給餌、給水等の保護施設を設けると共に、鳥獣の繁殖と生育に支障のある水面の埋立、干拓、立木竹の伐採、工作物の設置等は、農林大臣又は都道府県知事の許可を受けさせることとし、これによって損害を蒙った者に対しては補償を与えることといたしたのであります。」とある。

『鳥獣行政のあゆみ』は、「狩猟法制は鳥獣保護の方向に前進したが、予算措置が不十分なため思うに任せず、実質的には狩猟の規制を強めたに止まった」と予算の不十分を強調している。鳥獣保護区を新設したが、予算がなかったためその設置が意の如くできなかったとの解説である。鳥獣保護区の存続期間は二年以内とされた。乱場制により自由に狩猟ができるわが国の国土には、第九条「農林大臣又ハ都道府県知事ハ鳥獣ノ保護蕃殖ノ為又ハ土地所有者ノ出願其ノ他ノ事由ニ因リ必要ト認ムル場合ニ於テハ十年以内ノ期間ヲ定メ禁猟区ヲ設クルコトヲ得」と禁猟区が規定されてあった。禁猟区は存続期間が一〇年以内である。

2 猟　区

GHQの勧告中に猟区は入っていないが、猟区について改正があった。改正は、第一四条「国、道府県、郡又ハ市町村ハ命令ノ定ムル所ニ依リ猟区ヲ設定スルコトヲ得」とあった条文を、「国又ハ公共団体ハ一定ノ地域ニ於ケル狩猟鳥獣ノ捕獲ヲ調整スル為必要アルトキハ入猟規程ヲ添ヘ農林大臣ノ認可ヲ受ケテ猟区ヲ設定スルコトヲ得」と改めた。これにより、猟区が行政目的を達成するために設けることが明らかにされたと説かれる。

これに併せて省令の条文を法律に引き上げて条文を整備した。その中には、明確に違憲であると非難される条文があるので指摘する。それは、勅令第三八一号狩猟法施行規則第一八条を法律に持ってきて、第四項「猟区ハ其ノ区域内ノ土地ニ登記シタル権利ヲ有スル者ノ同意ヲ得ルニ非ザレバ之ヲ設定スルコトヲ得ズ。」としたものであるが、学者から同意を得べき権利者を登記権利者に限ったことが違憲であるとの批判を受けている。農林省の委託による中尾英俊教授らの『私営猟区制度創設のための法制に関する研究』に記述がある。狩猟・鳥獣行政には、ナチスドイツ行政法学に通じる「形式的法治主義」がび漫しており、法律の整備に腐心し、省令・告示で試行して様子を見てから法律の条文にするということがあるとされるが、これも省令で試行して法律へ移した例である。

3　鳥獣の輸出入と適法捕獲証明書

鳥獣輸出入の証明書については、『鳥獣行政のあゆみ』には、「一部特定の鳥獣の輸出入に関する証明制度を設け、違法に捕獲された鳥獣等の輸出入を禁止することとした」と鳥獣の輸出入と証明制度を設けたことが純粋かつ簡明に解説されている。

しかし、簡明な新規制度の新設ではなかったようである。伊達参議院議員の提案理由によると、「第九に、鳥獣の輸出及び輸入につきましては、適法に捕獲された旨の証明書を添附せしめることといたしたのであります。これは、従来牝いたちがわが国で捕獲禁止しておりますに拘わらず、その皮が外国に輸出されている事実に鑑みまして、輸出の際に検査を行うことにより、捕獲の段階だけでなく最終的な関門によって違反の取締を行おうとするものでありまナ。尚現在、米国初め諸外国にもこの制度の例がありますので、輸入の際にも、そうした制度のある国からの輸入につきましては、当該国の証明書を添附せしめることといたしたのであります」とあり、元来捕獲禁止の「牝いたち」を捕獲してその皮を輸出する不届者対策であるというのである。

その立法趣旨による鳥獣輸出入の条文は、第二〇条に第二〇条ノ二を追加するもので、「省令ヲ以テ定ムル鳥獣（其ノ加工品ヲ含ム）又ハ鳥類ノ卵ハ之ヲ輸出セントスル場合ニ在リテハ本法又ハ本法ニ基キテ発スル省令ニ違反シテ捕獲シ、又ハ採取シタルモノニ非ザル旨ヲ証スル農林省ノ当該職員ノ発行スル証明書、輸入セントスル場合ニ在リテハ適法ニ捕獲又ハ採取セル旨ノ当該国政府機関ノ発行スル証明書ヲ添附シタルモノニ非ザレバ之ヲ輸出シ、又ハ輸入スルコトヲ得ズ但シ当該鳥獣ノ捕獲又ハ採取ニ関スル証明ニ付テノ政府機関ヲ有セザル国ヨリ輸入スル場合ハ此ノ限ニ在ラズ」と定められた。

「牝いたち」から出発したのに、条文上は「省令ヲ以テ定ムル鳥獣」として、わが国に生育する鳥類と獣類のすべての中から自由に選定できる規定に拡大してある。省令の狩猟法施行規則では、第四四条に「法第二十条ノ二第一項の省令をもつて定める鳥獣又は鳥類の卵は次の通りとする。キジ、ヤマドリ、オシドリ、各種鳥類の卵及び羽毛並びにキツネ、タヌキ、アナグマ、テン、リス、オスイタチ、ムササビ、ノウサギ及びこれらの獣の毛皮」と定め、鳥類はキジ、ヤマドリ、オシドリを列挙し、獣類はキツネその他を列挙したものとなっていた。条文には但書があり、「当該鳥獣ノ捕獲又ハ採取ニ関スル証明ニ付テノ政府機関ヲ有セザル国ヨリ輸入スル場合ハ此ノ限ニ在ラズ」と定め、抜け道も完備していた。提案理由では、「牝いたちの皮」と抑制的に立法趣旨を説明しながら、実はすべての鳥獣の輸出入に関する制度が新設されたのである。

このような立法政策を狩猟行政では、将来におけるすべての行政事象に対応できるという意味で狩猟立法の理想型としており、わが国行政一般でも「立法美学」と称される。この立法美学には様々な欠陥があるが、最大のものは一度立法を果たすと長期に肥大化することにあり、当該立法に既得利益者が付着してその廃止ができないところにある。その後十数年にわたるイタチ・ノウサギ等の獣類の適法捕獲証明の実績をみると、敗戦により外貨を獲得しなければ国の存立を維持し難い時代の、一種の緊急避難的な性格の立法として納得できる法改正であったというべきであろうが、社会の物の見方が変わり生育国の鳥獣保護の視点をも尊重すべき時代が到来すると、野生鳥獣の輸出入を全面的に禁止するのが当然ということになる。

七　乱場の関係条文

昭和二五年改正により、第一一条の「御猟場」を「鳥獣保護区」に、「公園」を「農林大臣ノ指定スル公園其ノ他之ニ類スル場所」に改めた。第一七条には改正がなかった。乱場の関係条文は、

第十一条　左ニ掲クル場所ニ於テハ鳥獣ヲ捕獲スルコトヲ得ス

一　鳥獣保護区

二　禁猟区

三　公道

四　農林大臣ノ指定スル公園其ノ他之ニ類スル場所
五　社寺境内
六　墓地
第十七条　欄、柵其ノ他ノ囲障又ハ作物アル土地ニ於テハ占有者、共同狩猟地ニ於テハ免許ヲ受ケタル者ノ承諾ヲ得ルニ非サレハ狩猟又ハ第十二条第一項ノ規定ニ依ル鳥獣ノ捕獲ヲ為スコトヲ得ス
第二十一条　左ノ各号ノ一ニ該当スル者ハ一年以下ノ懲役又ハ五万円以下ノ罰金ニ処ス
一　第三条、第十一条、第十五条、第十六条又ハ第二十条ノ二ノ規定ニ違反シタル者
第二十二条ノ二　第八条ノ二第三項若ハ第五項、第十七条又ハ第十八条ノ規定ニ違反シタル者ハ三万円以下ノ罰金ニ処ス
但シ第十七条ノ規定ニ違反シタル罪ハ占有者又ハ共同狩猟地ノ免許ヲ受ケタル者ノ告訴ヲ待チテ之ヲ論ズ
となった。

第三節　昭和三三年狩猟法改正

一　平和条約後における占領下狩猟規制撤廃の諸活動と審議会

1　平和条約後における狩猟者側と鳥獣保護側の対立

日本国との平和条約は昭和二六年（一九五一）九月八日調印され、二七年（一九五二）四月二八日平和条約の発効により日本の独立が回復された。早速、狩猟鳥から除外されたツグミ・アトリ・カシラダカの狩猟鳥再指定とかすみ網使用禁止の解除を求めて岐阜県等の焼鳥料理関係者らからの強い要望を背景にして、同年六月一一日の第一三回国会

衆議院農林委員会において、委員平野三郎・同千賀康治らの動議により、アトリ等三種類の狩猟鳥獣の種類追加指定に関する件が議決成立した。その後衆議院の解散と総選挙を挟み、同年一二月六日第一五回国会衆議院農林委員会に同院議員平野三郎外一三名から狩猟法の改正法律案が提出され、同月一〇日参議院農林委員会において予備審査のため送付された同法律案について、同平野三郎議員がつぐみ・あとり・かしらだかの捕獲を復活することが適当であるとの提案理由説明を行った。また翌一一日衆議院農林委員会において同平野議員が提出の狩猟法の改正法案について同旨の提案理由説明を行った。このような狩猟者側の動きに対し、鳥獣保護側から批判の声が高まり、日本学術会議等から反対意見が表明されるなど社会的に狩猟者に対する反対の活動が拡大した。国会議員からも同月一九日参議院予算委員会において同議員石黒忠篤が占領下の霞網猟の禁止について「占領治下において、そういういい結果、アメリカの持って来てくれたことのうちではいいことだと私は思っている」と批判を展開し、同法律案は審議未了で廃案になった。

昭和三〇年になると狩猟者団体法制定の動きが生じた。翌三一年に議員提案で「有益鳥獣の保護及び狩猟の適正化等に関する特別措置法案」が衆議院に提出され、これに対しても鳥獣保護側から反対が叫ばれ審議未了となって実現を見るに至らなかった。三〇年には空気銃事故の頻発に対する厳しい世論により銃砲刀剣類等所持取締令の一部改正がなされ、空気銃も装薬銃と同様に所持許可証を必要とすることとなった。これに伴い狩猟法においても簡便な登録扱いとなっている空気銃の規制強化の観点から狩猟法改正案が議員提案されたが、銃砲関係業者の反対があり成立に至らなかった。そして、狩猟者の資質向上を求める世論が高まった。狩猟者側と鳥獣保護側の対立は、まず以上の諸点から激化し、広く社会問題になってきた。

2　審議会における国民の意見の汲上げと国会審議

政府は、この狩猟者側と鳥獣保護側の対立にかんがみ、昭和三二年（一九五七）六月七日閣議決定により、野生鳥獣の保護増殖及び狩猟の適正化に関する重要事項を調査審議するため、農林大臣の諮問機関として臨時に「野生鳥獣審議会」を設置し、所要の事項を諮問して審議会において狩猟者側と鳥獣保護側の意見交換を推し進めることにした。審議会において民意を汲み上げ、その答申を狩猟法制に活用することに着目したのである。当然のことながら、それには答申を立法に活かすことが必要になる。答申を隠れ蓑にして漫然と従来の行政路線を踏襲することは民主主義ではない。早速、農林大臣は、狩猟者側と鳥獣保護側からそれぞれを代表する当時一流の論客を選出し、公益側も加えて審議会委員、審議会幹事及び審議会専門部員を委嘱した。

本書においては、この審議会における国民の意見の汲上げに注目し、諮問・答申全文をできれば原文のまま用いたいが、紙幅の関係からせめて項目を列挙して狩猟行政の実態を探りつつ、日本国憲法下の狩猟法制を考察することにする。

二　野生鳥獣審議会への諮問と答申

1　諮問と答申

昭和三二年（一九五七）七月九日、農林大臣から野生鳥獣審議会へ「野生鳥獣の保護増殖及び狩猟の規制に関する改善方策」が諮問された。会議の冒頭、林野庁長官が諮問事項を説明した。これは、大正七年改正法以降の諸般の状況を詳細に説明したものであり、有用な内容である。

同審議会は、同年一一月二七日に至るまで、審議会・専門部会・幹事会・小委員会を開催し、学識経験者や利害関係者の意見を広く聴取して審議を遂げ、次の、

前文

第一　保護に関すること
一　狩猟鳥獣の種類
二　狩猟鳥獣の捕獲規制
三　キジ、ヤマドリの販売禁止
四　キジ、ヤマドリの捕獲所持制限
五　野生鳥獣の保護増殖
六　農薬の使用
第二　狩猟に関すること
一　霞網
二　空気銃
三　多獲猟具の使用禁止
四　法令禁止の猟具製造販売禁止
五　狩猟免許をうける者の資格
六　狩猟免許等の種類
七　猟期
八　狩猟者団体法定化問題
九　猟区の設定権
一〇　狩猟免状報告

第三　制度に関すること
一　有害鳥獣駆除
二　狩猟法違反者
三　狩猟者税
四　新法律の題名
五　飼鳥
六　毛皮商取締
七　狩猟取締
八　野生鳥獣審議会
九　鳥獣行政機構の拡充強化

のとおり、前文と三部で二五項目に分説する答申事項を決定した。

同月三〇日農林大臣に答申した。この答申は、成果を挙げたと思われた。狩猟者側と鳥獣保護側の意見の交換において、鳥獣保護側は対立事項について相応の成果が得られたと評価し、これにより答申を大幅に採択する法律改正への期待感が高揚したからである。

2　答申の「国民の共有物」

ところで、答申事項の中には適切を欠くものがなかったわけではないので、これを述べる。それは、答申の「第一保護に関すること」の「五野生鳥獣の保護増殖」にある。当該の答申部分は、

野生鳥獣の保護増殖を積極的に行うべきであるという基本理念は、全員の一致した意見であり、これを具現する手段、

方法として山野生鳥獣に対する観念の問題の鳥獣保護区、禁猟区、猟区等の問題を中心に論議された。

(1)については、「野生鳥獣は国民全体の共有物である」或いは「原則として保護すべきである」という意味を将来改正される法律に規定すべきであるという意見があり、これに対して「国民の共有物」であるということは、「無主物」であるということとただ表現が異なるのみで、根本的に相反するものではないという意見もあったが、改正法にはこれを規定して道義的な意味を現わすべきである。

という文中にある。すなわち、文中の「野生鳥獣は国民全体の共有物であるという意見」は、オースチン博士が「アメリカの野生鳥類は国民の共有物」という考え方を紹介して以来、わが国でも盛んに唱えられた意見で、野生鳥獣は住民の共有の財産であると主張し、保護の強化・狩猟の規制を求めた人達のスローガンとなっていた。

問題となるのは、これに対する「国民の共有物とは無主物とただ表現が異なるのみで根本的に相反するものではないという意見」である。これは、「国民の共有物」と「無主物」とは同義であり、野生鳥獣を共有物と言ったところで狩猟を規制する根拠にはならないと説諭した意見のようである。そうすると、この意見は、アメリカ法の定義ではなく、ローマ法の物の分類・語義からの定義を問題にしていることが判る。ローマ法の知識があれば、空気や水のように万人が使用できるほどの量がある不融通物の「共通物（共有物とも訳出される。）」と、狩猟により数が減少する野生鳥獣等の「無主物」とを同義とする後者の意見は誤っており、ローマ法の理解を欠くことが判明する。これは、ローマ法を用いてアメリカ法的な保護の強化を求める風潮を押さえ込もうとした思い付きの意見であったのであろう。

この意見にはその後鳥獣保護側は困った。それは、この「共有物と無主物とは相反するものではない」というローマ法風な意見が審議会委員を洗脳したため、狩猟界では民法の無主物先占の解釈として大いに尊重され、鳥獣保護を押さえ込むのに利用された。

三　改正法律案における答申の採択状況

野生鳥獣審議会は、答申に当たり農林大臣に対し、「農林大臣はこの答申の趣旨にそい速やかに適策を樹立し、鳥獣行政の確立を図られることを要望」した。

本改正は、戦後の実質的に最初の狩猟法改正であったことから、法案に答申事項が如何ほど採択されるかということが関心事であったが、法案が開示されてみると鳥獣保護側には落胆が拡がった。本改正狩猟法の内容については、昭和三四年（一九五九）六月林野庁監修・日本林業協会発行の『新狩猟法の解説』には、

①　空気銃の狩猟免許制
②　狩猟免許欠格条項
③　講習会制度
④　狩猟免許取消制度
⑤　特別司法警察員拡大
⑥　鳥獣審議会設置
⑦　その他規定整備

とされている。狩猟者側と鳥獣保護側の意見交換に相応の成果を収めた前記の審議会の答申内容と対比すると誠に貧弱な法案である。この答申の採択結果では、戦後最初の実質的な狩猟法改正としては約束違反ではないかという声が上がった。それでも鳥獣保護側には、今後より良い鳥獣保護の法律を期待しようという声が聞かれた。

四　国会審議

第二八回国会は、昭和三二年（一九五七）一二月二〇日から三三年（一九五八）四月二五日までの会期であるが、三

三年二月七日参議院農林水産委員会に内閣から狩猟法改正法律案が提出され、同月一一日趣旨説明がなされた。そして同月二〇日、二八日及び翌三月六日に質疑が重ねられ採決に至り、同委員会において可決された。翌三月七日参議院本会議において同委員長報告の後採決され可決した。同月二七日衆議院農林水産委員会において参議院送付の同改正法律案につき提案理由の趣旨説明がなされ、質疑の後採決されて可決成立した。国会の質疑においては、答申が前記のとおり多数で多岐にわたっていたのに、そのごく僅かな事項しか改正法律案に採択されなかったことが審議会運用の問題点として議員から質問を浴びた。なお、今後国会審議に関しては、審議会の諮問・答申等を重視することと同様に、各議員と行政当局との質疑を国会会議録からできるだけ原文のままに引用して用いることにしたい。質疑は、民主主義の根底をなすが、何分にも内容豊富な大量の資料であるので、その省略化にも留意したい。

五　乱場の関係条文

昭和三三年狩猟法改正における乱場の関係条文は、昭和二五年改正法のままであった。乱場については、国会の審議の対象にはならなかった。

第四節　昭和三八年鳥獣保護及狩猟ニ関スル法律への法改正

一　審議会への諮問と答申

1　諮問と答申

昭和三六年（一九六一）一二月一一日、農林大臣は鳥獣審議会に対し、「野生鳥獣保護および狩猟の適正化に関する方策について」諮問した。同審議会は、小委員会により具体的調査・審議を重ねて審議会へ報告の上、さらに利害関

係者の意見を聴取するなどし、翌三七年（一九六二）六月二六日鳥獣審議会答申に至った。答申は次の、

まえがき
第一　野生鳥獣保護
1　鳥獣保護計画
2　鳥獣保護区
3　土地買取制度
第二　狩猟
1　猟場ならびに狩猟区および休猟区
2　有料猟区
3　狩猟免許
4　狩猟期間
5　猟法の制限
第三　野生鳥獣による被害の防除
1　許可権限
2　防除申請
3　防除許可
4　防除従事者の資格
5　共同防除

6　防除の監督
7　防除の経費
第四　組織
1　林野庁
2　林野庁の出先機関
3　都道府県
4　鳥獣審議会
第五　その他
1　罰則の適正化
2　法律名称の改正および訓示規定の創設
3　農薬による被害の防止

というもので、まえがきと五部で二二項目に分説してある。狩猟における猟場という基本の問題や顕在化してきた害鳥獣問題を含めて全体として、鳥獣保護へと高揚する保護側の期待が伝わってくる答申であった。

2　再び答申の「国民の共有物」

ところで、三二年七月の野生鳥獣審議会答申に関し「国民の共有物」と「無主物」の意見について述べたが、三七年六月答申にもこの意見が繰り返されたのは興味深い。それは、「第五その他・2法律名称の改正および訓示規定の創設」中の「また、国民の共有財産である野生鳥獣を国民が等しく保護する義務がある旨の訓示規定を設けるべきである」との部分に関連する。しかし、ここでも無主物という反撃があった。『鳥獣保護と狩猟』に、「また、鳥獣審議会の答申には、『野生鳥獣は国民の共有物であつて保護すべきもの』との意味の訓示規定をおくべしとの意見があつたが、法全体の体系が、一部改正でそのような規定をおくにふさわしくないことと、これを仮においたとしても、国民全体のものということは法律的には無主物であるということと同様であつて実効性に乏しいというような点が検討された結果、むしろこの際は法律の性格を冒頭において明らかにするために目的規定をおくべきであるとの結論に達し、これを第一条にうたうこととなつた」との記述がある。再び「国民全体のものということは法律的には無主物であるということと同様であつて」という意見に屈した。

二　改正法律案における答申の採択状況

審議会は、答申に際し、「審議会としては、農林大臣が本答申の趣旨にそい、すみやかに適正な方策を樹立し、鳥獣行政の確立を図られることを要望する」とした。『鳥獣保護と狩猟』によると、五部で二二項目の答申のうち、改正法案に採用された改正事項は、

① 法律名称の改正と目的規定の設定
② 鳥獣保護事業計画制度の新設
③ 都道府県別免許制度の新設
④ 鳥獣保護区制度の改正と休猟区制度の新設
⑤ 猟区の事務委託制度の改正
⑥ 狩猟者講習会制度の改正
⑦ 都道府県鳥獣審議会の設置
⑧ 鳥獣保護員の設置

⑨　禁止規定と義務規定の改正
⑩　狩猟法の改正に関連する地方税法の改正
⑪　狩猟法施行令の改正
⑫　狩猟法施行規則の改正
⑬　地方公共団体手数料令の改正

である。改正事項のいくつかを概観する。

②の鳥獣保護事業計画制度の新設は、鳥獣保護のための制度として保護側を期待させたが、狩猟者側への配慮も怠りなく改正法案が作成された。大日本猟友会の『日本猟友会史』には、「キジの放鳥事業が本格的になったのは、昭和三八年に改正された鳥獣保護及狩猟ニ関スル法律により、行政庁が鳥獣保護事業計画を作成し、これによって実施されたことによる」と謝辞の如き口吻を洩らして記述している。

③の都道府県別免許制度の新設については、答申は狩猟免許を全国制免許と都道府県別入猟許可の二本立てを適当としたが、改正法案では都道府県別免許に改めてあった。これにより狩猟免許者数は増加することになり、納税額では一県のみで狩猟を行う者の納税額が減額になり、二県以上にわたって出猟する場合は増額になると予測された。法改正後の狩猟者数の推移について、鳥獣保護側は狩猟者団体法定化問題が作為的に影響すると推測したが、実際にも法改正前年の昭和三七年以降の狩猟者数（千人単位）が三七年二四万三千人、四一年三七万三千人、四五年五三万二千人と激増した後、もとの狩猟者数へ向かって減少した。

⑤の猟区の事務委託制度の改正については、答申では有料猟区の設置権を私人にまで拡大して認めうるようにすべきであると答申したものを的外れな形で採用したが、『鳥獣保護と狩猟』にその理由が示されている。「民営の猟区を

認めるには、その区域内において猟区の経営者が狩猟を独占し得る私権が確立しなければならないが、わが国の民法体系の中には、そのような私権、即ち狩猟権というものの概念はまだ導入されていない。したがってそのような新たな物権的な私権を設けるについては、単なる狩猟法改正作業としての行政的処理では不十分であつて、法制審議会にかけて抜本的に検討を行なわねばならなくなると予想される。そうなると一年や二年で結論が出ないかも知れないし、到底他の部分の改正作業とはテンポが合わない」というのである。しかし、この解説はすべて誤りである。既に明治二七年の第二七回法典調査会における富井起草委員の説示について詳述したが、狩猟の特別法をもって規定すべき事柄であるに過ぎないのである。

そのような答申の採択振りであり、猟場・乱場の法改正が全く無視されたなどのことから、鳥獣保護側の審議会に寄せる期待感が一挙に萎縮していった。法律名称を「鳥獣保護及狩猟ニ関スル法律」と改めて「鳥獣保護法」と略称するようにした改正法律案の意図が、逆に、国民を狩猟から遠ざけていくことになった。

三　国会審議

1　概　要

第四三回国会は、昭和三七年（一九六二）一二月二四日から三八年（一九六三）七月六日までの会期であるが、三八年二月一二日参議院農林水産委員会に内閣から狩猟法改正法律案が提出され、農林政務次官から提案理由が説明された。同月一四日には林野庁長官から提案理由の補足説明と鳥獣審議会答申要旨を含む参考資料説明がなされ、議員から参考資料の追加を求められた。同月一九日質疑において、帝国議会・国会の憲政史上初めて「乱場」の用語を用いた答弁が現れた。質疑の後、委員長から参考人招致の発言があった。同月二一日全般にわたる質疑が交わされた。翌二二日に山階芳麿・植月浅雄参考人が意見を述べた。その後、井川伊平議員と吉村林野庁長官の間で自由狩猟・乱場の根拠規定に係る狩猟法第一七条に関する質疑があった。同月二六日討論に入り、付帯決議案の提案があり採決の結果原案どおり可決された。翌二七日参議院本会議において同委員長報告の後採決され可決した。

同年三月一二日衆議院農林水産委員会において参議院送付の同改正法律案につき農林政務次官から提案理由の趣旨説明がなされ、委員長から参考人招致について発言があり、質疑があった。翌一三日赤尾好夫・田村剛・千葉謙介参考人が意見を述べ、質疑に入った。そして同月一四日質疑に続き討論に入り、付帯決議案の提案があり採決の結果可決された。翌一五日衆議院本会議において同委員長報告の後採決し、可決成立した。

2 「乱場」の用語を用いた憲政史上最初の答弁

昭和三八年二月一九日参議院農林水産委員会の質疑において、わが国憲政史上初めて「乱場」の用語を用いた答弁がなされた。

亀田得治議員の質問に対する政府委員・吉村清英林野庁長官の次の答弁である。

○亀田得治君　そうすると、相当広くしたい、そういうことですね。で、たとえば、これも資料をいただいたわけですが、西ドイツあたりも日本と狩猟人口が大体同じくらいのようですが、猟のできる場所、これを特に特定して、そこだけでさせる。猟のできるところを特定してこういう制度をとっているようですね。で、この鳥獣の数などが日本のほうがうんと少なくなっているのでしょう、西ドイツ等に比較して。欧米全体では十分の一だといったような書き方がされておりますが、西ドイツなら西ドイツ一国と比較するとどういうことになるのですか。鳥獣のたくさんいる西ドイツのほうでは、そういうふうにしても、もう原則は禁止だ、猟をする人はここところなんだ、こういうふうにやっているわけですがその点日本のほうが鳥獣が非常に少なくなった。大勢としては、むしろ逆という感じを受けるわけですが、どうでしょう。

○政府委員（吉村清英君）　西ドイツと日本との狩猟鳥獣密度の比較というのは、ちょっと私ども手元にも資料がございませんし、おそらく十分なことはわからないと思うのでございますが、大体一般に専門家から言われているところでは、そういった欧米諸国の一割程度じゃないかということを言われている程度でございます。御指摘のように、西ドイツあたりでは私有あるいは公有の猟区のみで狩猟はする。日本は非常に鳥獣密度も少ないのに、どこででも狩猟ができると申しますか、いわゆる「乱場」というようなものがありまして、そういうところはどこでも狩猟ができるというような制度は、まことにおかしいじゃないかという御指摘はごもっともでございますが、遺憾ながら、まあ私ども従来の経過から見ましても、ドイツのところをごらんいただきまして、ひとつの行政費だけを取り上げてみましても、十倍に近いような経費を投じ、また従来この方面の狩猟の発達の仕方と申しますか、こういう猟区を主体にいたしまして、その猟区の中で、鳥獣を増殖をいたしまして、この中で十分に狩猟が楽しめるというような形で進んで参っているわけでございます。こういう点は私ども遺憾ではございますが、今後こういう方向へさらに進めて参りたいという考えを持ちまして努力をいたしているわけでございますが、こういうことでございまして、今、現状にきまして、西ドイツと日本の実情を比較いたしますと、まことに残念でございますが、将来、こういうことは大いに地方税等の改正もございまして、かなり現状よりは、こういった方面へその財源もできてくるというようになって参りますので、ひとつ改善は積極的にして参りたいという意気込みでおるわけでございます。

以上の質疑において、政府委員の答弁の「乱場」に付した括弧は筆者が付けたが、狩猟鳥獣密度の低い「乱場」の鳥獣を増殖したいという答弁が国会に現れたのである。

3　「裏面解釈」による自由狩猟・乱場の憲政史上最初の国会質疑

自由狩猟・乱場の根拠規定についての質疑は、三八年二月二二日の参議院農林水産委員会における井川伊平議員と吉村林野庁長官間で第一七条に関して展開された。

その関係部分は次のとおり、

○井川伊平君　ただいまのに関連いたしておることで、簡単に一、二点お伺いいたしますが、十七条の、「欄柵其ノ他ノ囲障又ハ作物アル土地」においては、占有者の承諾がなければ捕獲をしてはならぬと規定されておりますが、「欄柵其ノ他ノ囲障又ハ作物ノアル土地」について、どういう根拠でこういう規定を設けたのか。占有者の占有権の保護ということが基本になっておるように思うが、そうであるかどうか、簡単にお答えをちょうだいすればいいです。

○政府委員（吉村清英君）　これは大体住宅、それから牧場その他のことを予想しておるわけでございますが、そういう所へ黙って入って狩猟をするということは非常に困るということ。それから作物のある土地で踏み荒されることは困るというような意味でございます。

○井川伊平君　そういたしますと、これは狩猟の許可を得た者は、所有権や占有権をこえた力を持っておって、所有者、占有者の意思に反してもできるということですね。

○政府委員（吉村清英君）　この制限をしてあります以外ではできるということになるわけであります。

○井川伊平君　そうすると、この範囲では鉄砲撃ってもらっては困る、私の土地ですから、どうぞ出て下さいといって拒む権利もないわけですか。

○政府委員（吉村清英君）　その点でございますが、裏を返しますとそういうことになるかと考えております。

という質疑である。この質疑のうち、最初の質疑は、第一七条の条文にある「欄、柵其ノ他ノ囲障又ハ作物アル土地」についての質疑の導入であるが、その以降は、第一七条の明文にはない「欄、柵其ノ他ノ囲障又ハ作物ナキ土地」の質疑であることは、質疑の文脈から明らかである。政府委員の「裏を返しますとそういうことになるかと考えております」との答弁が、「裏を返しますと」という解釈、すなわち裏面解釈であり、やわらかく表現したものであろう。

裏面解釈については、既にその初出文献から第四番目の文献までを検討したが、この吉村林野庁長官の国会答弁が裏面解釈についての議会答弁の初出になった。

四　狩猟の原則

昭和三八年鳥獣保護及狩猟ニ関スル法律の狩猟の原則は、大正七年改正狩猟法以来そのままの、生業保護自由狩猟に獲物を増殖して狩猟者に猟獲させる猟区を営む国家狩猟権を混在させた「混在狩猟制」である。

五　鳥獣被害の激化と行政側によるイノブタ作出

1　概　要

昭和三八年の法改正に当たり、農林大臣から鳥獣審議会に「野生鳥獣保護および狩猟の適正化に関する方策」を諮問したのに対し、同審議会は、昭和三七年六月答申をし、答申の第三部に「野生鳥獣による被害の防除」を挙げた。次第に鳥獣被害が激化する様相を示していたが、改正法律案には採用されなかった。数年が経過するうちに、鳥獣被害、特に猪被害が目立ってきた。そのころに家畜豚を野獣の猪に劣化する「イノブタ」研究が、農林省系の行政側において開始され流行するようになった。その初期の段階で中断させることができればよかったが、何の対応をしないままにイノブタが市民の暮らしに入り込んだ。猛獣の少ないわが国では、猪は猛獣であるのに猪を凌駕するイノブタの恐怖には市民は無知であった。ここではイノブタ作出の経過を辿り、家畜豚が野獣の猪に劣化していく状況を述べ、イノブタ対策を検討することにする。

2　旧宇和島藩主のイノブタ作出

前に指摘した明治四三年一月二〇日発行の雑誌『猟友』一〇二号の記事は、イノブタ作出の信頼のおける資料である。同誌に二つの記事がある。雑録「猪と豚の混血獣を以て満さるる孤島」と彙報「伊達侯の功名」である。雑録は、

旧宇和島藩主の宮中主猟官伊達宗陳侯爵は、猪打ちの名人であるが、これには面白い歴史がある。宇和島市から一四、五里海上の周囲一里半ばかりの旧藩時代の御狩場である小島「鹿島（かしま）」には、七年前までは一頭の野猪も居なかったが、今では猪の唸り声をきかぬ日はないように俄かに殖えた。その理由は、伊達侯爵が丁度七年前に実に奇抜な猪の繁殖法を実行したからである。伊達侯爵家に一頭の雄猪が飼育されていたが、伊達侯爵が、種々考案の末この雄猪を鹿島に放ったところ、この雄猪が島の番人小屋に飼育されている豚小屋に出てきて雌豚の群れを追い回した。計画が的中とその雌豚も山中に放した。それより一年経ち二年経つうちに、猪と豚が交尾して年々増殖し、全島殆んど猪と豚の混血獣に満たされるようになった。かくて、毎年一一月に銃猟家を集めて猪猟を催している。侯爵は、「この豚を祖先にする鹿島の猪は、他の純粋の野猪に比らぶればその性質が一層獰猛で時々人に向って襲撃する事もある」「肉は初めは猪とも豚ともつかぬ妙なものであったが次第に年を経過するに従って猪に近づき現今では本物の猪肉の味と変わらぬ」と語っている。

という内容の記事である。また、彙報は、

伊達侯爵は、去月に、二日間にわたり鹿島で狩猟して一三貫の大猪二頭を撃ち止めた。ほかに大鹿六頭、大猿三頭、大鷹一羽その他野鳥数羽も撃ち止めた。

という記事である。

この両記事は、わが国の自由狩猟制において計画的に雄猪一頭と雌豚数頭を交配して交雑種を多数作出・増殖した貴重な資料である。その内容、特に伊達侯爵の語ったことからは、猪と豚の交雑により作出された交雑獣は、周囲六

㎞で面積一・三㎢の小島を七年のうちに増殖して満たしたほどの繁殖力があり、純粋の野猪に比べるとその性質が一層獰猛であり、時々人に向って襲撃するという攻撃的な野獣であったこと、肉の味は年を経過するに従って猪に近づいて本物の猪肉になったこと等の特徴が認められる。この特徴が、以下述べる和歌山県畜産試験場の研究結果、北海道足寄町のイノブタ被害及びフランス国立狩猟公社の研究結果と酷似していることに驚くばかりである。

3　行政側によるイノブタ作出

東京大学増井清名誉教授の『畜産の研究』昭和五五年六月号に掲載の「牛の肥育とイノブタの研究」によると、同教授と紫長衛共同研究者が敗戦後の昭和二五年九月から蛋白質の供給源としてイノブタの共同研究を開始し、その後文部省の助成金を受けた研究が、わが国のイノブタ研究の嚆矢であったと認められる。敗戦後の食糧不足の時代に国民の動物蛋白質補給のため、飼育が極めて困難である猪を、豚の代用品にして研究を進めたが、十分な成果が得られなかった。

日本はやがて飽食からグルメの時代に向かう。そして、市販豚肉の味が不味いとして豚肉の肉質改善のためのイノブタ研究が登場した。和歌山県畜産試験場は、豚肉の肉質改善を目的にしたイノブタ研究において、家畜豚を野獣に劣化することにより豚肉の食味に関する一定の研究成果を収めた。しかし本研究は、豚肉の食味という畜産技術の利点を遙かに超過する社会全体への危害を発生させた。

研究の概略は次のとおりである。同畜産試験場は、昭和四四年一一月八日から四六年九月三〇日までの間に、豚肉の肉質改善のために雄猪と雌豚を交配し、食味のよい「いのぶた」と呼称する一代雑種の交雑獣を作出した。その研究結果を同試験場の「一九七二年業務報告書」として報告するとともに、これを『畜産の研究』昭和四七年二月号に掲載した。ここでいう交配とは、雄猪一頭と国内で飼養されている豚の純粋品種及び雑種数頭を交配することである。雄猪は狩猟の獲物を飼育して利用する。雌豚は、世界各地の猪を原種に持つ家畜豚で、国内で飼養されている豚の純粋品種やその適宜な一代雑種である。国内で飼養されている豚の純粋品種には、ランドレース（略語・L）、大ヨークシャー（W）、ハンプシャー（H）、デュロック（D）、中ヨークシャー（Y）等があり、いずれも発育が早く巨大になり多産で肉量が多いという豚である。雑種は、動物の雑種強勢効果を働かせて純粋種よりも強健な豚を利用するためである。同研究では、雄猪一頭に対し各品種・雑種の雌豚七頭と戻し交配のための雄イノブタ三頭の合計一一頭を用いて雄猪と雌豚の交配及び戻し交配を実施した。産肉のための屠殺は、イノブタが生後七か月で体重六五キロの時点で行ったが、肉の味が今一つ物足りないとし、屠殺を生後一〇か月・百キロとすることを検討事項としている。研究の結論として、一代雑種であるイノブタの場合に「牛肉に近い豚肉」が作出されたとし、更に風味のある独特のイノブタ肉作出のため研究を進めるとしていた。

本研究は、人間が長年にわたり猪を改良して豚にし、巨大で穏和な性質の現在の家畜豚を作り上げたのに、和歌山県の畜産技術者が肉質改善のためとして、野獣の遺伝上の形質を持つ猪と家畜豚を一回交配し数か月の飼育期間により野獣に劣化したという研究であるが、イノブタ作出の過程とその結果において発生した各種の危害に関しては、一九七二年業務報告書及び雑誌記事に全く記述されていない。

それでもこの研究は、和歌山県畜産試験場という公的機関の研究であることから大きな注目を浴びた。本研究が提示した雄猪と雌豚を交配するノウハウは、各県の畜産試験場や群馬県・和歌山県・熊本県・淡路島その他各地の個人畜産家が追従し、猪が生育しないとされた北海道にまでイノブタ飼育が流行した。それ以来多年を経た現在において、イノブタ作出の危険性は猪被害の増大を考えると、高まりこそしても低減することはない。後記の民間によるイノブタ作出とフランスのイノブタ被害に対する警告とを勘案すると、緊急に、公的機関のイノブタ研究を廃絶し、その子イノブタの拡散を防止する必要があると認められる。

4　民間によるイノブタ作出

イノブタは、飼育主所有の家畜の豚を母として誕生した子であるので、飼育主に所有権が帰属すると解されることには異論がない。したがって、特にローマ法無主物先占によりイノブタの所有権取得を検討する余地はない。

昭和五五年に北海道十勝支庁足寄町の養豚業者は、豚肉価格の暴落を契機に九州・関西方面から雄猪を購入し、飼養中の雌豚に交配して交雑豚のイノブタの生産を開始した。この業者の飼養場は、その飼養哲学から自然に親しむ放飼状態であり、この方式により生産されたイノブタは好評を博し新聞に報道されるまでになった。旧宇和島藩主の海中の小島におけるイノブタの場合は、七年で小島に満ちたが、広大な北海道とはいえ土地続きのこととて、飼養開始二年後には、周辺農家のデントコーン・牧草等の飼料作物から小麦・豆類・ビートコーン・スイートコーン等の換金作物を手当たり次第に餌にして農業被害を与えるようになった。その時期においては、イノブタが養豚業者の飼養場から出掛けて加害に及んだようで、被害の通報を受けた足寄町役場が放飼状態を止めて管理を厳重にするように警告した。北海道では、昭和五五年北海道条例第二号北海道危険動物飼養規制条例により、猪は危険動物として「哺乳綱・偶蹄目・イノシシ科・イノシシ（異名ヤチヨ）」が指定されていたが、イノブタはこの指定外であると解釈されており、警告は無視された。更に二年を過ぎた飼養開始四年後には生存域が拡大し、イノブタのほぼ全個体が飼養場には戻らない状態になって大繁殖した。被害は一層深刻化した。被害農家からは狩猟の獲物として捕獲することや有害獣駆除を求める声が上がった。しかし北海道は、猪が生息しない地域であるとされているため無主物である猪は生育していないし、当時イノブタは狩猟鳥獣でもなく、養豚業者は、増殖したイノブタについてはすべて所有権が自己に帰属すると強く主張し、狩猟や有害獣駆除を拒んだ。

自由狩猟制の対応不可能な状況が、実際に現出したのである。仮にゲルマン法所有権狩猟制の狩猟法制であれば、狩猟権は狩猟に関する義務を負うので、このイノブタの場合のような所有権主張はなし得ない。北海道庁と足寄町はその対策に振り回されたが、徒労の日々が過ぎた。ようやく解決の方向が見えたのは、皮肉なことに養豚業者に懇願してイノブタの所有権を放棄してもらい、これにより無主物であるイノブタという野獣が生まれたからである。ローマ法の予想だにしなかった無主物の野獣に対する有害獣駆除の実施であった。その有害獣駆除が実施されたのは、昭和六三年一一月からのことであり、平成元年以降イノブタの駆除が通年で精力的に遂行され、平成三年になると被害額、被害面積ともに半減し、更に数年を要して駆除が終了したとされている。これにより、北海道は猪の生育しない地域に戻ったとされる。しかし、鳥獣関係統計によると北海道の有害獣駆除の実績に平成一四年と一五年に猪が各一頭あるのでまたイノブタ飼育が行われたのかも知れない。

狩猟行政当局は、近年野生化したイノブタによる農作物被害が増加の傾向にあるとして、平成六年環境庁告示第四一号により、旧告示の「イノシシ」を「イノシシ（イノブタを含む。）」と改め、狩猟獣類にした。そうすると、無主物先占においてイノブタの所有権をどのように考えたのかという法律的な問題が生じる。他人の所有権のある動物を無主物として先占できない。情報公開を受けた同第四一号告示の原議綴写しによると、審議会の議事録にはその観点からの記述は何もなかった。

北海道庁の取組をみると、前記の北海道危険動物飼養規制条例は、平成一三年北海道条例第三号北海道動物の愛護及び管理に関する条例が制定されて廃止された。これにより猪の飼養規制は消滅した。平成二五年北海道条例第九号北海道生物の多様性の保全等に関する条例を制定し、北海道内に生育していない猪を外来種に指定する方途を定めた。しかし、その指定は未だない。猪ではなく、イノブタに対する条例上の対策は、現在のところ全くない。

5　フランスのイノブタ被害に対する警告

広島の中国新聞は、平成一四年一二月から翌一五年六月まで猪に関する記事「猪変」を特集連載した。この連載にフランス国立狩猟公社のイノブタ被害に対する警告の記事があり、担当論説委員から『フランス国立狩猟公社狩猟資料』の原文と同新聞による邦訳の提供を受けた。原文二九頁に「豚とイノシシの交配による危険性」と題する警告が、

交雑によってもたらされる危険は甚だしく、動物種の遺伝形質を純粋に保つことが望まれる。その危険性としては、大脳と感覚器官、特に嗅覚の衰退が観察されているが、形態上でも、体全体に対する身体各部の割合が大きく変化し、体重及び骨量に対する筋肉量の比率が増大しているため、野生状態で生活する動物にとっては不利な状態になっている。

ヨーロッパ大陸のイノシシは三六個の染色体を持つが、豚の染色体は三八個ある。交雑で汚染されたイノシシの群れでは、各々三六個、三七個、三八個の染色体を持つ。特筆すべきなのは、この群れでは、交雑で染色体の組み替えが起った結果、三六個の染色体を持った個体でさえ家畜型の遺伝子を持っているということである。

血液を採取して研究所で観察すると、リンパ球内の染色体を数えることができる。しかし、少なくとも十年程の分析を行って、個体の属する群れの遺伝子的な純粋性を確保しなければ、その個体が遺伝子的に純粋であるかどうかは確信できない。もし染色体が三七個か三八個の核型が現れなければ、その群れは純粋な血統なのである。

という三段に分けて、記述されている。

猪と豚の雌雄の組合せが限定されていないので、「雄猪と雌豚」の交配ということで検討してみる。第一段は、主として外部形態への影響であるが、「危険性としては、大脳と感覚器官、特に嗅覚の衰退が観察されているが、形態上でも、体全体に対する身体各部の割合が大きく変化し、体重及び骨量に対する筋肉量の比率が増大しているため、

野生状態で生活する動物にとっては不利な状態にな」るという記述には、前記の伊達侯爵が「他の純粋の野猪に比ぶればその性質が一層獰猛で時々人に向って襲撃する事もある」と語ったことの科学的な説明であると得心するとともに、動物の遺伝形質を変動させることの害悪が強度であることに驚愕する。イノブタの交雑は、優秀な家畜を産出するのではなく、家畜を低劣な野獣に変化させることになる。

第二・三段は、イノブタの遺伝子の分析について述べるもので、わが国に置き換えれば、固有の猪である「ニホンイノシシ・リュウキュウイノシシ」に対するヨーロッパ産等の家畜豚の遺伝子汚染の危険性を教示するものである。わが国のミトコンドリアＤＮＡ・核ＤＮＡ多型解析による判別研究は、帯広畜産大学から岐阜大学に移った石黒直隆教授の研究のほか、いくつかの実施例がある。ヨーロッパ産の家畜豚の遺伝子が検出された事例は、石黒教授らが分析の「四国イノシシ生息実態調査」における愛媛県猪の三個体、同教授ら分析の群馬県猪の一個体、東京都立大学分析の東京都西部猪の一個体、兵庫県立大学分析の淡路島猪の一個体が報告全文・摘要により検討できた。これに対し、和歌山県田辺市等の猪の二年・計一二九頭の分析結果には家畜豚に由来する遺伝子型が検出されなかったとする新聞報道もある。日本生態学会は、『日本の侵略的外来種ワースト一〇〇』という日本の外来種の中でも特に生態系や人間活動への影響が大きい生物のリストを定めている。イノブタは、その哺乳類に定められている。

六　乱場の関係条文

昭和三八年鳥獣保護及狩猟ニ関スル法律における乱場の関係条文は、同法律の大きな改正にもかかわらず、乱場制そのものについては改正がなく関係条文にも変動がなく、次の、

第十一条　左ニ掲クル場所ニ於テハ鳥獣ノ捕獲ヲ為スコトヲ得ス

一　鳥獣保護区

二　休猟区
三　公道
四　環境庁長官ノ指定スル公園其ノ他之ニ類スル場所
五　社寺境内
六　墓地
第十七条　欄、柵其ノ他ノ囲障又ハ作物アル土地ニ於テハ占有者、共同狩猟地ニ於テハ免許ヲ受ケタル者ノ承諾ヲ得ルニ非サレハ狩猟又ハ第十二条第一項ノ規定ニ依ル鳥獣ノ捕獲ヲ為スコトヲ得ス
第二十一条　左ノ各号ノ一ニ該当スル者ハ一年以下ノ懲役又ハ五万円以下ノ罰金ニ処ス
一　第三条、第十一条、第十五条、第十六条又ハ第二十条ノ二ノ規定ニ違反シタル者
第二十二条ノ二　第八条ノ二第二項若ハ第五項、第十七条又ハ第十八条ノ規定ニ違反シタル者ハ三万円以下ノ罰金ニ処ス
但シ第十七条ノ規定ニ違反シタル罪ハ占有者又ハ共同狩猟地ノ免許ヲ受ケタル者ノ告訴ヲ待チテ之ヲ論ズ

である。

七　狩猟の諸情勢

1　狩猟行政の正史である『鳥獣行政のあゆみ』刊行

本書でよく参照する『鳥獣行政のあゆみ』は、昭和四四年三月に狩猟行政の正史として林野庁編集で刊行された。その時点の鳥獣行政機構は、中央庁として林野庁造林保護課が主管し、同課に鳥獣管理官が置かれ、その下に猟政班とこれに属する鳥獣保護係・狩猟係・有害鳥獣駆除係・実験係・増殖係の五係を置くという弱小な行政組織であった。同書作成の経緯は、「まえがき」に、大正七年改正狩猟法から五〇年の歳月が経過して明治以降の鳥獣行政の推

移をまとめたものと書かれている。環境庁設置との関係は不明である。

その記載内容は、

の四章・一七節・五七二頁の大部のものであり、全体としては参考になるといえよう。しかし、明治期の記述には措信し難いものが多いという印象を持つ。重要なことが狩猟の正史から消されたようである。

2　自由狩猟と鳥獣被害防除を一体化した狩猟に対する農林官僚の反対意見

昭和四四年四月、農林省林業試験場・林野庁が運営に関与する林業教育研究会から「実践林業大学シリーズ」の林業講義全二三冊の第八冊『野生鳥獣』が刊行された。新書版の小型本で総論と各論とに分かれ、総論は同林業試験場保護部鳥獣科長農学博士池田真次郎が、各論は同保護部鳥獣第一研究室長理学博士宇田川竜男が各執筆していた。ここで検討するのは池田科長担当の総論で、「野生鳥獣の扱い方」と副題があるが、保護の問題、駆除の問題及び狩猟に分けて記述してあり、狩猟は、イギリス・ドイツ・アメリカ・日本と各国狩猟行政の歴史的経過の概要を平明ながら高い水準で講義する内容となっている。同時期に狩猟・鳥獣行政を主管する林野庁造林保護課が『鳥獣行政のあゆみ』を刊行したが、その問題意識にはかなりの差違があるといえよう。

『野生鳥獣』には、狩猟の社会生活上の意義として、

狩猟の場以外での鳥獣類の調整いわゆる駆除は、全く別の立場で考え、公共的な施策によって実施されるべきもので、本質的には狩猟という考えとは別個に扱うべきものと考える。現在日本では、生息数の調整、すなわち、生活範囲を拡げてきている動物の駆除、防除について、狩猟は一つの手段としてとりあげられ、大いに役立っているとの考えを持つ向きもあるが、その効果は別として本質的にみて、筆者は、本文でも述べてきたように、それは邪道だと思う。有害な作用をする動物を駆除・防除するためにしなければならない施策と、狩猟とは本質的に異なるもので、狩猟はあくまで狩猟でなくてはならないし、駆除・防除は、国家計画の施業として実施されるべきものだと考えている。

との記述がある。自由狩猟と鳥獣被害防除を一体化した狩猟に対し、農林官僚でありながら反対の立場からの見解を提示した。

3　昭和四四・四五年度農林省委託調査研究書における乱場制廃止提言

（一）　乱場制廃止提言

昭和四六年一〇月環境庁自然保護局から、前記の『私営猟区制度創設のための法制に関する研究』と題する報告書が刊行された。昭和四四・四五年度農林省委託調査による研究報告で、中尾英俊西南学院大学教授を中心にして、黒木三郎・和座一清・武井正臣・小林三衛教授がわが国の共同狩猟地・猟区制度と外国狩猟法制を調査研究したものである。いずれも民法入会権に関する研究者であり、狩猟の専門研究者ではない。

報告書の内容は、「第一部共同狩猟地・第二部猟区・第三部外国の狩猟制度・第四部狩猟権能と猟場——若干の結論」の四部に構成されている。乱場制廃止の提言は、「第四部狩猟権能と猟場——若干の結論」の「第二章猟場についての提言」において提示されており、

いわゆる乱場制度は廃止さるべきである。土地にたいする権原のいかんをとわず狩猟行為を認めることは、所有権の論理からだけでなく、生命、身体、財産の安全保持の面からも問題がある。また鳥獣保護の面からも好ましくない。乱場の廃止には当面二つの考え方がある。第一は、猟区や共同狩猟地等、狩猟地として定められた土地を除く、一般地域における狩猟行為の禁止、すなわち定められた狩猟地以外を全面的に禁猟区にする、という考え方である。第二は、全国的に禁猟区にするのでなく一般地域の狩猟行為は認めるが、かならずその土地に権利を有する者の承諾を要する、という考え方である。

というものである。乱場制廃止提言の第一は乱場制の廃止そのものを主張し、第二は次善の策として狩猟行為は「かならずその土地に権利を有する者の承諾を要する」とするのである。

（二）　わが国の狩猟に係るゲルマン法ゲヴェーレによる誤解

ところで、第四部の「第一章狩猟を行なう権能」の記述中に、狩猟と入会権を混同した記述があるので、念のため指摘する。その部分は、「それ故にこの狩猟権能は事実行為であって法律上の権利ではない。したがって土地所有者又は用益権者は狩猟者の捕獲行為を拒否しうるわけであり、狩猟者は当然に他人の土地に立入り捕獲をなす権利を有するものではないのである。」「それにもかかわらず何故に、狩猟者は他人の土地に立入ることを当然視し（あたかも権利の如く考え）、土地所有者もまたやむをえないこととしてこれを受忍するのであろうか。このことはわが国における所有権の意識に密接な関連がある。」「狩猟においても法律で『欄、柵其ノ他囲障又ハ作物アル土地ニ於テ』のみその占有者の承諾を要する（一七条）と規定しているのは、これらの土地は通常所有者又は用益権者のゲヴェーレを伴なっているからなのであり、それ以外の土地（共同狩猟地を除く）は通常ゲヴェーレを伴なわないが故に権利者の承諾を不要としているが、これはまさに右の意識を反映したものというべきである」という記述である。この記述は、わが国の狩猟をゲルマン法のゲヴェーレによって説明しているのであるが、わが国にはこれを証するに足る実証的・客観的な史・資料が証拠として存在しているであろうか。否である。既に詳細を述べたように、わが国の月六斎日皆断殺生から殺生禁断の終焉を経て殺生解禁に至る全経過、とりわけ明治六年鳥獣猟規則制定からローマ法無主物先占を適用した明治三四年狩猟法改正までの約二八年の過渡期とこれに続く自由狩猟制において、同記述に沿うゲルマン法のゲヴェーレを証する実証的・客観的な史・資料は、全く存在しない。民法入会権研究者の誤解に過ぎない。かかるゲヴェーレ説は採用できないことは明白であるが、後に国会審議において、政府委員がこれを答弁に利用した。遺憾というべきである。

第五節　昭和五三年鳥獣保護及狩猟ニ関スル法律改正

一　法改正に至る経緯

1　公害国会と自然環境の保護

わが国は、急速な経済成長に伴い産業公害が社会問題となり、公害対策の法制整備が順次進められたものの、公害法には経済の発展との調和を求める「経済調和条項」が規定された手緩いものが多く、公害の深刻化と併せて国民からの激しい批判に追い詰められた状況に陥っていた。昭和四五年（一九七〇）は、七月に内閣に公害対策本部が設置され、公害関係法制の整備が積極化した。同年一一月二四日から翌一二月一八日までの会期の第六四回臨時国会は、公害対策の国会であり、経済調和条項を削った公害対策法律を多数成立させて「公害国会」と称された。

同年一一月二七日には内閣官房副長官から林野庁作成の「狩猟の適正化および鳥獣保護のための対策について」が

閣議報告された。狩猟事故多発と鳥獣減少から緊急に措置を講じることが必要であると認識され、産業公害対策と併せて自然環境の保護・保全が重視されるようになった。かくて、同年末に佐藤栄作首相が環境保護官庁の創設を裁定したとされる。

2　昭和四六年環境庁設置

昭和四六年の第六五回国会において環境庁設置法が成立し、同年七月一日からの法施行により環境庁が発足した。内閣・通商産業省・経済企画庁・厚生省その他の公害関係の行政組織に国立公園や狩猟・鳥獣行政組織を統合して、「公害の防止・自然環境の保護及び整備等を任務」にする行政機関を新設したのである。

狩猟・鳥獣の組織は、林野庁指導部造林保護課猟政班（一一名）が四月には野生鳥獣室に名称を変更し、七月に環境庁自然保護局鳥獣保護課に昇格した。人員はそのままであったが、明治以来二度目の主管課が誕生した。僥倖であった。しかし、この統合のうちで公害対策と狩猟行政との間には違和感があると懸念され、特に狩猟行政の自然環境保護実行力が危惧された。法治国家の基盤から観察すると、わが国の狩猟は非法律行為たる事実行為そのままの放縦な実態にあり、これを対象とする行政組織は、統合される行政組織の中では異質な弱小行政機関であって対象の狩猟者らから容易く操縦されがちな存在であるとみられたからである。その点に関しては、環境庁設置法第四条の所掌事務・権限が「鳥獣保護及狩猟ニ関スル法律の施行に関する事務を処理すること」と定めて、従来の事なかれ行政を捨て狩猟者や鳥獣捕獲者を毅然と規律し、「国民の健康で文化的な生活の確保に寄与する」ことが期待された。

3　環境庁大石武一長官の全国禁猟区・猟区制改正構想

昭和四六年（一九七一）七月一日発足の環境庁は、山中貞則総理府総務長官が長官を兼務した。七月五日に内閣改造があり、大石武一環境庁長官が就任した。実質的な初代長官の大石武一は、記者会見で全国禁猟区・猟区制改正構想を述べた。環境庁初代の仁賀定三環境保護課長は、『鳥獣行政』五〇号の回顧座談会で、「環境庁が発足して、たしか三日目だったかと思いますが、内閣改造があって大石さんが環境庁長官になられました直後、新聞記者の方が大勢来られまして『課長、大臣が先程の記者会見で、鳥獣の捕獲を禁止する法律を作りたいと言っておられたが……』といろいろの質問が出てまいりました」と突然の構想公表の様子を振り返った。大石長官のこの構想に対し、狩猟者側の『日本猟友会史』には、「環境庁の当時の大石武一長官が、狩猟についてマスコミに特定地域でのみ狩猟を認め、その他の地域で狩猟を禁止する全国禁猟区制を発表した。これは当時の狩猟者にとっては青天の霹靂で、絶対に承服しがたいものであり、全国的な署名運動をする一方東条会館で臨時総会を開催し、これが反対の決議をし、出席者全員がバスに分乗し、議員会館に関係議員を訪れ陳情運動を展開した」と大反対運動を展開したと記述している。自民党政務調査会は、「臨時鳥獣対策特別委員会」を設け、四七年二月全国禁猟区・猟区制につき狩猟者側と保護側から意見を聴取した。

国会では、同年四月二一日の委員会において、島本虎三委員と大石長官との間に、

島本委員　それならば猟区、これは猟区狩猟制ですか、こういうようなものの構想もあってしかるべきだと思いますが、事務的にこういうような点も考えていますか。

大石国務大臣　いま日本の国では禁猟区、つまり鳥獣保護区というものをつくりまして、そこでこれは日本で大体二百万ヘクタールございます。そこの中では鳥を保護しよう、それ以外のところでは自由にどこでも撃ってよろしいというのが日本の制度でございます。しかし、先進国ではあまりこのような制度は少ないのでございます。やはり諸外国を見ますと、いろいろな形になっておりますけれども、猟区において鉄砲を撃ってよろしい、それ以外認めないというのが大体世界的な傾向でございます。私はこれは正しい考え方だと思うのです。ですから、できるならば、私は鉄砲を撃つ

方々も、それからスポーツでございますから、これは非常にけっこうでありますが、やはり一定の範囲内で、つまり猟区を設定して、その猟区の中で十分にハンティングを楽しんでいただく、それ以外のところはやはり鳥が安心して住めるように、人々が安心して鉄砲のたまに、音におどろかされないで生業ができるような、そんなものをいたしたいと考えまして、猟区においてのみ狩猟する。それ以外のところは一応鉄砲は撃たない。その猟区というものは日本の各地に広くつくりまして、そこの中でできるだけ撃ってよろしい鳥をふやしてやってもらう、そういうふうに生かしたいというのがこの猟区狩猟制度の考え方でございます。

島本委員　したがって、いま長官がおっしゃったような猟区狩猟制というようなものは一つの大きい課題として十分今後は実を結ばせるようにすべき問題ではないか、こう私ども思っておりますが、何か圧力もだいぶ加わっておるようですが、あなたはおそれないで、堂々とやってこそあなたは生きるのであって、自由民主党政府がだめなら社会党政府にきて環境庁長官をやってもらってもよろしゅうございますが、鳥のためにもひとつがんばってやってもらいたいと思います」

との質疑が交わされた。

しかし、新設環境庁の大石長官の全国禁猟区・猟区制改正構想は、従来の事なかれ行政の継続の中で、結局構想倒れに終わった。その大石長官は、著書の『尾瀬までの道』に「全国禁猟区・猟区制改正構想」について、

私はこのほか、鳥獣保護行政を強化するため、「全国を禁猟区にし、特定の地域にのみ猟区を設定して狩猟を許可する」というアメリカやヨーロッパなどで行われている方式を、わが国に導入しようと考え、そのために鳥獣保護法の改正をも検討していた。私はこの考え方を方々で話してきた。ところが、当時はいろいろな反対が出た。ことに大日本猟友会やそのシンパの議員たちから猛反撃を受けたのである。あまりにも唐突な考え方であり、それを理解させるための根回しも十

分でなかった。

と述懐した。

4 野鳥輸入の増大と影響

わが国は、昭和三〇年代に「もはや戦後でない」と唱えられ、敗戦国経済から離脱して好景気になるにつれて野鳥の輸入が増加してきた。四〇年代に入ると七種の飼鳥規制対象鳥の輸入が増え、特にメジロの輸入が多いという特徴的な様相を見せてきた。メジロ鳴合会の流行と関係があると判明した。

輸入メジロの購入は、そのメジロを実際に飼育することを目的にするのではなく、密猟の国産鳥とすり替えて密猟を隠す手段にされた。輸入メジロは、よく鳴かないので鳴合会に出場させてもよい成績がとれず自慢ができない。鳥獣店から輸入メジロを購入すると、輸入の証明書類を手元に残してそのメジロを捨ててしまう。輸入の証明書類といっても、税関の通関証明を複写したものであったり手書きのメモであったりと様々であるが、メジロの輸入の証明書類を取締対策として利用し、密猟したよく鳴く国産メジロにすり替えるのである。この輸入メジロ利用の手口が、全国各地に拡まり、次第に他の国産の和鳥と同じ種類の輸入鳥にも伝播し始めた。各地方では輸入鳥だという弁解の対応に追われて密猟取締が困難になり、所管する林野庁指導部造林保護課ではその対応に忙殺されだした。

前記の「当該鳥獣ノ捕獲又ハ採取ニ関スル証明ニ付テノ政府機関ヲ有セザル国ヨリ輸入スル場合ハ此ノ限ニ在ラズ」との但書の抜け道を利用し、中国・香港・タイ・東南アジア・アフリカ等の法制の整っていない国・地域からの野鳥輸入が増加した。しかし、貿易統計には細分した鳥類の項目がないため野鳥の輸入実績が貿易統計上は不明であり、正確に実態を把握することが困難であった。そこで農林省は、メジロ・ホホジロ・ヒバリ・ヤマガラ・ウグイス等の七種飼鳥規制対象鳥類を、適法捕獲証明書添付の輸入対象鳥類に拡大することにした。その農林省令が発出されたのが、実に環境庁発足三日前の昭和四六年六月二八日であった。そして、七月一日の環境庁発足の当日に「環自鳥第一号」として発出されたのが、環境庁自然保護局長から適法捕獲証明官宛の通達であった。このように増大する外国産野鳥輸入の対策が、新設の環境庁自然保護局鳥獣保護課の最初の職務となった。

5　行政管理庁の鳥獣保護及び狩猟に対する行政監察

昭和五一年（一九七六）一二月、行政管理庁は、鳥獣保護及び狩猟に関する行政監察を実施し、その結果を公表するとともに勧告を行った。勧告は、前書きにおいて、「昭和四十六年度には、従来農林省が所管していた鳥獣保護行政を、自然保護行政の見地から環境庁に移管し、今日に至っている。この監察は、このような状況にかんがみ、環境庁、文部省、農林省、国家公安委員会、二一都道府県、その他関係団体等を対象として鳥獣保護及び狩猟に関する行政の実態を調査したものである」と行政監察の対象を明らかにした上、「調査結果によれば、上記のような社会経済情勢等の変化への鳥獣保護行政の即応は十分とは認め難く、①鳥獣保護区の設定等に関する方針の確立、及び②農林水産物の被害防止対策の強化の必要が認められたほか、狩猟による危害の防止についてもその対策の強化の必要が認められた」とした。その上で、「したがって、環境庁及び文部省は、次の事項について改善措置を講じ、鳥獣保護行政の適切な推進を図る必要がある」と記述した。

次のとおり、

1　鳥獣保護区の設定等に関する方針の確立
2　農林水産物の被害防止対策の強化
3　狩猟による危害の防止
4　猟区の設定等の適切化等

㈠　猟区の設定等の適切化
㈡　鳥獣保護区及び銃猟禁止区域の管理の適切化
㈢　鳥獣の飼養許可等の厳格化
の諸事項を勧告したのである。

鳥獣の飼養許可等の厳格化について、「鳥獣の愛がん飼養許可等については、鳥獣販売業者等のはあくに努め、必要に応じ立入検査を実施する等違法な捕獲及び飼養の取締りを十分行うこと、捕獲許可及び飼養許可を適切に行うとともに、飼養許可制度についてその周知を一層図ることについて都道府県を指導すること」、及び「鳥獣の輸入証明書の添付等その運用については、適切を期するよう関係業者を指導すること」を特に環境庁へ勧告した。

6　自由民主党の法改正への動向

自由民主党政務調査会環境部会「鳥獣保護並びに狩猟に関する小委員会」は、かねて活動を継続していたが、昭和五一年一二月の足立篤郎議員提案をもとに検討を行い、五三年一月「鳥獣保護及び狩猟に関する制度の改善について」を取りまとめ、党の決定を得た。この事項は、

①　鳥獣保護区特別保護地区における行為規制の強化
②　全国免許制・試験制度の導入
③　銃猟制限区域の新設
④　私営猟区・放鳥獣猟区の新設等の猟区制度の改善
⑤　狩猟による損害の賠償能力の規定の新設

というものである。

以後、自由民主党の法律改正への動向が鳥獣保護・狩猟に支配的な影響を与えることになった。

二　審議会への諮問と答申

1　諮問と答申

昭和四七年（一九七一）自然環境保全法の制定により、中央鳥獣審議会の事務が自然環境保全審議会に移管された。同年一〇月一三日、環境庁長官は自然環境保全審議会に対し、「鳥獣保護及び狩猟の適正化について」諮問した。この年は、日本鳥獣商組合連合会の鳥獣輸入証明書の発行が開始された年であった。それから五年余を経て昭和五三年（一九七八）一月二〇日、同審議会はようやく答申に至った。野鳥輸入と鳥獣輸入証明書発行は最盛期を迎えていた。

同答申は、次のとおり、

　はじめに
第一　鳥獣保護の基本的理念について
第二　鳥獣保護施策の強化について
一　鳥獣保護施策の基本的考え方
二　鳥獣保護区の整備
三　鳥獣飼養規制の強化
第三　狩猟の適正化について
一　狩猟の位置づけ
二　狩猟免許制度の改善
三　入猟規制措置の改善

四　狩猟鳥獣の捕獲の制限
五　狩猟方法等の改善
六　猟区制度の改善
七　狩猟の場の考え方
第四　有害鳥獣駆除について
第五　その他
一　鳥獣保護思想の普及・啓もう
二　行政組織の整備拡充
三　調査、研究体制の整備等
四　財政基盤の強化
五　国際協力の推進

と、はじめにと五部で一五項目に分説して記述していた。五一年一二月の行政管理庁が公表した行政監察結果・勧告を念頭においた答申である。

2　答申の特色

本答申には、二つの特色があった。

（一）「鳥獣は国民共有の財産である」宣言

一つ目は、「鳥獣は国民共有の財産である」と宣言したことである。前二回の審議会答申における「国民の共有物とは無主物」という記述から転換した宣言である。これは、答申冒頭の「第一鳥獣保護の基本的理念について」中

に、

鳥獣は自然環境を構成する重要な要素の一つであり、自然環境を豊かにするものであると同時に、国民の生活環境を改善する上で欠くことのできない役割を果たすものであることにかんがみ、広く国民がその恵沢を享受するとともに、永く後世に伝えていくべき国民共有の財産である。したがって、今後は、農林業等との調整を図りつつ、このような基本的理念に立って、鳥獣の生息環境を適正に維持造成すること等により、鳥獣保護の一層の充実強化に努めるべきである。

と記述しており、前二回の審議会答申の「国民の共有物とは無主物」という記述とは正反対の記述である。

しかし、答申は前言を翻した理由を明らかにしていない。イタリアでは、一九七七年（昭和五二年）一二月二七日法律第九六八号「動物相の保護と狩猟規制に関する一般原則及び諸規定」を公布し、同法律は翌年一月四日の官報に掲載された。その第一条に「野生鳥獣は、我が国の欠くべからざる財産であり、国家の利益において保護される」と規定され、これにより野生動物は無主物ではなくなり、国家に帰属する処分不可の重要な財産となり、先占の規定が適用されるのは「釣魚」のみになった。本答申に先立つこと二週間前のイタリアの官報掲載であるが、当時自然保護の観点から世界的に注目された新立法であった。

（二）　野生鳥類七種飼鳥規制廃止への政策転換宣言

二つ目は、昭和二五年に確立した野生鳥類七種飼鳥規制を廃止する政策への転換宣言である。こちらは、答申の「第二鳥獣保護施策の強化について」の「三鳥獣飼養規制の強化」中の「日本に生息する種類の鳥獣の愛がん飼養」の記述に提示された。これについては、後記の「六野生鳥類七種に限定した飼鳥規制の廃止への政策転換」において述べることにする。

昭和三二年と三七年の純朴な審議会答申の時代を経て五三年に至ると、審議会の活用とは、狩猟行政の中・長期的な立法戦略に巧妙に組み込むことだと定まったようである。

三　改正法律案における答申の採択状況

改正法律案における答申の採択状況は、環境庁長官の国会における提案理由によると、改正法律案は鳥獣保護の充実、狩猟者資質の向上及び秩序ある狩猟の確保を主眼とした改正であるとし、

第一　鳥獣保護の充実

その一　特別保護地区における制限行為の拡大（鳥獣等の生息地に撮影等のために立入規制強化）

その二　鳥獣の輸入規制の強化（相手国に輸出証明の制度がある場合には輸出証明書添付）

第二　狩獣免許制度の改善

第三　狩猟者の登録制度の新設

第四　銃猟制限区域の新設

第五　猟区制度の充実につき、国及び地方公共団体以外の者の猟区設定と放鳥獣狩猟鳥獣のみの猟区設定等をするというものである。前記の答申項目と対比すると、特に重要な「第三狩猟の適正化について」の「七狩猟の場の考え方」にある三つの意見を踏まえた諸点は、改正法律案に採択されなかった。他方、自由民主党の鳥獣保護及び狩猟に関する制度の改善意見をそのまま採用するものとなった。審議会の活用という民意の吸収は、放棄されたに等しい状況になってきた。

四　国会審議

1　概　要

第八四回国会は、昭和五二年（一九七七）一二月一九日から五三年（一九七八）六月一六日までの会期であるが、五

三年三月一三日内閣提出の鳥獣保護及狩猟ニ関スル法律改正案が参議院先議で参議院公害対策及び環境保全特別委員会に付託され、翌四月一四日同委員会において環境庁長官が提案理由の説明をし、質疑に移ると最初の質問者の委員から答申の遅延に関する質問があった。そして、同月一九日同委員会において質疑がなされた後、採決され全会一致をもって原案どおり可決された。同月二一日参議院本会議において委員長報告の後、採決され総員起立により全会一致をもって可決され、衆議院へ送付された。

同月二五日衆議院公害対策並びに環境保全特別委員会において、同法律改正案の審議が開始され、環境庁長官から提案理由説明があった。翌五月一二日同委員会において法案の質疑に移り、乱場を存続させる理由及び乱場の根拠法に係る質疑があり、同月二六日、三〇日と質疑を重ねて同日採決され起立総員により可決され、翌六月二日衆議院本会議において委員長報告の後、委員長報告のとおり可決された。

2　答申の遅延の質問に対する乱場を挙示した答弁

四月一四日、参議院委員会において最初の質問者の広田幸一委員から答申の遅延に関する質問があり、政府委員の出原孝夫環境庁自然保護局長が答弁した。次の、

○広田幸一君　今回鳥獣保護及狩猟ニ関スル法律の一部を改正する法律案が提案されたわけですけれども、翻ってみますと、この法案が提案されるに至った自然環境保全審議会の答申というものが、ずいぶんと時間がかかっておるようであります。資料によりますと、環境庁長官が審議会に諮問をしましたのが四七年の一〇月の一三日でございます。答申が出ましたのが本年の一月の二〇日でございますから、五年と三ヵ月たっておる計算になるわけですが、一般的な常識として余りにも日時がかかったではないか、そういう感じがするわけでありますが、この間二四回にわたる委員会も開かれておるようでありますが、そういうふうに非常に時間がかかったということは、それなりにいろんな理由があったと

思うんです。私は、審議会がなぜこんなに長くかかって答申を出したかという経過について概要を御説明を願いたいと思います。

○政府委員（出原孝夫君）　御指摘のように、この答申をいただくまでに、昭和四七年の一〇月一三日に諮問を申し上げましてから、今年の一月の二〇日までの長期の時間を経過したわけでございます。で、その主なる理由は、狩猟の場につきましての考え方について、自然環境保全審議会におきましても種々に検討をされましたが、いろいろな意見がございまして、その一致を得るに至らなかったということで、これだけの時間の経過を経たわけでございます。その狩猟の場につきましての意見の一致を見なかったというものを大きく分けますと、一つは現行制度のようにいわゆる「乱場」を設けたままでよいという考え方と、もう一つは、狩猟は一定の可猟地域のみに限るべきであるという考え方と、それから第三は、さらにそれを厳しくいたしまして、猟区のみにおいて、放鳥獣だけで狩猟を行うべきであるという、大別しましてこの三つの考え方について意見の一致を見なかったというのが答申のおくれました主たる原因でございます。

というものである。政府委員答弁中の乱場に付した括弧は筆者が付けたが、自然保護局長は、乱場の用語を用いて国会答弁をした。

3　乱場を存続させる理由に関する五月一二日衆議院委員会の質疑

岩垂寿喜男委員と政府委員の出原孝夫環境庁自然保護局長の間で次の質疑があった。

○岩垂委員　これは、もとの大石環境庁長官が全国禁猟区という考え方を出されて、そのままになっているわけです。今度の法律改正に関連をして、いわゆる乱場、自由猟場をなぜなくさなかったのか、理由を承っておきたいと思うのです。自由猟場では、もう御存じのとおりに事故が非常に多い。ハンター以外に対する被害が非常にふえている。危険なスポーツというふうに断定をしていないわけですけれども、そのように考えられている銃猟というのは、たとえばゴルフ場やフィールドアーチェリーなどと同じく猟区のみに限定していくべきだ。これはやはり国民の世論ではないかと私は思うのです。そういう点で、今度乱場というものをおなくしにならなかった理由について御説明をいただきたいと思うのです。

○出原政府委員　鳥獣保護及び狩猟の制度の適正化につきまして、昭和四十七年に自然環境保全審議会に対しまして、今後のあり方について御諮問を申し上げたわけでございます。それにつきましての答申を今年の一月の二十日にいただいたわけでございますが、この間数年を要しました大きな理由は、御指摘の猟場の考え方について審議会の諸先生方の御意見が一致をいたさなかったということでございます。そのためにこれだけの期間を要したわけでございますが、最終的に、大きく分けますと三つの意見が一致しないままであるという御答申をいただいたわけでございます。環境庁といたしましては、これの具体的な取り扱いには私ども非常に苦慮しておった問題でございますが、その内容は、現行の制度をそのままで続けていくのが望ましいのだという考え方が一つでございます。それからもう一つの考え方は、限られた場所でだけ猟ができるようにすべきであるという考え方であり、さらにそれを限定しまして、猟区、放鳥を中心とした猟区で、たとえばキジでございますとか、そういった特定の種類の鳥だけを撃つような猟場を設けるべきである、それ以外は禁止すべきであるという三つの考え方が実は一致はいたしませんでした。そういう意味におきまして、現行の制度を大きくいじくるということはなかなかむずかしい。これは実は背景といたしましては、諸外国の場合と日本の場合とで歴史的な背景が異なっております。特に土地の所有についても、日本では細分化されておるとかあるいは狩猟権が確立していないとかいったような問題とも絡んでおりますので、非常にむずかしい問題であるわけでございます。

以上のとおりである。この質疑で重要なことは、岩垂委員の「いわゆる乱場、自由猟場をなぜなくさなかったのか」との質問に対して、出原局長が「土地の所有についても、日本では細分化されておるとかあるいは狩猟権が確立していないとかいったような問題とも絡んでおりますので、非常にむずかしい問題であるわけでございます」と「土地所有の細分化」を理由に挙げて答弁した点にある。乱場制の理由を日本の土地所有の特質に求める考え方は、前に述べたゲルマン法のゲヴェーレによる説明を学習した結果と認められるが、誤った答弁である。

4　乱場を存続させる理由に関する五月二六日衆議院委員会の質疑

中井洽委員と政府委員の出原孝夫自然保護局長の間で次の質疑があった。

○中井委員　そうすると、ほかの観点からお尋ねいたします。今度の法案の中で、猟区の設定等について前向きにやっていくんだということが出ているわけでありますが、日本全体、いま私が理解するところは、たとえば禁猟区であるとか保護区であるとか休猟区以外は大体期間を区切って猟をしてもいいというような形になっておる。これを将来、日本じゅうをまあまあ禁猟区にして、そして特定のところだけで狩猟というスポーツをやらすのだ、あるいは害鳥、害獣の出たところだけそういうスポーツ愛好家に頼んでこれを駆除していくんだ、こういう形で進まれようとしておるのか。あるいは猟区というのも、なかなか日本では狭い国土でもありますし、それほどたくさんの山林を持っておるという方が全国に散らばっておるわけじゃありません。猟区一つつくるのにもいろいろな地主がおられる。したがって、むずかしいからまああいまのような折衷案みたいな形で当分進めていくとお考えになっているのか、その点についてどうですか。

○出原政府委員　自然環境保全審議会の鳥獣部会におきまして、今年一月に答申をいただきます際にも、狩猟の場につきましての論議が非常に長時間を要したため答申がおくれたという経緯がございます。これは、そのよって来るところを私どもといたしましてせんさくをいたしてまいりますと、確かに御指摘のように、わが国の狩猟の場の制度は、世界の先進国の中で比較をいたしますと、イタリアとわが国がいわゆる乱場、禁猟区以外のところは全国どこで狩猟をしてもいい。ただし、御案内のようにその期間でございますとか鳥の種類は限られておりますが、そういうようなことになっておるわけでございます。ただ、そのよって来るところをいろいろせんさくをいたしますと、いま御質問の中でも御指摘がございましたように、土地所有のわが国の制度が非常に細分化されておるということが一つございます。それが猟区の設定等を妨げる理由になってきたと思います。それからもう一つは、鳥を撃つことについての権利でございますが、これが西洋の諸国では、土地を持っている人たちが非常に大きな土地を持っておった。したがって、その土地の中に来る鳥はどうもその土地の所有者がまず捕獲する権利を持っておる。その権利というものが確立した上で、その権利の移転の問題が生じて、したがって、鳥を撃つ権利というのが地域、地区によって確定していくということがございましたが、わが国の明治以降の慣行では自由に入れるという慣行がございましたので、そういう意味におきまして、西洋の諸国のような歴史的経過と違う経過をたどっておりますので、私どもの方の審議会におきましても、この問題が非常に意見の一致のしにくいところでございます。私どもは、いわゆる先進国の一つとして、日本もできるだけ鳥獣保護に重点を置いたようなことが望ましいと考えておりますけれども、なおこれは将来相当期間にわたっていろいろな問題を、宿題を解決しなければ実現はなかなかむずかしいのであろうというようには考えられます。

というものである。この質疑の要点としては、出原局長が、先の岩垂委員への答弁の土地所有の細分化に加えて、中井委員への答弁において、「わが国の明治以降の慣行では自由に入れるという慣行がございましたので、そういう意味におきまして、西洋の諸国のような歴史的経過と違う経過をたどっておりますので」との理由を述べている点にある。しかしながら、わが国の明治以降他人の土地に自由に入れるという慣行があったという事実は存在しない。明治三四年狩猟法改正に基づき、狩猟へローマ法無主物先占が適用され、自由狩猟・乱場が導入された歴史的事実を歪曲した答弁である。

5　乱場の根拠法に関する五月二六日衆議院委員会の質疑

中井洽委員と政府委員の出原孝夫自然保護局長の間で次の質疑があった。

○中井委員　先ほどお尋ねいたしましたように、保護の問題、ハンティングの問題を両立させていくのはなかなかむずかしいと思うのであります。それを本当に限定して両立をさせていこうと思えば、積極的に猟区等をつくって区切ってしまうという形でなければむずかしい。それを都道府県の財源になっておるのだから都道府県でやれといったって、都道府県の税金はどのくらいですか、四十二、三億しか入っていないでしょう。そんなものでやれるわけはないのでありますし、あるいはまた民間でやるといったって、鳥を放し飼い、増殖するには金がかかります。それから土地代の問題もあります。そういったことを考えるとなかなか大変であります。もしハンティングをスポーツとして認めていくのだということであるならば、環境庁の直接の仕事ではないかもしれませんが、それ以外のところの鳥獣の保護ができるのだということでぜひともひとつお考えいただきたいと思うわけでございます。ところで、現在、御答弁いただいたように、乱場というような形で、禁猟区、保護区あるいは休猟区以外はどこでも、期間、鳥の種類を限ってやれるということであります。私どもの田舎でも、解禁になりますとずいぶんハンターの方がおられる。ときどき在所に行きますと、たんぼの持ち主あるいは山林の持ち主等が、勝手に入られて困るのだということで、これはモラルの問題ではあろうかと思うのでありますが、もしハンターが自分の土地に入って猟をやっておるといったときに、たとえば山林なら山林の持ち主が、ここでしてもらっては困るのだ、どこかほかへ行ってくれ、出ていってくれと言った場合に、法的には持ち主の言い分が正しいのか、あるいは先ほどありました、慣行として日本じゅうどこでも明治以前から猟をやっているのだというような、入会権とはまた別の問題だとは思うのでありますが、そういうのを盾にハンターが、いや、別に禁止されておらぬぞということで突っ張れるものか、そこのところの御見解を伺いたいと思います。

○出原政府委員　その問題につきましては、実は慣例に従う部分が非常に多いわけでございますが、鳥獣保護及狩猟ニ関スル法律の第十七条で「欄柵其ノ他ノ囲障又ハ作物アル土地ニ於テハ占有者、」「ノ承諾ヲ得ルニ非サレハ狩猟又ハ」「鳥獣ノ捕獲ヲ為スコトヲ得ス」という規定がございます。したがいまして、作物のあるところということになれば勝手には狩猟はできないわけでございますが、ただ、一般の山林の場合には御指摘のような問題がございます。

というものである。局長答弁は、第一七条の条文を引いて「したがいまして、作物のあるところということになれば勝手には狩猟はできないわけでございますが、ただ、一般の山林の場合には御指摘のような問題がございます」とやや明瞭を欠く答弁振りであるものの、その内容としては「一般の山林の場合にはハンターが別に禁止されておらぬぞということで突っ張ることができる」と述べていることは明らかである。第一七条の法解釈としての裏面解釈を答弁していると解される。裏面解釈に関する国会答弁については、吉村林野庁長官の国会答弁が初出の答弁になったことを述べたが、この出原孝夫環境庁自然保護局長がその第二番目の答弁となった。

6　乱場の関係条文

昭和五三年改正法における乱場の関係条文は、昭和三八年改正法のままであり、次の、

第十一条　左ニ掲クル場所ニ於テハ鳥獣ノ捕獲ヲ為スコトヲ得ス

一　鳥獣保護区

二　休猟区

三　公道

四　環境庁長官ノ指定スル公園其ノ他之ニ類スル場所

五　社寺境内

六　墓地

第十七条　欄、柵其ノ他ノ囲障又ハ作物アル土地ニ於テハ占有者、共同狩猟地ニ於テハ免許ヲ受ケタル者ノ承諾ヲ得ルニ非サレハ狩猟又ハ第十二条第一項ノ規定ニ依ル鳥獣ノ捕獲ヲ為スコトヲ得ス

第二十一条　左ノ各号ノ一ニ該当スル者ハ一年以下ノ懲役又ハ五万円以下ノ罰金ニ処ス

一　第三条、第十一条、第十五条、第十六条又ハ第二十条ノ二ノ規定ニ違反シタル者

第二十二条ノ二　第八条ノ二第二項若ハ第五項、第十七条又ハ第十八条ノ規定ニ違反シタル者ハ三万円以下ノ罰金ニ処ス

但シ第十七条ノ規定ニ違反シタル罪ハ占有者又ハ共同狩猟地ノ免許ヲ受ケタル者ノ告訴ヲ待チテ之ヲ論ズ

である。

五　鳥獣輸入証明書

鳥獣輸入証明書は、新設の自然保護官庁に対する危惧が的中した国民にとって取り返しのつかない災厄であった。その経過を検討する。

1　環境庁官僚の主導した鳥獣輸入証明書

鳥獣輸入証明書とは、当該鳥獣が外国から輸入されたことを証明したカード形式の日本鳥獣商組合連合会（同連合会は「日鳥連」と自称）が発行する証明書である。日鳥連は、鳥獣輸入・販売業者組合の連合会で全国的な規模の任意団体である。その沿革は、戦後東京の鳥獣業者らが組合を結成し、「東鳥協」「全鳥協」と呼称して活動し一時休業したが、輸入鳥問題等で所管省庁と折衝する等のために「日鳥連」と改称して活動を再開した。当初、本部の傘下に二四県の支部があり、鳥獣輸入業者が十数社、小鳥等販売店の加入店数が全国店舗のおよそ三分の一という組織であった。そして、昭和四六年八月活動再開に当たり機関誌『日鳥連商報』を発刊し、毎月一五日に刊行した。鳥獣輸入証

明書発行については、日鳥連商報により、環境庁官僚が鳥獣輸入証明書の発行を主導した生々しい経過が判明する。このような「宴席における官と民とのやりとり」を、詳細に記述した公刊資料は非常に珍しい。狩猟行政の裏面が開示されたものであり、以下に検討する。

（一）　昭和四六年の年末まで

日鳥連は、昭和四六年の年末までに環境庁の指示要望に応え、輸入野鳥証明書の発行を検討していた。その間に、環境庁自然保護局鳥獣保護課は、税関の公的輸入証明以外の私製の偽の許可証の流通を厳重に注意する通達を発した。そして、日鳥連が鳥獣輸入証明書を発行することの一応の了解に達し、翌四七年の年頭に「新春放談会」なる協議会を開催してその状況を機関誌『日鳥連商報』により広報し、日鳥連の総会において組織決定することになった。

（二）　新春放談会の状況

昭和四七年（一九七二）一月八日、東京赤坂の料亭「錦水」において新春放談会が開催された。その状況録音の反訳は日鳥連商報に三回に分けて掲載された。官側は、環境庁自然保護局鳥獣保護課長補佐友田安雄、同課技官那波昭義、羽田税関特別通関第二部門堀越統括審査官、東京都経済局農林部林務課菊池・井上課員であり、日鳥連側は、岩瀬理事長、河野副理事長ほか二名、本部土本理事ほか二名、相談役一名、日鳥連商報代表者である。まず、開会に当たり、土本理事が司会をして、「本日は日鳥連の新春放談会にご出席いただきまして、誠にありがとうございました」と挨拶があり、種々の会談ののち、友田安雄課長補佐は、その時点までの鳥獣の輸入証明書の検討概要について、

友田（略）これは一つの構想ですが一応入ってきたものについては、個々に飼養許可証のような制度を準用する格好で、輸入鳥は輸入業者からそれぞれの都道府県知事に届出させる、種類とか羽数を。そして都道府県知事は飼養許可証に代

わる何らかの証明書的なものを付ける方法を考えたわけです。いろいろ国内法の法律の趣旨から考えて、そこまで輸入業者に義務を負わせるのは、果たしてどうだろうということで、一応見送りになったのでございますが、最近の鳥獣保護に寄せる国民の関心なり、自然保護サイドからの要請から考えますと、次の改正にはそういった何らかの証明書か、何かを添付するということにしなければ、国内鳥獣保護の徹底は期せられないということを考えておりまして、今後さらに検討したいと思っております。

と述べ、検討結果と問題点として、法定の飼養許可証の如き鳥獣輸入証明書の発行には法律上の難点がある旨を示した。その上で、友田課長補佐は、実施可能なアドバイスをした。それは、

友田　日鳥連は輸入業者も入り、問屋も入り、小売屋の末端までみな入っているわけですか。

河野　全部入っています。

友田　そうすると野生鳥獣の流通過程に携っている人はすべて入っているということですね、全国的に。

河野　そうです。

友田　そうだとすれば、われわれも結局末端の取締りに一番頭を悩ましているわけですので、いまおっしゃるように、例えば千羽なら千羽のロットで入ってきたものの写しを、それぞれ個々に付けてもあまり意味がないわけです。つまり果してそれが輸入したものに該当するものであるのかどうか判別がつかない。それをどうするかでいま悩んでいるわけです。それで、これはできるだけお願いしたいのですが、暫定措置として輸入業者はそういった税関の入ってきたという写しでなしに、何かうちのほうの飼養許可証に準じたような「これは入ってきたものである」というカード的なものを、一羽一羽に付けられないか。そういうことができないかどうか。はん雑になるでしょうが。実際に末端では善良な第三者の飼育している人が非常に迷惑しているわけだし、果して国内のものを獲ったのか、輸入したものであるか、見

た限りでは見分けがつかないから業者は立入検査も受けるし、疑いを持たれ不必要な迷惑を蒙っているわけです。また商業道徳としても多少の負担はあっても末端の消費者、飼育者にできるだけ迷惑のかからないようにすべきでしょう。そこで証明書の効力の問題ですが、時期的にお宅（日鳥連）のほうでそういった証明書というか、事実関係を証明するもの、「輸入業者から輸入したものである」「私が輸入したものに間違いない」という事実関係を証する「証明書」を付けていきますと、少なくとも取締りの段階では、現に飼育している人はそれによって取締官に対して説明がつくわけです。もし疑いがあるならば、直接輸入業者の名前が書いてあり、その業者が台帳をつけていれば、その当時に輸入したものであるかどうかはわかりませんが、一応輸入したということは全体としてはわかるわけです。少なくともそれが国内のものであるかどうかで罰則の適用はできないわけです。

というものである。この証明書であれば、輸入鳥の個別識別としてカードを利用する方式であるとともに、輸入業者の自己認証のカードではなく、許可証の発行者をその上位団体とする、一応、他者認証の形態であり、実施可能となし得るとする内容のアドバイスであった。

これに対し、日鳥連側からは、

河野　小売屋がお客さんに輸入鳥を売る時点で許可証をつけてやれるようなものをと環境庁の友田さんから発言がありましたが、そこで日鳥連で全国統一したフォームを作ったらどうか、一羽一羽つけるような輸入許可証を。私どもで自主的に作ったのをお役所で目を通していただいて、これならよかろうというご承認をいただいて、日鳥連で統括したものを作る。友田さんのアドバイスは、われわれ日鳥連幹部として、それは望むところじゃないかと思うのです。結論的にいいますと、一応日鳥連で輸入証明書のフォームをこしらえて、それを環境庁にお見せして、一応修正していただくところはしていただいて、これならいいというご承認をえて、日鳥連で自主的にそれを作成し、それを各輸入業者に渡して、輸入鳥を売る場合、一羽一羽に必ずこれをつけて売る。それには輸入通関番号とか輸入原産地国とか、品名とかを詳細に書く。そうしておけば安心して小売屋さんも売れるし、またお客さんも安心して飼える。しかも、鳥獣監視員の方を困惑させることもないと考えるわけです。もちろん大局的には、世界的に野生鳥獣の規制が行なわれつつあるのは世界のすう勢ですから仕方がないとしても、私たちは輸入業者、販売業者として輸入の道があり、また相手国において輸出してくれる以上は、自然保護もさりながらわれわれの「めし」のたねですので、いますぐに輸入の鳥獣は売るなといわれても、生活権につながる問題でやめるわけにはいかない。法において許される範囲で、事業活動をやらざるを得ないわけです。その点についてはお認め願って、相手国で規制された場合はしょうがないが、一応現在の時点では現行法規に従ってわれわれは行動していくという基本原則をわきまえた上で、混乱のないような野鳥の輸入、販売、取扱いをお認め願いたい。

というものであり、賛意を表するとともに、友田補佐のアドバイスに従い組織による検討を加えた後、環境庁の承認があればお願いしたい旨を述べた。

その結果、友田補佐から、

友田　輸入業者は何軒ぐらいありますか。

河野　輸入業者は東京で一〇ぐらいあると思います。神奈川県では一社、名古屋に一社、大阪では二、三社。あと神戸に二つばかりと、九州では一社です。あと倉敷に一軒、輸入業者はそんなところです。

友田　お宅の方で早急に検討していただいて、うちと相談をされて結論が出てこういうふうにやるということになれば、私どもも全都道府県に連絡いたしまして、「今後日鳥連としては輸入鳥はこのようにする。だから充分承知してこういうことも勘案してくれ」という通達も出せるわけです。いまは制度がないのですから自立的にお宅（日鳥連）でおやりになるのは結構だと思うのです。お宅の商売上も有利なわけですから、またわれわれも末端の飼育者にできるだけ迷惑をかけないような方法を考えていかなければならないと思うのです。

私もこういった合同組織の団体があればものもいいやすいし、意見を聞く場合に助かるのです。バラバラだったら困るのです指導する場合に。だから今後ともますます会を強化されて、できるだけ会員の加入率を高めるようにしたほうがいいんじゃないかと思います。

と、日鳥連が団体性を高めて行政へ協力されたいとのアドバイスの締め括りがあり、日鳥連側の、

河野　どうもきょうはありがとうございました。

との謝辞が述べられた。右の状況からは、環境庁官僚が強力に主導した鳥獣輸入証明書の協議であったことが判明する。

㈢　日鳥連総会における承認と環境庁自然保護局への申立て

昭和四七年二月三日、日鳥連は第三回定時総会を開催し、議案の鳥獣輸入証明書発行を本部提案のとおり承認可決した。これに基づき岩瀬理事長は環境庁自然保護局へ「鳥獣の輸入証明書発行について」に関し環境庁の支援方を願い出た。これの文面は、

鳥獣の輸入証明書発行について

（前略）鳥獣の輸入額は、近年わが国経済の躍進と軌を一にして、年率三〇～五〇％にも伸びて参りました。然しその反面輸入鳥獣の中には、現在わが国において「鳥獣保護及狩猟ニ関スル法律」に依り、捕獲および飼養について許可を必要とする種類と同じ種類のものが含まれております。このような外国産鳥獣は一部の専門家の鑑定に依らなければ、国内産のものかあるいは輸入のものであるかの判断がつきにくいものがあり、飼鳥の取締りにあたる取締官と鳥獣取扱業者との

間のトラブルの原因となっている例もしばしば見られます。当会は以上のような問題を解決し、かつ貴庁の鳥獣の保護行政に積極的に協力するため、かねてからその対策を検討中でありました。今回会員の全面的な協力のもとに、左記の要領で国内産鳥獣と類似の外国産鳥獣について輸入の時点で一頭（羽）毎に一枚の輸入証明書を当会の責任において添付させることといたしました。つきましては、貴庁のご理解とご支援を賜わりたくお願い申し上げます。

記

1　輸入業者で日鳥連の輸入証を希望するものは、その都度当該輸入税関長発行の輸入証明書の原本を添えて、日鳥連理事長（事故あるときは代理、以下同）に対し、必要枚数を請求する。但し請求枚数は輸入時の生存鳥獣数に相当する枚数のみとする。

2　請求の権利を有する輸入業者は日鳥連の会員または準会員でなければならない。

3　請求を受けた日鳥連理事長は、税関長発行の輸入証明書記載の品名、数量の範囲内で「日鳥連輸入証明書」を発給する。

4　輸入時の死亡した分については、証明書を発給しない。

5　証明書は鳥獣を売買または移動する場合は必ず鳥獣に一頭（羽）毎に添付しなければならないこととし、鳥獣が死亡の場合は日鳥連に返納する。

6　証明書発行の手数料を日鳥連に納入する。

7　証明書の記載事項中品名、税関長輸入証明書番号は日鳥連に於て記入する。

8　日鳥連には次の事項を記載した台帳を備える。

というものである。

鳥獣輸入証明書の様式は、鳥獣飼養許可証の様式とよく似たもので、原産地国名・輸入年月日・税関長輸入証明番号等の貿易に特有の記載項目が目立つ。対象とする鳥獣の輸入時期については、日鳥連商報に「一月一日輸入分からとする」旨の記載がある。

（四）　鳥獣輸入証明書発行後の環境庁・環境省への報告

日鳥連は、このような鳥獣輸入証明書発行の経過から、毎月の輸入証明書の新規・更新発行の状況を翌月に鳥獣保護課へ報告した。報告は、新規及び更新の輸入証明書発行状況報告書に、税関の輸入証明書と鳥獣輸入業者の日鳥連宛の輸入証明書発行申請書の写しを添付してなされた。これにより、輸入野鳥の原産地国名・鳥種・数量・価格・通関時の生死・輸入証明書発行申請数・その発行数、輸入証明書更新数等が判明する。

同課那波技官は、集計表を作成して同課の執務誌『鳥獣行政』に掲載し、『日鳥連商報』にも投稿掲載した。報告された資料は、課内回覧し、その後雑書として廃棄されたようである。

（五）　鳥類の個体識別用標識開発及び輸入鳥類実態調査

環境庁は、昭和五八・五九・六〇年度の三年度にわたり、財団法人日本鳥類保護連盟に委託して「飼養鳥類管理対策」事業として、鳥類の個体識別用標識開発及び輸入鳥類実態調査を実施した。鳥類の個体識別用標識とは、大型・中型・小型鳥類の個体識別のための脚（附蹠部）に装着する足輪（脚輪・リング）である。輸入鳥類の実態調査は成田及び名古屋空港において実施された。標識の開発と輸入鳥類の実態調査は、いずれも成果を収めて昭和五九年三月、六〇年三月、六一年三月にそれぞれ『飼養鳥類管理対策事業報告書』が報告された。その概要は日鳥連商報でも広報された。その後は、輸入鳥に輸入の都度個体識別用足輪を装着し、鳥獣輸入証明書の発行を廃止するように求める社会的意見が大いに高まった。しかし環境庁は、輸入鳥への個体識別用足輪装着を放置してしまった。

㈥　日鳥連の謝意の表明

日鳥連は、鳥獣輸入証明書の発行に関する友田鳥獣保護課長補佐の尽力に対し深く謝意を抱いていた。退官して鳥類保護団体に天下った同補佐が、元環境庁幹部の立場から同鳥類団体発売のテレホンカード第一集（一セット金三二〇〇円）の購入方を依頼すると、日鳥連・役員ら三五名は依頼の趣旨に応じ、日鳥連商報トップ記事（改称日本鳥獣商報・平成二年五月三〇日）のとおり、「かつて環境庁に在職中、日鳥連の輸入証明書の発行をうながし、その指導と実施面で多大な協力をされている同氏の労に報いる微意をこめ協力する」と同カード合計一二〇セット（金額合計三八万四〇〇〇円）を購入した。またその第二集の募集に際しても同様な記事（同商報平成二年一〇月三〇日）が掲載された。退職後の公務員に係るこの種の行為は、刑法が賄賂の罪の処罰をもって禁じるところである。

2　鳥獣輸入証明書の明と暗

㈠　概　要

動物文学の作家遠藤公男は、その著『野鳥売買・メジロたちの悲劇』に環境庁官僚が鳥獣輸入証明書の発行を主導した経過を、料亭の新春放談会から記述して「個体識別のつかない民間業者発行の鳥獣輸入証明書で、これから、どれほどの野鳥が不正に売買されるか測り知れない。恐るべき証明書として長く野鳥たちを苦しめるものになる。」（同書二二頁）とその害毒を危惧した。果たして、鳥獣輸入証明書は、輸入鳥と国内産野鳥に計り知れない危害を及ぼした。

鳥獣輸入証明書を鳥籠に付けて輸入鳥にすり替える手口が流行した。これにより密猟取締がほぼ不可能になった。国会では、鳥獣輸入証明書の発行直後の昭和四七年五月一二日第六八回衆議院外務委員会において厳しい質疑の対象になってから、何回となく取り上げられたにもかかわらず、環境庁・環境省は、民間業者が自主的に発行する鳥獣輸入証明書であると逃げ回るだけで、自らの力をもってその廃止への努力をなさなかった。これらのことは鳥獣輸入証明書の「明」と「暗」でいえば、「暗」であろう。それでは「明」はあったのであろうか。「明」とまではいえないにしても、国民に役立ったことがある。

(二)　鳥インフルエンザ流行時の中国からの野鳥輸入の阻止

平成九年(一九九七)に香港で鳥の新型ウイルス(H5N1)が流行し、感染者一八名のうち六名が死亡したことにより、香港からの野鳥の移出が禁止された。従来中国からわが国へ輸出される野鳥は、中国本土の各地で捕獲された後、広東省広州から船で香港に集荷され、香港から航空機を利用してわが国の各地の空港に到着し、原産地は中華人民共和国、積出地は香港と表示されて輸入手続がなされていたので、中国からの野鳥の輸入が一斉に停止した。

平成一〇年(一九九八)の春中国からの輸入が停止すると、はるか遠隔地のマレーシアから野鳥輸入が始まった。奇妙なことに、元来マレーシアには生息していない野鳥のヒガラやホオジロがマレーシア原産と表示された鳥獣輸入証明書付きで売られ出した。これを端緒にして、鳥獣輸入業者が中国産野鳥をマレーシア産と原産地を偽って輸入した関税法違反事件が露見したが、環境庁はその情報には無関心を装った。税関当局の尽力で悪質な輸入業者が摘発・処罰されたことにより、鳥インフルエンザ流行中の中国からの野鳥輸入は阻止された。これは、鳥獣輸入証明書の野鳥原産地表示が役立った例であった。

(三)　中国当局の日本への野鳥輸出全廃への協力

環境庁に対する日鳥連からの毎月の輸入証明書発行状況報告資料は、鳥獣保護課那波技官が「集計表」を作成して『鳥獣行政』と『日鳥連商報』に掲載した後は廃棄されたようであるが、作家遠藤公男は、平成八年ころこの集計表を知り、ワープロの集計機能を利用して昭和四七年以降の「野鳥輸入統計」の作成を試行するうち、協力者も加わって「ソフト・エクセル」による入力作業が始まり、作家遠藤を中心にした「野鳥輸入統計グループ」（以下単に「統計グループ」という。）による作業へと進展した。幸い平成九年に日鳥連は、作家遠藤に対し環境庁への毎月報告データを閲覧・コピーすることを許可した。毎月報告データならば、輸入野鳥の原産地国名・鳥種・数量・価格・通関時の生死・輸入証明書発行申請数・その発行数、輸入証明書更新数等が判明する。これにより、野鳥輸入統計作業は大いに進捗し、詳細・最新の統計資料を作成できるまでになった。そのような時期の平成一一年（一九九九）一一月二九日、中国の主務官庁である国家林業局が、「鳥類管理の強化に関する緊急通知」を発出した。間もなくこれは、中国が野鳥輸出を禁止したとの通知だと判明した。そこで、統計グループは、日本側の野鳥輸入統計資料を中国国家林業局へ提供し、一層の野鳥輸出禁止を要請することにした。作家遠藤は、一二年（二〇〇〇）五月、緊急通知の前と後に分けた日本の輸入実績の表などの作成資料を持参し、国家林業局へ赴き責任者等に面会した。国家林業局側は、「持参資料の如き実態であることは全く知らなかったが、野鳥輸出禁止に全力を上げて取り組んでいる」旨を述べ、一層野鳥輸出禁止の方策を講じる旨の発言をした。作家遠藤は、帰国後にこの概要を環境庁に通報した。中国側は、発言のとおり野鳥輸出禁止に向けて、同年八月一日「国家林業局令第七号」として「国家保護的有益的或者有重要経済、科学研究価値的陸生野生動物名録」を公布した。これにより、中国の野鳥輸出禁止の法制上の措置が完了したということであった。確かに、翌一三年（二〇〇一）五月二八日到着の中国からの野鳥輸入を最後にして、わが国への中国の野鳥輸出は完全に終了した。そこでまた、統計グループは、日本側の野鳥輸入統計資料を中国国家林業局へ資料提供することにした。作家遠藤は、同年一一月に、林業局令第七号の前と後に分けた野鳥輸入の資料などを携えて中国国家林業局へ赴き、国家林業局で前回顔馴染みの責任者等に面会し、中国の野鳥輸出廃絶に対する謝意を述べ、国家林業局令第七号にはわが国で特に愛好されているオオルリ・ウグイス・コマドリの三種の記載が漏れていることなどを伝えて資料説明をした。国家林業局側は、情報提供に謝意を表し、今後は、日本へ中国産野鳥が輸出されたときは「密輸」として処理されたいと断言したのである。

以上の経過に照らすと、「暗」を象徴する鳥獣輸入証明書のデータで作成された野鳥輸入統計資料が、中国側の野鳥輸出全廃の実現に大きな力となったとみて間違いがないであろう。これは、鳥獣輸入証明書のデータが役立った例であった。

3　野鳥輸入の衰微と鳥獣輸入証明書の結末

最大の野鳥輸入先の中国の徹底した野鳥輸出禁止措置により、わが国の中国からの野鳥輸入は次第に衰微し、遂に平成一三年（二〇〇一）五月二八日に東京の鳥獣会社が名古屋税関で輸入許可・通関した野鳥が最後の輸入鳥となった。鳥名オオルリ等九種の計二九九羽である。翌六月一日にオオルリ等四種の計一七三羽について鳥獣輸入証明書交付申込がなされた。その内訳は、オオルリ等四種の合計一七三羽で、オオルリ輸入数六五・死亡一五・生存五〇、コルリ輸入数五五・死亡二〇・生存三五、ヤマガラ輸入数一一・死亡〇・生存一一、メジロ輸入数四二・死亡二・生存四〇であり、死亡計三七を差し引いた生存計一三六羽の鳥獣輸入証明書計一三六枚が中国関係最後の鳥獣輸入証明書として交付された。交付手数料は二万四〇〇円であった。全輸入数から右一三六羽を差し引いた残り一六三羽は死亡したものと推測される。

中国の野鳥輸出禁止措置実施については、作家遠藤らは、機会をみては環境庁へ通報し、野鳥輸入禁止の国内的な処置を求めたが、同庁は市民の意見には耳を傾けずに放置した。その後の平成一四年四月二六日、環境省は「鳥獣保護及狩猟ニ関スル法律に基づく鳥獣の輸入規制の強化について」と題するお知らせを発表した。その内容は、外務省の情報公開請求の資料によると、野鳥の輸出入に関して、日本国は日本法により、中国は中国法によりそれぞれ処理するというだけの主権国家間の単なる口上書の交換に過ぎないことが判明した。日本国内の体裁を繕うために中国の野鳥輸出禁止措置をことさら口上書をもって確認したというものである。野鳥輸入と鳥獣輸入証明書の全廃に如何に対処するかということには何も役に立たないものであった。

さて、日鳥連は、平成二六年一二月二九日をもって鳥獣輸入証明書の業務を終了する旨のお知らせを発表した。環境庁・環境省の主導により昭和四七年から法律に根拠のない制度が運営されたが、それが終了の時を迎えた。その間に四三年もの無法な歳月が流れたのである。

六　野生鳥類七種に限定した飼鳥規制の廃止への政策転換

1　概　要

敗戦後におけるわが国の飼鳥規制は、オースチン課長の勧告に基づき、①戦前からの野生鳥類全種飼養の終焉、及び②野生鳥類七種に限定した飼鳥規制の確立という二段階の法制化作業を経て実施された（本章第二節三参照）が、飼鳥規制を廃止する政策への転換は、まず「②野生鳥類七種に限定した飼鳥規制」の廃止として登場し、実施された。ここでは、昭和五三年審議会答申の飼鳥規制廃止宣言とその前後の経過等を検討する。

2　政策転換に至る経過

（一）　施行規則第九条の但書追加

平和条約後における狩猟者側の占領下狩猟規制撤廃の諸活動は、狩猟の一種である飼鳥にも影響を及ぼしていた。昭和二五（一九五〇）年飼鳥規制の確立後、最初の施行規則の改正があった。昭和二七年（一九五二）九月三〇日農林省令第七二号により施行規則第九条に、

マヒワ、ウソ、ホホジロ、ヒバリ、メジロ、ヤマガラ、ウグイスを飼養しようとする場合は、都道府県知事、その他の

場合は農林大臣に提出しなければならない。但し、みずから飼養するため、捕獲し、又は採取する場合は、証明書を添えなくともよい。

と但書が追加された。但書追加の立法理由を解説した文献は見当たらない。普通に考えると飼鳥手続の簡略化であるが、飼鳥規制廃止を見越した改正であったのであろう。ともかく、これが重大な「布石」であったことは否めない。

(二)　施行規則第九条のかすみ網使用禁止の改正

また、かすみ網の使用が社会問題となったため、昭和二九年（一九五四）二月二七日農林省令第一一号により第九条に

並びに第三条第一項第一号の猟法以外の猟法を用いてマヒワ、ウソ、ホホジロ、ヒバリ、メジロ、ヤマガラ又はウグイスを飼養の目的で捕獲しようとする場合は、都道府県知事、その他の場合は農林大臣に提出しなければならない。但し、みずから飼養するため、捕獲し、又は採取する場合は、証明書を添えなくともよい。

とするかすみ網の使用禁止に関する改正があった。

(三)　昭和三二年野生鳥獣審議会における飼鳥

昭和三二年野生鳥獣審議会が開催されると、林野庁長官は、審議に当たり諮問事項を説明したが、飼鳥については、

第七の問題は飼い鳥に関することであります。狩猟法第一三条によりますと農林大臣又は都道府県知事の特別許可を受けて捕獲した非狩猟鳥獣は、知事の発行する飼養許可証をつけなければ、飼養も譲渡もできないことになつておりますが、この問題についても種々の意見があります。その一つは、狩猟法第一三条に定められている飼鳥の制度を廃止しないでほしいというのであります。もし、この制度を廃止すれば、全国の飼い鳥を愛好する人々から享楽の機会を奪うばかり

でなく、これを業としている飼鳥商の生業を奪うことにもなるというのがその理由であります。その二は、省令で定めた種類の鳥以外でも知事が飼養を許可できるようにしてほしいというのであります。省令では、飼い鳥として知事の許可のできる種類は、マヒワ、ウソ、ホホジロ、ヒバリ、メジロ、ヤマガラ、ウグイスとなつておりますが、この外にも地方的に流行しているものがあるからというのがその理由のようであります。その三は、飼い鳥について知事の許可権を拡張することは反対であるという意見であります。その理由は、真の愛鳥は、野鳥を捕えて籠に入れて楽しむことではなく、山野に自由な姿で生息させ、それを愛し、保護することであるにも拘らず、もし、知事に広く許可の権限を与えれば、飼い鳥の流行をきたし、二次的には密猟を助長することになるおそれがあるというのであります。

と説明をした。占領終了後、早速飼養鳥の拡大を求める動きが出現したのである。

審議会は、答申の「第3制度に関すること」の「5飼い鳥について」において、

飼い鳥は、その殆んどが有益鳥類であるから、本来は捕獲を禁止すべきものであるが、旧来より飼養の慣行もあるので、制度の運用にあたっては、学術研究、教育参考資料、愛玩飼養のため必要な場合に限り、最少限度においてこれを許可するようにすべきである。

と記述した。「飼い鳥」と指称して、「本来は捕獲を禁止すべきものであるが、旧来より飼養の慣行もある」ことを強調した。答申は旧来より飼養の慣行もあると飼鳥を庇護したが、「悪弊は慣習に非ず」（穂積陳重『法窓夜話』）に過ぎない。

(四)　昭和四一年鳥獣捕獲許可事務の捕獲許可基準公表

昭和三八年に狩猟法から鳥獣保護及狩猟ニ関スル法律への全面改正があり、その際飼鳥規制法制に関しては何も変更が加えられなかった。ところで捕獲許可事務には、まとまった捕獲許可事務処理に係る基準を公表していなかっ

た。昭和四〇年（一九六五）四月七日付けで茨城県知事から「鳥獣捕獲許可事務の処理方針について」と題した照会があり、翌四一年一月二四日林野庁長官は、「照会のあったことについて、当庁の許可にかかるものについては、特別の事由のない限り、別紙の基準により処理する方針であるから、ご了知願いたい」と回答し、別紙として「昭和四一年一月二四日四〇林野造第三〇三号林野庁長官通達・鳥獣捕獲許可事務の処理方針」を添付した。それまで許可基準を公表していなかったが、飼鳥廃止の声が高まるにつれて捕獲許可基準の公表が求められるようになったのであろう。

（五）　鳥名「ホホジロ」を「ホオジロ」に改名

昭和四三年（一九六八）五月二三日農林省令第三一号により施行規則第九条中の「但し」を「ただし」に改め、四七年（一九七二）一一月二七日総理府令第七二号により同第九条中の「ホホジロ」を「ホオジロ」に改める各改正があった。

3　昭和五三年審議会答申による飼鳥規制廃止宣言

先に述べた昭和五三年（一九七八）一月の自然環境保全審議会答申の二つ目の特色に戻ると、その特色とは、昭和二五年に確立した飼鳥規制を廃止する政策への転換を宣言したことである。

まず答申の当該部分の全文は、「三鳥獣飼養規制の強化」の、

日本に生息する種類の鳥獣の愛がん飼養を広範囲に認めることは、鳥獣は本来自然のままに保護すべきであるという理念にもとるのみならず、鳥獣の乱獲を助長することとなるおそれがあるので、廃止することが望ましいが、過渡的措置として、次のような規制の強化を図る必要がある。飼養鳥獣の種類、数量等飼養のための捕獲の許可基準を厳格にし、やむを得ないと認められる場合以外は捕獲許可を行わないこととすべきである。

というものである。

この記述は、前記の五一年（一九七六）一二月の行政管理庁の行政監察の勧告に対応していた。行政管理庁から、現に実施している飼鳥規制に関して、①捕獲・飼養の違法取締、②適切な捕獲・飼養許可、③飼養許可制度の周知等を都道府県に指導することを勧告されたのであった。勧告の本旨は、手続の適正を求めたに過ぎず、行政管理庁が「七種飼鳥規制」を廃止して別の「鳥類飼養制度」の創設を勧告したものではない。このことは、行政監察結果書の内容から明白である。

次に、飼鳥規制廃止宣言は、「日本に生息する種類の鳥獣」と書き出している文章にある。行政管理庁の勧告が右の趣旨であるのに、環境庁はこの勧告を契機にして、七種飼鳥規制を廃止する政策への転換を企図し、宣言したのである。答申が、三二年野生鳥獣審議会答申の「飼い鳥」との指称を用いず、飼鳥を「日本に生息する種類の鳥獣の愛がん飼養」と指称したことに宣言の趣旨が要約して示されている。この「日本に生息する種類の鳥獣」は、わが国に生育するすべての野生鳥獣を対象とする飼養の意味である。戦前の狩猟法時代ならいざ知らず、昭和五三年（一九七八）に七種飼鳥のほかに、六百種超ともいわれるわが国の鳥類と獣類の全部の愛がん飼養を論じる必要は法律上存在しない。まず、六百種超の鳥獣の全部を対象とする愛がん飼養は、都道府県知事の許可権限としては、法制度上存在しない。次に、環境庁長官の許可権限であっても、六百種超の鳥獣全種の愛がん飼養を法制度上存在させる必要を欠くからここに記述する必要は全くない。その上、これに続く「廃止することが望ましいが、過渡的措置として、次のような規制の強化を図る必要がある」との文辞は、都道府県知事の許可権限については、存在しないものを規制することはあり得ないから虚妄の論述であり、環境庁長官の許可権限については、規制の強化を図るほどの捕獲許可乱発の事実があれば格別、そうでなければ無意味な論述である。この答申は、そんな理に適わない記述をして、行政管理庁勧告を契機にし、環境庁をして七種飼鳥規制を廃止させ、鳥類全種の愛がん飼養に乗り換えるという戦前への飼鳥復活を宣言した。環境庁の「立法美学」からみれば、七種飼鳥規制という飼鳥を廃止へと導く法体系は敗戦後の狩猟行政を象徴しているので、戦前の鳥獣飼養の復活を急いだものであろう。

4　飼鳥規制廃止への省令・施行規則の移動と整備

（一）　施行規則第九条の第二九条への移動とヒバリ等の除外

昭和五三年答申に基づいて同年法改正が成立したが、飼鳥の規制法制に関する法改正はなかった。しかし、飼鳥規制廃止に向けた行政手続が進行していた。七種飼鳥規制を廃止するには、飼鳥に反対している市民・国民には気付かれないようにしなければならない。そこで昭和五四（一九七九）年四月一四日総理府令第二五号により、施行規則整備の起点になる飼鳥規制条文の改正をした。その改正は、飼鳥規制の第九条を第二九条に移動する改正であった。大きな細工が仕掛けてあったが、誰にも気付かれなかった。新条文は、

（法第十二条第一項の許可の申請）

第二十九条　法第十二条第一項の許可を受けようとする者は、次の事項を記載した申請書に鳥獣を捕獲し、又は鳥類の卵を採取する事由を証する書面（以下この条において「証明書」という。）を添えて、これを、かすみ網を使用する方法以外の猟法を用いて狩猟鳥獣、ダイサギ、チュウサギ、コサギ、トビ、ドバト、ウソ、ムクドリ、オナガ、サル、ミンク、ハクビシン、メスジカ若しくはノヤギを駆除の目的で捕獲し、又は航空機の安全な航行に支障を及ぼすと認められる鳥獣を駆除の目的で飛行場の区域内において捕獲しようとする場合、銃器を使用してヒヨドリを駆除の目的で捕獲しようとする場合及びかすみ網を使用する方法以外の猟法を用いてマヒワ、ウソ、ホオジロ、メジロ又はウグイスを飼養の目的で捕獲しようとする場合は都道府県知事に、その他の場合は環境庁長官に提出しなければならない。ただし、自ら飼

養するため、鳥獣を捕獲し、又は鳥類の卵を採取する場合は、証明書を添えなくてもよい。

一　申請者の住所、職業、氏名及び生年月日（申請者が法人の場合にあつては、住所、名称及び代表者の氏名）

二　捕獲しようとする鳥獣又は採取しようとする卵の種類及び数量

三　鳥獣の捕獲又は鳥類の卵の採取の目的、期間、区域及び方法並びに学術研究を目的とするものにあつては、研究の事項及び方法

四　法第十一条第一項各号に掲げる場所又は猟区内において鳥獣を捕獲し、又は鳥類の卵を採取しようとする場合にあつては、その旨

五　申請者が法人の場合にあつては、鳥獣の捕獲又は鳥類の卵の採取に従事する者の住所、職業、氏名及び生年月日

六　銃器を使用して鳥獣を捕獲しようとする場合にあつては、当該銃器の所持について申請者（法人の場合にあつては、鳥獣の捕獲に従事する者）が現に受けている銃砲刀剣類所持等取締法第四条第一項第一号の規定による許可に係る許可証の番号及び交付年月日

である。

これにより、ヒバリ、ヤマガラの二種を除外した。「かすみ網を使用する方法以外の猟法を用いてマヒワ、ウソ、ホオジロ、メジロ又はウグイスを飼養の目的で捕獲しようとする場合」と改めたことから、ヒバリ・ヤマガラの除外が判明する。同月一六日付け環自鳥第46号環境事務次官より各県知事あて依命通達「鳥獣保護及狩猟ニ関スル法律の一部を改正する法律の施行について」が発出された。通達は、「5鳥獣の飼養規制の強化」に「野生鳥獣の愛がん飼養は、鳥獣は本来自然のままに保護すべきであるという理念にもとるのみならず、鳥獣の乱獲を助長するおそれもあるので、鳥獣を愛がん飼養することなく、できる限り野外で観察するよう、都道府県の広報機関、関係団体を通じて

周知徹底を図ること。また、ヒバリ及びヤマガラの生息数は近年減少の傾向にあるため、その捕獲許可は環境庁長官が行うこととされたが、環境庁としては、愛がん飼養のためのヒバリ及びヤマガラの捕獲の許可については、今後行わない方針であるが、その旨関係者に周知徹底を図ること。」と記述した。都道府県知事の許可を環境庁長官へ移すこの方式は、昭和二二年の先例を踏襲したものである。この次官通達に併せて、同日付け環自鳥第四七号環境庁自然保護局長より各県知事あて通知「鳥獣保護及狩猟ニ関スル法律の一部を改正する法律の施行について」が発出され、その「4愛がん飼養のためのウグイスの捕獲許可」に「ウグイスの生息数は、今回愛がん飼養のための捕獲を認めないこととしたヒバリ及びヤマガラと同様、近年その生息数が減少傾向にあるので、昭和五五年度からこれについても愛がん飼養のための捕獲許可を行わない方針であるのでこの旨十分周知徹底させること。」とウグイスの除外が予告された。

（二）　ただし書の違法な改正

次官通達と局長通知は、「ただし書」の改正には触れていない。しかし、ただし書の改正こそが、施行規則の整備に向けた大きな細工であり、看過し難い違法が認められるのである。ただし書の改正は、改正前の「ただし、自ら飼養するため、捕獲し、又は採取する場合は、証明書を添えなくともよい。」を、「ただし、自ら飼養するため、鳥獣を捕獲し、又は鳥類の卵を採取する場合は、証明書を添えなくてもよい。」に改めたため、旧条文「捕獲し」が新条文「鳥獣を捕獲し」と「鳥獣」の文字が加わったことを指す。鳥獣の文字を加えたことが違法を惹起したのである。それはこういうことである。ただし書とは、本文の例外的な規定をいい、本文より大きい例外は存在しない。改正前の条文では、「マヒワ、ウソ、ホオジロ、ヒバリ、メジロ、ヤマガラ、ウグイスを飼養の目的で捕獲」する場合が本文であり、「自ら飼養するため、捕獲」するのが例外であるので、本文と例外とは規定対象の鳥の範囲を同一にしていた。ところが、改正後の条文では、「マヒワ、ウソ、ホオジロ、メジロ又はウグイスを飼養の目的で捕獲」する五種の鳥を対象とする本文に対し、例外のただし書は「鳥獣を捕獲」するとなったので、例外は六〇〇種超ともいわれるわが国の鳥類・獣類の全部にまで規定対象の範囲を拡大したことが明白である。これは、本文より大きい例外を定めたことになる。そこに違法がある。情報公開で得た施行規則改正原議綴の写しには、この改正理由を説明した資料は見当たらない。しかし、七種飼鳥を鳥類全種飼鳥に復活させる目的で、条文中に「鳥獣」の文字を配置したことはたやすく想定できる。

（三）　ウグイスの除外

ウグイスの実際の除外は、翌五五年（一九八〇）七月一一日総理府令第四〇号によりなされた。この施行規則改正は、第二九条中の「メジロ又はウグイス」を「又はメジロ」と改めるものであった。この施行規則改正を受けて、同月二一日環自鳥第九九号環境庁自然保護局長「鳥獣保護及狩猟ニ関スル法律施行規則の一部を改正する総理府令の施行について」が発出され、「3愛がん飼養のためのウグイスの捕獲許可について」に「ウグイスの生息数は近年減少の傾向にあるため、その捕獲許可は環境庁長官が行うこととされたが、環境庁としては、愛がん飼養のためのウグイスの捕獲の許可については、今後行わない方針であるので、その旨関係者に周知徹底を図ること。」と通達された。このウグイス除外後、狩猟統計によれば環境庁長官権限のウグイスの学術目的の許可が、顕著な増加を見せるに至った。これは、ウグイスの除外に係る行政的な裏取引があったことを示している。最近、ウグイス鳴合会の主宰者らによるウグイス密猟事件の捜査において、その当時から延々と更新された環境庁長官権限のウグイスの学術目的捕獲許可証が、密猟鳥と認められる若いウグイスに付けられて提示される例がある。ヒバリ、ヤマガラ、ウグイス除外ができた鳥獣保護側の喜びと期待の中に、飼鳥規制廃止に向けた省令整備が進行していた。

七　狩猟の諸情勢

1　元環境官僚の国家管理狩猟制度の提言

環境庁自然保護局で日鳥連の鳥獣輸入証明書発行を主導した友田安雄元鳥獣保護課長補佐は、在職中から議論に長じ、退職後の昭和五四年五月『林業技術』誌第四四六号に「わが国狩猟制度の今後のあり方」を寄稿した。副題に「外国の狩猟制度の考察を中心として」とあり、各国狩猟制度を考察し、今後のわが国狩猟制度を提言した。

内容は、大石環境庁長官の狩猟改正構想が決着が付かず課題になっているが、わが国の狩猟制度の見直しをする場合、外国の狩猟制度の仕組みが有力な手掛りとなるとする。そして、現在のわが国狩猟制度は「自由狩猟制度と国家狩猟制度の両建」と考え、これから論旨を進めるのである。「筆者は、年来、わが国の国情とくに狩猟の実態からみて、現在の自由狩猟主義に基づく制度は、早晩改めて、国が狩猟を十分管理し得るような狩猟の場を設けたうえで、そこにおいてのみ、狩猟を認めるべきで、現行の一定の区域以外であれば、どこでも狩猟ができるというような制度は現状にそぐわないと考えてきた」と自由狩猟が終末期にあり、「そのために、あえて国家管理狩猟制度とでも呼ぶ制度の試案」を述べるというのである。試案の骨子は、

① スイス方式の国家狩猟制度に範をとり、国または都道府県が狩猟の実態、鳥獣の生息事情、他産業との調整等を考慮して、土地所有のいかんにかかわらず猟区を設定できるものとし、狩猟はこの猟区のみに限定する。なお、設定の法的根拠は、スイスのような狩猟権に基づくものでなく、「危険防止と鳥獣保護」という国家に課せられた公共目的実現のための行政権限におく（注、狩猟権ともいうべき、新たな権利の創設は困難とみる）。

② 猟区の管理、運営は、土地所有権者等他の地権者との調整上から、農業協同組合、森林組合等、さらに狩猟の調整の必要から法人格を有する地域狩猟者団体（府県レベル）に委託して行なう。

③　受託者は、入猟者から料金を入猟の都度徴収し（現行入猟税は廃止）、猟区の狩猟収益は、設定者、受託者および土地提供者等の三者間で、一定の割合で配分する。

④　猟区内で生じた農林水産物に対する鳥獣被害、狩猟に伴う土地所有者等に対する物的損害に対しては、府県レベルの受託者の団体、連合体において損害保険制度を設けて対応する。

⑤　猟区内での狩猟は、野生鳥獣のほか、人工養殖による鳥獣の捕獲が認められる。後者の捕獲期間は、できうる限り経営上の観点から長期なものとする。なお、大型獣（クマ、イノシシ、シカ）の料金は特別料金として多額徴収する。

⑥　猟区の狩猟資源の科学的管理、企業的経営の実現を図るため、国家試験合格を要件とする主任技術員の配置を義務づける。

⑦　国および都道府県に、専任の猟区監督官を設置して、猟区の指導監督にあたらせる。

というものである。

前に、明治四五年発行の川瀬善太郎著『狩猟』記載の自由狩猟における猟区実施の所説を紹介したが、この友田説は自由狩猟を廃止して国家管理狩猟制度という封建思想による非法律的な制度に戻るという説であった。

2　『自然保護行政のあゆみ』刊行とその第五章「鳥獣保護行政のあゆみ」

昭和五六年一〇月環境庁は、国立公園法制定以来の半世紀にわたる自然保護行政をたどる『自然保護行政のあゆみ』を刊行した。同書は、「第一章総説、第二章自然公園制度の創設、第三章終戦から環境庁設置までの自然公園、第四章環境庁の設置から、第五章鳥獣保護行政のあゆみ、第六章温泉行政のあゆみ、資料」の全六章・資料で構成され、その中に鳥獣保護行政のあゆみが記述された。

第五章の「鳥獣保護行政のあゆみ」は、

第一節　明治以前の鳥獣に関する制度等
第二節　明治の鳥獣法令
第三節　大正七年狩猟法の制定
第四節　鳥獣保護及狩猟ニ関スル法律
第五節　鳥獣保護施策の現状
第六節　鳥獣保護思想の発展
第七節　鳥獣に関する調査研究の経過
第八節　鳥獣保護についての国際協力
第九節　鳥獣保護行政のまとめ

に分けて記述され、その参照資料として、「資料」中に「六鳥獣保護関係」の計二二点の資料が添附されている。

鳥獣保護の観点からの簡略な記述であり、わが国の有史以前から昭和五六年の刊行までの狩猟・鳥獣に関する通史にもなっている。史・資料からの正確な引用・記述に不備があるようである。

3　かすみ網の規制

第一二〇回国会は、平成二年（一九九〇）一二月一〇日から三年（一九九一）五月八日までの会期であるが、内閣から三年四月一二日衆議院へかすみ網の規制に係る鳥獣保護及狩猟ニ関スル法律の改正法律案が提出され、参議院へ予備審査付託された。法律案は、同法律第一九条ノ二に「第十九条ノ三」を追加するものであり、その条文は、

第一条ノ四第三項ノ規定ニ依リ猟法トシテ環境庁長官ノ定ムル所ニ依リ使用スルコトヲ禁止セラレタル網又ハ罠ニシテ構造、材質、使用方法等ヲ勘案シテ鳥獣ノ保護蕃殖ニ重大ナル支障アリトシテ環境庁長官ノ定ムルモノ（以下特定猟具ト称

ス）ハ鳥獣ノ捕獲ノ用ニ供スル目的ヲ以テ之ヲ所持スルコトヲ得ズ但シ第十二条第一項ノ許可ヲ受ケタル者（同条第二項ノ従事者証ノ交付ヲ受ケタル者ヲ含ム）其ノ許可ヲ受ケタル所ニ従ヒ鳥獣ノ捕獲ノ用ニ供スル目的ヲ以テ所持スル場合ハ此ノ限ニ在ラズ

特定猟具ハ之ヲ販売シ又ハ頒布スルコトヲ得ズ但シ第十二条第一項ノ許可ヲ受ケタル者ニ其ノ許可ニ係ル特定猟具ヲ販売シ又ハ頒布スル場合及輸出セラレルベキ特定猟具ヲ総理府令ノ定ムル所ニ依リ予メ環境庁長官ニ届出デテ販売シ又ハ頒布スル場合ハ此ノ限ニ在ラズ

というものである。

同月二三日衆議院環境委員会において、環境庁長官から、

特定の用具を使用した鳥獣の違法捕獲が絶えないことから、これを防止するための新たな措置を講じていくことが課題となっております。この法律案は、このような課題を踏まえ、鳥獣の保護繁殖を図るため、狩猟鳥獣の捕獲のために使用することを禁止されている網またはわなのうちその使用により鳥獣の保護繁殖に重大な支障を及ぼすものを所持し、または販売する等の行為を規制しようとするものであります。

と概略が述べられた。そして、

第一に、狩猟鳥獣の捕獲のために使用することを禁止されている網またはわなのうちその使用により鳥獣の保護繁殖に重大な支障を及ぼすもの（特定猟具）は、特定の事由により環境庁長官の許可を受けて行う場合を除き鳥獣の捕獲の目的で所持してはならないこととしております。第二に、特定猟具は、特定の事由により環境庁長官の特定猟具の使用による鳥獣の捕獲の許可を受けた者に対する場合及び輸出用の特定猟具をあらかじめ環境庁長官に届け出た場合を除き、販売し、または頒布してはならないこととしております。

と趣旨説明があり、「この特定猟具は環境庁長官が定めることとしており、かすみ網を定める予定といたしております」とかすみ網の規制を実施することが表明された。

質疑に移ると、わが国の敗戦直後のオースチン博士の勧告によるツグミ・アトリ・カシラダカ等の霞網猟禁止以来多年を経て、ようやくかすみ網の所持規制が実現することについては、批判が集まった。質疑の後採決し可決された。同日衆議院本会議において、委員長報告があり採決し可決された。翌四月二四日参議院環境特別委員会において、趣旨説明・質疑の後採決し可決され、同日参議院本会議において、委員長報告の後採決し可決成立した。これにより、「鳥獣ノ捕獲ノ用ニ供スル目的ヲ以テ」かすみ網を所持することを処罰する法が定められた。その的確な法執行が期待されることになった。

第六節　平成一一年鳥獣保護及狩猟ニ関スル法律改正

一　平成一一年改正の概要

平成一一年（一九九九）における鳥獣保護及狩猟ニ関スル法律の改正は、同年六月一六日法律第七四号の特定鳥獣保護管理計画制度創設等の「個別法」改正と呼称される改正、同年七月一六日法律第八七号の地方分権の推進を図るための関係法律の整備等に関する法律第三八条による「分権法」と呼称される改正及び同年一二月二二日法律第一六〇号中央省庁等改革関係法施行法第一二六六条による改正の計三回の改正である。法律第一六〇号の中央省庁等改革関係法施行法による改正は、個別法改正に当たり第四条第三項中に「看做ス」とすべきを「看故ス」とした誤記があり、これを環境庁担当者へ連絡したところ、その誤字の訂正もしたのである。

二　自由民主党の法改正への動向

自由民主党農林業有害鳥獣対策議員連盟は、平成九年六月から一二月までに二回にわたり「鳥獣保護及び狩猟制度の改善方策について」と題する法律改正の第一次案及び第二次案を公表した。次の、

一　時代の変化に対応した「鳥獣保護法」の目的の改正
二　鳥獣保護事業計画を鳥獣保護・管理事業計画に改正
三　有害鳥獣駆除制度の改正
㈠　有害鳥獣駆除の許可権限の委譲
㈡　有害鳥獣駆除の許可に事前許可制を積極的に導入する。
㈢　有害鳥獣駆除の許可要件の大幅緩和を図る。
㈣　関係市町村による広域駆除体制を整備、確立する。
㈤　カスミ網の使用を許可すること。
四　鳥獣保護区及び休猟区の抜本的な見直しと縮減を図る。
五　狩猟に関する諸制限の緩和
㈠　狩猟期間の大幅延長を図る。
㈡　シカ、タヌキの狩猟期間を一般の狩猟鳥獣並みとする。
㈢　メスジカの捕獲禁止区域の大幅解除を図る。
㈣　カモシカの保護区域の設定作業の早期完了を図る。
六　被害農林家に対する損失補償制度の検討

七　狩猟免許に関する改正

㈠　狩猟者登録税及び入猟税の軽減を図る。

㈡　乙種免許所持者の丙種猟具の使用を認める。

㈢　銃砲所持許可証のサイズの小型化を図る。

というものである。

右の一の項目には、「現行の『鳥獣保護及狩猟ニ関スル法律』の目的は、鳥獣保護の偏重そのものであるが、最近における鳥獣による農林漁業被害の深刻化、特定鳥獣の著しい増加による生態系の破壊等の事情にかんがみ、鳥獣保護法の目的を『鳥獣の保護』から『鳥獣の保護・管理』に改める」という説明が付けてあり、従来の鳥獣保護を鳥獣保護管理に転換する契機になった。

同三の項目には、同議員連盟宮路和明幹事長が地元の農業被害を理由にしてカスミ網の使用を求めていたが、その地元の『南日本新聞』が平成八年一二月一八日の紙面に「阿久根市赤瀬川のミカン園で特に深刻な被害」という記事を掲載していた。記事のミカン農家から確認した結果では、記事がかなり誇大だと判明した。鳥獣保護側は、カスミ網使用によるメジロ捕獲目的の有害鳥駆除を狙ったものだと反発を強めた。

三　審議会への諮問と答申

はじめに

平成一〇年（一九九八）五月二五日、環境庁長官は自然環境保全審議会に対し、「人と野生鳥獣との共存を図るため緊急に講ずべき保護管理方策」について諮問した。諮問の文中に保護管理が用いられたことが注目される。同年一二月一四日同審議会から答申がなされた。その答申は、次の、

1　野生鳥獣及びその保護管理の現状と問題点
2　野生鳥獣の科学的・計画的な保護管理の基本的考え方
(1)　科学的・計画的な保護管理の必要性
(2)　科学的・計画的な保護管理の基本的考え方
3　野生鳥獣の科学的・計画的な保護管理施策のあり方
(1)　特定の個体群を保護管理するための新たな仕組みの創設
(2)　鳥獣保護区等の生息地管理の充実
(3)　狩猟及び有害鳥獣駆除における科学性・計画性の充実
(4)　科学的・計画的な保護管理を支える基盤の整備
4　国と地方との役割分担のあり方
(1)　地方分権の基本的考え方
(2)　国と地方との役割分担の整理

であり、はじめにと四部で八項目に分説するものである。答申においても、保護管理という用語により記述されていた。

四　改正法律案における答申の採用状況

答申は、すべて採用された。逆にいえば、改正法案に即した答申であったということでもある。本改正案については、新聞が「対決法案」として先議の参議院段階で否決廃案となる可能性があるとの報道をしていたが、他方、行政べったりとして審議会の限界を懸念する意見もあった。

五　国会審議

第一四五回国会は、平成一一年（一九九九）一月一九日から八月一三日までの会期であるが、二月二六日「個別法」の改正法案は衆議院・参議院へ提出され、四月一三日参議院国土・環境委員会において環境庁長官から趣旨説明が行われた。提案の理由は、

近年、野生鳥獣の保護に対する国民の要請が高まっている一方で、シカ等一部の野生鳥獣につきましては、中山間地を中心とする地域において、農林業被害の拡大といった問題が顕在化しております。また、一部の地域では、食害によって植生が衰退する等の生態系の攪乱も見られております。他方、クマ等の一部の野生鳥獣につきましては、地域によっては個体数が減少し地域的にその存続が危ぶまれるような事態も生じております。以上のような状況にかんがみ、このような問題が生じている特定の鳥獣の個体群についてその保護管理の強化を図る等の観点から、今般、本法律案を提案した次第であります。

というものであり、法律案の内容として第一に特定鳥獣保護管理計画制度の創設、第二に狩猟免許制度改善の概要が説明された。

同月一五日に質疑、次いで同月二〇日三浦慎悟・羽山伸一・吉田正人・草刈秀紀参考人から意見聴取があり、質疑が交わされた後、委員長が「他に御発言もないようですから、質疑は終局したものと認めます」と質疑の終局を宣告した。その一か月後の翌五月二〇日自由民主党・公明党・自由党から法案修正の動議が提出され、趣旨と要旨の説明があった。そして討論、附帯決議が行われ、採決され修正をして可決した。二一日同院本会議において委員長報告があり、修正議決することの賛否について、投票ボタンを押して採決され、投票総数二三六、賛成一五四、反対八二により修正可決された。翌六月四日衆議院環境委員会において、環境庁長官から法案について同様の趣旨説明があり、

修正案についても説明があった。同月八日質疑、討論、附帯決議が行われ採決し可決された。同月一〇日同院本会議において委員長報告があり採決し、起立多数により個別法は可決成立した。

地方分権推進に関する「分権法」の審議は、同年三月二九日、内閣から地方分権の推進を図るための関係法律の整備等に関する法律案が提出され、衆議院行政改革に関する特別委員会及び参議院行財政改革・税制等に関する特別委員会において審議されたものであるが、同法案の第三八条が鳥獣保護及狩猟ニ関スル法律を一部改正する規定である。分権法の環境庁関係の審議については、個別法の審議の際に併せて行われた。

六　特定鳥獣保護管理計画

特定鳥獣保護管理計画は、従来狩猟規制や有害鳥獣駆除により実施された地域的に著しく増加している個体群や減少している個体群を、科学的・計画的に管理することによって、人と野生鳥獣との共生を図る計画である。各都道府県の鳥獣保護事業計画に基づいて策定され、同事業計画の下位計画として位置付けられる。これには、計画の目的を達成するために個体数の調整のみならず林野行政・農業被害対策行政とも連携して幅広く事業を行うことを期待する動きがあり、法案の修正による施行後三年を目途とする検討は、小さくない意味を持つとされた。

七　野生鳥類七種に限定した飼鳥規制廃止への省令・施行規則整備の完成

1　概　要

飼鳥規制廃止を目指す政策は、省令・施行規則の整備により、前述の「②野生鳥類七種に限定した飼鳥規制」の廃止について、いよいよ完成への作業の時期を迎えた。ここでは、その作業における狩猟行政の実態等を検討する。

2　鳥獣捕獲許可基準の隠蔽

平成五年（一九九三）四月一日環自野第一三三号環境庁自然保護局長通達「鳥獣の捕獲許可事務の取扱方針につい

て」が都道府県知事あてに発出された。この通達の新基準により、昭和四一年（一九六六）一月二四日四〇林野造第三〇三号林野庁長官「鳥獣捕獲許可事務の処理方針」の旧基準が廃止された。通常は、旧基準を廃止する新基準が発出されれば、双方を対照して変更の詳細を把握できるが、愛がん飼養は、新基準では「その他の特別な事由」「上記に準じる。」と改められて具体的な基準が不明になった。愛がん飼養は、通達上どうなったのかはっきりしないので、本通達の原議綴写しで確認した。新通達発出の理由は、

鳥獣保護及狩猟ニ関スル法律第一二条第一項の規定に基づく、鳥獣の捕獲許可申請書の事務処理については法令及び通達「鳥獣捕獲許可事務の処理方針について」により、取扱われているところであるが、近年、鳥獣保護思想の普及啓発活動の効果による傷病鳥獣の保護捕獲や学術研究を目的とする捕獲許可申請が増加する傾向にあることに鑑み、過去の通達のうち、現状に合わない部分を改正し、事務の迅速化及び軽減化を図るものである。

というものである。新通達をもって旧鳥獣捕獲許可基準を抹消した事実が確認できた。つまり、野生鳥類四種までに減った飼鳥規制の鳥獣捕獲許可基準の通達を隠蔽したのである。この通達後の同年六月二四日総理府令第三五号改正により、施行規則第二九条第一項第四号の次に第五号として、「五鳥獣又は鳥類の卵であつて傷病その他の理由により緊急に保護を要するものの捕獲又は採取をしようとする場合」を追加する改正が行われた。

3　通達により強行した省令改正

飼鳥規制廃止に向けた環境庁の作業は、平成一一年法改正と第八次鳥獣保護事業計画の基準改定に併せて進行していた。鳥獣保護事業計画の基準とは、昭和三八年鳥獣保護及狩猟ニ関スル法律第一条ノ二に基づき、農林大臣が中央鳥獣審議会の意見を聞いて定めるところの基準であり、都道府県知事が基準に従い鳥獣保護事業計画を定めることになる。この基準は、法形式が都道府県知事に対する通達であり、国民を法規として拘束する法律的拘束力を有するも

のではない。鳥獣保護事業計画の基準は、昭和三八年農林事務次官通達第一五九六号の第一次基準から平成一一年環境事務次官通達第六〇五号の第八次基準改定までは、通達により発出された。そして、第八次鳥獣保護事業計画の改定において、通達をもって省令を変更するという法治主義違反が強行されたのである。マヒワなど七種野鳥に限定した飼鳥規制は、根拠規定である省令・施行規則として、ウグイスを除外した後はそのまま施行規則第二九条第一項第四号「かすみ網を使用する方法以外の猟法を用いてマヒワ、ウソ、ホオジロ又はメジロを飼養の目的で捕獲をしようとする場合」が条文として存在していた。ところが、平成一一年一二月になると、第八次鳥獣保護事業計画において、「マヒワ・ウソの対象鳥二種除外」が決定されたと公表された。鳥獣保護事業計画は法形式が通達であり、通達をもって省令を改廃できず違法であるので、行政の無法を指摘する見解が提起された。これに対し、環境庁は、第八次鳥獣保護事業計画の基準の改定により同年一二月にマヒワ・ウソの対象鳥二種除外が法律上有効に行われたとして譲らない。環境庁野生鳥獣保護管理研究会編『野生鳥獣保護管理ハンドブック』には、「一九九九（平成一一）年鳥獣保護事業計画の基準の改定によりマヒワ、ウソを対象から削除（メジロ、ホオジロの二種のみ）」と記載してある。

4　地方分権推進法を悪用した飼鳥規制の後始末

環境庁は、分権法施行規則改正の平成一二年（二〇〇〇）二月八日総理府令第七号により、施行規則第二九条第一項第四号に残っていた「飼養の目的でかすみ網を使用する方法以外の猟法を用いてマヒワ、ウソ、ホオジロ又はメジロの捕獲をしようとする場合」を削った。改正条文は、

第二十九条第一項中「次の各号に掲げる場合には都道府県知事に、その他の場合には環境庁長官」を「環境庁長官又は都道府県知事」に改め、同項各号を削り、同条第二項中第六号を第七号とし、第五号を第六号とし、第四号を第五号とし、同項第三号の次に次の一号を加える。

四　飼養を目的として、鳥獣の捕獲をし、又は鳥類の卵の採取をしようとする場合にあつては、申請者の属する世帯において現に飼養している鳥獣の種類及び数量並びに申請日以前五年の間に飼養を目的として法第十二条第一項の許可を受けたことがあるときは当該許可に係る鳥獣の種類及び数量

である。右条文中の「同項各号を削り、」というごく平凡な改正文により、残存していた「かすみ網を使用する方法以外の猟法を用いてマヒワ、ウソ、ホオジロ又はメジロを飼養の目的で捕獲をしようとする場合」の飼鳥規制の根拠条文が消された。

情報公開で得た本件総理府令第七号の原議綴写しによると、その経過は次のとおりである。本件施行規則改正の理由は、「地方分権の推進を図るための関係法律の整備等に関する法律（平成一一年法律第八七号）及び地方分権の推進を図るための関係法律の整備等に関する法律の施行に伴う環境庁関係政令の整備に関する政令（平成一一年政令第三八七号）の施行に伴い、温泉法施行規則その他の環境庁関係総理府令の規定を整備する等の必要がある」というものであった。そして、「改正概要（自然保護局関係）」によれば、「改正する府令」は、温泉法施行規則・鳥獣保護及狩猟ニ関スル法律施行規則・自然環境保全法施行規則・種の保存法施行規則であり、「改正内容」は、①法律、政令の改正に伴う文言整理、②自治事務化に伴う通達の引上げである、と記述されていた。七種野鳥に限定した飼鳥規制の根拠条文を消したのは、文言整理であると判明した。本施行規則第二九条の改正は、平成一一年一二月に断行した通達による省令変更の後始末としての文言整理であると認められる。省令改正は省令により改正されるべきであるのに、省令より低位の通達により省令を改正したという法治主義違反について、その法律上の瑕疵を隠蔽する目的のため、文言整理と称して密かに当該条文を削ってしまうことは、どうみても適法な行政執行ではない。環境庁は、飼鳥規制廃止への省令・施行規則整備の最後の場面において、重ねて違法な行政を敢行した。これで、七種野鳥に限定した飼鳥規

制が完全に消滅し、戦前の野生鳥類全種愛がん飼養が法令上見事に復活した。国民は、そういう仕組みであるとは環境庁から知らされておらず、メジロとホオジロの残り二種を除外し、わが国から飼鳥を廃絶することを心から待ち望んでいた。

第七節　平成一四年鳥獣の保護及び狩猟の適正化に関する法律への法改正と違法な新乱場制

一　平成一四年改正法の特色

平成一四年改正法は、審議会への諮問と答申には記述のない法律改正が行われ、環境大臣が国会の法案趣旨説明において「このほか、国民に分かりやすい法律とするため、大正七年に制定された片仮名書きの文語体の条文を、平仮名書きの口語体の条文に改め、所要の規定の整備を図ることとしております。」と述べたが、実際は旧法を極めて難解な法律に改正した、俗に「看板に偽りあり」の法律改正であることがその特色である。

二　法改正に至る経過

1　平成一三年環境省へ改組

環境庁は、平成一三年（二〇〇一）の中央省庁等改革で省に格上げになり環境省が誕生した。狩猟行政にとってはまた僥倖に恵まれた。この中央省庁等改革は、省庁再編と呼ばれたように国の財政悪化、国家公務員の不祥事続発の中で一府二二省庁から一府一二省庁へと省庁の半減等を内容とする改革案が行政改革会議から答申され、平成一〇年（一九九八）法律第一〇三号中央省庁等改革基本法が制定された。同法に基づいて内閣に設置された中央省庁等改革推進本部において、内閣法改正等と各府省設置法等一七法律案の中央省庁等改革関連法律立案の作業が進められた。平成一一年（一九九九）七月一六日法律第一〇三号環境省設置法が制定され、一三年一月六日に省庁再編が実施されて環境庁が環境省になった。

環境省の所掌事務は多岐にわたるが、生物環境保全・狩猟行政としては設置法第四条の第一六号に「野生動植物の種の保存、野生鳥獣の保護及び狩猟の適正化その他生物の多様性の確保に関すること」とある。環境庁における環境行政の所掌事務の「鳥獣保護及狩猟ニ関スル法律の施行に関する事務を処理すること」と対比すると、狩猟警察法規を施行するレベルから格段に高い水準で生物環境保全の諸法律に基づき法律的な対応をすることになった。

環境行政は、農林省から環境庁に移った以後の約三〇年の間に、狩猟の法律化の問題を解決できなかった。イタリアにおいては、一九七七年一二月二七日法律第九六八号「動物相の保護と狩猟規制に関する一般原則および諸規定」の第一条に「野生鳥獣は、我が国の欠くべからざる財産であり、国家の利益において保護される」と定めて、狩猟へ無主物先占をそのままに適用することを廃止したのである。狩猟の法律化こそが省に昇格する自然保護官庁である環境庁の最優先課題であって、そのことを実現できないのであれば、狩猟と鳥獣被害防除の業務を切り離して鳥獣保護に専念するのが国民の希望であるのかも知れない。

2　法律の平仮名書き口語体への改正問題

片仮名書き文語体の文体の法律であることから改正が必要だとされていた鳥獣保護及狩猟ニ関スル法律は、それが実質的な意味ではじめて制定された明治三四年法律第三三号狩猟法改正から平成一四年で百年余を数えた。その平成一四年に平仮名書き口語体への改正が成った。

似たような例では基本法であるが、「平易化」を目指して明治四〇年法律第四五号刑法は、平成七年法律第九一号刑法の一部を改正する法律により改正されたし、また「現代語化」を目指して明治三一年に全編施行された明治二九年法律第八九号民法総則・物権・債権編と三一年法律第九号民法親族・相続編も、平成一六年法律第一四七号民法の一部を改正する法律により改正された。

鳥獣の保護及び狩猟の適正化に関する法律への法律改正は、国会における趣旨説明によると、「国民に分かりやすい法律とするため片仮名書き文語体の法律条文を平仮名書き口語体に改め」るということである。「国民に分かりやすい法律」を目指して法改正されたことは、「平易化」の刑法や「現代語化」の民法にも匹敵するわが国法制上で画期的なことといえよう。しかし実情は異なる。その改正の手順からしても、刑法や民法は、改正に向けて国民へ懇ろな情報開示が実施されたが、「国民に分かりやすい法律」の方はというと、審議会への諮問と答申の文章にはその片鱗すら現れず、国民へは何も改正への情報が開示されないうちに突然「国民に分かりやすい法律」と称する法律案が出現した。その内容はというと、これこそ「国民に分からない法律」の典型で、これが分かりやすい法律だということになれば、わが国民は法律の十分な素養がなければ鳥獣保護活動であれ狩猟であれ関与することができないというほどの難解な法律に変化した。事実行為である狩猟の警察法規を改正するのに、環境を所管する省として刑法等の大法典並みの改正が期待されているという思い込みがあったわけでもなかろうから、狩猟制度に付着した自由狩猟の既得利益を全部捨て去り、狩猟の原点から法律化を目指す法律こそが国民に分かりやすい法律として求められたはずである。

三　審議会への諮問と答申

1　審議会への諮問

平成一三年（二〇〇一）一二月二一日、環境大臣は中央環境審議会に対し鳥獣の保護及び狩猟に関する当面の措置について諮問し、翌一四年（二〇〇二）一月八日、同審議会は「鳥獣保護及狩猟ニ関スル法律（大正七年法律第三二号）

を改正する等の措置を講じることを答申した。ところで、環境大臣のなした諮問とこれに対する中央環境審議会々長の答申には、疑問がある。

まず、諮問を確認することにする。本諮問は、環境大臣から同審議会長に対し、「鳥獣の保護及び狩猟に関する当面の措置について」と題し、「環境基本法（平成五年法律第九一号）第四一条第二項第二号の規定に基づき、別紙に示す鳥獣の保護及び狩猟に関する当面の措置について、貴審議会の意見を求めます。」と諮問した。挙示の環境基本法の規定には、同審議会が環境大臣の諮問に応じ、環境の保全に関する重要事項を調査審議することが定められている。諮問書には、「諮問理由」が示されるとともに「別紙」が添えられていた。諮問理由は、

身体又は精神の障害を欠格事由としている資格又は免許制度等について、障害者の社会活動への参加を不当に拒む要因とならないよう必要な見直しを行い、平成十四年度末までに措置を講じることとされている。「鳥獣保護及狩猟ニ関スル法律」においても、狩猟免許制度に関する欠格事由の規定がこれに該当することから、その見直しを緊急に行う必要がある。また、従来より課題とされている項目のうち、水鳥の鉛中毒の防止措置、鳥獣の違法捕獲への対応の充実、捕獲許可手続の合理化等については、欠格事由の見直しと併せて緊急に対応可能なものとして措置を講じることが必要である。こうしたことから、「鳥獣保護及狩猟ニ関スル法律」において講ずべき当面の措置について、貴審議会の意見を求めるものである。

というものである。

また、別紙は、次のとおり、

別紙

「鳥獣保護及狩猟ニ関スル法律（大正七年法律第三二号）」を改正する等により、下記の措置を講じること。

記

1　障害者に係る欠格条項の見直しについて
　狩猟免許に係る欠格事由について、狩猟を行うことが不適当な事由を精査し、狩猟に支障がない者が不当に扱われることがないよう措置すること。

2　鳥獣の保護繁殖の強化のための措置について
　鳥獣の捕獲等に由来する野生鳥獣全般への鉛中毒を防止し、また生態系の攪乱に重大な影響を及ぼす山野への殺傷個体の放置又は遺棄を防止するよう措置すること。また、鳥獣の生息状況の動向等を把握し、鳥獣の保護施策への的確な反映を期すため、狩猟者又は捕獲等の許可を受けた者から、捕獲鳥獣に関する必要な報告を受けるよう措置すること。

3　違法捕獲への対応について
　違法な鳥獣の捕獲又は鳥類の卵の採取に対する取締りを強化するため、違法捕獲された鳥獣の飼養を禁止する措置を強化するとともに、一定の鳥獣の販売を制限することができるよう措置すること。

4　手続きの合理化について
　「絶滅のおそれのある野生動植物の種の保存に関する法律」及び「鳥獣保護及狩猟ニ関スル法律」に関し、同一の捕獲等の行為に対して行われる環境大臣への許可手続きを合理化するよう措置すること。

というものであった。諮問理由と別紙の記載には、片仮名書き文語体の法律改正に触れるところはなかった。

2　答申とその疑義

　これに対する答申は、平成一四年（二〇〇二）一月八日付けで同審議会長から同大臣に対し、「鳥獣の保護及び狩猟に関する当面の措置について」と題し、「平成十三年十二月二十一日付け諮問第三三号により中央環境審議会に対してなされた『鳥獣の保護及び狩猟に関する当面の措置について（諮問）』については、別紙のとおりとすることが適当であるとの結論を得たので答申する。」との本文があり、これに「別紙」が添付されていた。しかし、この「別紙」は諮問書に添えられた文書と同一内容の文書であって、審議会が職掌として重要事項の調査審議した結果を記載したとおぼしき記述は何もない。

片仮名書き文語体の法律改正については、衆議院環境委員会理事樋高剛議員が、委員会での質問に先立ち国政調査権に基づき調査した回答書にすら、「また、審議の過程において、法律をカタカナからひらがなにすること、また、その際には、単純な言葉の置き換えではなく、条文の構成、条立ても変わることを明言している。」と明記してあるのに、肝心の答申には何の記述もない。環境基本法は、「中央環境審議会は、前項に規定する事項に関し、環境大臣又は関係大臣に意見を述べることができる。」と定めているので、事柄の重要性からみて、本答申ではこの権限を活用して審議会の審議結果を環境大臣へ意見として開陳することが求められたといえるのに、それが欠落していたのである。年末年始の休日の多い時期の諮問であり迅速な答申のため、現実には審議会の重要事項の調査審議を省略して電話により審議を遂げるようなことがあったのかも知れない。仮に、そんな答申書であったとすると、内容虚偽の公文書ということになる。

四　改正法律案における答申の採択状況

環境大臣の諮問書別紙記載の各事項は、すべて改正法律案に採択された。

五　国会審議

1　概　要

第一五四回国会は、平成一四年（二〇〇二）一月二一日から七月三一日までの会期であるが、同年四月九日、先議の参議院環境委員会において、改正法律案の審議が開始され環境大臣から趣旨説明が行われた。同月一一日参考人招致が諮られて質疑に移り狩猟の新定義等につき質疑が交わされた。一六日三浦慎悟・坂元雅行・村尾行一・高木直樹参考人の四名からの意見聴取・質疑がなされた。同月一八日狩猟の新定義につき重ねて質疑が交わされる等した後、討論を経て採決され、法案は可決された。附帯決議が付された。同月二一日参議院本会議において委員長報告があり、法案が投票ボタンを押して採決され、投票総数二〇六・賛成一八四・反対二二により可決された。同年六月四日、衆議院環境委員会において、環境大臣から法案の趣旨説明が行われた。同月一一日参考人聴取を決定して質疑を行い、一四日小金澤正昭・羽山伸一・小熊實・野上ふさ子参考人の四名からの意見聴取・質疑が行われた。翌七月二日新設の罪につき質疑が交わされる等した後、法案の反対討論があり、採決し可決された。附帯決議が付された。同月五日衆議院本会議において委員長報告の後、起立により採決され可決した。

2　法案趣旨説明

環境大臣の法案の趣旨とその平仮名書き口語体の条文への改正の説明は、次のとおり、

鳥獣は、我が国の自然環境の重要な構成要素であるとともに、国民共有の財産であり、その保護と狩猟の適正化を図ることは、生物の多様性の確保、生活環境の保全、農林水産業の健全な発展に欠くことのできないものであります。この目的を確保するため、鳥獣保護及狩猟ニ関スル法律により、鳥獣の保護を図るための事業の実施、鳥獣による生活環境、農林水産業又は生態系への被害防止、猟具の使用による危険の防止を図っているところであります。この法律案は、狩猟免許に係る障害者の欠格条項の見直し、水鳥の鉛中毒の防止、違法な鳥獣の捕獲等の防止、捕獲等をした後の報告等に関し規定を整備するとともに、片仮名書きで文語体である鳥獣保護及狩猟ニ関スル法律の条文を平仮名書きの口語体に改めようとするものであります。

次に、この法律案の内容を御説明申し上げます。

第一に、狩猟免許に係る障害者の欠格条項について、狩猟に伴う安全の確保に支障を来さないようにしつつ、障害者の社会参加を不当に阻むことがないよう、必要な見直しを図ることとしております。

第二に、水鳥の鉛中毒被害の防止のため、水辺域における鉛製散弾の使用を制限する指定猟法禁止区域を設けることができることとするとともに、生態系に重要な影響を及ぼす鳥獣の殺傷個体の放置を防止するための措置を講じます。

第三に、違法な鳥獣の捕獲等を防止するため、違法に捕獲した鳥獣の飼養の禁止等の措置を講じます。

第四に、鳥獣の生息状況を的確に把握するため、鳥獣の捕獲等の許可を受けた者又は狩猟者は、捕獲等をした鳥獣について必要な報告を行わなければならないことといたします。

第五に、手続の合理化を図る観点から、鳥獣の捕獲等について、この法律及び絶滅のおそれのある野生動植物の種の保存に関する法律に基づく環境大臣の許可手続を調整する規定を置くことといたします。

このほか、国民に分かりやすい法律とするため、大正七年に制定された片仮名書きの文語体の条文を、平仮名書きの口語体の条文に改め、所要の規定の整備を図ることとしております。

というものである。

3　平仮名書き口語体改正の説明

右のとおり法案趣旨説明においては、平仮名書き口語体の条文改正について、「平仮名書きの口語体の条文に改め、所要の規定の整備を図る」ことだけが説明された。

平成一四年（二〇〇二）四月一八日参議院環境委員会において、谷博之委員の質問に関連して、政府参考人の小林光環境省自然環境局長が、次のとおり、

○政府参考人（小林光君）　今回の鳥獣保護法改正につきましては、狩猟免許の欠格事由の見直しをきっかけに行ったものでございまして、基本的には現行法の考え方、仕組みを踏襲しております。そういうことで、平仮名書き口語体に条文を改めまして、構成についても再整理を行ったということでございまして、その上で目的規定に生物多様性の確保というのを明示したということで所要の対策を行う。例えば、水鳥の鉛中毒防止のための措置などの施策を盛り込んだということでございます。

と答弁した。

4　新設した罪についての質疑

平成一四年改正法は、平仮名書き口語体改正により最高刑の罪を新設した。第一〇条第一項等の「鳥の解放命令」であるが、片仮名書き文語体の条文を平仮名書き口語体に改正したら最高刑の罪が出てきたという話に驚かされた。これに関しては、衆議院環境委員会理事の樋高剛議員から国政調査権に基づいて調査した結果の提供を受けた。平成一四年七月二日同委員会における同議員と大木浩環境大臣との質疑は次のとおりである。

○樋高委員　そして、この法律案の中でありますけれども、ちょっと細かい議論でありますが、第十条の関係につきましてお尋ねをいたしたいと思います。許可に係る措置命令等についてという部分でありますけれども、法案の第十条、第十五条、そして二十二条、二十四条、二十五条には、いわゆる鳥獣の解放その他の措置命令という新しい制度の導入が図られております。そこで、そのうち第十条第一項に絞ってお尋ねいたしますが、初めに、この立法の理由と条文の解釈を簡潔にお答えいただきたいと思います。

○大木国務大臣　今回の改正法案第十条第一項、今おっしゃいましたように、違法捕獲された鳥獣を解放するなどの措置命令ということが、新しい概念というか新しい制度として導入されておりますが、その目的と申しますか、例えば許可を受けずに鳥獣の捕獲等をした場合において、もちろん罰則が第八十三条等であるわけでありますが、そのほかに、鳥獣の保護のために必要があると認めるときには、その鳥獣を自然に帰すことなどの命令を行うことができるということであります。これは、やはり鳥獣の保護ということからいえば、罰則は罰則ですけれども、別途鳥獣をどういう状態で置いておくかということになりますと、いろいろな条件を考えまして、それを措置命令ということで自然に帰すことを命令するということも、一つの鳥獣の保護上必要なことではないかということで、あくまでも鳥獣の保護それから生態系の保護と申しますか、そういった保護の観点から、そういったものも併用した方がいいのではないかということで採用しておるわけであります。

○樋高委員　一般に鳥獣の密猟と言われております、いわゆる第八条の規定に違反して狩猟鳥獣以外の鳥獣の捕獲等または鳥類の卵の採取等をした者に対して、この措置命令を発することができるかということでありますが、具体例を踏まえてお伺いさせていただきたいのでありますけれども、まず、例えばメジロの鳴き合わせ会に参加する目的でメジロを密猟した者に対して、獲物のメジロの解放命令を発し得るのかどうか。また、いわゆる食用に供する目的でツグミを密猟した場合、生きている個体やおとりについて、その解放命令を発し得るんでしょうか。いかがでしょうか。

○大木国務大臣　今のお話と先ほどの措置命令との関連で申し上げますと、例えば措置命令をどういうふうに出すかという場合に、例えば調査研究のために何か鳥を捕獲する。しかし、それはちゃんと手続を踏まなきゃいかぬわけですが、そういった許可なくして手続なしに捕らえた、そういった場合には、調査研究のためにやったということについての罰則はもちろん潜在的にすぐあるわけですけれども、同時に、今申し上げましたように、措置命令で放すということを決めております。それでは、今度、メジロの鳴き合わせとか、それから食用とおっしゃったと思いますけれども、食用に供する目的で密猟した、これに対しては、もちろんこれはまた一年以下の懲役または百万円以下の罰金ということでありますが、この場合には、とりあえずそういった違法な行為、刑法的な行為ということでありますから、場合によっては裁判ざたにさえなるわけでありますから、やはりその証拠となりますメジロなりツグミなりをまずは確保しておかなきゃいかぬということでございますから、それを解放するということではなく、没収するということでありまして、鳥を放つという方の措置命令の対象にはならないというふうに理解しております。
○樋高委員　この鳥獣の解放その他の措置命令につきましては、いわゆる野鳥保護団体から、実際に法を運用する場面においての危惧が表明されております。すなわち、市民の側から、例えば野鳥をこっそり飼育している者がいると密猟事案の情報が寄せられた場合において、行政側が解放命令を発して放鳥させ、つまり鳥を放す、それで済ましてしまうというい わゆるなあなあの処理が行われているのではないかという危惧、また、そのようななあなあの処理を行う際の法的根拠を与えかねないという危惧が考え得るのでありますが、その点につきまして、明快に御説明願いたいと思います。
○大木国務大臣　ただいま申し上げましたように、放鳥、要するに解放命令を発し得る場合と、解放命令の対象にならないというふうに二つに分けて今お話し申し上げたわけでございますが、いずれにいたしましても、その必要な措置はとる。つまりは、許可を受けずに鳥獣の捕獲をした場合には、一年以下の懲役または百万円以下の罰金ということでございまして、その点につきましては、きちっとこれは実施するということでございますから、決してなあなあにはならないというふうに思います。ただ、今申し上げましたように、場合によって、放鳥させるときとそれを認めないときの二つに分かれるということでございます。

以上のとおりである。

環境大臣は、この罪の運用に当たり、行政側が「決してなあなあにはならないというふうに思います」と断言した。

六　狩猟の原則

平成一四年鳥獣の保護及び狩猟の適正化に関する法律の狩猟の原則は、従来の「混在狩猟制」が今次改正により「新型混在狩猟制」になった。それは、こういうことである。従来は、明治三四年改正狩猟法が採用した生業保護自由狩猟に大正七年改正法が猟区の国家狩猟権を混在させたことから、本書では「混在狩猟制」と呼称した。今次改正により従来の狩猟は、鳥獣被害防除等の国家狩猟権の機能まで取り込んで拡大した。そこで、本書ではこの拡大した狩猟を「新型狩猟」と簡略に称するが、この新型狩猟と猟区の国家狩猟権が混在しているので、「新型混在狩猟制」と呼称する。その基幹は、生業保護自由狩猟であるが、これに猟区が混在しているところへ、狩猟が新型狩猟へと拡大したので、複雑ではあるがこのように分別して呼称することにする。

七　目的の改正

平成一四年改正法は、旧法第一条の目的規定の、

本法ハ鳥獣保護事業ヲ実施シ及狩猟ヲ適正化スルコトニ依リ鳥獣ノ保護蕃殖、有害鳥獣ノ駆除及危険ノ予防ヲ図リ以テ生活環境ノ改善及農林水産業ノ振興ニ資スルコトヲ目的トス

とあるのを、

（目的）

第一条　この法律は、鳥獣の保護を図るための事業を実施するとともに、鳥獣による生活環境、農林水産業又は生態系に係る被害を防止し、併せて猟具の使用に係る危険を予防することにより、鳥獣の保護及び狩猟の適正化を図り、もって生物の多様性の確保、生活環境の保全及び農林水産業の健全な発展に寄与することを通じて、自然環境の恵沢を享受できる国民生活の確保及び地域社会の健全な発展に資することを目的とする。

と改め、生物多様性確保を目的の最前の位置に定めた。

先に、平成一一年（一九九九）法律第一〇二号環境省設置法の制定を経て一三年一月六日省庁再編により環境庁が環境省に昇格したことを述べた際、環境庁の所掌事務の「鳥獣保護及狩猟ニ関スル法律の施行に関する事務を処理すること」と、同設置法第四条第一六号「野生動植物の種の保存、野生鳥獣の保護及び狩猟の適正化その他生物の多様性の確保に関すること」とを対比して、狩猟警察法規を施行するレベルから格段に高い水準で生物環境保全の諸法律に基づき法律的な対応をすることになったと強調したところである。生物の多様性の確保は、当然のことながら国会の制定する法律によりその実現が果たされる。従来からの怠惰な行政運用ではなく、国民のための成文法による積極的にして誠実な狩猟行政が求められる。この目的規定に違背するような狩猟行政が続くようであれば、法治国家である日本においては、狩猟それ自体の存在が問われると覚悟すべきであろう。

八　新型狩猟

平成一四年改正法は、平仮名書き口語体改正により従来の狩猟を新型狩猟に変えた。

1　狩猟の新定義

平成一四年改正法から、条文の右肩に括弧書きにして条文の内容を簡潔に表現する見出しを付けるようになった。第一条の見出しは、「目的」である。同条は「この法律は、鳥獣の保護を図るための事業を実施するとともに、鳥獣による生活環境、農林水産業又は生態系に係る被害を防止し、併せて猟具の使用に係る危険を予防することにより、鳥獣の保護及び狩猟の適正化を図り、もって生物の多様性の確保、生活環境の保全及び農林水産業の健全な発展に寄与することを通じて、自然環境の恵沢を享受できる国民生活の確保及び地域社会の健全な発展に資することを目的とする。」とあり、「生物の多様性の確保」が目的として掲げられた。以後わが国において生起する鳥獣に関する行政事項のすべては、この生物の多様性確保の目的により解釈されることになる。

第二条の見出しは「定義」であり、その第四項に「この法律において『狩猟』とは、法定猟法により、狩猟鳥獣の捕獲等をすることをいう。」と狩猟に定義が与えられた。国会で環境省自然環境局長は、内閣法制局と協議して狩猟の新定義をするに当たり、「法定猟法」と「狩猟鳥獣」との二要素により狩猟を定義したところが、狩猟が法論理的に鳥獣被害防除等を一体化して従来よりも拡大した旨の法律的な答弁をした。実際は、狩猟の鳥獣被害防除の取り込み拡大は、狩猟の定義とは関係のないことである。このような狩猟の把握の手法は、大審院時代の判例に散見されるし、前記（第七章第六節**三7**）の民法学者川名兼四郎の雑誌『猟友』掲載の三回目の小論文にもみえる法学の手法であり、局長の欺瞞的な答弁態度が看取される。そればかりでなく、昭和四四年（一九六九）の「狩猟と鳥獣被害防除を一体化した狩猟に対する農林官僚の反対意見」で触れたように、かねて狩猟行政当局の熱望したことがいよいよ平成一四年（二〇〇二）に三〇年以上を経て法制化されたに過ぎない。同局長は、「登録狩猟」と「許可狩猟」という新区分を用いて新型狩猟を説明する。わが国の狩猟は、自由狩猟制において獲物が減少すれば国家の「育てて獲る狩猟」の政策により狩猟者が獲物の補給を受けられる制度を備えていたが、これが登録狩猟である。今次改正により、獲物が増加して登録狩猟の手に負えない状況になったので、その対策として国家の鳥獣被害防除の政策により狩猟者が狩猟規制にかかわらず年中狩猟ができることになった。これが許可狩猟である。従来の登録狩猟に許可狩猟を取り込んで拡大した新型狩猟は、今後、生物多様性確保の目的により解釈すべきことになる。

2　新型狩猟の質疑

（一）　四月一一日の質疑

平仮名書き口語体の条文において狩猟をどう取り扱うかについては、四月一一日参議院環境委員会において、谷博之委員と小林光環境省自然環境局長の間に次の質疑があった。

○谷博之君　次に、具体的に条文の解釈の問題についてちょっとお伺いをしてまいりたいと思いますが、第二条の問題です。これは、狩猟及び狩猟鳥獣の定義の問題でありますけれども、従来の、今までの現行法について見ますと、狩猟の定義というのは、いわゆるなりわいですね、生業。そしてまた、スポーツハンティングですね、いわゆる猟を遊ぶという。こういう側面がその対象物として、あるいはその対象、そういう行為として狩猟というものはあったと思うんですけれども、これに、今回の法改正によって、それにさらに、先ほども出ておりましたけれども、いわゆる有害駆除ですね、更にはまた移入種に対する規制のこと、こういうものも狩猟とか狩猟鳥獣という定義に入ってきたというふうに我々は解釈をしておりますが、この点はどういうことなんでしょうか。

○政府参考人（小林光君）　従来、狩猟に関する定義、明確な定義というのは実はなかったわけです。一般的には狩猟免許を取って行うハンティングとか、そういったようなことを狩猟と解されることが多かったというのは先生の御指摘のとおりだと思います。今回、法律、平仮名化して体裁を整えるときに、きちっとやっぱり定義をせざるを得ないということで、法制上の行為類型を特定する必要があった。それで、対象となる鳥獣とその捕獲方法に着目しまして、法律の定義としては「法定猟法により、狩猟鳥獣の捕獲等をすること」と、こういうふうに定義をしたところでございます。この結果、御指摘のとおり、いろいろな被害防止の目的で、第九条の許可を受けて法定猟法により狩猟鳥獣を捕獲する場合、これも狩猟という定義の中に入ることになりましたけれども、捕獲の許可の仕組みとか免許制度などにつきましては従来と扱いについては変わることがございません。そのように規定を整備しております。個別の、個別の例えば有害鳥獣駆除の個別駆除の事例につきましては、基本方針、環境大臣が定めます基本方針に従って慎重に許可、判断をされるべきものというふうに思っています。なお、環境省としては、科学的な野生生物保護管理の重要性というのは非常に十分認識してございますので、そういう観点で鳥獣の捕獲等の報告義務付けというのも行いました。重ねて申し上げますけれども、改正法の定義の仕方により鳥獣の保護が後退したり現場において混乱が生じるということのないように適切に処理していきたいと思います。

○谷博之君　それじゃ重ねて確認をしておきたいと思いますけれども、今までの野生生物の保護管理というのは、狩猟によって、いわゆる野生生物を、増えればそれを管理していくという、そういうやり方を取ってきたのがメーンであったというふうに思うんですが、そういうことではなくて、我々は全体的に、科学的にそういう野生生物の要するに保護管理といいますか、いわゆるそれがさっき申し上げました生物多様性の確保ということにもつながっていくと思うんですが、そういうふうな考え方というのは視点としてやっぱりきちっと持っておくべきだというふうに思っておりまして、そのことと今御答弁をいただいたことについて、整合性についてはどうなのかということを重ねて確認しておきたいと思います。

○政府参考人（小林光君）　もちろん、狩猟というのの定義が今まで一般的に思われていたところかよりも拡大してございますけれども、実際のその対応については同じでございまして、我が方としても、特定鳥獣保護管理計画に示されるように、科学的にきちっとした論拠を持って鳥獣の保護管理に当たってまいりたいと、こう考えております。

以上のとおりである。

谷委員からの「狩猟の定義というのは、いわゆるなりわいですね、生業。そしてまた、スポーツハンティングですね、いわゆる猟を遊ぶという」との質問には、小林局長は、平仮名書き口語体化のために、「法定猟法により、狩猟鳥獣の捕獲等をすること」と新しく定義したので、第九条の許可を受けて法定猟法により狩猟鳥獣を捕獲する場合も狩猟に入ったとして、「もちろん、狩猟というのの定義が今まで一般的に思われていたところかよりも拡大してございますけれども、」と狩猟の拡大を当然とした。

（二）　四月一八日の質疑

四月一八日参議院環境委員会において、狩猟の新定義について谷博之委員と小林光環境省自然環境局長の間に次の質疑があった。

○谷博之君　前回の質問でも私取り上げましたけれども、第二条の狩猟の定義の問題、ここのところをもう少し確認を含めて質問をしたいと思っております。まず、第二条の条文の中に、いわゆる狩猟の手段、猟法といいますか、そういうものと、それからその対象狩猟鳥獣の、そういうことについては条文上これは明記されておりますけれども、具体的にその狩猟をどういう目的でやるのか。例えば、個人の私的な狩猟としての例えばスポーツハンティングとか、あるいはまた公的な有害駆除、そういうもので個体を管理するという、そういうふうな駆除の方法とか、いろんな目的があるんだろうと思うんですが、これらについてこの条文上明記されていないということについて、どのようにお考えでしょうか。

○政府参考人（小林光君）　御説明申し上げます。例えば、広辞苑では狩猟というものの定義、定義というか説明が書いてございますが、種々の猟具を用いて野生鳥獣の捕獲をすることとあります。これが国民一般に通用する狩猟でありますけれども、このうち、この鳥獣保護法で規定する狩猟免許制度などにより適正化を図る狩猟の範囲について、法律ではやっぱりきちっと特定する必要があるということでございます。ここで、法律上、狩猟免許制度などにより適正化すべき狩猟行為というのは、ある程度の量の鳥獣を捕獲し得る行為であるということから、二つの点を考慮しました。一点目は、捕獲することのできる鳥獣である狩猟鳥獣を対象とすること、二点目は、効果的な捕獲が可能であるために、鳥獣の保護上、管理が必要なものとして環境大臣が定める法定猟法を定め用いること、この二つの要素を用いまして、狩猟の定義を「法定猟法により、狩猟鳥獣の捕獲等をすること」と、こう定義したところでございます。環境省としましては、私的な楽しみで行う鳥獣の捕獲も、有害鳥獣駆除として行う鳥獣の捕獲と併せまして、鳥獣の捕獲行為すべてをこの法律に基づく捕獲許可制度や狩猟免許制度等により管理していく所存でございます。私的、公的というような発想で対応を違えることは考えておりません。

○谷博之君　それに関連してまたお伺いいたしますけれども、この第二条の中には、いわゆる狭義の狩猟の定義と広義の狩猟の定義ということで、我々はそういうふうにあえて分けさせていただきますが、今回の法改正で狩猟の定義が拡大をされたというふうに考えています。従来の狩猟の定義に、更に有害鳥獣駆除、こういうふうなものも含めて広義の意味の狩猟ということになると。それを、少なくとも今までの議論を聞いておりますと、従前どおりと変わらないということを御主張されておりますけれども、とするならば、その狩猟期間の範囲内とか、あるいは特に指定を省令で捕獲の制限がある地域の外とか、こういうふうなことをこの条文に加えて、しかも狩猟の定義というものをその狩猟期間の後に明記すべきではないかというふうに考えますが、この点についてはどうでしょうか。

○政府参考人（小林光君）　狩猟につきましては、従来、御指摘のとおり、一般的にはですが、狩猟者登録を受けて、狩猟期間の中で法定猟法により狩猟鳥獣を捕獲するというふうに解釈をされておりましたが、現在の鳥獣保護法、狩猟に関する定義というのはなくて、狩猟をなさんとする者は登録を受くべしというふうに書かれているにすぎないということでございまして、今回、法律を現代化するに当たって、狩猟を定義する必要があるという法制局からも指摘がございまして、法律上、先ほど申し上げました狩猟鳥獣と法定猟法の二つの要素を用いて定義をしたところでございます。御指摘の点につきましては、まず狩猟という行為自身の性格でございますけれども、狩猟できる期間とか場所により変わるものではないということで、期間や場所の制約はむしろ狩猟の行為に対して鳥獣の保護の観点から加えられる制限と考えられること。それからまた、狩猟を定義するに当たっては、法制上、行為類型を特定する、つまり狩猟がどういう行為なのか、その範囲をはっきりさせておく必要があると。そのため、狩猟ができる期間というのにつきましては、例えば今回の二条で狩猟期間の範囲が十月十五日から四月十五日と決まっていますけれども、十一条でその期間は環境大臣等が期間を限定したり延長したりすることができます。現行では、実際の狩猟ができる範囲は十一月十五日から二月十五日というふうに狭まっております。そういうことでございますとか、狩猟ができる可猟区域につきましても、鳥獣保護区や休猟区の指定に係る規定等によりましてその範囲が拡大したり縮小したりすると、そういうことができまして、一定の内容にならないということから、行為類型を特定するにはふさわしくないという判断にいたしまして今回の狩猟の定義になったものでございまして、狩猟の定義に期間とか区域を使わなかったということでございます。なお、第九条の捕獲等に係る許可の制度ですとか狩猟制度に関する法の運用では、従来と同様の扱いとなるように規定を整備しておりまして、この定義によって、今回の狩猟という定義によって混乱が生じることはないというふうに考えてございます。

○谷博之君　それから、今申し上げました狩猟の定義によって、特に有害鳥獣駆除と学術捕獲が今まで以上に狩猟に依存するという、こういうことが起きてくるのではないかというふうに心配をしております。そして、公的な被害防止と保護管理を民間のこうした狩猟者に更にゆだねていくことにならないのかなと、こんな心配もしているんですが、この点についてはどうでしょうか。

○政府参考人（小林光君）　今回の法改正後も有害鳥獣駆除は従来と同様に捕獲の許可を必要とするものでございまして、スポーツハンティングにかかわる狩猟免許制度による捕獲の対象とはしておりません。したがいまして、議員御指摘のような有害鳥獣駆除とか学術研究用の捕獲がこれまで以上に狩猟に依存するということはないと考えています。なお、先ほど先生御指摘のように、今回の改正法におきましても、この法施行までの間に、鳥獣行政担当者会議などの場を通じまして地方自治体の行政担当者に法の周知徹底を図っていくことが必要だと考えてございまして、この場合、従来の狩猟を例えば登録狩猟と、それからそれ以外の有害鳥獣駆除とか学術研究用の捕獲を許可狩猟と呼ぶような、そんなようなことにいたしまして周知徹底を図り、関係者の間で誤解や混乱が生じないようにしてまいりたいと思っております。

以上のとおりである。

環境省自然環境局長は、「従来の狩猟を例えば登録狩猟と、それからそれ以外の有害鳥獣駆除とか学術研究用の捕獲を許可狩猟と呼ぶ」と、新型狩猟について説明を加えた。

九　違法な新乱場制

1　概　要

平成一四年改正法は、狩猟を新型狩猟に拡大し新型狩猟の新定義を与えるとともに、新型狩猟を実施する狩猟の場所に対しても新定義を提示した。以下に、新型狩猟における乱場を「新乱場」、「新乱場制」と呼称し、法改正前の乱場を「旧乱場」ということもあるが、新定義の提示する新乱場の違法性について検討する。まず、新乱場制に至る経過を概観し、新乱場制の新定義の検討に移り、新乱場制を法律的に評価することにする。新乱場については旧乱場に増して違法性が強化されたと判断されるからである。

2　新乱場制に至る経過

明治六年鳥獣猟規則制定により、律令法から継続してきた法制度としての殺生禁断が終焉に至り、殺生解禁への転換期に移ったが、その狩猟の場所に関する重要事項をまとめてみると、

①　明治六年殺生禁断を終焉させた鳥獣猟規則制定における猟場

② 明治一〇年規則改正における猟場の条文改正
③ 明治一三年から二二年までの所管省による所有者狩猟権制への規則改正の挫折
④ 明治二四年勅令狩猟規則制定における裏面解釈
⑤ 明治二五年狩猟規則憲法違反決議による狩猟法律主義の確立
⑥ 明治二八年狩猟法制定における猟場
⑦ 明治三一年民法におけるローマ法無主物先占の継受
⑧ 明治三二年狩猟法改正の開始時における自由狩猟と猟区の争いと自由狩猟の勝利
⑨ 明治三四年法改正による狩猟へのローマ法無主物先占の適用と自由狩猟・乱場の導入
⑩ 大正七年法改正による乱場制度化の完成
⑪ 大正八年農商務官僚の『国家学会雑誌』における自由狩猟根拠規定の解説
⑫ 昭和三二年・三七年審議会答申における狩猟の場論争
⑬ 昭和三八年改正法における乱場に関する国会質疑
⑭ 昭和四六年農林省委託調査報告書の乱場制廃止の提言
⑮ 昭和五三年改正法における審議会答申の狩猟の場論争と国会の乱場の質疑
⑯ 平成一四年改正法による新乱場制へ移行

以上のとおりである。

平成一四年新乱場制に至る経過をみると、狩猟の場所は、①から⑧までの間は単なる猟場であるが、次の⑨から⑮までが旧乱場・乱場制であり、さらに⑯平成一四年改正法により新乱場制に移行した。旧乱場・乱場制においては、その成文の根拠条文を欠如し、裏面解釈で条文の欠如を隠蔽したことは既に詳述したとおりである。

3　平成一四年改正法における新乱場制の新定義

平成一四年改正法は、平仮名書き口語体改正に伴い、新型狩猟における狩猟の場所に対しても新定義を与えた。新乱場の新定義は、「狩猟鳥獣の捕獲等」と見出しの付いた第一一条第一項中にあり、

次に掲げる場合には、第九条第一項の規定にかかわらず、第二十八条第一項に規定する鳥獣保護区、第三十四条第一項に規定する休猟区その他生態系の保護又は住民の安全の確保若しくは静穏の保持が特に必要な区域として環境省令で定める区域以外の区域（以下「狩猟可能区域」という。）において、狩猟期間内に限り、環境大臣又は都道府県知事の許可を受けないで、狩猟鳥獣の捕獲等をすることができる。

との条文中の「狩猟可能区域」である。

新乱場を新定義によって確認してみると、

①　鳥獣保護区
②　休猟区
③　公道
④　自然公園法の特別保護地区
⑤　都市計画法の都市計画施設である公共空地等
⑥　自然環境保全法の原生自然環境保全地域
⑦　社寺境内
⑧　墓地

の場所が法律と環境省令の「定める区域」であり、わが国の全土からこの定める区域を消去し、残った国土が「区域以外の区域」として新定義の「狩猟可能区域」となる。

国会の局長答弁によれば、狩猟は登録狩猟と許可狩猟を合した新型狩猟に拡大された。この新乱場の新定義は、従来の登録狩猟のための旧乱場の用法と異なるところがない。これは局長答弁でいうところの登録狩猟だけの旧乱場の定義であり、許可狩猟における狩猟の場所を対象とすべき新定義が欠けている。許可狩猟とてわが国の国土において実施されるので、仮に鳥獣保護区で新型狩猟の許可狩猟を実施する場合、土地上ではなくもっぱら空中から許可狩猟を実施するとして新定義から除外したというわけでもないであろう。新定義は、新乱場に対し的確に定義を付与したとは考え難い。登録狩猟に許可狩猟を加えて拡大した新型狩猟の新乱場を定義するならば、「わが国の許可狩猟可能区域」と「旧乱場」を合併した定義とすべきである。そうすると、新乱場とは「わが国の全土である」と新定義されたと解される。国会の局長答弁は「もちろん、狩猟というの(ママ)定義が今まで一般的に思われていたところかよりも拡大してございます」と述べるので、その答弁に従えば、新乱場として定められるべき新定義は、「法律・環境省令で定める区域以外の区域」を含む「わが国の全土」が「狩猟可能区域」となる。従来、国土全域の面積と旧乱場面積とを対比した資料が公表されたが、新定義によりそれが同面積になるということである。

4　違法な新乱場制

新乱場制の違法性を検討するについては、まず旧乱場の違法性の検討を振り返り、これを参酌して全国土まで拡大した新乱場制も果たして違法と見るべきであるかについて検討を進める必要がある。

(一)　旧乱場の違法性検討

旧乱場の違法性の根源は、自由狩猟を採用するに当たり、その成文の根拠規定を定めることをしなかったことにある。条文の体裁に僅かな変更を設けただけで、帝国議会衆議院が確立した狩猟法律主義に違反し、明文をもって自由狩猟を採用する旨の条文を規定しなかった。したがって、自由狩猟の採用は違法であるので、無効である。その違法を隠蔽するため、現職官僚は裏面解釈と称する法解釈を持ち出し、これにより適法であると強弁した。そのまま累次の法律改正を実施してきたのである。明治三四年（一九〇一）から平成一四（二〇〇二）の百年余の間に、その違法を実質的に指摘したのは⑭の昭和四六年（一九七一）の七〇年後の乱場制廃止提言に限られる。

(1)　裏面解釈　旧乱場は明文の根拠規定を欠如していた。わが国古代の法制度としての殺生禁断ですら、明文の実定法である大宝令雑令月六斎条という根拠法があったのに対し、明治三四年改正法は、狩猟へローマ法無主物先占を適用して生業保護自由狩猟を採用し、これにより狩猟の場所が乱場とされた法律であったにもかかわらず、その根拠規定たるべき成文の的確な根拠条文を定めなかった。明治三四年改正狩猟法の特色について、「自由狩猟の根拠規定を条文中に定めなかったという欠陥法律であることを従たる特色とする。総じてわが国の最低水準の法律であった」と指摘したところである。したがって、的確な根拠規定が欠如しているのであるから乱場は違法であった。そんな嘘のようなことが、狩猟行政には事実として存在してきた。法の欠陥があれば、欠陥のない法を立法しなければならない。狩猟行政を立法的に指導する立場の法制局は、法の欠如を法の「裏面解釈」で自ら補綴してみせ、これを指導したのである。何のために適法の立法を避けたのか。狩猟の猟具である銃砲からの収税を目的にした鳥獣猟規則制定以来の習性であるとともに、銃砲商や狩猟者の既得利益を尊重し、立法の困難と煩雑さを回避してきた「事なかれ主義」の結果でもある。世界でかかる狩猟法制の国は日本のみであり、これはわが国狩猟法制の巨大な欠陥である。その裏面解釈を使用した事例は、文献では農林行政側が三例で民法学者の頼まれ小論文一例の計四例があり、国会の農林省・環境庁答弁が二例あった。裏面解釈とは云うものの、その実態は、誠実に研究して法解釈を行い実質的な理由を示したのではなく、民法学者が「何となれは所有者にあらさるものと雖も第四条の裏面に於て狩猟をなすことを許されたるものなり」と、現職農商務官僚が「法律ハ正面ヨリ之ヲ規定セザルモ、旧狩猟法第五條新狩猟法第十七條ノ反面解釈トシテ当然ナルベシ」と各記述した程度の内容空無の法解釈であった。

(2)　狩猟法律主義の確立　　明治憲法下における狩猟法律主義確立の意義については詳述したが、日本国憲法施行後における前記の⑬昭和三八年改正法における乱場に関する国会質疑、⑭昭和四六年農林省委託調査報告書における乱場制廃止の提言、及び⑮昭和五三年改正法における審議会答申の狩猟の場論争と国会の乱場の質疑においては、裏面解釈を廃棄して明文規定を立法するに好適な機会であった。しかし狩猟行政側は、違法を是正することを得たはずのそのすべての機会を無にしてしまった。

(3)　日本国憲法の適正な法の手続　　日本国憲法は、昭和二二年(一九四七)五月三日から施行され、その条項中に「適正な法の手続」あるいは「実質的法治主義」が存することは、ここで特に指摘するまでもない。その条は、

第三一条　何人も、法律の定める手続によらなければ、その生命若しくは自由を奪はれ、又はその他の刑罰を科せられない。

である。右の⑭乱場制廃止の提言は、「乱場制度は廃止さるべきである。土地にたいする権原のいかんをとわず狩猟行為を認めることは、所有権の論理からだけでなく、生命、身体、財産の安全保持の面からも問題がある。また鳥獣保護の面からも好ましくない」としたが、これこそが日本国憲法の適正な法の手続に基づいて乱場の違法性を主張し、乱場を排斥する主張であったのである。

(二)　新乱場の違法性検討

旧乱場の違法性の検討を通して明白になったことは、従来の狩猟は実質的法治主義に違背するにもかかわらず、狩

猟を単なる事実行為の制度として百年余の長期間にわたり運営してきたことである。従来の狩猟を新型狩猟に拡大させるに当たり、平成一四年改正法がわが国全土において実施される新乱場に対し、いかにその実質的法治主義の違背を矯正し、適法化へ導く措置を立法したかについて検討する。

(1)　目的の改正　平成一四年改正法は、旧法第一条の目的規定を改め、生物の多様性の確保を目的に定めた。生物の多様性の確保は、当然のことながら従来にも増して、国会の制定する法律によりその実現が果たされる。裏面から見ればというような怠惰な行政執行ではなく、国民のための成文法による即時の狩猟行政改革が求められている。しかし、単に目的が改正されたに過ぎない。

(2)　国土利用計画法の環境保全　国は、国土利用計画法第五条の規定する全国計画には期待するところが大きく、同条第七項の環境保全の基本的政策に関しては環境大臣と共同することを命じている。公表された全国計画中にも鳥獣被害防止に言及するなどされている。新乱場が全国土に拡大したことは、このあたりの受け皿としての計画・構想の一環とも考えられないでもないが、狩猟が国土管理の主要な要素を担うことは法治国家であるわが国の法制度上、可能であろうか。自由狩猟の非法律の事実行為に過ぎない実態を考えると、これは極めて困難であるというほかない。

(三)　違法な新乱場制

平成一四年改正法が、条文に見出しを付するようになったので、新型狩猟の新乱場制の根拠規定を、見出しをたよりに探索してみる。「自由狩猟・乱場の根拠規定」との見出しを付けた条はない。「自由狩猟の裏面解釈規定」の条もない。従来からの第一七条の見出しは、「土地の占有者の承諾」と付けられていた。第一七条は、

（土地の占有者の承諾）

第十七条　垣、さくその他これに類するもので囲まれた土地又は作物のある土地において、鳥獣の捕獲等又は鳥類の卵の採取等をしようとする者は、あらかじめ、その土地の占有者の承諾を得なければならない。

であり、旧法そのままの法文である。

ここにおいて、前記の官僚佐藤百喜の狩猟法第一七条解説にある次の、

従テ狩猟自由ノ法制ニ在リテハ、特ニ法律が反対ノ規定ヲ爲サザル限国民ハ他人ノ土地ノ上ニ狩猟ヲ実行スル本来ノ自由ヲ有スルモノト解スルヲ相当トス

という一文を想起するべきである。同佐藤は、「特ニ法律が反対ノ規定ヲ爲サザル限」りと、法律が第一七条に反対の規定をなす余地を記述していることに注目しなければならない。すなわち、平成一四年改正法が従来から違法と判断される条文とは、「反対ノ規定ヲ爲」しているかということが重要となる。それがあれば、新乱場の適法性が確保されるかも知れないからである。残念ながら、狩猟が新型狩猟に拡大され、その実施においてわが国の国土全域で行われるばかりでなく、狩猟期間内に限ることなく通年にわたり実施されるという大変革が生じたにもかかわらず、適法性確保への条文整備はなかった。つまり、新乱場制の根拠条文が的確な条文として規定されない限りは、日本国憲法の下においては、その存在が否定すべきであるとされ、ひいては即時にでも狩猟を廃絶すべきであるとすべきである。

5　新乱場制の関係条文

平成一四年改正法における新乱場制の関係条文は、条文が「国民に分かりやすい法律」とはいえないほど混乱しているが、次に掲げると、

（狩猟鳥獣の捕獲等）

第十一条　次に掲げる場合には、第九条第一項の規定にかかわらず、第二十八条第一項に規定する鳥獣保護区、第三十四条第一項に規定する休猟区（第十四条第一項の規定により指定された区域がある場合は、その区域を除く。）その他生態系の保護又は住民の安全の確保若しくは静穏の保持が特に必要な区域として環境省令で定める区域以外の区域（以下「狩猟可能区域」という。）において、狩猟期間（次項の規定により限定されている場合はその期間とし、第十四条第二項の規定により延長されている場合はその期間とする。）内に限り、環境大臣又は都道府県知事の許可を受けないで、狩猟鳥獣（第十四条第一項の規定により指定された区域においてはその区域に係る特定鳥獣に限り、同条第二項の規定により延長された期間においてはその延長の期間に係る特定鳥獣に限る。）の捕獲等をすることができる。

一　次条、第十四条から第十七条まで及び次章第一節から第三節までの規定に従って狩猟をするとき。

二　次条、第十四条から第十七条まで、第三十六条及び第三十七条の規定に従って、次に掲げる狩猟鳥獣の捕獲等をするとき。

イ　法定猟法以外の猟法による狩猟鳥獣の捕獲等

ロ　垣、さくその他これに類するもので囲まれた住宅の敷地内において銃器を使用しないでする狩猟鳥獣の捕獲等

（土地の占有者の承諾）

第十七条　垣、さくその他これに類するもので囲まれた土地又は作物のある土地において、鳥獣の捕獲等又は鳥類の卵の採取等をしようとする者は、あらかじめ、その土地の占有者の承諾を得なければならない。

第八十三条　次の各号のいずれかに該当する者は、一年以下の懲役又は百万円以下の罰金に処する。

一　（略）

二　狩猟可能区域以外の区域において、又は狩猟期間（第十一条第二項の規定により限定されている場合はその期間とし、

第十四条第二項の規定により延長されている場合はその期間とする。）外の期間に狩猟鳥獣の捕獲等をした者（第九条第一項の許可を受けた者及び第十三条第一項の規定により捕獲等をした者を除く。）

第八十五条　次の各号のいずれかに該当する者は、五十万円以下の罰金に処する。

一　（略）

二　第十七条の規定に違反して占有者の承諾を得ないで鳥獣の捕獲等又は鳥類の卵の採取等をした者

2　前項第二号の罪は、第十七条の占有者の告訴がなければ公訴を提起することができない。

というものである。

十　戦前の野生鳥類全種愛がん飼養の復活

1　概　要

飼鳥規制廃止を目指した政策は、まず確立された飼鳥規制を廃止するため、「②野生鳥類七種に限定した飼鳥規制」の廃止を完成した。そして遂に、平成一四年改正法・同規則により、前述の「①戦前からの野生鳥類全種飼養の終焉」を滅却し、戦前の野生鳥類全種飼養を復活させるに至った。ここでは、狩猟における「立法美学」の手法により戦前の野生鳥類全種飼養を復活した経過等を検討する。

2　戦前の野生鳥類全種飼養の復活

平成一四年改正法は、野生鳥類全種愛がん飼養を復活した。敗戦により七種飼鳥規制が確立した昭和二二年九月九日の前日である八日まで、時計の針が五五年間を逆回転して戻ったようである。わが国は、国民に対し、マヒワ、ウソ、ホホジロ（ホオジロ）、ヒバリ、メジロ、ヤマガラ、ウグイスの野生鳥類七種の飼鳥について順に飼鳥から除外していき、最後の種の除外により愛がん飼養そのものを廃止することを約束したが、その約束を破ってしまい、これで飼鳥そのものを廃止しなくてもよいことになった。

復活した野生鳥類全種愛がん飼養の法制を確認してみる。平成一四年改正法の「第三章鳥獣保護事業の実施・第一節鳥獣の捕獲等又は鳥類の卵の採取等の規制」の第八条がその条であり、

（鳥獣の捕獲等及び鳥類の卵の採取等の禁止）

第八条　鳥獣及び鳥類の卵は、捕獲等又は採取等（採取又は損傷をいう。以下同じ。）をしてはならない。ただし、次に掲げる場合は、この限りでない。

一　次条第一項の許可を受けてその許可に係る捕獲等又は採取等をするとき。

二　第十一条第一項の規定により狩猟鳥獣の捕獲等をするとき。

三　第十三条第一項の規定により同項に規定する鳥獣又は鳥類の卵の捕獲等又は採取等をするとき。

がその関係条文である。これは、都道府県知事が一般的禁止を解除して適法に捕獲をすることができるようにする例外規定であり、飼鳥は、ただし書の第一号「次条第一項の許可を受けてその許可に係る捕獲等又は採取等をするとき。」の場合である。

次条第一項の許可は、

（鳥獣の捕獲等及び鳥類の卵の採取等の許可）

第九条　学術研究の目的、鳥獣による生活環境、農林水産業又は生態系に係る被害の防止の目的、第七条第二項第五号に掲げる特定鳥獣の数の調整の目的その他環境省令で定める目的で鳥獣の捕獲等又は鳥類の卵の採取等をしようとする者は、次に掲げる場合にあっては環境大臣の、それ以外の場合にあっては都道府県知事の許可を受けなければならない。

がその関係条文であり、飼養は、「その他環境省令で定める目的」による捕獲許可の場合である。

そこで、環境省令であるが、平成一四年一二月二六日環境省令第二八号鳥獣法施行規則が、平成一四年改正法の規定の委任に基づき、並びに規定を実施するために改正された。右の第九条は、学術研究・被害の防止・特定鳥獣の数調整の個別列挙のほか、さらに特に例外的・限定的な場合に限り、都道府県知事をして一般的禁止の解除をなし得るように環境省令に委任する規定を定めた。

施行規則は、まず第五条に、

（許可を受けなければならない捕獲等の目的）

第五条　法第九条第一項の環境省令で定める目的は、次に掲げる目的とする。

一　鳥獣の保護に係る行政事務の遂行、

二　傷病により保護を要する鳥獣の保護、

三　博物館、動物園その他これに類する施設における展示、

四　愛がんのための飼養、

五　養殖している鳥類の過度の近親交配の防止、

六　鵜飼漁業への利用、

七　伝統的な祭礼行事等への利用、

八　前各号に掲げるもののほか鳥獣の保護その他公益上の必要があると認められる目的

と定めた。野生鳥類全種愛がん飼養は、第四号の「愛がんのための飼養」である。

次に、第七条第一項に、

（捕獲等又は採取等の許可の申請等）

第七条　法第九条第二項の規定による許可の申請は、次に掲げる事項を記載した申請書に、鳥獣の捕獲等又は鳥類の卵の採取等をしようとする事由を証する書面（以下この条において「証明書」という。）を添えて、これを環境大臣又は都道府県知事に提出して行うものとする。ただし、自ら飼養するため、鳥獣の捕獲又は鳥類の卵の採取をしようとする場合は、証明書を添えなくてもよい。

と定めて、第六号に、

六　愛がんのための飼養を目的として、鳥獣の捕獲又は鳥類の卵の採取をしようとする場合にあっては、申請者の属する世帯において現に飼養している鳥獣の種類及び数量並びに申請者が申請日以前五年の間に愛がんのための飼養を目的として法第九条第一項の許可を受けたことがあるときは当該許可に係る鳥獣の種類及び数量

と定めた。

以上の、施行規則第五条第四号及び第七条第一項第六号が、野生鳥類全種愛がん飼養の根拠行政命令であり、この各規定により野生鳥類全種愛がん飼養が全面的復活を果たした。狩猟行政の独善的な「立法美学」の勝利であった。狩猟行政は、償いきれない国民への背信行為を敢行したのである。

3　メジロ等の愛がん飼養の行方

メジロ等が含まれる野生鳥類全種愛がん飼養に係る捕獲許可は、都道府県知事が行政行為として行うことと定められている。捕獲許可の実施上の根拠行政命令としては、施行規則第五条・第七条によるほか、都道府県知事と関係県職員は、条例による職務義務を負う。鳥獣保護事業計画において行う愛がん飼養の捕獲許可については、都道府県の条例の規定により不統一な許可という問題が生じる。一方、環境庁・環境省は、平成一二年（二〇〇〇）四月一日環自野第一四六号環境庁自然保護局長「鳥獣捕獲許可等取扱要領について」により愛がん飼養の捕獲許可を同日から原

則として行わない旨を通達し、既に野生鳥類全種愛がん飼養に係る捕獲許可を逃避した。現在においても、メジロ等の密猟の報道が多い。施行規則第五条第四号及び第七条第一項第六号の野生鳥類全種愛がん飼養の根拠規定の存在が、生物の多様性の確保の目的に反しているのである。速やかに、この両条文を削るべきである。

4　日本文化に対する法の無策とその改善

花鳥画という日本画がある。古代中国から日本に伝えられ、現在では世界に日本だけとなった主に鳥が画題の誇るべき日本文化である。奈良在住で花鳥画の上村淳之画伯のアトリエ「唳禽荘（れいきんそう）」には、その著書『鳥たちに魅せられて』によると二百余種・千五百余羽もの野鳥が飼育され、花鳥画の画材になっている。

平成一四年（二〇〇二）改正法律・省令が、この日本文化にどう向き合っているかについて確認してみる。法律第九条に「学術研究の目的、（略）その他環境省令で定める目的」と例外的な捕獲許可の規定があり、省令には施行規則第五条が、前記のとおりその目的を列挙している。花鳥画の画材になる野鳥の飼育は鳥の学術研究には該当しない。そこで省令の目的を確かめてみると、目的の一・二・五・六号は全く異なるし、三号の展示、四号の愛がん、七号の利用も異なるので、省令は日本文化を顧慮していないことが明白である。八号の「前各号に掲げるもののほか鳥獣の保護その他公益上の必要があると認められる目的」があるではないかと行政側から不満が出そうだが、日本文化は八号に含めるような軽々しいものではない。無益な条文には熱心であるのに、大事なことの配慮が足りない平成一四年改正法の無策の例である。

平成二〇年（二〇〇八）年発行の『鳥学大全』（秋篠宮文仁・西野嘉章編）に「互いの濃密な信頼関係の中でようやく共生を実感して鳥と語らい、また鳥の言葉を聞いて描いてゆきたいと思っている」とアトリエの鳥たちとの実体験を寄稿した上村画伯だが、平成二四年（二〇一二）の傘寿記念展の図録になると、「画伯が、花鳥画の存在が危うくなっていると懸念を洩らすようになった」旨の編集者の書込みがある。花鳥画を取り巻く難問の一つに画材の野鳥類の繁殖や育雛に対する法律の無策があるようだと推察される。花鳥画の初学者から大家までが日夜描きたい鳥と生活を共にする画業の修練などは、改正法の立法者の脳裡にはなかったとみえる。

国としては、急いで省令第四号の「愛がんのための飼養」を削り、「花鳥画の画業のための飼養」を加えるべきである。

第八節　平成一八年鳥獣の保護及び狩猟の適正化に関する法律改正

一　審議会への諮問と答申

平成一七年（二〇〇五）九月二一日、環境大臣は中央環境審議会へ「鳥獣の保護及び狩猟の適正化につき講ずべき措置について」諮問した。翌一八年（二〇〇六）二月、この諮問に対し中央環境審議会は、「鳥獣の保護及び狩猟の適正化につき講ずべき措置について（答申）」により答申した。答申は、次の、

はじめに

1　基本指針（国）及び鳥獣保護事業計画（都道府県）の充実

(1)　現状と課題

(2)　国における取組の明確化

(3)　鳥獣保護事業計画の充実

(4)　国際的取組の推進

2　特定計画制度の充実
(1)　現状と課題
(2)　特定計画の実施に係る関係主体の連携
(3)　地域に根付いた取組の充実
(4)　科学的・計画的な保護管理の推進
(5)　適切な捕獲の推進
3　鳥獣保護事業の強化
(1)　現状と課題
(2)　鳥獣保護区の機能の充実・強化
(3)　鳥獣保護員の機能の充実・強化
(4)　鳥獣の流通の適正化
(5)　鳥獣個体の取扱いの適正化
(6)　鳥獣への安易な餌付けの防止
(7)　鳥獣と関わりのある感染症への対応
(8)　鳥獣保護事業に必要な財源の確保
4　狩猟の適正化
(1)　現状と課題
(2)　狩猟・捕獲従事者の確保と育成

のとおりであり、はじめにと四部で二〇項目に分説するものである。

(3)　狩猟の適正化

審議会に対しては、平成一四年改正法により従来の狩猟を新型狩猟へ拡大した決断について、どのように評価するかが問われた答申であった。答申は、平成一四年改正法に一安堵したのか、旧来の「無策」のままのものであった。密猟と輸入鳥対策では、「3鳥獣保護事業の強化」の「(4)鳥獣の流通の適正化」において、「個体識別が措置できる仕組みを検討する必要がある」とするだけで、強く要請されてきた科学的なDNA識別には言及がなく、新型狩猟の実施では、「4狩猟の適正化」の「(2)狩猟・捕獲従事者の確保と育成」において農家等へも新型狩猟を浸透させれば自然と片が付くといった程度の改革意欲の乏しい内容である。

二　改正法律案における答申の採択状況

平成一四年（二〇〇二）改正法律案は、答申のすべてを採用したと認められる。環境大臣の法案の趣旨説明から、答申の採択状況を以下に確認する。まず、趣旨説明は、法改正の趣旨を、

近年、シカやイノシシなどの鳥獣が地域的に増加し、農林水産業や生態系に深刻な被害を与えており、他方、これらの鳥獣の捕獲の担い手である狩猟者数の減少が進んでいます。一方、鳥獣の生息環境の悪化などにより、渡り鳥の飛来数が減少している事例や、地域的に鳥獣の個体数が減少している事例があります。また、国内で違法捕獲された鳥獣を輸入した鳥獣と偽って飼養している例が見られ、輸入された鳥獣の適切な管理が求められています。このような状況を踏まえ、狩猟規制を見直し、狩猟を活用した鳥獣の適切な保護管理を進め、また、鳥獣の保護施策の一層の推進を図るため、本法律案を提案した次第であります。

であるとした。

そして、改正法案を説明して、

第一に、農林業被害の防止及び鳥獣の適切な個体数管理のため、休猟区のうち都道府県知事が指定した区域においては、シカ、イノシシなどの特定の鳥獣の捕獲をすることができること。

第二に、鳥獣による農林業被害への対応として、農家自らによるわなを用いた鳥獣の捕獲を適切に推進するため、現行の網・わな猟免許を網猟免許とわな猟免許に区分すること。

第三に、狩猟を活用した農林業被害対策を進め、併せて鳥獣の適正な生息数を維持するため、一定の区域に入猟する狩猟者の数を都道府県知事などが調整できる制度を設けること。

第四に、人への危険を防止するため、都道府県知事は、危険性の高いわなについて、その使用を禁止又は制限する区域を指定することができること。

第五に、違法な網及びわなの設置を防止するため、すべての網及びわなについて、その設置者名などの表示を義務付けること。

第六に、鳥獣の生息地の保護及び整備を図るため、国又は都道府県は、鳥獣保護区において悪化した生息環境を改善するための事業を行うこと。

第七に、海外から輸入された鳥獣の適切な管理を進めるため、適法に輸入された鳥獣に環境大臣が交付する標識を着けなければならないこと。

であるとした。

第一から第五は、平成一四年改正法律が導入した新型狩猟の実施のための法整備であり、また第六と第七は、従来からの積み残しの事項であり、第七については法改正の内容に関して後記する。結局、答申の採択状況としては、すべてを採用したことになる。この採用振りから見えてくるものは、環境省が自然環境保護官庁として苦慮していることである。昭和四六年環境庁設置に際し、危惧された狩猟行政の自然環境保護実行力の欠如が現実のものになったといえる。明治三四年に採用されたわが国の自由狩猟は、大正七年には獲物の減少により一度破綻し、平成一四年には獲物の増加により再度の破綻を露呈した。環境省は、平成一四年改正法に対し杜撰な新法律ながらすべてを託した以上、それの改良を図るべきであるのに、今次改正法の内容は低い水準の法律改正に止まり、かえって退化した感がする。

三　国会審議

第一六四回国会は、平成一八年（二〇〇六）一月二〇日から六月一八日までの会期であるが、同年四月二五日先議の参議院環境委員会において、改正法律案の趣旨説明が行われた。同月二七日参考人招致を決定し、質疑に移った。五月八日金森弘樹・吉田正人・坂田宏志・羽澄俊裕参考人から意見聴取の後、質疑が交わされた。翌九日質疑の後、民主党等から、政府提出法案は鳥獣の保護と被害対策の両立のためにはほど遠いとする五項に及ぶ修正と所要の罰則の法案修正案が提出され、趣旨説明があった。討論の後採決に移り、修正案は否決され法案は賛成多数により可決され、附帯決議が付された。同月一〇日参議院本会議において委員長報告があり、法案が投票ボタンを押して採決され、投票総数二三二・賛成一三九・反対九三により可決された。

同月二六日衆議院環境委員会において、参議院送付の法案の趣旨説明が行われた。同月三〇日質疑の後、参考人聴取を決定した。同年六月六日寺本憲之・草刈秀紀・辻岡幹夫参考人の三名からの意見聴取・質疑の後、質疑が交わされ、民主党等から四項の修正と所要の罰則の修正案が提出されてその趣旨説明があった。討論の後、採決に移り、修正案は否決され法案は賛成多数により可決され、附帯決議が付された。同月八日衆議院本会議において委員長報告の後、起立により採決され法律案は可決・成立した。

四　特定輸入鳥獣の標識

1　改正の内容

特定輸入鳥獣の標識とは、環境大臣の法案趣旨説明第七の「輸入された鳥獣に環境大臣が交付する標識を着けなければならないこと」とされた脚輪のことである。旧法律第二六条に、第二項から第七項までが加えられた。追加された第二項は、

（鳥獣等の輸入等の規制）

第二十六条　（略）

2　前項に規定する鳥獣のうち環境省令で定めるものを輸入した者は、輸入後速やかに、当該鳥獣（以下「特定輸入鳥獣」という。）につき、環境大臣から、当該特定輸入鳥獣が同項の規定に適合して輸入されたものであることを表示する標識（以下この条において単に「標識」という。）の交付を受け、当該特定輸入鳥獣にこれを着けなければならない。

というものである。

環境庁は、昭和五八年（一九八三）から三年がかりで輸入鳥の個体識別用標識を開発したが、実施せずに放置してしまった。当時輸入鳥に装着していたら、野鳥輸入は減少し、密猟にも大きな効果があったことであろう。そのもはや伝説になっていた脚輪を、今次平成一八年（二〇〇六）の法律改正により輸入鳥の標識として鳥の脚に着けることになった。野鳥輸入は、最大の輸入先の中国からの野鳥輸入が既に平成一三年（二〇〇一）五月には廃絶して一羽の輸入もなく全体的に衰微した。輸入鳥の標識装着をこれから開始することは、野鳥の輸入を拡大するという宣言に等しく、更に長年にわたり継続しなければ標識製造代金の回収すらできないことになる。

2　国会の質疑

これについては、平成一八年（二〇〇六）五月三〇日衆議院環境委員会で、富田茂之理事から、むしろ鳥獣の輸出入を禁止するべきではないかとする質問があった。この質問に対し、南川秀樹環境省自然環境局長は、次のとおり、

○富田委員　鳥獣の輸入の規制、法文の第二十六条について、最後にちょっと一点だけ質問したいと思います。

先ほど局長の方は、輸入した鳥獣には足輪をつけるから、輸出証明とか出せない国があっても今後はそういった取引ができなくなるんだというふうに御説明をされていました。罰則もあるから担保されているということだと思うんですが、この二十六条の法文自体がやはりちょっと問題なんじゃないかなというふうに思えるんですね。

法文（条文省略）を見ますと、このただし書きのところからどんどん輸入されて日本の中で広まっていってしまうんじゃないかというふうにＮＧＯの皆さんは大変危惧されている。もともとこういうただし書きがなければ、本則でやれば何も問題はない。ただ、こういう証明書を出さない国があるのも事実ですから、ここの部分をどうするかということを考えていかなきゃいけないと思うんですが、このただし書きが本来の二十六条の本文の有効性を阻害しているんじゃないかと法律家出身の私としては思えるんですが、そのあたりはどうですか。

○南川政府参考人　ただし書きにつきましては、結局、これを削除しますと、その制度を持たない国からの輸入が全面的にできなくなるということでございます。私ども、輸入を禁止する場合には、国内に明らかに生態系を乱すような外来生物とかワシントン条約で規制されたような絶滅危惧種とか、そういった場合には貿易を、輸出入を禁止できますけれども、そうでないものについては、自由貿易が前提であるという国際社会の理解がなかなか得られないということで、今までこうやって来てしまったわけでございます。したがいまして、今回、それを改めまして、私どもで、通関したものについて輸入国が確認できれば、直ちにそこで足輪をはめて、国内での違法捕獲等の混在がないようにしたいという

ことで御提案しているものでございます。

と、答弁をした。

昭和二五年狩猟法改正の「鳥獣の輸出入と適法捕獲証明書」について、「社会の物の見方が変わり生育国の鳥獣保護の視点をも尊重するべき時代が到来すると、野生鳥獣の輸出入を全面的に禁止するのが当然ということになる」と述べてあるが、わが国の自然環境保護官庁は、形式的な法律整備の「立法美学」を優先させ、併せて自己の職域を維持することに熱心のようである。

3　環境省のＤＮＡ識別に対する態度

平成一八年審議会答申は、この脚輪の装着について、「３鳥獣保護事業の強化」の「⑷鳥獣の流通の適正化」に、「国内で違法に捕獲した鳥類を、輸入鳥と偽って飼養している事例が依然として指摘されていることへの対応として、輸入鳥と国内産の野鳥との識別マニュアルの作成と見直しを継続するとともに、両者の個体識別が措置できる仕組みを検討する必要がある」と記述し、「個体識別が措置できる仕組み」を求めた。その結果がこの脚輪であるが、審議会の真意は、四半世紀前に開発しながら放置されていた、不正の余地のある脚輪の装着を主張したものではなく、ＤＮＡ識別の実施を求めていると理解すべきである。科学的な仕組みとしての「ＤＮＡ識別」が急速に普及しているからである。

ＤＮＡ識別については、この件に関連して衆議院環境委員会委員が国政調査権に基づいて調査した資料がある。その資料は、委員の問に対する環境省側の答の形式になっており、次の、

問　これまで鳥獣のＤＮＡによる識別に関して行った調査研究の結果を問う。

答　哺乳類においては、ニホンザル、ツキノワグマ、ニホンジカを対象として、ＤＮＡ分析が行われており、主に地域個

体群の境界の設定や、分布域の拡大経緯を明らかにするために用いられている。また種特定のためにDNAを用いてまでの識別は必要なく、外部形態などで明白であるため実施されていない。鳥類の識別のためのDNAによる調査研究は、まだ、始まったばかりで、現在、どの種において、どのレベル（亜種、地域個体群等）まで識別できるか、いくつかの大学等の試験研究機関において検討が始まった段階であると聞いている。環境省では、種の保存法の国内希少野生動植物種であるシマフクロウやトキの遺伝的多様性保全のため、血液を用いたDNAの解析等を行ってきたところである。

問　メジロにつきDNAによる識別の調査研究を行ったか。その結果、及びこれを行っていないときはその理由の詳細も問う。

答　メジロのDNAを用いた識別の調査研究は、環境省では実施していない。理由は前問の回答と関連して鳥類においてDNAを用いた識別が確立できる可能性が担保できていないためである。

問　鳥獣保護法上既に実施済みの同様の脚環装着の制度があるが、この装着実績を問う。

答　飼養登録数を脚環の装着実績とすると、「鳥獣関係統計」（平成一六年度）では八六八九羽が飼養登録されていると、いうものである。

4　DNA識別の実施例

環境省は、「鳥類においてDNAを用いた識別が確立できる可能性が担保できていないため」として鳥類のDNA解析を実施しないとし、僅かにトキとシマフクロウの実施例を挙げた。そこで、環境省の鳥類DNA識別に対する「鳥類においてDNAを用いた識別が確立できる可能性が担保できていないため」との学問的評価について検討する。

トキのDNA解析実施例は、環境省が平成一四・一五年度に山階鳥類研究所等へ「トキの遺伝的系統関係解析調査」を委託し、それぞれ翌年三月に調査報告書が提出された事案がある。平成一五年三月の調査報告書には、人工繁殖中の中国産トキの資料と平成七年四月三〇日死亡した「鳥名ミドリ」の資料につきミトコンドリアＤＮＡ解析により、「ミトコンドリアゲノムの違いが一一個所であり、両者は亜種では無く同一の種に属していることが判明した」とのＤＮＡ分析の経過と結果が記述されている。平成一六年三月の調査報告書には、「環境省が保有する日本産個体・人工繁殖中死亡個体・山階鳥研博物館等保有剥製個体等の合計二二資料につきハプロタイプ分析をすると、その遺伝タイプ1が一五資料、同タイプ2が五資料、同タイプ3が一資料、同タイプ4が一資料という結果である。タイプ1は日本産が多いが韓国産もあり、タイプ2は現在の中国産が多いが韓国産もあるほか、その中の一資料は佐渡で拾われたものであり、タイプ3は不明であり、タイプ4は昭和初期に中国で採取されたものである」旨のＤＮＡ分析の経過と結果が記述されている。このトキのＤＮＡ解析は、環境省から国民へ広報された。いずれも科学的な水準を保っている分析と判断した結果と考えられる。これを「ＤＮＡを用いた識別が確立できる可能性が担保できていない」というのであれば、国民へ広報した前回の分析を撤回し、トキのＤＮＡ解析を再度実施すべきことになる。なお、シマフクロウのＤＮＡ解析の資料は未見である。

メジロのＤＮＡ解析実施例は、環境省の事案ではないが警察捜査において、平成一四年四月に岡山県警が独立行政法人国立科学博物館等に対するメジロ合計四三羽のＤＮＡ鑑定嘱託をし、同年一一月ミトコンドリアＤＮＡ解析の結果による鑑定書が送付された事案がある。その内容を精査したが、科学性を具備したＤＮＡ識別であると学問的に評価できるものであった。

5　ＤＮＡ識別の推進

このことに関連して、個人的なＤＮＡ解析の実施経験を述べておく必要があろう。平成一三、四年ころは環境庁・環境省もＤＮＡ解析の導入に意欲的であった。しかし、理由は不明であるが、その意欲が急に低落した。それならば一国民として、学問研究のためにＤＮＡ解析を実施するほかないと考え、平成一五年三月に、メジロが生育しないとされていた韓国におけるメジロ生育の有無とメジロのＤＮＡ識別について、私費を投じて研究者に委託した経験がある。その委託結果の学問的水準と成果には満足できた。その経験により、ＤＮＡ解析に対する環境省職員の学習意欲が不足していること、及び鳥類のＤＮＡ解析研究者の育成を妨げている実情を十分に見聞した。そもそも右の「鳥類においてＤＮＡを用いた識別が確立できる可能性が担保できていないため」との環境省の文辞は、事実としてわが国において環境省職員のＤＮＡ識別に対する認識が特に低いことを自認すると解される。平成一六年度の脚環装着実績とされた八六八九羽の飼養登録鳥について、その登録更新時からＤＮＡ識別に変更すればよいであろう。関係職員の認識が高まるし、そればかりでなく数年の実施の後には、密猟鳥を補充してきた飼養鳥が激減するであろう。環境省が率先してＤＮＡ識別を学び、推進すべきである。

第九節　平成一九年鳥獣の保護及び狩猟の適正化に関する法律改正

一　議員立法の鳥獣被害防止特措法

平成一九年（二〇〇七）一二月二一日、議員立法で平成一九年法律第一三四号鳥獣による農林水産業等に係る被害の防止のための特別措置に関する法律が制定された。鳥獣被害防止特措法と略称される。平成一一年の「個別法」改正に当たり、自由民主党農林業有害鳥獣対策議員連盟が法律改正の第一次・二次案を公表したことについて述べたが、平成一九年三月、同議員連盟と同党山村振興委員会が合同して農林漁業有害鳥獣対策検討チームを立ち上げ、農林業有害鳥獣対策議員連盟の宮路和明幹事長が同チームの座長に就任して鳥獣被害防止対策の議員立法を目指して活動を開始した。同チーム宮路座長の著書である『みやじ和明議員立法への挑戦』には、同年一一月七日に本法律案を取りまとめ、自民党の農林部会をはじめ自民・公明両党の関係機関の了承を得て、両党から議員立法として一二月四日に第一六八回臨時国会に提出したが、その後撤回し、与野党一致の鳥獣被害防止特措法案として衆議院農林水産委員長提案に切り替え、可決・成立に至った経過が述べられている。

同書が従来と大きく変わった有害鳥獣対策として強調する事項は、これまでの有害鳥獣対策が鳥獣保護法により環境大臣の下で行われてきたが、特措法では農林水産大臣が被害防止対策の基本方針を策定し、その総括の下でこれが行われることになったこと、及び被害防止対策の企画・実施が現場に最も近い行政機関である市町村が行う仕組みを新たに設けたことであるとしている。本特措法の制定を契機にして、平成二〇年に農林水産省に鳥獣被害対策所管の新規組織として農業環境対策課が設置されるなどの予算と組織の充実が著しいが、これと比較し、環境省は鳥獣被害の対策で予算等の沈下が著しい状況にある。

二　特措法による鳥獣の保護及び狩猟の適正化に関する法律改正

平成一四年鳥獣の保護及び狩猟の適正化に関する法律は、平成一九年（二〇〇七）一二月二一日、鳥獣被害防止特措法附則第三条に基づき一部改正された。第七八条の二「環境大臣及び都道府県知事は、鳥獣の生息の状況、その生息地の状況その他必要な事項について定期的に調査をし、その結果を、基本指針の策定又は変更、鳥獣保護事業計画の作成又は変更、この法律に基づく命令の改廃その他この法律の適正な運用に活用するものとする」を加える改正である。鳥獣被害防止特措法第一三条に被害の状況、鳥獣の生息状況等の調査に関する規定が定められたが、これを鳥獣の保護及び狩猟の適正化に関する法律に鳥獣の調査に関する条文として追加したらしい。これにより、国は全国的な観点から、また都道府県は地域的な観点から、それぞれ鳥獣の生息状況や生息地の状況を可能な限り把握し、国にあっては鳥獣の保護管理制度や基本指針等の見直しに、都道府県にあっては鳥獣保護事業計画や特定鳥獣保護管理計画等の作成や改定にその結果を反映させていくものとされる。右附則第三条は、鳥獣被害防止特措法案が国会提出された際には法案になく、撤回後の衆議院農林水産委員長提案の法案に附則として加わったという事情があるが、その事情については前記『みやじ和明議員立法への挑戦』には記述がない。

三　メジロにおける鳥獣被害防止と有害鳥獣駆除

鳥獣被害防止特措法に基づき作成される被害防止計画は、加害鳥獣が法定されておらず、一般的に狩猟鳥獣について被害防止計画が作成されている。農林水産省の農業環境対策課の統計に現れる鳥獣を確認してみたが、さすがにメジロを被害防止対象とする計画はなかった。

メジロは、有害鳥獣駆除としてなら鳥獣保護事業計画に記載されている。愛媛県の現行第一一次計画の鳥獣による被害発生予察表には、加害鳥獣名欄には「メジロ」を掲げ、被害農林水産物等欄には「柑きつ」を記載し、被害発生時期欄には「矢印で一〇月から三月までの印」を付け、被害発生地域欄には「今治市」と記載してある。同県の第八次計画では明浜町が、第九次計画では明浜町が、第一〇次計画では西予市（旧明浜町を含む。）が各連続して予察表にメジロの有害鳥獣駆除に登載されてきた実績があるが、現行計画になると明浜町・西予市が脱落し、記載が今治市に移った。冒頭の被害防止計画に戻ると、今治市はメジロに係る同計画を作成していない。そこで、平成一〇年から二二年までの鳥獣関係統計によりメジロの有害鳥獣捕獲許可の実績を確認すると、全国では平成一四年に愛媛県に一件の捕獲許可があった。第八次計画か第九次計画のいずれかによる捕獲許可であろう。メジロ一羽の有害鳥獣捕獲許可と聞くと、メジロ一羽がミカンを啄む被害を想定するよりも、密猟者を救済したものと推測してしまう。前に平成一四年改正法の新設した罪について述べたが、関係資料が廃棄済みという事務的な回答のため事実関係を確認できないも

の の、同法第一〇条第一項の「鳥の解放命令」に違反した事例であったのかも知れない。

四　総務省の鳥獣被害防止対策に関する行政評価

総務省は、行政評価局をして担当させ、平成二三年九月から翌二四年一〇月までの間に、警察庁・文化庁・農林水産省・環境省を対象にし、都道府県・市町村・関係団体を関連対象にして、「鳥獣被害防止対策に関する行政評価・監視」を実施して同年一〇月結果報告書を公表した。本行政評価・監視は、鳥獣被害防止対策の的確かつ効果的な実施を推進する観点から、鳥獣の生息状況、農作物等被害の発生状況、鳥獣被害防止に関する施策・事業の実施状況等を調査し、関係行政の改善に資する目的で実施したとされる。平成一九年に鳥獣被害防止特措法が制定された後、市町村が主体的に鳥獣被害防止対策を実施する法制の下、各種の対策が講じられてきたが、平成二二年度の鳥獣の農作物被害状況は被害金額・被害量ともに前年度に比べ一割以上の増大を記録しており、その増加傾向に歯止めがかからないことに国の強い危機意識が看取できる。

前回の昭和五一年の行政監察から、約四〇年という鳥獣増殖期間を経た。鳥獣の増減は不可思議な現象ではないので鳥獣の増大に当たり、本結果報告書は、環境省に勧告をして、都道府県を通して市町村へ、法律が規定する諸施策を実施する際の「技術的な助言」を強調する。法律を遵守せよとの勧告自体には異論の唱えようもないが、現在の自由狩猟の法律制度に鳥獣の諸問題の根源が包蔵されているので、国を挙げての鳥獣駆除と併行して「本当に、自由狩猟でいいのだろうか」と考えることが必要になる。本報告書は、何処にもそのような根源的な考察を記述していない。

第十節　平成二六年鳥獣の保護及び管理並びに狩猟の適正化に関する法律への法改正

一　法改正の経過

1　審議会への諮問と答申

（一）　諮問と答申

平成二四年（二〇一二）一一月二九日、環境大臣は中央環境審議会に対し、鳥獣の保護及び狩猟の適正化につき講ずべき措置について諮問した。前回改正法の施行後五年経過による施行状況の検討及び見直しであるとともに、総務省が同年一〇月に結果報告書を公表した鳥獣被害防止対策に関する行政評価等に対する回答にもなる法律改正を目指す諮問である。平成二六年（二〇一四）一月三一日、同審議会から環境大臣へ答申がなされた。答申は、

1　はじめに
2　鳥獣管理をめぐる現状と課題
(1)　鳥獣の生息状況
(2)　鳥獣による被害の現状
(3)　狩猟免許所持者の推移
(4)　鳥獣保護法等の制度運用の現状と課題
3　鳥獣管理につき今後講ずべき措置
(1)　鳥獣管理の充実

(2)　関係主体の役割と連携
(3)　効果的な捕獲体制の構築
(4)　計画的な捕獲の推進
(5)　国の取組の強化
(6)　科学的な鳥獣管理の推進
(7)　一般狩猟の促進
(8)　国民の理解を得るための取組の推進
(9)　自然共生社会の実現に向けた人と鳥獣の関係について
(10)　その他

の、「はじめに」と二部で一四項目に分説したものである。

「はじめに」の冒頭は「我が国の鳥獣行政は重大な転換期にある。」と書き出している。鳥獣管理をめぐる現状と課題においては、鳥獣害被害と狩猟者の分析をなし、鳥獣管理につき今後講ずべき措置において、環境省の一〇年後にニホンジカとイノシシを半減するとの目標に同調して国の取組みの強化と国民の理解を得るべきことを述べる。最終のその他は、従来からのいわば積み残しに該当する諸事項を掲げて、懸案の整理をするのである。

(二)　答申の描くわが国の狩猟

答申が掲げるすべての事項を的確に実施するときは、江戸時代に対馬藩郡奉行陶山訥庵らの指揮の下に全島民が増殖した野猪を絶滅させたように（第五章第三節**三2**（一）参照）、一〇年後には現に有害獣であるニホンジカ・イノシシの半減目標は完遂される。そのときは、わが国の鳥獣相は重大な変更を来し、現下狩猟法制は全く新しい狩猟あるいは野生動物に係る法制度に移行せざるを得ないと予測される。本答申は、今次法律改正をもって現下自由狩猟の法律改正としては最後であることを宣言して、明治三四年改正狩猟法以来の法律改正史を閉ざすための「終止符」の如きである。しかし、先例である対馬藩の有害獣駆除は、野生鳥獣との「付合い」には終止符がないことを教示する。野猪全滅の後に、木庭作農業の拡大を求める農民の声が湧き起こり、鹿も大増殖して動乱の時期を過ごし、平静な島の暮らしが戻ってから三百年後の平成に至ると、野猪の大被害が再現したのである。

2　改正法律案における答申の採択状況

平成二六年（二〇一四）四月八日、第一八六回国会衆議院本会議において、環境大臣は、本改正法律案について、次のとおり趣旨の説明をした。すなわち、

近年、ニホンジカやイノシシなどの鳥獣については、急速に生息数が増加し、生息域が拡大しております。その結果、希少な高山植物の食害等の自然生態系への影響、農林水産業や生活環境への被害が、大変深刻な状況となっております。また、これまで鳥獣の捕獲等において中心的な役割を果たしてきた狩猟者は、この四十年間で、四割以下に減少していります。さらに、六割以上が六十歳以上となるなど、著しく高齢化が進んでおります。そのため、捕獲等の担い手の育成、確保が喫緊の課題です。我が国の美しい自然環境を守り、農林水産業や生活環境への被害を防止するためには、積極的に鳥獣を管理し、その管理体制を構築することが求められております。本法律案は、こうした状況を踏まえ、鳥獣の保護及び管理並びに狩猟の適正化の一層の推進を図るための措置を講じようとするものです。

と述べた上、本法律案の主な内容について、

第一に、法の題名を鳥獣の保護及び管理並びに狩猟の適正化に関する法律に改めるとともに、法律の目的に鳥獣の管理を図ることを加えること。

第二に、都道府県知事が、地域における種の状況に応じて策定する計画について、目的を明確化し、保護に関する計画と管理に関する計画に分けるなど、法における施策体系を整理すること。

第三に、管理を図る鳥獣のうち、特に集中的かつ広域的な管理の必要があるものとして環境大臣が定める鳥獣について、都道府県または国が捕獲等をする事業を実施することができることとし、この事業として行われる捕獲等については、捕獲等の許可を不要とすることや、一定の条件のもとで夜間の銃による捕獲等を可能とする等の制限の緩和を行うこと。

第四に、鳥獣の捕獲等をする事業を実施する者が、その事業が安全管理体制等について一定の基準に適合していることにつき、都道府県知事の認定を受けることができる制度を導入すること。

第五に、住居集合地域等における麻酔銃による捕獲等の許可制度の導入や、網猟免許及びわな猟免許の年齢制限を、二十歳未満から十八歳未満へ引き下げること。

と説明したのである。以上の法案の趣旨説明によれば、答申の諸事項はすべて採用されたものと解される。

3　国会審議

第一八六回国会は、平成二六年（二〇一四）一月二四日から六月二二日までの会期であるが、同年四月八日法案が付託された衆議院環境委員会において環境大臣が右の趣旨説明をし、同月一〇日に環境大臣、政府参考人の環境省星野一昭自然環境局長・農林水産省西郷正道大臣官房生産振興審議官らと質疑が交わされた。同月一五日本案審査のため佐々木洋平・草刈秀紀・田中基康・池田計巳参考人の四名から意見を聴取し、質疑を交わした。同月一八日の質疑では環境省星野自然環境局長からニホンジカ・イノシシの一〇年間半減目標が述べられるなどした後、直ちに採決に入り、起立総員により原案のとおり可決した。次いで起立総員により附帯決議を付することに決した。全一五項に及ぶ附帯決議の第一五項には「本法により、鳥獣の捕殺を伴う積極的な管理が実施されることとなることに鑑み、鳥獣管理の必要性や科学的根拠を国民に丁寧に説明し理解を得るよう努めること。」とあり、国民への説明責任の履行を国に求めている。国は国民に対し目標の完遂を約束したのである。

同月二二日衆議院本会議において委員長報告後、採決され可決した。同年五月八日参議院環境委員会において、法案の趣旨説明があり、参考人招致について決定し、一五日坂田宏志・石崎英治・塩原豊・坂元雅行参考人の四名から意見を聴取し、質疑を交わした。二二日質疑を終え、可決した。翌二三日参議院本会議において、委員長報告があり、法案が投票ボタンを押して採決され、投票総数二三五・賛成二二三・反対一二により可決・成立した。よって、同年五月三〇日法律四六号として公布された。

二　狩猟の現状とわが国の目指すもの

1　狩猟の現状

（一）　生業保護自由狩猟の破綻

平成一四年法律改正から一〇余年が経過したが、おおかたの国民は、ますます狩猟への関心を失った。国民は、口に出して言うのには慎重であるものの、環境省の行う鳥獣・狩猟行政は「どうも、おかしい」と知ったのである。その根本原因は、わが国が狩猟にローマ法無主物先占を適用して採用した生業保護自由狩猟の破綻にあることは明白である。わが国が狩猟に適用したローマ法無主物先占は、現在完全に破綻してしまった。明治三四年の生業保護自由狩猟制が崩壊し、大正七年から国家狩猟権を用いて隠蔽策を講じてきた結果、鳥獣による被害の増大を受けて限界に達した。平成一四年法律改正は、「鳥獣捕殺法」を制定したに等しかったが、法律の練度が未熟であり、この法律をもって狩猟適正化と鳥獣保護を遂行できないことが露見してしまった。そのことは、平成一八・二六年改正及び議員立法の鳥獣被害防止特措法に示されている。以下に、生業保護自由狩猟の破綻について、分説する。

(二) 無主物

ローマ法無主物先占の要件である無主物については、世界は野生動物を無主物とすることを廃止した。わが国は先進国では唯一の無主物を規定する国になってしまい、ほかにモロッコ、リトアニアがその遺制の残存国であるとされる。

(三) 先占

先占は、動産の占有をもって所有権を取得する法制度である。野生鳥獣の所有権を取得して人間の暮らしに役立てる法制度としての先占の法機能は、わが国においては、既に無意味なものになってしまった。

(四) 所有者侵入禁止権

所有者侵入禁止権は、イタリアでは自由狩猟の根拠法である民法条文が国民投票の対象とされ、議会で民法改正問題になっている。一方、日本は明治三四年自由狩猟を採用して以来、自由狩猟の根拠規定については、明文規定を定めずに裏面解釈と称して明文欠如のまま放置してきた。それが、わが国独自の乱場を作出し、平成一四年改正法は違法な新乱場制さえも出現させた。法治国家である日本において、非法律行為の狩猟は巨大な欠陥と化している。

(五) 生業保護

わが国の自由狩猟は、中国古代思想に淵源がある君主・天皇が猟者に獲物を与えて恵護し助けるという生業保護を目的とするが、この生業保護もまた破綻した。猟者だけの生業保護は憲法の平等原則に反するし、社会保障の充実により狩猟者を志すかどうかに関わりなく生活保障がなされる。かえって高齢狩猟者による重大な狩猟犯罪の増加が懸念されている。

2　わが国の目指すもの

(一)　国民の意向

国民が、生業保護自由狩猟に代わる適切な制度を求めていることは、確かである。明治三四年以来の自由狩猟の歴史を顧みると、国民の意向に応えるには、単なる事実行為であって非法律行為である狩猟を法律化するという大目標がある。その前提の準備事業として、現在は「狩猟者の個別の利得物資である野生鳥獣」を、「全国民の資源」たらしめる国民の安心安全な食肉・自然豊かな皮革生産等の法律制度、食品処理制度、廃棄物処理制度等を完備し、これによる雇用の増加を国民に開示する必要がある。その前提を完備の上、土地所有者の法的対応策を構築しない限りは、わが国民の意向に沿う狩猟の設計図は作れない。鹿・猪をＮＰＯ法人に捕殺させて土中に埋設し、他方飼鳥を野放しにするばかりでは、狩猟への理解、特に女性の理解は得られない。

(二)　制度としての狩猟維持

明治三四年狩猟法改正に当たり、自由狩猟の廃止に猛反対をした銃砲火薬営業者からの反対はないであろうから、自由狩猟の廃止をなすことはできよう。ローマ法無主物先占の自由狩猟を廃止した後になお、国家制度として狩猟を維持するならば、ゲルマン法狩猟権の法律行為による狩猟権制導入の方途がある。ドイツ法の猟区かフランス法の地主狩猟が考えられる。この場合、封建的な国家狩猟権制はいうまでもなく不可である。それ以外に、北米狩猟制度の採用は、残念ながらわが国の国家財政からみて困難である。また、狩猟を土地所有権と分離しつつ、地域団体あるいは「ゾーニング」により実施するとの管理狩猟制を見聞するが、これは単なる提言に止まり実現の可能性はない。

(三)　狩猟の廃止

狩猟を廃止するならば、野生動物の保護・管理・防除専門の国家制度導入の方途がある。その際に、わが国の不殺生の思想へ回帰するという意見が現れるかも知れない。律令法不殺生の狩猟法理は、現代の生物多様性の法概念とほぼ重ね合わせることができる。西欧の生物多様性概念よりわが国に適合するシステムを構築すべきだと考える国民が多数存在するであろう。

参考資料

狩猟統計の統計資料については既に述べたので、この資料に基づき参考資料を作表して検討する。

一　参考資料の表

参考資料の表は、

① 狩猟者数の推移表
② 狩猟者数と鳥獣捕獲数の対比表
③ メジロ捕獲の表
④ メジロ飼養の表
⑤ 野鳥輸入数の表
⑥ 輸入鳥の名称表
⑦ 輸入国別の野鳥輸入数の表

の各表である。

二　狩猟者と鳥獣捕獲

1　狩猟者数の推移

わが国の明治太政官法・明治憲法・日本国憲法の狩猟法制における狩猟者数の推移は、「①狩猟者数の推移表」のとおりである。ここでいう「狩猟者」とは、「狩猟免状の交付を受けた者」をいう。世界の狩猟法制において述べた「狩猟権能」としての「狩猟実施の権限」を、それぞれの国の狩猟法令により授与された者に該当する。鳥獣猟規則施行後で統計の確認できる明治八年から平成二三年までには一三七年の年数を経たが、明治三四年改正狩猟法が施行される以前の本表の二七年間は殺生禁断から殺生解禁に至る過渡期であり、「税法と狩猟法令が混在した国家狩猟権制の時代」であった。この時代に狩猟免状の交付を受けた者は、累計二五八万四七二人であった。また、この時代に外国人で狩猟免状の交付を受けた者は、右の累計人数の外数であり、

①	明治九年	六六人
②	明治一〇年	二五一人
③	明治一一年	二二八人
④	明治一二年	二五六人
⑤	明治一三年	一九四人
⑥	明治一六年	一三七人
⑦	明治一七年	九六人
⑧	明治一八年	一七五人
⑨	明治一九年	一五七人
⑩	明治二〇年	一三八人
⑪	明治二一年	一四六人
⑫	明治二二年	一五六人

⑬　明治二三年　一五二人
⑭　明治二四年　一三二人
⑮　明治二五年　一一一人
⑯　明治二六年　一三三人
⑰　明治二七年　一二七人
⑱　明治二八年　一四八人
⑲　明治二九年　一四九人
⑳　明治三〇年　一二〇人
㉑　明治三一年　一四九人

の合計三二二一人であった。

明治三四年狩猟法改正により「生業保護自由狩猟制の時代」が開始された。以後の一一〇年間に狩猟免状の交付を受けた者は、累計二三六一万六四三八人であり、右の二つの時代の累計の合計数は、二六一九万六九一〇人となる。平成二三年の狩猟者数は一九万八四一八人であり、この人数は右一一〇年中の四九位の降順の順位にある。狩猟者が危機的に減少したと喧伝されるような状況とは、人数としては認められない。

2　狩猟者数と鳥獣捕獲数の対比

生業保護自由狩猟制の時代において、狩猟者数と鳥獣捕獲数を対比すると「②狩猟者数と鳥獣捕獲数の対比表」のとおりである。ここでいう狩猟者数は前記の累計二三六一万六四三八人であり、これと対比する鳥獣捕獲数は、狩猟による狩猟鳥捕獲数と狩猟獣捕獲数、有害駆除による有害鳥駆除数と有害獣駆除数及び特定計画による特定鳥調整数と特定獣調整数をいうものとする。この対比により、旧乱場の狩猟から平成一四年改正法の新型狩猟に至るわが国狩猟の実際の狩猟の実力すなわち「狩猟力」を推知することができる。「鳥獣捕獲総数」を仮にこの「狩猟力の徴表」とみて鳥獣捕獲総数の推移を検討すると、数値が減少傾向にある。ここに示された数値を狩猟力の衰亡を示すとみるか、又は野生鳥獣の衰亡を示すとみるかについては、様々な見解があろう。

これに関連して、国会において参考人から興味深い所見が提示されているので、耳を傾けてみる。平成一八年鳥獣の保護及び狩猟の適正化に関する法律改正に当たり、同年五月八日参議院環境委員会において坂田宏志参考人から意見聴取した。参議院環境委員会会議録によると、兵庫県で野生生物の保護管理に関する調査研究・実践を行っている坂田参考人は、持参の資料を説明した際に言葉を選びながら、次の指摘をした。その指摘は、

それともう一つ、右の方の図を見ていただけたらと思いますけれども、銃猟の出猟回数、これを集計したものです。黒が多いところが狩猟者がよく入っている場所ですね。これは、狩猟者というのは大体イノシシを捕りたい、シカは余り捕りたくないというのが今例えば兵庫県ではそういう方が多いです。それで、出猟する人がどこに行っているかということを見ると、例えばイノシシの被害が深刻な北の方ですね、北の方のイノシシ、真っ赤になっているところ、ここには余り狩猟者が入っていないことが分かります。一方で、イノシシが少なくなっているところ、そういうところに割とたくさん狩猟者が入っているというようなことがあります。この辺も、被害の防除なり対策のために狩猟を生かすということであれば、うまくこういう情報を行き渡らせて、狩猟者、こっちの方に行ったら捕れますよと、捕れるだけじゃなくて被害に対しても効果がありますという具合になればいいなと思うんですけれども、この辺りも、狩猟者はそれぞれ趣味、趣味というか自分の好きで行っているものですし、その辺りでこれをどのくらい調整できて、例えば今回の改正にある入猟者承認制度などの仕組みをうまく生かしてできるかどうか。これも情報なり、その調整能力、力量、地方自治体の力量が問わ

れるところかなと思います。

というものである。

従来からの狩猟つまり登録狩猟においては、狩猟者はイノシシやシカを「自分の好きで」捕獲している。したがって、狩猟者の好き勝手な行動様式が顕著に認められ、獲物が衰微するまでは、自由狩猟における狩猟者の気ままな狩猟の傾向が存在するとみてよいであろう。本表によると、年を追ってこの狩猟力が衰亡しているようにみえるが、そんな外見にもかかわらずこの状況は、わが国の自由狩猟制が狩猟者の生業を保護することを主眼としており、狩猟者はその生業保護に安住していることを物語っているのである。

三　飼鳥規制と野生鳥類全種飼養の復活

飼鳥規制と野生鳥類全種飼養の復活については既に詳述したが、狩猟法制の重要施策からみれば単に周辺的領域に過ぎない飼鳥問題について、あれほどの長期間を費やし、しかも敢えて違法と評価されるような行政まで狡知を振って敢行するほどのものであったのかと、つい思案に暮れるほどである。それに費やされた行政の労苦を、例えば自由狩猟をいつまで存続するのか、というような喫緊の課題の検討に用いておけば現下の鳥獣被害を多少とも阻止できたはずであるのにと、狩猟・環境官僚の仕事の優先順位に痛嘆してしまう。

飼鳥規制の確立は昭和二五年の占領下であったが、平和条約の発効後にこの飼鳥規制も狩猟者側と鳥獣保護側の対立のひとつの課題になってきた。地方庁からの狩猟統計の報告にその痕跡が残っている。年を追うごとに、特定の県からの七種野鳥の捕獲・飼養関係の法定報告が怠られるようになった。昭和二六年から三七年までのこの法定報告は、報告漏れが多すぎて検討するに耐えないものである。それもあって昭和三八年度から、それまでの七種飼養報告を他の飼養と混合して報告することに改められ、ようやく法定報告が励行されるようになった。そこで、昭和三八年度鳥獣関係報告以降分から、メジロの捕獲と飼養について作表して検討する。

1　メジロの捕獲

メジロ捕獲の状況は、「③メジロ捕獲の表」のとおりである。昭和三八年度から平成二三年度までの都道府県よりのメジロ捕獲状況報告をまとめた表であるが、狩猟統計の活用の意味で、捕獲数の多い「ワースト順位」に並べて毎年度の報告を作表してある。このささやかな工夫により、都道府県の飼鳥規制に対する態度は、その劣った順に明白に示されている。本表の末尾に全期間の累計を取りまとめているので、長期にみて全国都道府県の自然保護への態度が数量化できた。メジロ捕獲累計四五万七七三五羽という捕獲数は、決して軽視すべき数字ではない。この累計のワースト順位を眺めると、かねて環境庁・環境省からの出向者が環境保護課の長を占めた県のワースト順位が上位であることに気付く。環境省局長の重任にある者は、出向者に対して本表のワースト順位を示し、帰任までに改善することを厳命する必要があったようである。

2　メジロの飼養

メジロの飼養の状況も、同様に作表した「④メジロ飼養の表」のとおりである。捕獲メジロを飼養するのであるから、メジロの捕獲ワースト順位の県と飼養ワースト順位の県とは類似の傾向を示すと思われるが、必ずしもその意味の連動した状況が認められない。老飼養鳥を若い密猟鳥と入れ替えるという実情があると説かれている。長寿命のメジロを学問の対象として研究する必要がある。

四　日鳥連鳥獣輸入証明書による野鳥輸入の状況

日鳥連鳥獣輸入証明書は公的証明書ではない。当然のことながら、これの統計的利用には十分な注意が必要である。既に述べたように、日鳥連鳥獣輸入証明書については、「輸入業者で日鳥連の輸入証を希望するものは、その都度当該輸入税関長発行の輸入証明書の原本を添えて、日鳥連理事長に対し、必要枚数を請求する。但し請求枚数は輸入時の生存鳥獣数に相当する枚数のみとする。」との内部的制限があった。この制限すなわち、税関長発行の輸入証明書の原本に基づくこと、輸入時の生存鳥獣に限ることの二点に着目すると、この範囲においては適切に利用することができるであろう。このうち税関長発行の輸入証明書に基づくことを参考にして、以下の作表をした。

1　年別の野鳥輸入数と鳥名称別の野鳥輸入数

野鳥輸入の状況は、「⑤野鳥輸入数の表」と「⑥輸入鳥の名称表」のとおりである。この二表は、貿易統計には計上されず、知り得ない分野を補完することになった。昭和四七年から日鳥連鳥獣輸入証明書の新規発行が途絶えた平成一九年までの統計表である。輸入鳥の年別数量は、三六年間に合計一九八万八七〇六羽の輸入実績があった。鳥名称別の野鳥輸入数については、全体として鳥獣輸入業者の業務上の鳥名称による分類であって正確な種名ではないが、輸入数の多い上位三〇種については正確な種名と認めて差し支えない。その余の三一二種については輸出側の適宜な名称のものもある。メジロの輸入数の極めて多いことが特徴であり、九〇万七九一九羽であった。輸入メジロの購入目的が密猟した国産鳥とすり替えて密猟を隠す手段であった。したがって、このメジロ輸入数は、国内における密猟メジロ数であったと想定できる。そうすると、これと前記のメジロ捕獲累計四五万七七三五羽との合計数一三六万五六五四羽は、わが国における実際のメジロ捕獲数ということにもなる。

2　輸入国別の野鳥輸入数

輸入国別の野鳥輸入数は、「⑦輸入国別の野鳥輸入数の表」のとおりである。最大の輸出国である中国は、香港経由の場合があったほかに、中国産をマレーシア産と原産地を偽ったものがあった。この表には、資料不足のため、昭和五八年以降に鳥名称が判明するものの相手輸出国が不明な場合が多くあった。

番号	特色	年度	狩猟者数
70	生業保護自由狩猟制の時代	昭和19年	120,936
71		昭和20年	134,072
72		昭和21年	167,289
73		昭和22年	145,364
74		昭和23年	127,693
75		昭和24年	105,368
76		昭和25年	90,556
77		昭和26年	119,073
78		昭和27年	147,845
79		昭和28年	163,057
80		昭和29年	183,748
81		昭和30年	186,498
82		昭和31年	185,703
83		昭和32年	195,350
84		昭和33年	184,021
85		昭和34年	187,914
86		昭和35年	208,157
87		昭和36年	226,615
88		昭和37年	243,774
89		昭和38年	314,477
90		昭和39年	319,199
91		昭和40年	342,449
92		昭和41年	373,129
93		昭和42年	408,047
94		昭和43年	448,820
95		昭和44年	491,228
96		昭和45年	532,265
97		昭和46年	467,915
98		昭和47年	462,284
99		昭和48年	479,921
100		昭和49年	512,233
101		昭和50年	517,754
102		昭和51年	530,630
103		昭和52年	477,037
104		昭和53年	510,661

番号	特色	年度	狩猟者数
105	生業保護自由狩猟制の時代	昭和54年	447,920
106		昭和55年	460,771
107		昭和56年	471,224
108		昭和57年	387,243
109		昭和58年	377,447
110		昭和59年	389,296
111		昭和60年	326,267
112		昭和61年	327,758
113		昭和62年	330,312
114		昭和63年	288,633
115		平成１年	288,290
116		平成２年	289,525
117		平成３年	260,305
118		平成４年	259,751
119		平成５年	266,403
120		平成６年	243,940
121		平成７年	245,991
122		平成８年	247,776
123		平成９年	227,216
124		平成10年	230,672
125		平成11年	233,681
126		平成12年	210,234
127		平成13年	211,072
128		平成14年	212,480
129		平成15年	197,472
130		平成16年	198,330
131		平成17年	203,622
132		平成18年	185,227
133		平成19年	228,905
134		平成20年	221,533
135		平成21年	185,875
136		平成22年	190,214
137		平成23年	198,418
以上110年間の計			23,616,438
合計			26,196,910

表① 狩猟者数の推移表

番号	特色	年度	狩猟者数
1	税法と狩猟法令が混在した国家狩猟権制の時代	明治８年	45,441
2		明治９年	38,020
3		明治10年	35,785
4		明治11年	44,755
5		明治12年	59,285
6		明治13年	73,879
7		明治14年	79,484
8		明治15年	62,844
9		明治16年	62,633
10		明治17年	50,112
11		明治18年	44,225
12		明治19年	41,790
13		明治20年	50,416
14		明治21年	64,814
15		明治22年	82,276
16		明治23年	87,590
17		明治24年	89,811
18		明治25年	94,151
19		明治26年	113,615
20		明治27年	106,516
21		明治28年	141,556
22		明治29年	176,225
23		明治30年	190,941
24		明治31年	195,328
25		明治32年	215,774
26		明治33年	219,839
27		明治34年	113,367
以上27年間の計			2,580,472
28	生業保護自由狩猟制の時代	明治35年	105,117
29		明治36年	103,629
30		明治37年	57,999
31		明治38年	29,099
32		明治39年	37,399
33		明治40年	43,395
34		明治41年	44,312

番号	特色	年度	狩猟者数
35	生業保護自由狩猟制の時代	明治42年	45,845
36		明治43年	92,425
37		明治44年	92,365
38		大正１年	93,528
39		大正２年	94,951
40		大正３年	83,593
41		大正４年	77,974
42		大正５年	89,884
43		大正６年	121,580
44		大正７年	154,172
45		大正８年	195,506
46		大正９年	209,360
47		大正10年	217,035
48		大正11年	123,966
49		大正12年	112,460
50		大正13年	117,887
51		大正14年	117,309
52		昭和１年	117,636
53		昭和２年	114,005
54		昭和３年	115,820
55		昭和４年	117,394
56		昭和５年	82,261
57		昭和６年	74,679
58		昭和７年	76,176
59		昭和８年	84,521
60		昭和９年	88,201
61		昭和10年	87,820
62		昭和11年	88,806
63		昭和12年	84,545
64		昭和13年	85,877
65		昭和14年	108,448
66		昭和15年	112,644
67		昭和16年	114,894
68		昭和17年	126,512
69		昭和18年	120,524

有害駆除		特定計画			鳥獣捕獲計
有害獣駆除数	計	特定鳥調整数	特定獣調整数	計	
10,387	888,494				11,439,745
17,544	989,390				11,720,654
16,827	1,122,634				13,312,210
23,091	1,559,321				19,630,403
20,578	1,002,565				17,084,441
20,062	938,562				20,091,249

表② 狩猟者数と鳥獣捕獲数の対比表

番号	年度	狩猟者数	鳥獣捕獲数			
			狩猟			
			狩猟鳥捕獲数	狩猟獣捕獲数	計	有害鳥駆除数
1	明治35年	105,117				
2	明治36年	103,629				
3	明治37年	57,999				
4	明治38年	29,099				
5	明治39年	37,399				
6	明治40年	43,395				
7	明治41年	44,312				
8	明治42年	45,845				
9	明治43年	92,425				
10	明治44年	92,365				
11	大正１年	93,528				
12	大正２年	94,951				
13	大正３年	83,593				
14	大正４年	77,974				
15	大正５年	89,884				
16	大正６年	121,580				
17	大正７年	154,172				
18	大正８年	195,506				
19	大正９年	209,360				
20	大正10年	217,035				
21	大正11年	123,966				
22	大正12年	112,460	10,021,260	529,991	10,551,251	878,107
23	大正13年	117,887	10,151,167	580,097	10,731,264	971,846
24	大正14年	117,309	11,210,723	978,853	12,189,576	1,105,807
25	昭和１年	117,636	16,978,231	1,092,851	18,071,082	1,536,230
26	昭和２年	114,005	14,977,506	1,104,370	16,081,876	981,987
27	昭和３年	115,820	17,960,933	1,191,754	19,152,687	918,500

有害駆除		特定計画			鳥獣捕獲計
有害獣駆除数	計	特定鳥調整数	特定獣調整数	計	
19,570	1,040,172				19,674,173
22,494	922,045				16,990,426
22,203	1,049,789				17,878,534
24,933	1,023,610				18,440,456
22,704	1,170,669				19,012,303
24,959	1,117,195				20,265,508
34,345	1,286,577				21,548,228
31,838	1,178,208				18,798,771
109,027	1,524,515				20,089,457
93,216	1,105,435				17,200,126
66,592	1,027,314				17,953,396
42,398	1,035,115				16,597,580
95,985	1,559,489				20,314,981
63,013	1,919,782				20,219,734
36,420	1,324,688				11,993,801
41,555	2,247,631				16,748,018
51,637	2,281,276				7,486,110
81,056	2,769,212				8,193,950
68,646	2,277,921				8,098,785
118,636	2,466,108				8,338,666
149,631	2,390,960				9,542,769
220,652	2,707,494				9,993,315
164,657	2,688,682				11,629,039
47,189	1,614,518				10,906,209
41,888	1,646,590				11,505,458
33,968	1,702,826				10,384,978

番号	年度	狩猟者数	鳥獣捕獲数			
			狩　猟			
			狩猟鳥捕獲数	狩猟獣捕獲数	計	有害鳥駆除数
28	昭和４年	117,394	17,604,137	1,029,864	18,634,001	1,020,602
29	昭和５年	82,261	15,252,785	815,596	16,068,381	899,551
30	昭和６年	74,679	16,033,192	795,553	16,828,745	1,027,586
31	昭和７年	76,176	16,429,998	986,848	17,416,846	998,677
32	昭和８年	84,521	16,593,707	1,247,927	17,841,634	1,147,965
33	昭和９年	88,201	17,845,776	1,302,537	19,148,313	1,092,236
34	昭和10年	87,820	19,082,880	1,178,771	20,261,651	1,252,232
35	昭和11年	88,806	16,372,580	1,247,983	17,620,563	1,146,370
36	昭和12年	84,545	17,392,346	1,172,596	18,564,942	1,415,488
37	昭和13年	85,877	15,056,716	1,037,975	16,094,691	1,012,219
38	昭和14年	108,448	15,909,627	1,016,455	16,926,082	960,722
39	昭和15年	112,644	14,505,940	1,056,525	15,562,465	992,717
40	昭和16年	114,894	17,604,420	1,151,072	18,755,492	1,463,504
41	昭和17年	126,512	17,023,625	1,276,327	18,299,952	1,856,769
42	昭和18年	120,524				
43	昭和19年	120,936				
44	昭和20年	134,072	9,816,857	852,256	10,669,113	1,288,268
45	昭和21年	167,289	13,398,775	1,101,612	14,500,387	2,206,076
46	昭和22年	145,364	4,432,737	772,097	5,204,834	2,229,639
47	昭和23年	127,693	4,693,490	731,248	5,424,738	2,688,156
48	昭和24年	105,368	5,062,050	758,814	5,820,864	2,209,275
49	昭和25年	90,556	5,148,775	723,783	5,872,558	2,347,472
50	昭和26年	119,073	6,116,410	1,035,399	7,151,809	2,241,329
51	昭和27年	147,845	6,241,318	1,044,503	7,285,821	2,486,842
52	昭和28年	163,057	7,687,017	1,253,340	8,940,357	2,524,025
53	昭和29年	183,748	7,936,179	1,355,512	9,291,691	1,567,329
54	昭和30年	186,498	8,605,442	1,253,426	9,858,868	1,604,702
55	昭和31年	185,703	7,574,086	1,108,066	8,682,152	1,668,858

有害駆除		特定計画			鳥獣捕獲計
有害獣駆除数	計	特定鳥調整数	特定獣調整数	計	
63,987	1,638,435				10,998,870
69,866	2,134,678				11,629,644
89,439	2,374,530				13,074,567
112,303	2,993,822				14,268,069
84,548	3,196,802				15,382,248
69,868	3,113,106				17,136,690
197,856	2,484,363				14,015,942
232,769	2,871,214				15,162,104
201,467	2,527,307				14,929,006
210,268	3,043,345				15,506,993
262,817	3,168,371				16,713,051
247,207	3,149,379				16,188,157
277,845	3,449,628				16,708,976
222,149	3,230,985				17,898,579
193,046	2,561,124				14,309,651
199,240	2,760,930				14,021,571
235,452	2,553,750				14,930,735
230,811	2,469,991				13,556,746
196,754	2,641,919				13,344,154
220,556	2,456,300				12,403,274
219,725	2,731,597				11,948,447
160,608	3,087,776				11,292,470
205,163	2,940,610				11,507,167
193,399	2,298,598				10,700,610
171,605	2,198,573				9,202,487
140,045	2,366,117				8,499,853
136,566	2,386,773				8,720,487
70,685	2,235,182				7,663,851

番号	年度	狩猟者数	鳥獣捕獲数			
			狩　猟			
			狩猟鳥捕獲数	狩猟獣捕獲数	計	有害鳥駆除数
56	昭和32年	195,350	8,318,175	1,042,260	9,360,435	1,574,448
57	昭和33年	184,021	8,331,042	1,163,924	9,494,966	2,064,812
58	昭和34年	187,914	9,427,535	1,272,502	10,700,037	2,285,091
59	昭和35年	208,157	10,070,032	1,204,215	11,274,247	2,881,519
60	昭和36年	226,615	10,965,153	1,220,293	12,185,446	3,112,254
61	昭和37年	243,774	12,774,919	1,248,665	14,023,584	3,043,238
62	昭和38年	314,477	10,566,409	965,170	11,531,579	2,286,507
63	昭和39年	319,199	11,232,159	1,058,731	12,290,890	2,638,445
64	昭和40年	342,449	11,371,925	1,029,774	12,401,699	2,325,840
65	昭和41年	373,129	11,415,161	1,048,487	12,463,648	2,833,077
66	昭和42年	408,047	12,455,231	1,089,449	13,544,680	2,905,554
67	昭和43年	448,820	11,989,526	1,049,252	13,038,778	2,902,172
68	昭和44年	491,228	12,199,409	1,059,939	13,259,348	3,171,783
69	昭和45年	532,265	13,557,214	1,110,380	14,667,594	3,008,836
70	昭和46年	467,915	10,796,588	951,939	11,748,527	2,368,078
71	昭和47年	462,284	10,303,074	957,567	11,260,641	2,561,690
72	昭和48年	479,921	11,348,341	1,028,644	12,376,985	2,318,298
73	昭和49年	512,233	10,025,708	1,061,047	11,086,755	2,239,180
74	昭和50年	517,754	9,785,169	917,066	10,702,235	2,445,165
75	昭和51年	530,630	9,001,592	945,382	9,946,974	2,235,744
76	昭和52年	477,037	8,369,050	847,800	9,216,850	2,511,872
77	昭和53年	510,661	7,425,815	778,879	8,204,694	2,927,168
78	昭和54年	447,920	7,819,482	747,075	8,566,557	2,735,447
79	昭和55年	460,771	7,698,784	703,228	8,402,012	2,105,199
80	昭和56年	471,224	6,335,125	668,789	7,003,914	2,026,968
81	昭和57年	387,243	5,481,296	652,440	6,133,736	2,226,072
82	昭和58年	377,447	5,772,632	561,082	6,333,714	2,250,207
83	昭和59年	389,296	4,880,763	547,906	5,428,669	2,164,497

有害駆除		特定計画			鳥獣捕獲計
有害獣駆除数	計	特定鳥調整数	特定獣調整数	計	
129,291	2,408,146				7,753,808
110,238	2,137,784				6,686,278
113,290	1,849,453				6,275,276
92,619	1,779,138				5,703,362
93,034	1,722,155				5,734,732
102,493	1,457,712				5,125,782
99,317	1,416,486				4,874,573
102,323	1,386,178				4,651,808
104,350	1,254,300				3,967,646
105,535	1,172,796				4,408,039
100,305	1,039,899				3,659,212
115,083	1,163,513				4,287,601
112,248	1,110,976				3,390,590
124,555	999,155				3,793,399
128,889	946,853				3,093,807
125,029	886,368		7,994	7,994	2,990,768
123,485	864,730		28,047	28,047	2,880,361
142,587	857,645		34,552	34,552	2,906,900
143,978	796,442		44,565	44,565	2,356,488
170,788	764,776		51,527	51,527	2,430,429
146,711	736,792		53,318	53,318	1,970,161
177,671	761,942		74,894	74,894	2,098,943
173,003	724,210	349	71,754	72,103	1,937,694
228,698	772,592	400	95,556	95,956	2,097,388
257,658	766,090	365	116,684	117,049	1,984,083
386,682	854,546	25,437	144,175	169,612	2,212,586
386,381	814,115	14,315	150,146	164,461	1,851,897
10,849,986	156,088,784	40,866	873,212	914,078	955,921,483

番号	年度	狩猟者数	鳥獣捕獲数			
			狩　猟			
			狩猟鳥捕獲数	狩猟獣捕獲数	計	有害鳥駆除数
84	昭和60年	326,267	4,808,179	537,483	5,345,662	2,278,855
85	昭和61年	327,758	4,071,174	477,320	4,548,494	2,027,546
86	昭和62年	330,312	3,969,908	455,915	4,425,823	1,736,163
87	昭和63年	288,633	3,496,046	428,178	3,924,224	1,686,519
88	平成１年	288,290	3,610,108	402,469	4,012,577	1,629,121
89	平成２年	289,525	3,298,736	369,334	3,668,070	1,355,219
90	平成３年	260,305	3,105,092	352,995	3,458,087	1,317,169
91	平成４年	259,751	2,935,684	329,946	3,265,630	1,283,855
92	平成５年	266,403	2,409,151	304,195	2,713,346	1,149,950
93	平成６年	243,940	2,946,202	289,041	3,235,243	1,067,261
94	平成７年	245,991	2,333,008	286,305	2,619,313	939,594
95	平成８年	247,776	2,846,467	277,621	3,124,088	1,048,430
96	平成９年	227,216	2,027,879	251,735	2,279,614	998,728
97	平成10年	230,672	2,486,492	307,752	2,794,244	874,600
98	平成11年	233,681	1,848,976	297,978	2,146,954	817,964
99	平成12年	210,234	1,807,202	289,204	2,096,406	761,339
100	平成13年	211,072	1,680,217	307,367	1,987,584	741,245
101	平成14年	212,480	1,691,952	322,751	2,014,703	715,058
102	平成15年	197,472	1,207,708	307,773	1,515,481	652,464
103	平成16年	198,330	1,270,534	343,592	1,614,126	593,988
104	平成17年	203,622	864,524	315,527	1,180,051	590,081
105	平成18年	185,227	949,961	312,146	1,262,107	584,271
106	平成19年	228,905	841,606	299,775	1,141,381	551,207
107	平成20年	221,533	883,940	344,900	1,228,840	543,894
108	平成21年	185,875	747,320	353,624	1,100,944	508,432
109	平成22年	190,214	760,925	427,503	1,188,428	467,864
110	平成23年	198,418	496,009	377,312	873,321	427,734
合計		23,616,438	729,832,994	69,085,627	798,918,621	145,238,798

昭和42年		昭和43年		昭和44年		昭和45年		昭和46年	
静岡	3,182	静岡	2,564	和歌山	2,286	和歌山	3,137	静岡	5,397
和歌山	2,976	和歌山	2,393	静岡	2,023	静岡	2,008	熊本	3,008
高知	1,892	大分	1,587	大分	2,015	大分	1,676	和歌山	2,713
熊本	1,585	熊本	1,575	熊本	1,391	熊本	1,473	宮崎	2,329
広島	1,111	高知	1,176	高知	953	高知	1,148	高知	2,067
大分	1,103	広島	699	宮崎	820	広島	1,086	大分	2,042
愛媛	571	鹿児島	686	長崎	806	兵庫	960	福岡	1,663
栃木	501	愛知	590	広島	676	山口	861	長崎	1,603
鹿児島	483	兵庫	552	兵庫	589	愛知	705	広島	1,482
愛知	482	愛媛	541	鹿児島	556	大阪	580	愛知	1,354
兵庫	431	大阪	381	愛知	540	東京	570	山口	1,297
宮崎	416	宮崎	375	大阪	494	三重	555	大阪	1,154
岡山	392	山口	309	神奈川	414	長崎	519	兵庫	989
神奈川	329	栃木	297	愛媛	407	愛媛	471	佐賀	971
三重	319	神奈川	279	三重	323	神奈川	430	鹿児島	940
山口	281	岡山	263	栃木	256	岡山	306	東京	691
東京	274	三重	221	岡山	251	鹿児島	303	神奈川	624
大阪	147	東京	205	山口	219	福岡	291	千葉	529
徳島	137	長崎	184	東京	213	栃木	220	三重	434
京都	113	島根	151	福岡	190	千葉	179	栃木	285
鳥取	94	佐賀	149	徳島	177	徳島	166	岡山	224
香川	82	新潟	122	佐賀	128	京都	153	徳島	212
長崎	75	徳島	105	千葉	101	佐賀	143	茨城	206
千葉	69	千葉	96	京都	98	鳥取	136	京都	206
佐賀	62	香川	69	新潟	87	茨城	124	鳥取	124
宮城	55	京都	66	香川	76	香川	121	島根	111
群馬	55	茨城	55	島根	70	島根	86	新潟	98
奈良	44	鳥取	49	石川	69	新潟	76	岐阜	80
岩手	34	群馬	46	宮城	57	岐阜	40	香川	72
岐阜	34	福島	39	福島	54	埼玉	34	群馬	66
滋賀	33	岐阜	32	群馬	52	奈良	34	岩手	48
富山	32	山梨	22	山梨	38	群馬	33	滋賀	47
福島	31	奈良	20	鳥取	36	福島	24	福島	36
茨城	31	滋賀	19	茨城	29	岩手	23	奈良	28
山形	29	青森	18	滋賀	25	滋賀	22	山梨	27
埼玉	28	宮城	16	長野	24	長野	20	青森	24
青森	22	岩手	15	奈良	20	山梨	19	埼玉	24
島根	14	長野	15	岐阜	16	青森	16	山形	14
山梨	12	埼玉	13	岩手	12	石川	10	長野	14
長野	11	秋田	3	山形	12	富山	9	秋田	13
石川	4	富山	1	北海道	11	宮城	4	石川	8
				青森	8	秋田	1	宮城	7
				埼玉	6	山形	1	富山	1
				秋田	1				
計	17,576	計	15,998	計	16,629	計	18,773	計	33,262

表③　メジロ捕獲の表

ワースト順位	昭和38年		昭和39年		昭和40年		昭和41年	
1	和歌山	1,249	和歌山	1,962	和歌山	2,972	静岡	3,408
2	大分	843	静岡	861	静岡	1,724	高知	3,000
3	静岡	498	大分	761	広島	962	和歌山	2,944
4	鹿児島	498	三重	657	神奈川	708	熊本	1,394
5	熊本	425	神奈川	642	高知	667	広島	1,071
6	愛媛	415	高知	609	三重	662	愛媛	665
7	高知	392	広島	491	大分	580	宮崎	473
8	神奈川	322	愛媛	466	熊本	481	兵庫	399
9	兵庫	250	兵庫	430	愛媛	417	愛知	391
10	栃木	215	熊本	427	栃木	372	栃木	383
11	三重	205	東京	354	愛知	312	鹿児島	360
12	宮崎	181	栃木	320	東京	287	大分	344
13	長崎	180	長崎	273	宮崎	272	三重	330
14	広島	156	山口	252	長崎	267	神奈川	254
15	岩手	134	宮崎	251	兵庫	212	東京	243
16	京都	127	愛知	196	岡山	165	岡山	178
17	岡山	117	鹿児島	166	山口	142	大阪	177
18	山口	111	徳島	159	鹿児島	106	山口	168
19	東京	104	岡山	155	徳島	105	千葉	121
20	愛知	101	島根	102	岩手	90	徳島	99
21	福島	93	岐阜	83	京都	65	京都	98
22	徳島	80	岩手	81	群馬	64	島根	98
23	茨城	40	京都	80	大阪	43	長崎	94
24	香川	22	鳥取	67	奈良	41	富山	66
25	千葉	17	茨城	47	茨城	40	岩手	52
26	鳥取	17	奈良	47	山梨	38	岐阜	44
27	滋賀	13	山形	45	佐賀	32	香川	44
28	山梨	12	大阪	44	千葉	31	群馬	40
29	大阪	12	千葉	43	長野	31	山梨	40
30	佐賀	12	滋賀	25	香川	29	鳥取	40
31	長野	2	群馬	21	青森	25	佐賀	40
32	岐阜	8	香川	21	鳥取	22	茨城	33
33	奈良	8	宮城	20	滋賀	21	福島	28
34	青森	5	佐賀	20	山形	17	滋賀	28
35	山形	2	山梨	10	岐阜	17	長野	20
36	島根	2	長野	8	宮城	8	宮城	19
37	秋田	1	秋田	3	島根	8	奈良	17
38			福島	2	秋田	7	青森	10
39					福島	4	秋田	3
40					富山	2	新潟	3
41								
42								
43								
44								
45								
46								
47								
合計	計	6,876	計	10,201	計	12,048	計	17,219

昭和51年		昭和52年		昭和53年		昭和54年		昭和55年	
熊本	4,456	静岡	3,526	静岡	3,997	鹿児島	1,108	鹿児島	982
宮崎	3,787	宮崎	2,778	宮崎	3,137	和歌山	1,039	沖縄	929
和歌山	3,651	和歌山	2,224	熊本	2,634	静岡	909	静岡	644
静岡	2,973	熊本	2,053	和歌山	2,511	沖縄	710	和歌山	449
長崎	2,315	長崎	1,601	鹿児島	1,309	茨城	483	宮崎	371
鹿児島	2,307	鹿児島	1,242	長崎	1,071	熊本	482	熊本	365
大分	1,340	茨城	1,116	高知	915	千葉	481	茨城	352
高知	1,324	三重	850	愛知	908	高知	448	愛知	347
茨城	1,210	千葉	815	茨城	787	福岡	406	三重	220
千葉	1,040	高知	810	三重	773	宮崎	405	長崎	205
大阪	950	広島	807	千葉	754	愛知	381	広島	189
山口	938	愛知	781	広島	723	長崎	358	高知	187
愛知	901	大分	712	大分	692	広島	350	愛媛	184
三重	841	山口	691	栃木	659	三重	294	大分	155
広島	697	栃木	610	沖縄	648	大分	291	大阪	134
愛媛	502	大阪	568	山口	618	愛媛	276	山口	126
栃木	477	愛媛	536	徳島	611	山口	248	栃木	113
徳島	382	徳島	470	大阪	400	大阪	229	佐賀	99
佐賀	333	岡山	379	愛媛	310	栃木	187	徳島	78
福岡	309	沖縄	358	東京	274	徳島	183	福岡	70
東京	243	兵庫	333	岡山	230	東京	128	東京	68
岡山	219	佐賀	273	兵庫	193	島根	125	神奈川	56
兵庫	196	福岡	270	島根	152	佐賀	106	奈良	55
神奈川	183	東京	189	佐賀	139	鳥取	99	岡山	55
京都	155	京都	167	鳥取	117	岡山	71	香川	55
沖縄	147	神奈川	144	神奈川	113	香川	59	兵庫	47
島根	138	香川	142	香川	111	京都	54	島根	47
鳥取	116	島根	119	京都	93	兵庫	53	鳥取	29
石川	109	奈良	112	岐阜	70	神奈川	41	岐阜	27
香川	108	鳥取	106	奈良	44	岐阜	32	京都	26
福島	80	岐阜	87	新潟	32	奈良	30	福島	13
奈良	77	福島	41	福島	29	山梨	26	滋賀	11
滋賀	53	滋賀	33	滋賀	29	滋賀	20	山梨	7
岐阜	50	山形	27	埼玉	16	新潟	15	埼玉	6
埼玉	18	新潟	24	長野	11	福島	12	新潟	4
新潟	14	長野	23	山形	10	埼玉	8	長野	3
長野	9	埼玉	22	山梨	6	長野	3	青森	1
山形	6	石川	21	秋田	5	秋田	2		
青森	4	青森	6	青森	1	青森	1		
山梨	3	秋田	3						
秋田	2	山梨	1						
計	32,663	計	25,070	計	25,132	計	10,153	計	6,709

ワースト順位	昭和47年		昭和48年		昭和49年		昭和50年	
1	鹿児島	6,704	静岡	5,680	宮崎	4,138	和歌山	4,992
2	静岡	5,724	和歌山	3,188	静岡	3,639	静岡	3,858
3	和歌山	3,376	宮崎	3,072	和歌山	2,748	宮崎	3,235
4	大分	2,491	長崎	2,590	大分	2,461	鹿児島	2,251
5	高知	2,184	鹿児島	2,350	鹿児島	2,323	高知	1,867
6	宮崎	2,175	山口	2,100	長崎	2,106	長崎	1,785
7	熊本	1,995	熊本	1,671	大阪	2,049	茨城	1,480
8	大阪	1,910	広島	1,564	高知	1,730	大分	1,462
9	山口	1,729	大分	1,488	広島	1,659	愛知	1,343
10	福岡	1,283	大阪	1,475	山口	1,301	山口	1,320
11	兵庫	1,208	高知	1,227	福岡	1,265	熊本	1,273
12	愛知	1,185	福岡	1,024	熊本	1,133	広島	1,255
13	千葉	1,019	愛知	997	愛知	848	大阪	1,233
14	三重	964	三重	865	茨城	820	千葉	984
15	広島	856	千葉	796	千葉	758	三重	857
16	神奈川	756	愛媛	796	三重	667	愛媛	788
17	愛媛	632	茨城	563	佐賀	512	栃木	723
18	岡山	443	佐賀	462	神奈川	493	福岡	617
19	佐賀	421	神奈川	452	愛媛	422	徳島	406
20	東京	366	兵庫	415	京都	408	神奈川	392
21	栃木	327	岡山	412	岡山	352	東京	353
22	徳島	325	沖縄	407	徳島	299	京都	345
23	長崎	309	東京	366	栃木	286	岡山	307
24	茨城	284	徳島	331	東京	264	佐賀	256
25	沖縄	250	栃木	312	島根	247	兵庫	197
26	京都	241	奈良	199	兵庫	196	奈良	141
27	鳥取	173	京都	182	沖縄	94	香川	141
28	香川	165	岐阜	127	鳥取	87	鳥取	126
29	岐阜	91	鳥取	106	岐阜	77	福島	78
30	島根	91	滋賀	105	奈良	77	石川	63
31	奈良	78	島根	97	香川	73	岐阜	51
32	群馬	75	香川	47	福島	34	沖縄	47
33	福島	50	福島	41	山梨	33	新潟	32
34	岩手	43	群馬	30	滋賀	27	滋賀	31
35	滋賀	39	山形	27	新潟	24	埼玉	26
36	新潟	37	新潟	19	秋田	21	秋田	15
37	埼玉	33	山梨	15	山形	11	山形	12
38	山梨	32	岩手	8	長野	10	山梨	9
39	秋田	22	秋田	8	埼玉	8	長野	8
40	長野	16	青森	7	青森	7	岩手	3
41	青森	15	埼玉	7	岩手	1	青森	1
42	山形	11	長野	7	群馬	1	群馬	1
43	富山	1	宮城	1				
44								
45								
46								
47								
合計	計	40,129	計	35,636	計	33,709	計	34,364

昭和60年		昭和61年		昭和62年		昭和63年		平成１年	
静岡	586	鹿児島	849	鹿児島	438	鹿児島	632	鹿児島	376
沖縄	542	宮崎	536	静岡	411	静岡	504	静岡	279
鹿児島	459	静岡	462	宮崎	381	和歌山	246	長崎	138
和歌山	319	長崎	336	熊本	252	長崎	197	宮崎	132
長崎	246	沖縄	273	和歌山	251	熊本	170	和歌山	100
熊本	202	和歌山	243	三重	249	宮崎	158	高知	87
高知	167	大分	217	高知	209	高知	153	大分	85
愛知	158	愛媛	157	長崎	177	大分	141	愛知	78
愛媛	141	愛知	140	山口	135	愛知	135	山口	78
宮崎	141	山口	139	愛知	130	広島	133	三重	72
大分	135	福岡	132	福岡	130	山口	130	佐賀	62
広島	133	高知	120	愛媛	102	茨城	99	茨城	57
三重	130	熊本	115	大分	102	福岡	91	福岡	57
山口	119	佐賀	114	広島	98	愛媛	78	愛媛	56
島根	113	広島	107	徳島	96	三重	76	広島	54
福岡	90	茨城	91	茨城	86	東京	73	熊本	48
茨城	89	三重	74	佐賀	66	島根	69	沖縄	48
徳島	81	徳島	52	大阪	50	大阪	66	島根	46
神奈川	64	東京	51	神奈川	45	沖縄	60	神奈川	35
佐賀	63	大阪	49	沖縄	45	徳島	50	香川	32
東京	56	神奈川	47	東京	40	香川	41	大阪	25
兵庫	51	兵庫	29	島根	40	神奈川	40	徳島	22
香川	42	島根	29	兵庫	22	佐賀	37	兵庫	17
栃木	30	香川	29	奈良	22	兵庫	25	奈良	16
岐阜	18	栃木	18	香川	21	岐阜	24	岐阜	8
鳥取	18	鳥取	15	栃木	19	奈良	22	鳥取	4
京都	16	奈良	12	岐阜	18	鳥取	18	岡山	4
奈良	12	京都	10	京都	13	京都	11	滋賀	3
大阪	10	岡山	10	鳥取	13	岡山	9	栃木	1
岡山	9	岐阜	6	岡山	5	滋賀	8	東京	1
滋賀	8	福島	5	滋賀	2	栃木	7	京都	1
福島	3	滋賀	3	福島	1	秋田	4		
青森	2	長野	2	山梨	1	山梨	4		
新潟	1					青森	2		
長野	1					新潟	1		
計	4,255	計	4,472	計	3,670	計	3,514	計	2,022

ワースト順位	昭和56年		昭和57年		昭和58年		昭和59年	
1	沖縄	806	沖縄	1,125	静岡	686	鹿児島	498
2	鹿児島	649	鹿児島	589	鹿児島	504	静岡	433
3	静岡	469	静岡	505	和歌山	445	和歌山	295
4	和歌山	341	愛媛	347	宮崎	362	熊本	236
5	茨城	235	和歌山	283	熊本	299	沖縄	207
6	熊本	204	長崎	223	茨城	266	長崎	178
7	愛知	193	愛知	216	愛知	256	愛媛	162
8	三重	190	高知	182	佐賀	252	愛知	159
9	長崎	172	大分	182	高知	250	山口	127
10	宮崎	159	茨城	177	愛媛	209	茨城	107
11	愛媛	145	熊本	174	大分	197	広島	91
12	高知	139	宮崎	163	長崎	180	福岡	89
13	大分	124	山口	142	三重	175	大阪	80
14	山口	116	三重	113	山口	168	三重	70
15	広島	106	東京	100	広島	149	佐賀	69
16	大阪	96	大阪	93	沖縄	117	徳島	67
17	佐賀	86	広島	79	徳島	113	島根	53
18	福岡	57	島根	70	大阪	105	東京	51
19	栃木	55	福岡	54	東京	97	兵庫	36
20	徳島	52	栃木	50	島根	75	神奈川	30
21	香川	45	鳥取	50	兵庫	63	岡山	26
22	岡山	40	神奈川	49	福岡	60	香川	26
23	神奈川	36	徳島	47	神奈川	51	鳥取	25
24	兵庫	32	奈良	31	岡山	48	栃木	23
25	鳥取	29	佐賀	30	栃木	43	京都	14
26	東京	27	岡山	28	鳥取	43	滋賀	9
27	島根	22	兵庫	27	奈良	32	岐阜	7
28	京都	19	香川	25	岐阜	22	福島	3
29	滋賀	16	京都	22	香川	21	埼玉	1
30	岐阜	15	福島	16	京都	18		
31	奈良	14	滋賀	10	秋田	6		
32	福島	13	岐阜	7	滋賀	5		
33	山形	2	埼玉	2	福島	3		
34	秋田	1	新潟	2	新潟	2		
35	埼玉	1	青森	1	長野	2		
36	新潟	1	山形	1				
37	長野	1	長野	1				
38								
39								
40								
41								
42								
43								
44								
45								
46								
47								
合計	計	4,708	計	5,216	計	5,324	計	3,172

平成6年		平成7年		平成8年		平成9年		平成10年	
鹿児島	178	鹿児島	134	鹿児島	220	鹿児島	212	鹿児島	434
静岡	145	静岡	129	静岡	169	高知	144	静岡	218
高知	98	和歌山	89	熊本	121	静岡	133	長崎	107
和歌山	85	大分	86	和歌山	76	大分	95	高知	93
大分	73	宮崎	57	大分	67	熊本	68	大分	84
宮崎	69	愛媛	54	愛知	58	愛媛	58	熊本	74
徳島	66	神奈川	50	広島	57	福岡	53	広島	61
長崎	61	徳島	47	茨城	54	宮崎	51	和歌山	55
神奈川	53	高知	45	愛媛	53	和歌山	50	山口	55
熊本	51	熊本	45	宮崎	53	徳島	40	徳島	53
広島	50	長崎	42	高知	48	大阪	37	宮崎	52
愛知	48	福岡	40	徳島	47	沖縄	36	大阪	49
山口	48	山口	39	佐賀	44	広島	35	愛知	42
愛媛	47	愛知	32	三重	38	佐賀	34	愛媛	41
三重	38	大阪	31	山口	37	山口	31	福岡	38
佐賀	31	島根	28	大阪	31	奈良	29	佐賀	35
奈良	29	広島	25	長崎	31	長崎	27	神奈川	31
茨城	28	三重	24	福岡	29	愛知	26	茨城	21
大阪	24	佐賀	24	神奈川	23	茨城	25	東京	13
福岡	22	茨城	23	島根	22	三重	25	香川	10
島根	20	奈良	12	兵庫	14	島根	22	三重	9
岐阜	13	東京	11	東京	11	神奈川	17	奈良	9
香川	10	兵庫	10	沖縄	9	兵庫	14	沖縄	9
沖縄	9	岡山	6	香川	8	東京	7	島根	5
兵庫	7	香川	6	鳥取	5	香川	3	兵庫	4
京都	5	岐阜	5	奈良	4	岐阜	2	鳥取	3
鳥取	4	鳥取	3	岐阜	3	京都	1		
岡山	2	沖縄	3	滋賀	1	鳥取	1		
山梨	1	滋賀	2	岡山	1				
		京都	1						
計	1,315	計	1,103	計	1,334	計	1,276	計	1,605

ワースト順位	平成２年		平成３年		平成４年		平成５年	
1	鹿児島	228	鹿児島	152	鹿児島	182	鹿児島	160
2	静岡	164	宮崎	150	静岡	144	静岡	132
3	長崎	111	静岡	109	和歌山	70	和歌山	103
4	和歌山	94	広島	88	佐賀	51	熊本	84
5	宮崎	77	和歌山	61	愛媛	48	高知	58
6	高知	59	長崎	53	高知	46	愛媛	50
7	熊本	57	大分	49	広島	45	佐賀	50
8	愛知	56	愛知	48	熊本	44	徳島	48
9	福岡	51	茨城	46	大分	43	宮崎	43
10	山口	45	熊本	37	長崎	42	愛知	34
11	大分	44	高知	32	宮崎	39	広島	34
12	島根	42	神奈川	30	愛知	36	大分	33
13	三重	41	愛媛	30	三重	36	三重	32
14	広島	40	福岡	30	山口	32	福岡	32
15	愛媛	40	山口	29	徳島	32	大阪	28
16	茨城	38	沖縄	21	福岡	31	長崎	28
17	東京	31	徳島	20	神奈川	27	神奈川	21
18	佐賀	29	佐賀	19	茨城	17	山口	21
19	神奈川	28	大阪	17	島根	17	島根	19
20	沖縄	22	東京	16	東京	13	茨城	16
21	奈良	16	島根	14	鳥取	13	奈良	14
22	徳島	16	岐阜	11	大阪	10	東京	12
23	大阪	14	三重	11	京都	8	岐阜	8
24	岐阜	10	奈良	8	奈良	8	沖縄	8
25	鳥取	10	香川	8	兵庫	6	京都	5
26	兵庫	8	兵庫	5	岐阜	4	兵庫	5
27	香川	7	鳥取	5	滋賀	4	鳥取	5
28	京都	6	京都	4	沖縄	3	滋賀	1
29	栃木	4	滋賀	2	長野	1	香川	1
30	岡山	4	栃木	1				
31	滋賀	2						
32								
33								
34								
35								
36								
37								
38								
39								
40								
41								
42								
43								
44								
45								
46								
47								
合計	計	1,394	計	1,106	計	1,052	計	1,085

平成15年		平成16年		平成17年		平成18年		平成19年	
鹿児島	247	鹿児島	198	鹿児島	119	静岡	163	鹿児島	196
福岡	84	福岡	155	長崎	80	鹿児島	142	静岡	92
高知	79	熊本	101	福岡	78	熊本	110	高知	81
大分	73	長崎	80	大阪	60	長崎	99	熊本	80
長崎	69	高知	70	大分	60	神奈川	66	福岡	59
熊本	60	山口	59	高知	52	愛知	48	大阪	57
佐賀	48	大阪	49	静岡	51	福岡	43	神奈川	53
広島	45	静岡	48	徳島	47	高知	39	宮崎	49
山口	42	徳島	43	佐賀	41	大阪	38	佐賀	46
愛媛	40	佐賀	41	和歌山	35	広島	33	沖縄	46
宮崎	38	大分	39	山口	34	山口	32	長崎	44
和歌山	31	和歌山	37	熊本	33	徳島	29	山口	39
大阪	26	宮崎	34	宮崎	27	大分	29	愛知	38
徳島	26	神奈川	32	島根	26	和歌山	28	広島	37
神奈川	25	茨城	25	愛媛	20	佐賀	24	徳島	37
島根	23	愛知	22	愛知	19	愛媛	18	大分	36
愛知	19	広島	19	広島	19	沖縄	17	愛媛	29
静岡	14	三重	18	茨城	16	香川	7	三重	24
三重	12	沖縄	15	三重	8	茨城	5	和歌山	22
沖縄	10	兵庫	7	香川	8	岐阜	4	香川	12
茨城	9	愛媛	6	奈良	6	奈良	4	奈良	9
香川	8	岐阜	3	神奈川	3	宮崎	4	兵庫	6
奈良	3	香川	3	岐阜	3	三重	2	島根	4
兵庫	2	鳥取	2	兵庫	2	兵庫	1	岐阜	2
鳥取	2	島根	2	岡山	1	島根	1	滋賀	1
		奈良	1						
計	1,035	計	1,109	計	848	計	986	計	1,099

ワースト順位	平成11年		平成12年		平成13年		平成14年	
1	鹿児島	587	宮崎	293	鹿児島	324	鹿児島	336
2	大阪	336	鹿児島	245	熊本	114	長崎	158
3	熊本	277	長崎	203	静岡	98	佐賀	122
4	静岡	175	高知	178	福岡	65	福岡	107
5	高知	168	熊本	133	神奈川	64	愛媛	79
6	長崎	161	福岡	130	大分	55	大分	69
7	宮崎	152	静岡	116	和歌山	53	熊本	60
8	和歌山	134	和歌山	100	長崎	51	和歌山	57
9	福岡	98	山口	62	大阪	47	山口	47
10	佐賀	94	大阪	60	佐賀	45	広島	37
11	広島	74	佐賀	56	宮崎	38	徳島	34
12	愛知	63	神奈川	52	徳島	33	宮崎	34
13	山口	57	愛媛	52	高知	30	静岡	33
14	大分	52	大分	49	山口	28	三重	31
15	三重	40	徳島	41	愛媛	26	愛知	26
16	徳島	39	広島	38	三重	23	大阪	24
17	神奈川	36	愛知	23	広島	23	茨城	22
18	愛媛	31	沖縄	19	愛知	18	神奈川	19
19	東京	19	茨城	13	島根	15	香川	7
20	奈良	19	三重	12	茨城	12	東京	6
21	茨城	18	島根	10	東京	11	兵庫	6
22	沖縄	17	香川	8	沖縄	11	沖縄	5
23	島根	7	兵庫	4	香川	9	島根	3
24	香川	7	東京	3	奈良	4	岡山	3
25	兵庫	5	鳥取	3	鳥取	4	奈良	2
26	鳥取	4	岡山	3	岐阜	2	鳥取	2
27	岡山	1	奈良	2	兵庫	2	岐阜	1
28			滋賀	1	滋賀	1		
29					岡山	1		
30								
31								
32								
33								
34								
35								
36								
37								
38								
39								
40								
41								
42								
43								
44								
45								
46								
47								
合計	計	2,671	計	1,909	計	1,207	計	1,330

昭和38-平成23累計	
静岡	59,466
和歌山	50,666
鹿児島	34,756
宮崎	31,832
熊本	31,258
高知	26,064
大分	24,520
長崎	19,979
広島	17,701
山口	14,716
愛知	14,557
大阪	13,782
三重	11,687
愛媛	10,702
福岡	9,699
茨城	9,295
兵庫	8,076
沖縄	7,864
千葉	7,833
神奈川	7,659
栃木	6,794
佐賀	5,950
東京	5,841
徳島	5,691
岡山	4,720
京都	2,831
島根	2,481
香川	1,868
鳥取	1,825
奈良	1,451
岐阜	1,174
福島	733
滋賀	661
新潟	594
岩手	544
群馬	484
山梨	356
石川	285
埼玉	253
長野	250
山形	227
宮城	187
青森	176
秋田	121
富山	112
北海道	11
福井	3
累計	457,735

ワースト順位	平成20年		平成21年		平成22年		平成23年	
1	鹿児島	165	鹿児島	181	鹿児島	184	沖縄	606
2	静岡	149	高知	106	高知	97	高知	500
3	高知	138	静岡	87	沖縄	96	鹿児島	264
4	長崎	105	宮崎	84	大分	93	福岡	217
5	福岡	87	長崎	77	長崎	79	宮崎	164
6	大阪	74	熊本	59	静岡	65	大阪	125
7	沖縄	64	大阪	49	福岡	60	長崎	83
8	熊本	63	大分	46	和歌山	48	静岡	82
9	大分	61	愛媛	44	大阪	42	愛媛	75
10	広島	57	福岡	42	佐賀	41	佐賀	70
11	宮崎	54	広島	38	三重	38	大分	58
12	佐賀	42	山口	31	広島	29	熊本	41
13	徳島	40	和歌山	30	愛媛	25	和歌山	40
14	愛媛	40	徳島	27	熊本	25	広島	33
15	山口	39	佐賀	26	宮崎	23	山口	26
16	和歌山	35	沖縄	25	山口	18	奈良	20
17	愛知	18	愛知	22	愛知	15	愛知	19
18	三重	17	三重	18	徳島	10	徳島	11
19	奈良	9	兵庫	11	島根	9	島根	10
20	香川	9	岐阜	7	奈良	5	香川	7
21	島根	5	香川	6	香川	5	三重	4
22	岐阜	4	奈良	5	兵庫	4	福井	1
23	福井	1	島根	2	石川	1	兵庫	1
24	滋賀	1			福井	1		
25					岐阜	1		
26								
27								
28								
29								
30								
31								
32								
33								
34								
35								
36								
37								
38								
39								
40								
41								
42								
43								
44								
45								
46								
47								
合計	計	1,277	計	1,023	計	1,014	計	2,457

昭和42年		昭和43年		昭和44年		昭和45年		昭和46年	
静岡	3,750	鹿児島	3,743	静岡	3,722	静岡	4,038	静岡	9,343
鹿児島	3,420	静岡	3,607	鹿児島	2,926	和歌山	3,406	宮崎	4,266
和歌山	3,222	長崎	2,821	和歌山	2,812	兵庫	3,126	長崎	4,245
高知	2,546	熊本	2,509	熊本	2,677	熊本	2,657	熊本	4,128
広島	2,451	高知	2,498	兵庫	2,653	高知	2,646	福岡	3,708
兵庫	2,127	和歌山	2,474	高知	2,452	長崎	2,642	兵庫	3,635
熊本	2,076	兵庫	2,461	福岡	2,254	鹿児島	2,566	高知	3,530
福岡	1,520	福岡	2,064	長崎	2,136	福岡	2,545	鹿児島	3,506
神奈川	1,488	広島	1,797	宮崎	1,937	広島	2,230	愛知	3,263
愛知	1,411	愛知	1,705	愛知	1,910	愛知	2,039	山口	3,041
宮崎	1,369	宮崎	1,704	神奈川	1,542	宮崎	1,937	和歌山	3,029
東京	1,218	大分	1,401	広島	1,364	山口	1,754	広島	2,867
山口	1,058	神奈川	1,374	大阪	1,270	東京	1,680	大分	2,412
千葉	947	東京	1,204	東京	1,197	神奈川	1,665	大阪	2,215
大阪	890	千葉	1,115	大分	1,194	大阪	1,558	神奈川	2,171
岡山	862	大阪	1,102	千葉	1,076	大分	1,392	東京	1,680
大分	854	愛媛	1,083	愛媛	975	千葉	1,068	千葉	1,296
長崎	849	山口	1,009	岡山	910	岡山	1,042	愛媛	1,123
愛媛	781	岡山	824	山口	893	愛媛	934	岡山	1,089
三重	658	茨城	748	茨城	653	三重	860	佐賀	994
栃木	616	栃木	458	三重	645	茨城	658	茨城	714
茨城	489	三重	417	栃木	515	栃木	515	三重	687
徳島	450	佐賀	341	京都	366	京都	413	栃木	671
京都	435	徳島	285	徳島	292	鳥取	345	京都	440
鳥取	263	島根	269	群馬	245	徳島	336	徳島	343
新潟	252	京都	268	鳥取	241	佐賀	278	香川	330
岐阜	250	鳥取	226	福島	199	群馬	217	鳥取	309
群馬	228	群馬	223	島根	191	埼玉	209	島根	288
埼玉	178	香川	209	石川	184	福島	207	群馬	257
島根	177	埼玉	192	佐賀	183	香川	188	新潟	220
福島	175	福島	188	香川	175	島根	177	福島	219
岩手	167	岩手	168	宮城	171	岐阜	167	埼玉	216
香川	164	富山	168	埼玉	170	岩手	165	岩手	213
奈良	149	岐阜	156	岐阜	155	宮城	161	岐阜	174
長野	130	長野	129	岩手	153	新潟	159	宮城	160
石川	128	宮城	121	長野	136	長野	146	石川	146
佐賀	118	石川	115	新潟	131	石川	138	奈良	125
北海道	103	山形	106	山形	109	奈良	117	山形	111
宮城	103	新潟	106	北海道	99	山形	102	滋賀	110
山形	102	奈良	93	奈良	91	北海道	91	北海道	91
山梨	84	北海道	92	滋賀	65	富山	67	富山	90
富山	71	山梨	53	山梨	60	滋賀	66	山梨	84
青森	54	滋賀	53	富山	58	山梨	57	長野	76
滋賀	54	青森	44	青森	46	青森	49	青森	48
福井	31	秋田	30	秋田	31	秋田	29	秋田	42
秋田	19	福井	17	福井	17	福井	17	福井	17
計	38,487	計	41,770	計	41,281	計	46,859	計	67,722

表④　メジロ飼養の表

ワースト順位	昭和38年		昭和39年		昭和40年		昭和41年	
1	兵庫	1,612	和歌山	2,169	和歌山	3,768	静岡	4,038
2	鹿児島	1,037	兵庫	1,791	静岡	2,195	和歌山	3,181
3	和歌山	1,017	静岡	1,315	兵庫	1,913	高知	2,933
4	千葉	949	東京	1,300	広島	1,518	兵庫	2,065
5	静岡	827	神奈川	1,276	神奈川	1,342	広島	1,572
6	神奈川	819	長崎	1,264	東京	1,241	熊本	1,474
7	東京	678	広島	1,173	愛知	1,199	神奈川	1,393
8	熊本	662	鹿児島	1,151	熊本	1,062	宮崎	1,371
9	愛媛	544	愛知	1,081	鹿児島	1,054	東京	1,245
10	長崎	542	福岡	1,068	宮崎	987	愛知	1,199
11	広島	535	茨城	956	三重	976	大阪	1,126
12	大分	514	三重	943	茨城	942	福岡	1,024
13	三重	510	千葉	934	長崎	912	長崎	978
14	福岡	507	宮崎	831	千葉	911	鹿児島	973
15	茨城	503	愛媛	780	福岡	884	千葉	898
16	愛知	499	熊本	683	愛媛	670	茨城	867
17	大阪	467	大分	588	大阪	592	大分	804
18	徳島	348	山口	585	大分	556	愛媛	774
19	栃木	320	大阪	502	山口	542	山口	684
20	岡山	296	高知	487	栃木	538	三重	668
21	宮崎	295	栃木	440	高知	529	栃木	577
22	山口	281	岡山	438	岡山	512	岡山	527
23	京都	278	徳島	405	徳島	469	新潟	364
24	埼玉	257	京都	325	京都	323	徳島	307
25	高知	215	埼玉	237	島根	239	京都	287
26	岐阜	154	島根	231	岩手	233	岐阜	283
27	福島	150	鳥取	207	新潟	214	島根	225
28	群馬	147	群馬	186	群馬	193	鳥取	215
29	新潟	139	岩手	165	鳥取	192	群馬	208
30	鳥取	135	新潟	164	岐阜	176	岩手	197
31	岩手	134	岐阜	159	福島	164	福島	190
32	北海道	113	福島	143	奈良	145	奈良	129
33	石川	111	山梨	117	埼玉	144	埼玉	123
34	奈良	107	長野	109	長野	133	長野	119
35	長野	105	石川	104	山梨	116	香川	109
36	島根	99	富山	101	石川	109	山梨	100
37	富山	94	北海道	93	北海道	102	北海道	96
38	香川	80	山形	93	富山	97	富山	93
39	山梨	62	宮城	91	香川	96	山形	78
40	宮城	60	奈良	91	山形	74	石川	77
41	山形	35	香川	84	宮城	71	宮城	75
42	福井	34	青森	81	青森	48	滋賀	52
43	滋賀	23	滋賀	43	滋賀	46	青森	50
44	佐賀	19	福井	42	佐賀	46	佐賀	49
45	青森	18	佐賀	32	福井	32	福井	35
46	秋田	17	秋田	21	秋田	21	秋田	19
47								
合計	計	16,348	計	25,079	計	28,326	計	33,851

昭和51年		昭和52年		昭和53年		昭和54年		昭和55年	
鹿児島	8,278	静岡	9,253	静岡	9,461	静岡	7,931	静岡	7,052
静岡	8,000	熊本	7,239	熊本	6,596	熊本	5,736	熊本	5,176
熊本	7,771	長崎	7,025	長崎	6,307	長崎	5,315	長崎	4,832
長崎	7,537	鹿児島	6,404	鹿児島	5,518	鹿児島	5,062	鹿児島	4,568
宮崎	5,143	兵庫	4,275	宮崎	4,028	兵庫	3,601	兵庫	3,203
大阪	4,716	宮崎	3,909	兵庫	4,026	高知	3,367	愛知	2,993
兵庫	4,407	大阪	3,857	愛知	3,804	愛知	3,283	千葉	2,787
高知	4,263	愛知	3,807	高知	3,665	千葉	2,875	高知	2,706
和歌山	4,138	高知	3,691	大阪	3,253	大阪	2,630	広島	2,415
愛知	4,015	千葉	2,968	千葉	3,111	茨城	2,571	茨城	2,300
山口	3,381	茨城	2,827	茨城	2,770	宮崎	2,445	大阪	2,278
千葉	2,983	山口	2,780	和歌山	2,750	山口	2,269	宮崎	1,698
茨城	2,620	広島	2,554	山口	2,659	広島	2,032	東京	1,612
広島	2,435	神奈川	2,128	広島	2,504	福岡	1,767	神奈川	1,596
福岡	2,302	和歌山	1,936	神奈川	1,953	東京	1,749	沖縄	1,561
神奈川	2,210	福岡	1,917	東京	1,950	神奈川	1,701	福岡	1,298
沖縄	2,150	東京	1,862	福岡	1,857	沖縄	1,687	山口	1,239
大分	2,131	大分	1,746	大分	1,612	和歌山	1,672	和歌山	1,178
東京	2,014	愛媛	1,589	沖縄	1,552	愛媛	1,253	愛媛	1,119
愛媛	1,570	三重	1,587	栃木	1,495	三重	1,233	三重	1,073
三重	1,505	沖縄	1,564	三重	1,476	栃木	1,226	岡山	995
岡山	1,382	栃木	1,458	愛媛	1,433	岡山	1,190	栃木	935
栃木	1,182	岡山	1,450	岡山	1,395	徳島	651	徳島	519
京都	669	徳島	864	徳島	917	大分	594	大分	458
佐賀	665	佐賀	615	香川	509	佐賀	482	埼玉	402
徳島	640	京都	555	佐賀	495	香川	426	香川	394
埼玉	413	埼玉	427	京都	471	埼玉	414	佐賀	359
香川	386	香川	404	埼玉	429	京都	399	京都	343
島根	352	島根	364	奈良	310	石川	355	奈良	272
鳥取	325	奈良	329	島根	309	島根	355	島根	268
奈良	316	福島	323	鳥取	302	鳥取	314	石川	250
福島	306	石川	312	石川	291	奈良	263	鳥取	247
石川	299	鳥取	302	福島	290	福島	254	福島	241
新潟	215	山形	213	新潟	216	新潟	193	山形	186
岩手	194	新潟	207	岐阜	203	山形	186	新潟	185
群馬	185	岩手	179	岩手	166	岐阜	178	岩手	144
山形	184	群馬	163	群馬	150	岩手	160	群馬	113
岐阜	179	岐阜	159	滋賀	132	群馬	139	岐阜	94
宮城	159	宮城	151	宮城	127	長野	118	長野	91
滋賀	143	滋賀	130	長野	126	滋賀	107	滋賀	73
長野	118	富山	85	富山	78	富山	75	富山	72
富山	88	秋田	75	山梨	71	秋田	63	秋田	46
秋田	75	山梨	62	秋田	66	宮城	52	宮城	41
山梨	75	北海道	45	青森	42	山梨	47	山梨	39
北海道	47	青森	44	福井	8	北海道	43	北海道	33
青森	46	福井	10	北海道	2	青森	42	青森	33
福井	12					福井	4	福井	4
計	92,224	計	83,844	計	80,885	計	68,509	計	59,521

ワースト順位	昭和47年		昭和48年		昭和49年		昭和50年	
1	鹿児島	10,210	鹿児島	11,062	鹿児島	9,656	静岡	9,081
2	静岡	10,057	静岡	10,429	静岡	9,475	鹿児島	8,949
3	宮崎	5,023	長崎	6,266	宮崎	7,270	宮崎	6,694
4	兵庫	4,861	宮崎	6,055	長崎	6,861	長崎	6,379
5	高知	4,351	兵庫	4,855	兵庫	4,887	和歌山	5,029
6	長崎	4,273	熊本	4,494	大阪	4,807	大阪	4,884
7	熊本	3,997	高知	4,120	高知	4,705	高知	4,629
8	愛知	3,455	大阪	3,699	熊本	4,593	兵庫	4,496
9	大阪	3,422	山口	3,650	愛知	3,642	愛知	4,429
10	大分	3,380	愛知	3,608	山口	3,567	熊本	4,389
11	和歌山	3,374	和歌山	3,577	大分	3,220	山口	3,656
12	山口	3,355	広島	3,158	福岡	3,076	広島	3,136
13	福岡	3,121	福岡	2,805	神奈川	2,883	千葉	2,901
14	広島	2,755	大分	2,485	和歌山	2,837	茨城	2,678
15	神奈川	2,511	神奈川	2,390	広島	2,752	神奈川	2,678
16	千葉	1,951	千葉	2,150	千葉	2,475	福岡	2,675
17	東京	1,943	東京	1,887	東京	1,799	大分	2,547
18	三重	1,194	愛媛	1,491	茨城	1,389	東京	1,958
19	愛媛	1,193	岡山	1,292	愛媛	1,326	愛媛	1,825
20	岡山	1,192	三重	1,174	岡山	1,291	三重	1,619
21	沖縄	823	佐賀	842	三重	1,208	岡山	1,347
22	佐賀	756	栃木	782	佐賀	834	栃木	1,105
23	栃木	739	茨城	569	栃木	750	沖縄	1,035
24	徳島	596	徳島	559	京都	614	京都	800
25	京都	437	京都	524	沖縄	598	徳島	624
26	鳥取	359	沖縄	352	徳島	584	佐賀	604
27	島根	284	奈良	305	島根	380	島根	383
28	群馬	279	島根	291	埼玉	289	香川	371
29	香川	255	鳥取	290	鳥取	289	鳥取	362
30	埼玉	253	埼玉	281	香川	277	埼玉	350
31	福島	244	福島	266	福島	262	奈良	310
32	岩手	225	群馬	254	岐阜	247	福島	294
33	石川	182	香川	249	群馬	230	群馬	214
34	奈良	172	岐阜	224	新潟	222	石川	205
35	新潟	171	岩手	215	岩手	199	山形	202
36	宮城	162	新潟	203	山形	179	新潟	200
37	岐阜	160	山形	176	宮城	171	岩手	196
38	山形	157	宮城	164	滋賀	146	岐阜	194
39	滋賀	127	長野	144	長野	135	宮城	165
40	北海道	82	滋賀	126	山梨	90	長野	127
41	長野	78	山梨	93	富山	88	滋賀	122
42	青森	63	富山	88	石川	86	富山	84
43	秋田	62	石川	86	秋田	75	秋田	80
44	福井	14	北海道	64	青森	58	北海道	57
45			青森	61	北海道	54	青森	45
46			秋田	57	奈良	48	山梨	37
47			福井	11	福井	7	福井	9
合計	計	82,298	計	87,923	計	90,631	計	94,154

昭和60年		昭和61年		昭和62年		昭和63年		平成１年	
静岡	5,101	静岡	4,707	静岡	4,460	静岡	4,272	静岡	2,580
長崎	3,373	長崎	3,280	長崎	3,063	鹿児島	3,029	鹿児島	1,884
熊本	3,359	鹿児島	3,129	鹿児島	2,900	長崎	2,921	長崎	1,728
鹿児島	3,007	熊本	2,987	熊本	2,892	熊本	2,834	熊本	1,704
千葉	2,255	千葉	2,221	千葉	2,140	千葉	2,056	千葉	1,254
兵庫	2,213	兵庫	2,100	高知	2,000	高知	1,991	高知	1,086
愛知	2,164	高知	2,091	兵庫	1,998	兵庫	1,873	愛知	1,017
高知	2,114	愛知	2,036	愛知	1,893	愛知	1,778	兵庫	791
大阪	1,484	大阪	1,317	大阪	1,208	大阪	1,156	茨城	739
茨城	1,400	茨城	1,286	茨城	1,161	茨城	1,128	広島	655
山口	1,137	広島	1,110	広島	1,106	広島	1,050	大阪	612
広島	1,130	宮崎	1,070	山口	1,020	山口	943	山口	592
東京	1,004	山口	1,066	宮崎	976	宮崎	856	宮崎	584
神奈川	940	東京	912	神奈川	823	東京	843	三重	474
宮崎	831	神奈川	882	愛媛	744	神奈川	754	愛媛	471
愛媛	822	愛媛	828	東京	741	愛媛	732	神奈川	470
和歌山	769	福岡	717	和歌山	644	和歌山	627	大分	429
沖縄	749	和歌山	682	福岡	643	福岡	601	岡山	400
三重	711	三重	668	岡山	622	三重	599	福岡	341
岡山	696	大分	564	三重	574	岡山	582	東京	339
福岡	687	沖縄	534	大分	524	大分	554	和歌山	334
栃木	543	岡山	464	栃木	394	島根	392	島根	327
大分	520	栃木	454	沖縄	388	埼玉	360	埼玉	272
埼玉	427	埼玉	403	埼玉	378	栃木	341	沖縄	229
島根	418	島根	363	島根	356	沖縄	340	香川	168
徳島	336	徳島	302	徳島	347	徳島	287	栃木	145
香川	223	香川	237	香川	206	香川	221	徳島	140
京都	220	佐賀	216	京都	203	京都	192	奈良	128
佐賀	209	京都	203	石川	183	奈良	174	京都	115
鳥取	200	石川	181	佐賀	181	佐賀	169	佐賀	114
奈良	181	鳥取	181	奈良	178	石川	160	鳥取	88
山形	158	奈良	178	鳥取	168	鳥取	151	岐阜	70
福島	142	山形	147	山形	133	山形	129	山形	69
岐阜	119	福島	129	福島	127	岐阜	120	福島	60
石川	105	岐阜	113	岐阜	112	福島	114	群馬	43
岩手	79	長野	75	長野	66	長野	57	長野	40
群馬	73	岩手	61	群馬	62	群馬	55	滋賀	38
長野	71	群馬	60	滋賀	50	滋賀	52	石川	27
新潟	69	新潟	53	富山	49	富山	46	富山	21
滋賀	62	富山	50	新潟	47	山梨	42	秋田	19
富山	54	滋賀	49	岩手	42	新潟	36	新潟	19
秋田	39	山梨	48	秋田	34	秋田	34	山梨	19
青森	33	秋田	36	山梨	33	岩手	33	青森	17
宮城	32	青森	30	青森	28	青森	28	岩手	15
山梨	28	宮城	29	宮城	23	宮城	20	宮城	6
北海道	19	北海道	18	北海道	15	北海道	11	北海道	5
福井	1	福井	2	福井	2	福井	2	福井	2
計	40,307	計	38,269	計	35,937	計	34,745	計	20,680

ワースト順位	昭和56年		昭和57年		昭和58年		昭和59年	
1	静岡	6,202	静岡	5,389	静岡	5,629	静岡	5,388
2	熊本	4,545	熊本	4,143	熊本	4,001	熊本	3,653
3	長崎	4,369	長崎	3,975	長崎	3,705	長崎	3,390
4	鹿児島	3,995	鹿児島	3,531	鹿児島	3,329	鹿児島	3,159
5	兵庫	2,871	兵庫	2,675	兵庫	2,514	千葉	2,361
6	愛知	2,718	千葉	2,566	愛知	2,467	兵庫	2,298
7	千葉	2,568	愛知	2,550	高知	2,443	愛知	2,262
8	高知	2,424	高知	2,432	千葉	2,442	高知	2,056
9	茨城	1,959	茨城	1,775	茨城	1,745	茨城	1,537
10	広島	1,591	沖縄	1,483	大阪	1,653	山口	1,271
11	山口	1,585	広島	1,467	山口	1,400	広島	1,222
12	神奈川	1,428	山口	1,466	広島	1,392	東京	1,065
13	東京	1,393	神奈川	1,333	東京	1,195	神奈川	980
14	沖縄	1,297	東京	1,284	神奈川	1,168	宮崎	913
15	宮崎	1,164	愛媛	1,070	宮崎	1,002	愛媛	869
16	福岡	1,094	宮崎	1,035	愛媛	996	和歌山	800
17	愛媛	1,053	福岡	882	和歌山	979	福岡	789
18	和歌山	984	三重	877	三重	860	三重	749
19	三重	970	和歌山	865	沖縄	856	沖縄	749
20	栃木	855	岡山	833	福岡	855	岡山	713
21	岡山	805	栃木	755	岡山	768	栃木	614
22	大分	465	大分	454	栃木	738	大分	550
23	徳島	450	徳島	399	大分	455	埼玉	396
24	埼玉	412	埼玉	392	徳島	413	徳島	371
25	佐賀	321	島根	298	埼玉	401	島根	341
26	京都	300	京都	271	島根	348	京都	245
27	島根	269	鳥取	233	京都	283	佐賀	239
28	香川	265	奈良	232	佐賀	252	香川	233
29	奈良	245	香川	219	香川	244	奈良	219
30	石川	237	福島	212	鳥取	229	鳥取	195
31	鳥取	231	石川	194	奈良	226	石川	188
32	福島	216	山形	187	石川	200	山形	172
33	山形	192	佐賀	169	福島	176	福島	156
34	新潟	159	新潟	144	山形	171	岐阜	138
35	岐阜	153	岩手	122	新潟	131	新潟	101
36	岩手	130	岐阜	117	岐阜	130	岩手	96
37	群馬	100	群馬	92	岩手	111	群馬	81
38	長野	89	長野	80	群馬	85	長野	74
39	富山	70	滋賀	72	長野	84	富山	58
40	滋賀	63	富山	65	滋賀	65	滋賀	55
41	秋田	46	山梨	53	富山	61	秋田	40
42	青森	40	青森	40	秋田	50	宮城	32
43	宮城	39	秋田	40	山梨	41	青森	31
44	山梨	36	宮城	27	宮城	35	山梨	30
45	北海道	27	北海道	26	青森	29	北海道	21
46	福井	4	福井	6	北海道	24	福井	4
47					福井	4		
合計	計	50,429	計	46,530	計	46,385	計	40,904

平成６年		平成７年		平成８年		平成９年		平成10年	
静岡	1,078	静岡	1,021	静岡	1,051	静岡	958	鹿児島	1,149
鹿児島	886	鹿児島	787	鹿児島	896	鹿児島	875	静岡	901
千葉	612	熊本	602	熊本	581	熊本	577	高知	611
熊本	604	千葉	569	高知	552	高知	531	熊本	557
高知	509	高知	544	千葉	517	千葉	480	千葉	418
茨城	355	茨城	319	茨城	348	茨城	321	茨城	274
愛媛	298	愛媛	270	愛媛	279	宮崎	273	愛媛	265
宮崎	279	和歌山	245	宮崎	276	愛媛	272	大分	259
広島	275	山口	227	和歌山	240	大分	258	宮崎	249
愛知	258	愛知	223	愛知	235	広島	224	長崎	243
山口	254	広島	222	広島	230	三重	218	山口	241
三重	230	大分	220	大分	219	和歌山	212	和歌山	210
長崎	229	三重	212	神奈川	201	山口	206	広島	189
和歌山	217	宮崎	200	兵庫	194	愛知	194	兵庫	182
兵庫	200	長崎	196	山口	191	兵庫	183	愛知	180
大分	195	兵庫	194	三重	189	神奈川	171	三重	180
大阪	179	埼玉	160	徳島	183	長崎	165	大阪	157
埼玉	167	徳島	158	福岡	163	徳島	148	神奈川	150
徳島	151	神奈川	153	埼玉	151	大阪	142	徳島	140
神奈川	149	大阪	148	大阪	128	埼玉	136	福岡	133
福岡	149	福岡	146	岡山	119	福岡	132	埼玉	118
東京	138	東京	135	東京	107	佐賀	95	佐賀	107
島根	135	島根	115	島根	99	岡山	92	島根	102
奈良	109	奈良	83	長崎	96	奈良	83	東京	92
岡山	109	岡山	77	佐賀	80	島根	74	岡山	85
佐賀	71	香川	67	奈良	63	沖縄	55	奈良	74
香川	61	佐賀	67	香川	57	香川	52	香川	60
岐阜	41	岐阜	38	沖縄	33	東京	41	沖縄	33
京都	37	京都	26	岐阜	31	岐阜	32	岐阜	26
栃木	29	沖縄	25	群馬	25	京都	25	群馬	23
沖縄	27	栃木	22	京都	25	群馬	23	京都	20
群馬	25	群馬	22	山形	21	山形	19	山形	18
山形	22	山形	20	長野	18	長野	17	長野	15
長野	21	長野	18	鳥取	15	栃木	13	栃木	13
石川	18	福島	15	福島	14	福島	12	鳥取	11
鳥取	18	滋賀	14	栃木	14	富山	12	富山	10
福島	17	鳥取	14	滋賀	14	石川	12	滋賀	10
富山	15	富山	13	富山	12	滋賀	11	福島	9
滋賀	15	石川	13	新潟	6	鳥取	10	新潟	6
山梨	14	山梨	8	青森	5	新潟	6	石川	6
青森	7	新潟	7	石川	4	青森	4	青森	4
新潟	6	青森	5	山梨	3	福井	4	北海道	3
岩手	4	北海道	2	北海道	2	北海道	3	山梨	3
北海道	2	岩手	2	福井	2	山梨	3	福井	2
宮城	2	福井	2	岩手	1	岩手	1	岩手	1
秋田	2	宮城	1	宮城	1				
福井	2	秋田	1						
計	8,221	計	7,628	計	7,691	計	7,375	計	7,539

ワースト順位	平成２年		平成３年		平成４年		平成５年	
1	静岡	1,604	静岡	1,465	静岡	1,173	静岡	1,118
2	鹿児島	1,493	鹿児島	1,260	鹿児島	998	鹿児島	887
3	熊本	1,290	熊本	932	熊本	827	熊本	683
4	千葉	994	千葉	806	千葉	723	千葉	641
5	長崎	907	高知	631	高知	576	高知	530
6	高知	795	茨城	490	茨城	431	茨城	378
7	愛知	668	愛知	489	愛知	372	愛媛	300
8	茨城	571	長崎	471	広島	323	愛知	297
9	大阪	493	大阪	412	長崎	319	三重	274
10	広島	428	山口	344	宮崎	309	山口	271
11	宮崎	425	兵庫	332	愛媛	291	宮崎	269
12	山口	412	宮崎	319	三重	287	長崎	247
13	兵庫	365	広島	313	神奈川	265	広島	241
14	岡山	330	神奈川	300	兵庫	265	兵庫	221
15	神奈川	317	三重	286	大阪	259	神奈川	211
16	大分	316	愛媛	263	山口	258	大阪	211
17	三重	313	大分	250	大分	207	和歌山	210
18	愛媛	280	岡山	221	埼玉	189	埼玉	172
19	島根	269	島根	219	福岡	179	大分	168
20	福岡	249	東京	207	和歌山	178	岡山	164
21	東京	239	福岡	205	岡山	177	福岡	158
22	埼玉	216	埼玉	202	島根	175	島根	156
23	和歌山	207	和歌山	179	東京	169	徳島	145
24	徳島	154	徳島	117	徳島	120	東京	136
25	香川	118	香川	98	佐賀	83	奈良	93
26	奈良	110	奈良	89	香川	82	佐賀	80
27	沖縄	109	佐賀	87	奈良	77	香川	69
28	佐賀	97	沖縄	82	沖縄	63	京都	39
29	栃木	83	栃木	62	京都	54	岐阜	36
30	京都	80	京都	60	栃木	40	山形	33
31	鳥取	56	岐阜	58	山形	39	沖縄	33
32	岐阜	54	山形	47	岐阜	36	栃木	32
33	山形	52	鳥取	42	鳥取	32	群馬	26
34	福島	43	群馬	36	福島	29	鳥取	25
35	群馬	37	福島	31	群馬	29	長野	23
36	長野	31	長野	28	長野	27	福島	21
37	滋賀	24	滋賀	19	滋賀	22	滋賀	21
38	石川	21	石川	18	石川	17	富山	16
39	新潟	19	富山	17	富山	16	石川	16
40	富山	18	新潟	15	新潟	12	青森	9
41	山梨	16	青森	8	青森	9	新潟	7
42	青森	14	岩手	8	山梨	6	岩手	5
43	岩手	9	秋田	7	岩手	5	宮城	5
44	秋田	8	宮城	5	秋田	5	山梨	5
45	宮城	6	山梨	4	宮城	4	秋田	3
46	北海道	2	北海道	2	北海道	2	北海道	2
47	福井	1	福井	2	福井	2	福井	2
合計	計	14,343	計	11,538	計	9,761	計	8,689

平成15年		平成16年		平成17年		平成18年		平成19年	
鹿児島	865	鹿児島	855	鹿児島	726	鹿児島	733	鹿児島	781
高知	707	高知	675	高知	658	静岡	556	長崎	489
静岡	476	静岡	606	静岡	485	高知	462	静岡	461
長崎	467	長崎	447	長崎	379	長崎	435	高知	404
熊本	407	福岡	386	福岡	376	福岡	382	福岡	315
福岡	371	熊本	320	宮崎	301	熊本	335	大阪	288
宮崎	366	佐賀	254	熊本	299	宮崎	268	熊本	282
佐賀	316	大阪	248	大阪	256	大阪	245	宮崎	276
大分	263	茨城	243	佐賀	248	大分	227	大分	230
大阪	255	和歌山	230	和歌山	230	山口	212	佐賀	223
愛媛	239	大分	216	山口	229	佐賀	181	山口	218
和歌山	232	愛媛	185	大分	213	愛媛	178	神奈川	194
千葉	210	山口	175	愛媛	189	和歌山	177	和歌山	185
山口	193	広島	157	徳島	183	神奈川	176	徳島	179
茨城	181	徳島	153	茨城	179	徳島	174	愛媛	163
広島	170	宮崎	146	三重	138	愛知	141	三重	144
三重	146	兵庫	136	兵庫	126	三重	126	愛知	141
兵庫	140	三重	130	神奈川	118	広島	109	広島	138
徳島	124	神奈川	129	広島	104	兵庫	101	茨城	115
愛知	118	千葉	87	愛知	94	島根	71	兵庫	111
神奈川	113	岡山	59	島根	68	東京	56	島根	80
岡山	73	島根	45	千葉	67	千葉	53	千葉	59
島根	64	香川	45	岡山	51	沖縄	47	沖縄	53
東京	53	埼玉	44	埼玉	44	埼玉	44	埼玉	41
香川	47	奈良	34	香川	42	奈良	43	奈良	41
埼玉	37	沖縄	34	奈良	34	香川	39	香川	37
奈良	37	東京	18	沖縄	25	岐阜	13	東京	30
富山	12	山形	10	東京	18	富山	9	富山	16
沖縄	12	富山	10	岐阜	11	山形	8	岐阜	10
山形	10	岐阜	9	富山	9	長野	6	山形	9
岐阜	9	栃木	7	山形	7	石川	5	長野	6
栃木	7	鳥取	7	石川	5	新潟	3	石川	5
石川	6	北海道	5	鳥取	5	滋賀	3	滋賀	4
京都	6	石川	5	北海道	3	鳥取	3	鳥取	3
鳥取	6	愛知	5	新潟	3	福井	2	新潟	2
北海道	5	滋賀	4	福島	2	北海道	1	福井	2
新潟	3	群馬	3	福井	2	福島	1	北海道	1
福井	2	新潟	3	滋賀	2	栃木	1		
滋賀	2	福井	2	京都	2	群馬	1		
福島	1	京都	2	栃木	1				
		福島	1						
計	6,751	計	6,130	計	5,932	計	5,627	計	5,736

ワースト順位	平成11年		平成12年		平成13年		平成14年	
1	鹿児島	1,280	鹿児島	1,167	鹿児島	1,025	鹿児島	994
2	静岡	782	静岡	778	静岡	714	高知	703
3	熊本	754	長崎	656	高知	651	静岡	674
4	高知	698	高知	621	熊本	531	長崎	532
5	長崎	617	宮崎	465	大阪	361	宮崎	382
6	大阪	436	大阪	395	宮崎	354	福岡	320
7	千葉	371	千葉	340	長崎	339	佐賀	318
8	宮崎	344	和歌山	280	千葉	296	大阪	316
9	茨城	278	福岡	279	福岡	265	熊本	311
10	広島	264	茨城	256	和歌山	261	千葉	296
11	和歌山	254	大分	241	茨城	245	大分	257
12	大分	246	広島	235	大分	228	愛媛	253
13	愛媛	231	愛媛	207	広島	213	茨城	233
14	山口	228	山口	205	愛媛	205	広島	212
15	三重	198	兵庫	177	佐賀	199	和歌山	194
16	福岡	191	三重	154	山口	170	山口	185
17	佐賀	183	愛知	142	徳島	145	三重	177
18	兵庫	177	徳島	126	三重	140	徳島	168
19	神奈川	174	神奈川	114	神奈川	134	神奈川	130
20	愛知	159	岡山	87	兵庫	134	兵庫	116
21	徳島	131	島根	86	愛知	114	愛知	115
22	埼玉	101	埼玉	80	岡山	84	岡山	77
23	岡山	87	奈良	61	島根	81	埼玉	59
24	奈良	80	東京	59	埼玉	78	東京	53
25	島根	79	香川	49	東京	74	香川	52
26	東京	74	沖縄	39	奈良	56	奈良	50
27	香川	49	岐阜	19	香川	51	島根	39
28	沖縄	42	群馬	16	沖縄	39	沖縄	18
29	岐阜	23	長野	13	岐阜	19	鳥取	15
30	山形	16	富山	11	長野	13	富山	13
31	群馬	16	栃木	9	山形	11	長野	12
32	長野	13	京都	9	富山	11	岐阜	12
33	京都	13	鳥取	9	群馬	10	山形	10
34	栃木	12	北海道	7	栃木	9	石川	10
35	富山	10	山形	7	鳥取	8	栃木	8
36	鳥取	10	福島	6	滋賀	7	京都	7
37	滋賀	9	石川	6	北海道	6	北海道	4
38	福島	6	滋賀	6	石川	6	新潟	3
39	石川	6	新潟	4	京都	5	福島	2
40	新潟	5	福井	1	新潟	3	福井	2
41	北海道	3			福島	2	滋賀	2
42	福井	3			福井	2		
43	青森	2						
44	岩手	1						
45								
46								
47								
合計	計	8,656	計	7,422	計	7,299	計	7,334

昭和38-平成23累計	
静岡	174,887
鹿児島	138,989
長崎	110,023
熊本	108,790
高知	85,641
兵庫	83,099
宮崎	72,169
愛知	70,592
和歌山	63,063
千葉	60,983
大阪	56,825
広島	54,650
山口	51,887
福岡	48,945
神奈川	45,553
茨城	42,565
東京	38,828
大分	37,546
愛媛	33,255
三重	28,942
岡山	25,951
沖縄	20,007
栃木	19,523
徳島	15,599
佐賀	13,076
埼玉	10,540
京都	10,395
島根	10,178
香川	7,932
鳥取	6,891
奈良	6,514
福島	5,659
岐阜	4,921
石川	4,847
群馬	4,574
新潟	4,433
山形	4,041
岩手	4,001
長野	2,917
宮城	2,472
滋賀	2,326
富山	2,218
山梨	1,639
北海道	1,529
青森	1,215
秋田	1,192
福井	396
累計	1,602,218

ワースト順位	平成20年		平成21年		平成22年		平成23年	
1	鹿児島	802	鹿児島	827	鹿児島	803	高知	968
2	高知	601	高知	643	高知	601	沖縄	908
3	長崎	480	長崎	453	長崎	437	鹿児島	854
4	静岡	459	静岡	437	福岡	401	福岡	556
5	福岡	403	宮崎	326	静岡	392	長崎	431
6	大阪	295	大阪	285	大阪	284	宮崎	401
7	宮崎	286	熊本	243	大分	273	静岡	396
8	熊本	238	大分	237	宮崎	262	大阪	334
9	大分	224	愛媛	213	和歌山	250	愛媛	232
10	山口	211	山口	210	愛媛	211	和歌山	227
11	佐賀	207	和歌山	208	山口	198	佐賀	206
12	徳島	192	佐賀	194	佐賀	198	大分	196
13	和歌山	184	徳島	191	熊本	197	熊本	183
14	愛媛	183	福岡	185	沖縄	181	山口	166
15	広島	167	広島	164	徳島	165	広島	145
16	神奈川	151	三重	127	広島	156	徳島	118
17	茨城	122	神奈川	124	三重	134	三重	102
18	三重	122	兵庫	113	兵庫	109	愛知	101
19	愛知	120	愛知	109	神奈川	99	兵庫	97
20	沖縄	113	茨城	97	愛知	90	神奈川	82
21	兵庫	99	沖縄	89	茨城	75	茨城	70
22	島根	54	島根	54	岡山	64	島根	64
23	千葉	53	千葉	47	島根	55	奈良	49
24	東京	44	東京	37	千葉	44	岡山	43
25	奈良	44	奈良	36	香川	36	千葉	42
26	香川	39	香川	31	奈良	35	香川	29
27	埼玉	35	埼玉	20	東京	27	東京	28
28	岡山	35	岐阜	19	埼玉	21	岐阜	15
29	富山	16	山形	8	岐阜	16	山形	6
30	岐阜	10	石川	5	山形	8	福井	4
31	山形	9	滋賀	4	石川	5	滋賀	3
32	石川	5	福井	2	滋賀	4	京都	2
33	鳥取	3			福井	3		
34	福井	2			岩手	2		
35	滋賀	2			京都	2		
36	京都	2			富山	1		
37	北海道	1						
38								
39								
40								
41								
42								
43								
44								
45								
46								
47								
合計	計	6,013	計	5,738	計	5,839	計	7,058

表⑤　野鳥輸入数の表

番　号	年	輸　入　鳥　数
1	昭和47年	19,832
2	昭和48年	18,809
3	昭和49年	17,939
4	昭和50年	27,486
5	昭和51年	34,974
6	昭和52年	35,665
7	昭和53年	33,547
8	昭和54年	33,905
9	昭和55年	50,347
10	昭和56年	41,944
11	昭和57年	42,559
12	昭和58年	37,581
13	昭和59年	48,157
14	昭和60年	38,133
15	昭和61年	81,685
16	昭和62年	68,003
17	昭和63年	79,824
18	平成１年	117,995
19	平成２年	85,946
20	平成３年	97,226
21	平成４年	98,473
22	平成５年	85,535
23	平成６年	86,778
24	平成７年	86,384
25	平成８年	115,230
26	平成９年	102,136
27	平成10年	95,470
28	平成11年	113,668
29	平成12年	111,583
30	平成13年	45,483
31	平成14年	20,172
32	平成15年	12,817
33	平成16年	1,786
34	平成17年	1,572
35	平成18年	22
36	平成19年	40
合計		1,988,706

表⑥　輸入鳥の名称表

番　号	輸入鳥の名称	輸　入　鳥　数
1	メジロ	907,919
2	オオルリ	100,828
3	ホオジロ	99,027
4	ミヤマホオジロ	89,252
5	マヒワ	85,635
6	イカル	68,434
7	ヒガラ	66,232
8	ウソ	48,446
9	キビタキ	43,790
10	ノゴマ	28,411
11	コガラ	27,822
12	ヒバリ	26,738
13	コルリ	26,578
14	コイカル	23,699
15	コマドリ	20,146
16	シマアオジ	18,088
17	ベニヒワ	17,486
18	ヤマガラ	15,982
19	オシドリ	14,089
20	イスカ	14,052
21	シジュウカラ	13,088
22	カワラヒワ	12,279
23	シマノジコ	11,855
24	オオマシコ	11,660
25	ベニマシコ	11,314
26	エナガ	10,715
27	シマゴマ	10,703
28	ウグイス	9,796
29	ルリビタキ	9,413
30	オガワコマドリ	8,935
以上の上位30種の計		1,852,412
その他の312種の計		133,547
名称不明		2,747
合計		1,988,706

タイ	オランダ	インド	ベトナム	タンザニア	以上の上位10か国の計	その他24か国の計	輸入国不明	輸入数合計
1,184	100				19,025	3	804	19,832
1,030	433	283			18,489		320	18,809
2,629	555	5			17,338	40	561	17,939
196	1,037	486			26,886	401	199	27,486
10	1,106	895			32,864	1,281	829	34,974
34	505	803			35,522	109	34	35,665
449	373	476			33,547			33,547
263	657	488			33,905			33,905
2,709	334				50,347			50,347
	100				41,944			41,944
	36	19			42,559			42,559
							37,581	37,581
							48,157	48,157
							38,133	38,133
							81,685	81,685
							68,003	68,003
							79,824	79,824
							117,995	117,995
							85,946	85,946
							97,226	97,226
							98,473	98,473
							85,535	85,535
							86,778	86,778
							86,384	86,384
							115,230	115,230
	270				102,079	57		102,136
	454				95,465	5		95,470
	258				113,351	317		113,668
	251				111,167	416		111,583
	238			169	45,455	28		45,483
	140	727	2,005	687	19,776	396		20,172
	77	175	700	140	12,270	547		12,817
	106			200	1,698	88		1,786
	43			490	1,458	114		1,572
						22		22
						40		40
8,504	7,073	4,357	2,705	1,686	855,145	3,864	1,129,697	1,988,706

表⑦　輸入国別の野鳥輸入数

番号	年	野鳥輸入国							
		中国				台湾	ロシア	インドネシア	ミャンマー
		中国	香港	マレーシア	計				
1	昭和47年		4,306		4,306	13,435			
2	昭和48年		8,593		8,593	8,150			
3	昭和49年		3,492		3,492	10,657			
4	昭和50年		13,365		13,365	11,802			
5	昭和51年		30,853		30,853				
6	昭和52年		34,180		34,180				
7	昭和53年		32,249		32,249				
8	昭和54年	755	31,742		32,497				
9	昭和55年	16,015	31,289		47,304				
10	昭和56年	31,237	10,607		41,844				
11	昭和57年	23,705	18,799		42,504				
12	昭和58年								
13	昭和59年								
14	昭和60年								
15	昭和61年								
16	昭和62年								
17	昭和63年								
18	平成１年								
19	平成２年								
20	平成３年								
21	平成４年								
22	平成５年								
23	平成６年								
24	平成７年								
25	平成８年								
26	平成９年	80,494	20,358		100,852		957		
27	平成10年	80,505	5,650	8,701	94,856		155		
28	平成11年	93,576	19,296		112,872		221		
29	平成12年	92,610	17,935		110,545		371		
30	平成13年	33,806	8,412		42,218		2,390	440	
31	平成14年						6,409	3,630	6,178
32	平成15年						3,434	5,405	2,339
33	平成16年						1,392		
34	平成17年						925		
35	平成18年								
36	平成19年								
合計		452,703	291,126	8,701	752,530	44,044	16,254	9,475	8,517

参考文献

本書は、狩猟の「法制」を考察の対象にしている。そのため、まず的確に狩猟の「法源」を探索して抽出することが必要である。そして、法源について適切に法解釈を進めることになる。その場合、関係「事実」の存在を確定するには、当該事実を積極・直接的に認定する文献ばかりに限らず、消極・間接的に事実の存否を論証する意見の文献を検討することが肝要である。事実は、その「事実がある」ことばかりではなく、「事実がない」という着眼が正確な判断を導くこともあり、多様な文献を吟味することを忘れてはならない。本書の参考文献は、そのような考え方から構成してあり、まず所説の主題ごとに、その冒頭に法源を含有する「史料」をまとめて配置した。次いで本書における所説展開の順序に従いつつ、多様な参考文献を記載している。そして、文献は、できるだけ、所説の初出の位置に配置して再掲のものを省略するようにした。参考文献の摘示は、一般的な記載例に従っている。

■**はじめに**

塙保己一編『群書類従（律令・鷹）』続群書類従完成会

神宮司庁編『古事類苑宗教部（殺生禁断）、産業部（狩猟）、法律部（狩猟法制）』吉川弘文館

農商務省編纂『農務顛末』東京大学農学部農業経済学科図書館所蔵

農商務省編『大日本農史——附農事参考書解題』中外商業新報社

農商務省編『大日本農政史——大日本農政類編』文藝春秋社

矢野友一『日本農政史』文藝春秋社

石黒忠篤『農林行政』（農林更生叢書）日本評論社

龍粛「日本遊猟史」『日本風俗史講座』雄山閣

八戸道雄「日本狩猟史」『林学会雑誌』一九巻一〇号
狩猟百科編纂委員会『日本狩猟百科』全日本狩猟倶楽部
水越隆平『日本狩猟史』日本狩猟史刊行会
塚田六郎『古典と狩猟史』教育出版センター
林野庁編『鳥獣行政のあゆみ』林野弘済会
鳥獣行政研究会編『鳥獣保護と狩猟（法律の解説）』林野共済会
梶光一他編『野生動物管理のための狩猟学』朝倉書店

■第一章　世界の狩猟法制

新改訳聖書刊行会『新改訳旧訳聖書』いのちのことば社
関根正雄訳『旧約聖書創世記』岩波文庫
笠井恵二『自然的世界とキリスト教』新教出版社
ホワイト・青木靖三訳『機械と神』みすず書房
田辺保訳『聖フランチェスコの小さな花』（キリスト教古典叢書）教文館
堀米庸三『正統と異端』中公文庫
久保正幡他訳『ザクセンシュピーゲル・ラント法』（西洋法制史料叢書）創文社
金沢理康訳『ザクセン・シュピーゲル』（早稲田法学別冊八・九）早稲田大学法学会
小野清一郎『法律思想史概説』一粒社
千葉正士『世界の法思想入門』講談社学術文庫
林信夫他編『法が生まれるとき』創文社
原田慶吉『楔形文字法の研究』清水弘文堂書房
佐藤信夫『古代法解釈』慶応義塾大学出版会
渡瀬信之『マヌ法典』中公文庫
田辺繁子『マヌの法典』岩波文庫
井狩弥介他訳『ヤージュニャヴァルキヤ法典』東洋文庫
袁清林・久保卓哉訳『中国の環境保護とその歴史』研文出版

松崎つね子『睡虎地秦簡』（中国古典新書続編）明徳出版社
松田治『ローマ建国伝説』講談社学術文庫
ギボン・朱牟田夏雄他訳『ローマ帝国衰亡史六』ちくま学芸文庫
勝田有恒他編『概説西洋法制史』ミネルヴァ書房
久保正幡先生還暦記念出版準備会『西洋法制史料撰ⅠⅡ』創文社
江南義之『学説彙纂の日本語への翻訳Ⅱ』白桃書房
末松謙澄『欽定羅馬法学提要』帝国学士院
船田亮二『ローマ法二』岩波書店
マンテ・田中実他訳『ローマ法の歴史』ミネルヴァ書房
ヴィノグラドフ・矢田一男他訳『中世ヨーロッパにおけるローマ法』中央大学出版部
久保正幡「ゲルマン法史上におけるローマ法の継受」『西洋法制史研究』岩波書店
ワトソン・瀧澤栄治他訳『ローマ法と比較法』信山社
ヲルシエ・光明寺三郎訳『伊太利王国民法』（日本立法資料全集別巻）信山社
ユック・光明寺三郎訳『伊仏民法比較論評』（日本立法資料全集別巻）信山社
大島俊之「民法二三九条一項の沿革」『経済研究』三五巻三号
グロッシ・村上義和他訳『イタリア近代法史』明石書店
マンフレディーニ・梶山伸久訳『狩猟する者とされる者』ジャッピケッリ出版（イタリア）
ギショネ・長谷川公昭訳『ムッソリーニとファシズム』文庫クセジュ
風間鶴寿訳『全訳イタリア民法典』法律文化社
岡本詔治『イタリア物権法』信山社
コンラ・有田忠郎訳『レコンキスタの歴史』文庫クセジュ
山田信彦『スペイン法の歴史』彩流社
ガスコン・古閑次郎訳『狩猟法史』エクスリブリス出版（スペイン）
ガルベス・古閑次郎訳『スペイン狩猟法』コマレス出版（スペイン）
古閑次郎訳「スペイン民法」古閑民法データベース
オルテガ・西沢龍生訳『狩猟の哲学』吉夏社

参考文献

カエサル・近山金次訳『ガリア戦記』岩波文庫
タキトゥス・泉井久之助訳『ゲルマーニア』岩波文庫
栗生武夫「狩猟権」『入会の歴史其他』日本評論社
ゾーム・久保正幡他訳『フランク法とローマ法』岩波書店
久保正幡訳『サリカ法典』弘文堂
久保正幡訳『リブアリア法典』弘文堂
世良晃志郎訳『バイエルン部族法典』弘文堂
久保正幡「ザクセンシュピーゲルとそれの絵解写本」『法学協会雑誌』六五巻三号
池上俊一『森と川』刀水書房
ルフェーブル・高橋幸八郎他訳『一七八八年――フランス革命序論』岩波書店
河野健二編『資料フランス革命』岩波書店
中村義孝『フランス憲法史集成』法律文化社
ヂュ・ブスケ訳『一八四四年五月三日フランス国狩猟法』左院
野田良之『フランス法概論上巻（一・二）』有斐閣
滝沢正『フランス法』三省堂
神戸大学外国法研究会編『仏蘭西民法Ⅱ』（現代外国法典叢書）有斐閣
北村昌彦訳『ヴェルデイユ法』フランス法律データベース
野島利彰『狩猟の文化』春風社
ケブラー・田山輝明監訳『ドイツ法史』成文堂
エンゲルス・大内力訳『ドイツ農民戦争』岩波文庫
高田敏他編訳『ドイツ憲法集』信山社
神戸大学外国法研究会編『独逸民法Ⅲ』（現代外国法典叢書）有斐閣
民法改正研究会『民法改正と世界の民法典』信山社
農務局編『狩猟及鳥獣保護ニ関スル各国法令』（大正五年）農商務省
青木人志『動物の比較法文化』有斐閣

■第二章　わが国最初の狩猟法制

『日本書紀前後篇』（新訂増補国史大系）吉川弘文館
坂本太郎他校注『日本書紀上下』（日本古典文学大系）岩波書店
井上光貞監訳『日本書紀ⅠⅡⅢ』中公クラシックス
宇治谷孟現代語訳『日本書紀上下』講談社学術文庫
瀧川政次郎『日本法制史』有斐閣
石井良助『日本法制史概説』創文社
杉山晴康『日本法史概論』成文堂
牧英正他編『日本法制史』（青林法学双書）青林書院
水林彪他編『法社会史』（新体系日本史二）山川出版社
坂本太郎『聖徳太子』（人物叢書）吉川弘文館
次田真幸訳註『古事記上中下』講談社学術文庫
安田喜憲編『環境考古学ハンドブック』朝倉書店
奈良文化財研究所編『日本の考古学上下』学生社
広瀬和雄編『考古学の基礎知識』角川選書
日本地質学会編『層序と年代』共立出版
堂満華子他「過去約一万年間の環境変遷史とくに日本海の現在型表層水環境の成立時期とその過程」『完新世』一八巻二号（英国）
稲田孝司他編『旧石器時代上下』（講座日本の考古学）青木書店
堤隆『氷河期を生き抜いた狩人――矢出川遺跡』（シリーズ遺跡を学ぶ）新泉社
澤浦亮平「旧石器時代の狩猟活動」『月刊考古学ジャーナル』六二五号
角張淳一『旧石器捏造事件の研究』鳥影社
鬼頭宏『人口から読む日本の歴史』講談社学術文庫
水野祐「獦人考」『続律令国家と貴族社会』吉川弘文館
小山修三編『狩猟と漁労』雄山閣
安田喜憲『世界史のなかの縄文文化改訂三版』雄山閣
安田喜憲『縄文文明の環境』吉川弘文館

参考文献

安田喜憲『稲作漁撈文明』雄山閣
安田喜憲『一万年前』イースト・プレス
安田喜憲「縄文土器の起源と環境変動」『環境と歴史』新世社
西田正規『縄文の生態史観』東京大学出版会
小林達雄『縄文人の世界』朝日選書
小林宏「縄文人の法的思考・『縄文人の世界』を読む」『日本における立法と法解釈の史的研究一』汲古書院
戸沢充則編『縄文人の時代』新泉社
森川昌和他『鳥浜遺跡・縄文のタイムカプセル』(日本の古代遺跡を掘る一)読売新聞社
梅原猛他編『縄文文明の発見・驚異の三内丸山遺跡』PHP研究所
山内清男「縄紋草創期の諸問題」『MUSEUM』二二四号
今村啓爾『縄文の実像を求めて』吉川弘文館
西本豊弘「縄文時代の狩猟活動の再検討」『月刊考古学ジャーナル』六二五号
新津健『猪の文化史・考古編』雄山閣
甲元真之他編『弥生時代上下』(講座日本の考古学)青木書店
西本豊弘編『弥生時代の新時代』(新弥生時代のはじまり一巻)雄山閣
西本豊弘編『縄文時代から弥生時代へ』(新弥生時代のはじまり二巻)雄山閣
山崎健「弥生時代の狩猟活動」『月刊考古学ジャーナル』六二五号
香芝市二上山博物館編『弥生人の鳥獣戯画』雄山閣
広瀬和雄他編『古墳時代上』(講座日本の考古学)青木書店
阪口豊「過去一万三〇〇〇年間の気候の変化と人間の歴史」『歴史と気候』(講座文明と環境)朝倉書店
奥野彦六『律令前日本古代法』法制研究会
瀧川政次郎「擅興律逸文考」『国学院法学』二〇巻一号
田村圓澄『飛鳥時代――倭から日本へ』吉川弘文館
佐々木信綱編『新訓万葉集下巻』岩波文庫
森公章『「白村江」以後』講談社選書メチエ
直木孝次郎『壬申の乱・増補版』塙書房

川崎庸之『天武天皇』岩波新書
長谷山彰『日本古代の法と裁判』創文社
中村元『法句経』岩波文庫
『史記二（本紀）』（新釈漢文大系）明治書院
森博達『日本書紀の謎を解く』中公新書
諸橋轍次他『広漢和辞典』大修館書店
谷川士清『日本書紀通證』臨川書店
河村秀根他『書紀集解』臨川書店
松本丘『垂加神道の人々と日本書紀』弘文堂
左合昌美『よくわかる黄帝内経の基本としくみ』秀和システム
広瀬鎮『猿』（ものと人間の文化史）法政大学出版局
山口健児『鶏』（ものと人間の文化史）法政大学出版局
南方熊楠『十二支考下』岩波文庫
吉野裕子『五行循環』人文書院
道世『法苑珠林巻六畜生部』大正新脩大蔵経データベース
侯継高・京都大学文学部国語学国文学研究室編『全浙兵制考・日本風土記』京都大学国文学会
李時珍・木村康一他新註校定『国訳本草綱目・一二冊獣部』春陽堂書店
田上太秀『完訳大涅槃経』大蔵出版
安田喜憲『日本よ、森の環境国家たれ』中央公論社
原田信男「日本中世における肉食について」『論集東アジアの食事文化』平凡社
原田信男『歴史の中の米と肉』平凡社選書
原田信男「古代日本の動物供犠と殺生禁断」『東北学三』作品社
佐伯有義校訂『日本書紀上下』（増補六国史）朝日新聞社
佐伯有清『牛と古代人の生活』（日本歴史新書）至文社
西宮一民校注『古語拾遺』岩波文庫
青木人志『日本の動物法』東京大学出版会

加茂儀一『家畜文化史』法政大学出版局
加茂儀一『日本畜産史食肉乳酪篇』法政大学出版局
鋳方貞亮『改訂日本家畜史』有明書房

■第三章　律令法の狩猟法制

井上光貞他校注『律令』（日本思想大系）岩波書店
律令研究会『訳註日本律令一乃至一一』東京堂出版
『律・令義解』（新訂増補国史大系）吉川弘文館
『令集解一乃至四』（新訂増補国史大系）吉川弘文館
『類聚三代格前後篇』（新訂増補国史大系）吉川弘文館
『弘仁格抄弘仁式』（新訂増補国史大系）吉川弘文館
『延喜式前中後篇』（新訂増補国史大系）吉川弘文館
虎尾俊哉編『延喜式上中』（訳註日本史料）集英社
虎尾俊哉編『弘仁式貞観式逸文集成』図書刊行会
『続日本紀前後篇』（新訂増補国史大系）吉川弘文館
『続日本紀一乃至五・索引年表』（新日本古典文学大系）岩波書店
宇治谷孟現代語訳『続日本紀上中下』講談社学術文庫
『日本後紀』（新訂増補国史大系）吉川弘文館
黒板伸夫他編『日本後紀』（訳註日本史料）集英社
森田悌現代語訳『日本後紀上中下』講談社学術文庫
『続日本後紀』（新訂増補国史大系）吉川弘文館
森田悌現代語訳『続日本後紀上下』講談社学術文庫
『日本三代実録前後篇』（新訂増補国史大系）吉川弘文館
武田祐吉他訳『読み下し日本三代実録上下』戎光祥出版
『日本文徳天皇実録』（新訂増補国史大系）吉川弘文館
『日本紀略前後篇』（新訂増補国史大系）吉川弘文館

参考文献

『朝野群載』（新訂増補国史大系）吉川弘文館
『百錬抄』（新訂増補国史大系）吉川弘文館
瀧川政次郎『律令の研究』刀江書院
瀧川政次郎『日本法制史研究・復刻版』名著普及会
瀧川政次郎『律令格式の研究』（法制史論叢一）角川書店
瀧川政次郎『律令諸制及び令外官の研究』（法制史論叢四）角川書店
瀧川政次郎『律令制度』（岩波講座日本歴史）岩波書店
會田範治『註解養老令』有信堂
宮城栄昌『延喜式の研究論述篇史料篇』大修館
和田英松『新訂官職要解』講談社学術文庫
ウィルソン・大貫昌子他訳『生命の多様性』岩波現代文庫
堂本暁子『生物多様性』（同時代ライブラリー）岩波書店
勝又俊教他編『大乗仏典入門』大蔵出版
平川彰『二百五十戒の研究二』（平川彰著作集）春秋社
石田瑞麿『梵網経』大蔵出版
末木文美士『日本宗教史』岩波新書
辻善之助『日本仏教史一乃至一〇』岩波書店
仁井田陞『唐令拾遺』東京大学出版会
仁井田陞・編集代表池田温『唐令拾遺補』東京大学出版会
三上喜孝「雑令六斎日条の成立――日唐令の比較から」『続日本紀研究』三〇二号
三上喜孝「北宋天聖雑令に関する覚書――日本令との比較の観点から」『山形大学歴史地理人類学論集』八号
野尻靖「律令制支配と放生・殺生禁断」『続日本紀研究』二四〇号
平雅行「殺生禁断の歴史的展開」『日本社会の史的構造古代中世』思文閣出版
山本幸司『穢と大祓増補版』解放出版社
宮内省式部職『放鷹』吉川弘文館
秋吉正博『日本古代養鷹の研究』思文閣出版

弓野正武「古代養鷹史の一側面」『律令制と古代社会』東京堂出版
石上英一『律令国家と社会構造』名著刊行会
池田温「中国古代の猛獣対策法規」『律令制の諸問題』汲古書院
『類聚雑要抄』（群書類従二六輯雑部巻四七〇）続群書類従完成会
内田清之助『鳥学講話決定版』暁書房
川瀬善太郎『狩猟』（経済全書）宝文館
苅米一志「日本中世における殺生観と狩猟・漁撈の世界」『史潮』新四〇号
『禁秘抄』（群書類従二六輯雑部巻四六七）続群書類従完成会
『中右記一・四』（増補史料大成）臨川書店
池田亀鑑校訂『枕草子』岩波文庫
長谷山彰『律令外古代法の研究』慶応通信
佐藤進一他編「法曹至要抄」『中世法制史料集六巻二部法書』岩波書店
石井紫郎他校注『法と秩序』（日本近代思想大系）岩波書店

■第四章　中世法の狩猟法制

佐藤進一他編『中世法制史料集一乃至六・別巻』岩波書店
石井進他校注『中世政治社会思想上下』（日本思想大系）岩波書店
水戸部正男『公家新制の研究』創文社
『吾妻鏡一乃至四』（新訂増補国史大系）吉川弘文館
永原慶二監修『新版全訳吾妻鏡一乃至五・別巻』新人物往来社
前田正治『日本近世村法の研究』有斐閣
永井英治「中世における殺生禁断令の展開」『中世史研究』一八号
日本経済文化研究所史料館編『菅浦文書上下』滋賀大学日本経済文化研究所
原勝郎『日本中世史』東洋文庫
戸田芳実「国衙軍制の形成過程——武士発生史再検討の一視点」『中世の権力と民衆』創元社
髙橋昌明『武士の成立武士像の創出』東京大学出版会

石井進『鎌倉幕府』（改版日本の歴史七）中公文庫
石井進『中世武士団・日本の歴史一二』（狩猟の黄金時代）小学館
千葉徳爾『狩猟伝承研究（正・続・後篇・総括編・補遺篇・再考篇）』風間書房
早川孝太郎『猪鹿狸』角川文庫
川島茂裕「日本企業による海外の生態系破壊はいつから始まったのか」『帝京史学』九号
岡田章雄『日欧交渉と南蛮貿易』（岡田章雄著作集Ⅲ）思文閣出版
岩生成一『鎖国』（日本の歴史一四）中公文庫
竹内理三編『鎌倉遺文CDROM版』（大隅野辺文書）東京堂出版
竹内理三編『平安遺文古文書編七』（稲毛荘検注張）東京堂出版
長又高夫『日本法書の研究』汲古書院
上横手雅敬『北条泰時』（人物叢書新装版）吉川弘文館
藤井貞文他校訂『師守記二』（史料纂集）続群書類従完成会
相田二郎『戦国大名の印章・印判状の研究』（相田二郎著作集二）名著出版
小松茂美『足利尊氏文書の研究Ⅰ乃至Ⅳ』旺文社
鎌倉市『鎌倉市史社寺編』吉川弘文館
鎌倉市『鎌倉市史史料編三・四』吉川弘文館
和島芳男『叡尊・忍性』（人物叢書新装版）吉川弘文館
松尾剛次『中世都市鎌倉の風景（殺生禁断権）』吉川弘文館
苅米一志『荘園社会における宗教構造（殺生禁断権）』校倉書房
『京都本能寺文書』（足利義昭禁制）大日本史料総合データベース
『美濃立政寺文書』（足利義昭禁制）大日本史料総合データベース
今谷明『戦国期の室町幕府』講談社学術文庫
奥野高広『増訂織田信長文書の研究上下補遺』吉川弘文館
田中雅明「織田信長禁制の実効性に関する一考察」『駒沢史学』五五号
藤木久志編『織田政権の研究』（戦国大名論集）吉川弘文館
三鬼清一郎編『豊臣秀吉文書目録』名古屋大学文学部国史学研究室

参考文献

小林清治『秀吉権力の形成』東京大学出版会
福井県『福井県史資料編八中近世六竜沢寺文書』福井県
郷土博物館『常設展示図録区指定文化財』東京都杉並区
真上隆俊『大幡山宝生寺史』宝生寺
三鬼清一郎編『豊臣政権の研究』（戦国大名論集）吉川弘文館
三鬼清一郎『織豊期の国家と秩序』青史出版
高木昭作『日本近世国家史の研究』岩波書店
藤木久志『豊臣平和令と戦国社会』東京大学出版会
桑田忠親『太閤書信』地人書館
桑田忠親『豊臣秀吉研究』角川書店
国民文庫刊行会「畠山家蜂起三箇城軍事」『北条九代記・重編應仁記』（続應仁後記七）国民文庫刊行会
山名隆弘『戦国大名と鷹狩の研究』纂修堂
斉藤司「豊臣政権による鷹支配の一断面——諸鳥進上令の検討を通して」『地方史研究』三七巻一号
盛本昌広「戦国期の鷹献上の構造と贈答儀礼」『歴史学研究』六六三号
神戸大学文学部日本史研究室編『中川家文書』臨川書店
藤木久志『刀狩り』岩波新書
宇田川武久編『鉄砲伝来の日本史』吉川弘文館
ペリン・川勝平太訳『鉄砲を捨てた日本人』中公文庫
順興寺実従「私心記」『真宗史料集成三』同朋舎メディアプラン
奥野高広『言継卿記』髙桐書院
清水紘一編「キリシタン関係法制史料集」『キリシタン研究一七』吉川弘文館
安野真幸『バテレン追放令』日本エディタースクール出版部
フロイス・松田毅一他訳『日本史一』中央公論社
岩澤愿彦「豊臣秀吉の伴天連成敗朱印状について」『国学院雑誌』八〇巻一一号
三浦周行『法制史の研究下』（五人組制度の起源）岩波書店
三浦周行『続法制史の研究』（自治制度の発達）岩波書店

フロイス・岡田章雄訳『ヨーロッパ文化と日本文化』岩波文庫
小松茂美編『粉河寺縁起』中央公論社
竹内理三編『斉藤親基日記他』（続史料大成一〇）臨川書店
竹内理三編『蜷川親元日記』（続史料大成一一）臨川書店
浅倉直美編『玉縄北条氏』（論集戦国大名と国衆九）岩田書院
小林宏『伊達家塵芥集の研究』創文社
塚本学『生類をめぐる政治――元禄のフォークロア』平凡社選書
竹内理三『平安遺文古文書編六』（二八六五東大寺三綱解案）東京堂出版
竹内理三『武士の登場』（改版日本の歴史六・荘園の経営）中公文庫
蘆田伊人編『新編武蔵風土記稿三』雄山閣
坪井良平『日本古鐘銘集成』角川書店
山田蔵太郎『川崎誌考』石井文庫
『触穢問答』（続群書類従三輯下神祇部巻八一）続群書類従完成会
『令抄』（群書類従六輯律令部巻七八）続群書類従完成会
網野善彦他『中世の罪と罰』東京大学出版会
佐藤進一他編『中世法制史料集二』（沙汰未練書）』岩波書店
下村效『日本中世の法と経済』（盗犯）』続群書類従完成会
佐藤進一他編『中世法制史料集五』（一銭切）』岩波書店
藤木久志「村請けの誓詞――豊臣支配と百姓起請文」『中世東国史の研究』東京大学出版会
川端善明他校注『古事談続古事談』（新日本古典文学大系）岩波書店

■第五章　江戸幕藩法の狩猟法制

石井良助校訂『徳川禁令考前集一乃至六・後集一乃至四・別巻』創文社
平松義郎監修『近世法制史料集一乃至五巻』創文社
高柳真三他編『御触書寛保集成・宝暦集成・天明集成・天保集成上下』岩波書店
石井良助他編『幕末御触書集成一乃至六・別巻』岩波書店

参考文献

石井良助編『御仕置例類集一乃至一六』名著出版
石井良助編『近世法制史料叢書一乃至三』創文社
服藤弘司『幕府法と藩法』創文社
藩法研究会編『藩法集』（岡山・鳥取・徳島・金沢・熊本・鹿児島・盛岡・久留米・諸藩）創文社
服藤弘司『公事方御定書研究序説』創文社
茎田佳寿子『江戸幕藩法の研究』巌南堂書店
藪利和「公事方御定書下巻の原テキストについて」『幕藩国家の法と支配』有斐閣
小林宏「定書と例書――徳川吉宗の立法構想」『日本における立法と法解釈の史的研究二』汲古書院
渡辺治湟『公事方御定書の研究』私家版・国会図書館所蔵
近世史料研究会編『江戸町触集成一乃至二〇』塙書房
京都町触研究会編『京都町触集成一乃至一三・別巻』岩波書店
児玉幸多他編『近世農政史料集一・二』吉川弘文館
北島正元『江戸幕府の権力構造』岩波書店
『徳川実紀三八乃至五二』（新訂増補国史大系）吉川弘文館
神宮司庁編『古事類苑・官位部』吉川弘文館
松平太郎・進士慶幹校訂『校訂江戸時代制度の研究』柏書房
池上裕子『織豊政権と江戸幕府』講談社学術文庫
中村孝也『徳川家康文書の研究上中下之一・下之二拾遺集』日本学術振興会
徳川義宣『新修徳川家康文書の研究』徳川黎明会
竹内理三編『家忠日記』（増補続史料大成一九）臨川書店
根崎光男『江戸時代放鷹制度の研究』吉川弘文館
根崎光男『将軍の鷹狩り』（同成社江戸時代史叢書三）同成社
福田千鶴『江戸時代の武家社会（鷹場）』校倉書房
圭室文雄『日本仏教史近世』吉川弘文館
穂積陳重『五人組制度論』有斐閣
穂積陳重編『五人組法規集』有斐閣

穂積陳重編『五人組法規集第二版』有斐閣
穂積重遠編『五人組法規集続編上下』有斐閣
西村精一『五人組制度新論』岩波書店
平松義郎『近世刑事訴訟法の研究』創文社
塚本学「綱吉政権の鉄砲改めについて」『金鯱叢書創刊号』徳川黎明会
根崎光男『生類憐みの世界』(同成社江戸時代史叢書二三) 同成社
大館右喜「生類憐愍政策の展開」『所沢市史研究三号』所沢市史編さん室
山室恭子『黄門さまと犬公方』文春新書
東武野史『三王外記』我自刊我書屋・国会図書館所蔵
シャイブリ・中埜喜雄訳「徳川綱吉——元禄将軍」『日本の歴史と個性上・近世』ミネルヴァ書房
戸田茂睡『戸田茂睡全集(御当代記)』国書刊行会
佐佐木信綱『戸田茂睡論』近世文芸研究叢書刊行会
徳富蘇峰『近世日本国民史元禄時代政治篇』講談社学術文庫
新井白石・松村明校注「折たく柴の記」『日本古典文学大系』岩波書店
東京大学史料編纂所編『新井白石日記上下』(大日本古記録) 岩波書店
室鳩巣『兼山秘策』(日本経済叢書二) 日本経済叢書刊行会
松浦静山・中村幸彦他校訂『甲子夜話一』東洋文庫
田中休愚・村上直校訂『民間省要・坤部第六』有隣堂
安田寛子「近世鷹場制度の終焉過程と維持組織」『法政史学』五〇号
白隠慧鶴・吉澤勝弘訳註『夜船閑話巻之下』(白隠禅師法語全集四) 禅文化研究所
鈴木寿『近世知行制の研究』日本学術振興会
安田寛子「江戸鳥問屋の御用と鳥類流通構造」『日本歴史』六七八号
「徳川実紀続徳川実紀に見る江戸周辺の狩猟記録」『諸国産物帳集成四』科学書院
金山正好「徳川将軍の狩猟記録・徳川実紀から」『応用鳥学集報』五号
遠藤公男『盛岡藩御狩り日記——江戸時代の野生動物誌』講談社
男鹿市『男鹿市史昭和三九年』男鹿市

参考文献

森山嘉蔵『安東氏――下国家四百年ものがたり』無明舎出版
秋田魁新報社『時の旅四百年佐竹氏入部』同新報社編集局文化部
橋本宗彦他編校注『秋田沿革史大成上下』加賀谷書店
岩生成一『新版朱印船貿易史の研究』吉川弘文館
秋田県庁旧蔵古文書『県A二一七木山方以来覚追加十二』秋田公文書館
秋田県立秋田図書館『国典類抄』秋田県教育委員会
今村義孝他編『秋田藩町触集上下』未来社
武藤鉄城『秋田マタギ聞書』（常民文化叢書四）開明堂
宮本常一他編『日本常民生活資料叢書九・男鹿寒風山麓農民手記（鹿の話）』三一書房
永松敦『狩猟民俗研究・近世猟師の実像と伝承』法蔵館
青森県立図書館編『萬日記抄一』（解題書目七）青森県立図書館
賀来飛霞「高千穂採薬記」『日本庶民生活史料集成二〇紀行等』三一書房
菊池勇夫『飢饉から読む近世社会』校倉書房
高山彦九郎『北行日記』（高山彦九郎日記三）西北出版
莅戸善政他編『かてもの』及び『読み下し注釈かてもの』よねざわ豆本の会
髙垣順子『かてものをたずねる』歴史春秋出版
安孫子麟他現代語訳解題「民間備荒録（建部清庵）」『日本農書全集一八』農山漁村文化協会
野沢希史訳『二宮尊徳翁の訓え（救荒を説くまえに為政者のなすべきこと）』地球人ライブラリー・小学館
「以上并武家御扶持人例書（御場内ニ而鷹遺候もの）」『近世法制史料集三』創文社
「御仕置裁許帳」及び「元禄御法式」『近世法制史料叢書一』創文社
「厳有公御母堂宝樹院殿之伝系」『徳川諸家系譜一』（柳営婦女伝系一〇）続群書類従完成会
「御当家令条」『近世法制史料叢書二』創文社
渡瀬庄三郎「元禄宝永年間に於ける対馬殲猪の事績」『動物学雑誌』二八一号
柳田国男「対州の猪」『定本柳田国男集二二』筑摩書房
瀧本誠一編『陶山鈍翁遺著』（日本経済叢書巻四）日本経済叢書刊行会
瀧本誠一編『陶山鈍翁遺著続編』（日本経済叢書巻一三）日本経済叢書刊行会

山田龍雄他校注『老農類語他（陶山訥庵）』『日本農書全集三二』農山漁村文化協会
月川雅夫校注『木庭停止論（陶山訥庵）』『日本農書全集六四』農山漁村文化協会
陶山訥庵先生生誕三五〇年祭実行委員会編『訥庵鈍翁――陶山先生伝記資料集成稿』対馬市教育委員会
長崎県史編纂委員会『長崎県史・史料編二』吉川弘文館
豊玉町誌編纂委員会『豊玉町誌』豊玉町役場
永留久恵『対馬国志・中世近世編』対馬国志刊行委員会
対馬市の鳥獣害被害に関する回答書
八戸市立図書館市史編纂室『八戸南部史稿』八戸市
工藤祐董編『八戸藩法制史料』創文社
八戸市史編さん委員会『八戸市史通史編』八戸市
八戸市史編さん委員会『八戸市史史料編近世五乃至七（八戸藩日記）』八戸市
八戸市史編纂委員会『新編八戸市史近世資料編Ⅰ』八戸市
菊池勇夫『近世の飢饉』吉川弘文館
西村嘉「近世畑作の諸問題――大豆生産と獣害」『歴史手帳』六巻九号
槻館心誉「飢歳凌鑑」『近世社会経済史料集成四飢渇もの上』大東文化大学東洋研究所
根崎光男「近世農民の害鳥獣駆除と鳥獣観」『人間環境論集』一巻二号
根崎光男「江戸周辺地域における鳥類保護の諸相」『徳川幕府と巨大都市江戸』東京堂出版
林由紀子『近世服忌令の研究』清文堂出版
橘川房常・松下幸子他校訂「料理集」『千葉大学教育学部研究紀要・古典料理七』三〇巻二部
平松義郎『江戸の罪と罰』平凡社選書
一茶・川島つゆ校注『一茶集』（日本古典文学大系）岩波書店
「日本国米利堅合衆国和親条約（日英文）」『旧条約彙纂第一巻各国之部第一部亜米利加合衆国』
「日本国米利堅合衆国和親条約附録（日文）」近世史編纂支援データベース二二五
「PEACE　AND　AMITY（英文）」外交史料館
林復斉「日米和親条約附録調印」『大日本古文書幕末外交関係文書付録・墨夷応接録』東京大学史料編纂所
オフィス宮崎編訳『ペリー艦隊日本遠征記上下』万来舎

ハイネ・中井晶夫訳『ハイネ世界周航日本への旅』（新異国叢書）雄松堂出版
森田朋子「外国人の遊猟と御鷹場の廃止」『論集きんせい』近世史研究会
フランス公使ドゥ・ベルクール「在留仏人遊猟禁止の回答、及び猟区設置の勧告」『続通信全覧類輯之部一四』雄松堂出版

■第六章　明治太政官法の狩猟法制

内閣官報局編『法令全書一乃至一九』（慶応三年乃至明治一九年の法令収録・日本法令の明治前期編から検索）国会図書館データベース
岩谷十郎「明治太政官期法令の世界」（日本法令明治前期編の解説）国会図書館データベース
外務省『日本外交文書』（デジタルアーカイブ）外交史料館データベース
「犯罪と犯罪者処遇の一〇〇年――刑事関係基本法令の変遷」『昭和四三年版犯罪白書』法務省
宇田川龍男「明治初期に於ける鳥類保護」『野鳥』一四巻四号
和田綱紀編刊『日本愛鳥家談話録一・二』明治四〇年発行
細川博昭『大江戸飼い鳥草紙』（歴史文化ライブラリー）吉川弘文館
ジェー・テイ生「バカ鳥撲殺に就て」『猟友』一巻三号
長谷川博『五〇羽から五〇〇〇羽へ――アホウドリの完全復活をめざして』どうぶつ社
森田朋子『開国と治外法権』吉川弘文館
瀧川政次郎「欧米継受法時代（混沌としてほとんど訳の分からない時代）」『日本法制史』有斐閣
下村冨士男『明治維新の外交』大八州出版
下村冨士男『明治初年条約改正史の研究』吉川弘文館
横田喜三郎『国際法論集Ⅰ』有斐閣
稲生典太郎『条約改正論の歴史的展開』小峯書店
大石一男『条約改正交渉史』思文閣出版
藤原明久『日本条約改正史の研究』雄松堂
久米邦武・田中彰校注『特命全権大使米欧回覧実記』岩波文庫
『日本書紀巻二五・孝徳天皇即位前紀』（尊仏法軽神道。斮（きる）生国魂社樹之類是也。）吉川弘文館
手束平三郎『森のきた道』日本林業技術協会
明治文化研究会編『明治事物起源・明治文化全集別巻』（第六編宗教部破壊的真相一斑・明治五年三月二一日ヘラルド新聞の上野破却記事）日本評論

社
河村健太郎『佐野常民伝』佐賀県佐賀郡川副町長副島静雄
林業発達史調査会編『日本林業発達史――明治以降の展開過程』林野庁
井上馨侯伝記編纂会『世外井上公伝一乃至五』内外書籍
中原邦平著・発行『井上伯伝一乃至七（附録一・二）』
澤田章編『世外侯事歴・維新財政談上中下』発行者岡百世
中村弥六口述筆記『林業回顧録』（上野公園の恩人）大日本山林会
徳富猪一郎編『公爵山縣有朋伝』山縣有朋公記念事業会
武内博『来日西洋人名事典』日外アソシエーツ
ダン・高倉新一郎他訳「我が半世紀の回想」『北方文化研究報告一二輯』北海道大学
ユネスコ東アジア文化センター編『資料御雇外国人』小学館
マクヴィーン・岡田泰明他訳「明治初期の東京の鳥――マクヴィーン報告から」『応用鳥学集報』六号及び『諸国産物帳集成四』（産物帳集成に索引あり）
太政類典『銃砲取締規則一件記録』国立公文書館データベース
所荘吉「壬申の銃砲取締規則について」『銃砲史研究』一号
『管内布達控』（秋田県庁旧蔵古文書）秋田県公文書館
太政類典『鳥獣猟規則一件記録』国立公文書館データベース
公文録『大蔵省附録鳥獣猟規則』国立公文書館データベース
春田国男「違式詿違条例の研究」『別府大学短期大学部紀要』一三号
海音寺潮五郎『悪人列伝近代篇』文春文庫
白崎秀雄『鈍翁益田孝上下』新潮社
長井実編『自叙益田孝翁伝』中公文庫
井野辺茂雄他編『皮革産業の先覚者西村勝三の生涯』西村翁伝記編纂会
柴興志『富永冬樹伝――教養の明治裁判官』自家出版
堀雅昭『井上馨――開明的ナショナリズム』弦書房
堂満幸子「中井弘関係文書の紹介三」『黎明館調査研究報告』三集

参考文献

屋敷茂雄『中井桜州――明治の元勲に最も頼られた名参謀』幻冬舎ルネッサンス

日本史籍協会編『大久保利通日記二』北泉社

『大日本皇国高貴之肖像・明治天皇他全二五人』（石版彩色）章拳社出版

宮内庁『明治天皇紀二・三』吉川弘文館

春畝公追頌会『伊藤博文伝上中下』統正社

日本史籍協会編『木戸孝允日記二・三』マツノ書店

太政類典『鳥獣猟規則改正一件記録』国立公文書館データベース

『明治九年鳥獣猟規則改正議案録・会議筆記・議定上奏録』国立公文書館データベース

「外国人銃猟約定書式及免状取扱条例」『法令全書』国会図書館データベース

「外国人銃猟約定書式及免状取扱条例」『日本外交文書』外交史料館データベース

藤田弘道「ドイツ皇孫釈迦ケ池遊猟事件」『吹田の歴史』七号

内山正熊「吹田事件（一八八〇年）の史的回顧」『法学研究』五一巻五号

『独逸国皇孫殿下大阪府下吹田村ニ遊猟ノ際巡査等不敬一件』外交史料館データベース

『内務・農商務省上申鳥獣猟規則改正ノ儀』（第一一類記録材料）国立公文書館データベース

「明治一六年農商務省達三号・二二号調査と回報」『法令全書』と秋田県・東京都公文書館所蔵

農林省刊『農務顛末一乃至六・総目次一冊』（巻一八「銃猟」欠本）農林省農業総合研究所

農商務省・前田正名編纂『興業意見一乃至三〇』農商務省

『興業意見（統計図表割愛版）』（昭和八年経済更生計画資料一九）農林省経済更生部

近藤康男編『興業意見・所見』（明治大正農政経済名著集一）農山漁村文化協会

祖田修『前田正名』（人物叢書新装版）吉川弘文館

『外国人銃猟規則設立一件（農商務・大蔵省上申鳥獣猟規則改正）』外交史料館所蔵

『明治二一年鳥獣猟規則改正議案録・会議筆記・議定上奏録』国立公文書館データベース

『明治二一年鳥獣猟規則改正ノ件（紙袋入りの太政官諸雑公文書）』国立公文書館データベース

百年史編集室編『大蔵省百年史』（狩猟の記述不見当）大蔵財務協会

国税庁長官官房総務課編『国税庁統計年報書第一〇〇回記念号』国税庁

大霞会編『内務省史』（狩猟の記述不見当）地方財務協会

百年史編纂委員会編『農林水産省百年史上巻』（狩猟の記述不見当）農林水産省百年史刊行会
百年史編集委員会編『内閣法制局百年史』内閣法制局

■第七章　明治憲法の狩猟法制

伊藤博文・宮沢俊義校註『憲法義解』岩波文庫
加藤房蔵『伯爵平田東助伝』平田伯伝記編纂事務所
星野通『明治民法編纂史研究』（第一部論文篇第二部民法典論争資料篇）ダイヤモンド社
星野通『民法典論争史』日本評論社
手塚豊『明治民法史の研究上下』（手塚豊著作集）慶応通信
大久保泰甫他『ボワソナード民法典の編纂』雄松堂出版
ボアソナード『仏文日本民法草案註解三（復刻版）』（ボアソナード文献双書）宗文館書店
ボワソナード民法典研究会編『ボアソナード氏起稿民法草案財産取得編一（邦訳）』雄松堂出版
坂本慶一『民法編纂と明治維新』悠々社
前田達明編『史料民法典』成文堂
長森敬斐他編『民事慣例類集』（明治一〇年）司法省
生田精編『全国民事慣例類集』（明治一三年）司法省
手塚豊他『民事慣例類集』（明治法制史研究集成二）慶応義塾大学法学研究会
林野庁『徳川時代に於ける林野制度の大要』林野共済会
仁井田益太郎編『旧民法』日本評論社
佐々木忠蔵他編『法典実施意見』（梅謙次郎ら七名意見書）明法堂
穂積陳重『法典論（復刻版）』新青出版
法務大臣官房司法法制調査部監修『法典調査会民法議事速記録二第二七回』（日本近代立法資料叢書二）商事法務研究会
広中俊雄編著『第九回帝国議会の民法審議』有斐閣
広中俊雄編著『民法修正案（前三編）の理由書』有斐閣
大山英久「帝国議会の運営と会議録をめぐって」『レファレンス』六五二号
北川善太郎「日本民法学の歴史と理論」『ドイツ法の継受と現代日本法』日本評論社

参考文献

富井政章『民法原論一総論』有斐閣書房
富井政章『民法原論二物権上』有斐閣書房
梅謙次郎『民法要義二物権編』発行者鈴木敬親
鳩山秀夫講述『物権法』（大正一〇年）学生共同刊行会
我妻栄『物権法民法講義Ⅱ』岩波書店
月岡利男『物権法講義補訂版』法律文化社
川名兼四郎「土地の所有権と狩猟」『猟友』一巻一〇・一一号、二巻二号
「猟の友発行の因由」『猟の友』一巻一号
「官吏と雖も職猟するを得」『猟の友』一巻二号
『狩猟規則制定及び同規則第二九条改正一件記録』国立公文書館データベース
島田剛太郎『狩猟規則詳解』八尾書店
石橋豊「鳥獣行政の問題点」『林業技術』二七五号
帝室林野局『御料地史稿』帝室林野局
「狩猟規則ノ発布」『法学協会雑誌』一〇巻一一号
『四回衆議院議事速記録一一号』（狩猟規則に関する違憲決議案審議）帝国議会会議録データベース
『四回貴族院議事速記録四〇号』（狩猟規則に関する小畑議員緊急動議と審議）帝国議会会議録データベース
『四・五・六・八回衆議院及び貴族院議事速記録（狩猟法審議）』帝国議会会議録データベース
「内務省告示三九号猟の友と題する雑誌出版差止」『公文類聚一八篇四〇』国立公文書館
「日本狩猟協会成立の経過」『猟友』一巻一号（発行兼印刷人森肇・日本狩猟協会）
『明治三四年狩猟法改正一件記録』国立公文書館データベース
『一四回衆議院議事速記録二九号』帝国議会会議録データベース
大津淳一郎『大日本憲政史一乃至一〇』（狩猟法改正法律案の記述不見当）宝文館
好並隆司『秦漢帝国史研究』未来社
三谷好幸「律令国家の山野支配と王土思想」『日本律令制の構造』吉川弘文館
三上喜孝「律令国家の山川藪沢の特質」『日中律令制の諸相』東方書店
増淵龍夫「先秦時代の山川藪沢と秦の公田」『新版中国古代の社会と国家』岩波書店

弥永貞三「律令制的土地所有山川藪沢」『日本古代社会経済史研究』岩波書店
『狩猟法の義に付き陳情書（銃砲製造業記名者七名ほか一〇三名）』明治三五年二月一日発行
『狩猟法修正ニ関スル陳情書（銃砲工業同志会総代七名・銃砲火薬免許商総代八名・狩猟団体総代五名）』明治三五年二月一一日発行
青木周蔵『狩猟規則草案』私家版・国会図書館所蔵
坂根義久校注『青木周蔵自伝』東洋文庫
『一五回衆議院・貴族院議事速記録』帝国議会会議録データベース
青塚繁志『日本漁業法史』北斗書房
大城朝行『漁業及漁業権制度』（司法研究報告書一七輯）司法省調査課
浜本幸生『最新早わかり漁業法全解説』水産社
山階芳麿「鳥獣保護の進め方」『野生鳥獣の保護』日本鳥類保護連盟
大塚宇三郎編『非常特別税法』田中宋栄堂
小池清『戦時非常特別税法・新税早わかり』法政館
「明治二十八年狩猟法発布以来十箇年間狩猟免状累年比較」『猟友』九三号
「明治八年以降狩猟免許者累年較表」『連合猟友』創刊号
川瀬善太郎『狩猟』（経済全書）宝文館
『大正七年狩猟法改正一件記録』国立公文書館データベース
『四〇回衆議院・貴族院議事速記録』帝国議会会議録データベース
佐藤百喜「狩猟ノ制度ニ就テ」『国家学会雑誌』三三巻七・八号
筆名煤煙猟夫「第十七條の成文も亦蛇足也」『猟友』二一四号
大日本猟友会「日本猟友会史」『近代日本狩猟図書館』別巻
『大正一一年狩猟法改正一件記録』国立公文書館データベース
『四五回衆議院・貴族院議事速記録』帝国議会会議録データベース
岡村金太郎「娯楽的狩猟を禁ぜよ上下・娯楽的狩猟を禁ぜよ（再説）上中下」（通俗講話）『東京日々新聞』
内田清之助「岡村博士の狩猟廃止論に答う一乃至四」（通俗講話）『東京日々新聞』
山林局『狩猟主任官会議要録』農林省

■第八章　日本国憲法の狩猟法制

『九〇回帝国議会衆議院・貴族院議事速記録』（帝国憲法改正審議）帝国議会会議録データベース
宮澤俊義『日本国憲法・別冊』（法律学体系コンメンタール篇一）日本評論新社
我妻栄他『戦後における民法改正の経過』日本評論新社
連合軍総司令部・経済安定本部資源調査会訳『日本の天然資源――包括的な調査』時事通信社
鵜川益男「連合軍総司令部の農林関係機構――軍政運営の連絡方式と日本側の機構」『農林時報』六巻一二号
松山資郎『野鳥と共に八〇年』文一総合出版
松山資郎『狩猟法施行規則改正――附改正に伴うO・L・Aとの交渉経過』（松山打合会記録）日本野鳥の会所蔵
農林省猟政調査室「改正狩猟法施行規則解説一・二」『猟』一巻一号・二巻一号
O・L・オースチン「日本における野生動物の保護」『天然資源局報告』一一六号
黒田長久『愛鳥譜』世界文化社
オースチン「一九四八年の日本の禁猟区および公共猟区」『天然資源局予備調査』一二八号
内田清之助「北米合衆国狩猟法の一般」『動物学雑誌』二六六号
オースチン・黒田長久『日本の鳥類――現状と分布』動物学館報一〇九巻四号（ハーバード・カレッジ）
中西悟堂「友交使節オースチン博士」『定本野鳥記五』春秋社
環境庁自然保護局編『自然保護行政のあゆみ・鳥獣保護関係資料』第一法規出版
「昭和二四年野生鳥獣の保護及び捕獲に関する法律案」『狩猟法改正関係資料』林野庁図書館所蔵
『昭和二五年狩猟法改正一件記録』（昭和二五年廃案の法案）国立公文書館データベース
『七回国会衆議院・参議院会議録』国会会議録データベース
『一三回国会衆議院農林委員会会議録四四号』（狩猟鳥の種類追加議決）国会会議録データベース
『一五回国会衆議院・参議院農林委員会会議録』（平野議員ら狩猟法改正案）国会会議録データベース
中西悟堂「大日本猟友会との闘争」『定本野鳥記八』春秋社
中尾英俊他『私営猟区制度創設のための法制に関する研究』環境庁自然保護局
林野庁長官「諮問事項説明」『狩猟法改正関係資料――昭和三一年六月』林野庁図書館所蔵
『二八回国会衆議院・参議院会議録』国会会議録データベース
林野庁「狩猟法規関係の沿革」『近代日本狩猟図書館』一〇巻

『四三回国会衆議院・参議院会議録』国会会議録データベース
「猪と豚の混血獣を以て満さるる孤島」及び「伊達侯の功名」『猟友』一〇二号
増井清「牛の肥育とイノブタの研究」『畜産の研究』三四巻六号
中野栄他「いのぶたの交配試験」『一九七二年和歌山畜産試験場業務成績書』
中野栄他「いのぶた（猪と豚のF1）の特性と肉質」『畜産の研究』二六巻二号
神崎伸夫他「北海道足寄町のイノブタ野生化問題」『人間と環境』一九巻二号
『平成六年環境庁告示四一号原議綴・審議会議事録写し』環境庁開示文書
「豚とイノシシの交配による危険性」『フランス国立狩猟公社狩猟資料と邦訳』中国新聞社提供
日本生態学会編『外来種ハンドブック』地人書館
高橋春成編『イノシシと人間――共に生きる』古今書院
高橋春成『野生動物と野生化家畜』大明堂
池田真次郎他『野生鳥獣』（実践林業大学シリーズ）林業教育研究会
池田真次郎『野生鳥獣と人間生活――自然保護施策の理論と実際』インパルス
『狩猟の適正化および鳥獣保護のための対策について』（昭和四五年一一月二七日閣議報告）林野庁
『六五回国会衆議院・参議院会議録（環境庁設置法）』国会会議録データベース
大石武一『尾瀬までの道』サンケイ出版
行政監察局『鳥獣保護及び狩猟に関する行政監察結果報告書・勧告書』（昭和五一年）行政管理庁
『八四回国会衆議院・参議院会議録』国会会議録データベース
「新春放談会・総会決議」『日鳥連商報六・七・八号』日鳥連
那波昭義「輸入鳥類の種類数量について」『鳥獣行政』四七・四八号の合併号及び『日鳥連商報』八一号
『飼養鳥類管理対策事業報告書』（昭和五八・五九・六〇年度）環境庁
「日鳥連の謝意表明」『日本鳥獣商報』（平成二年五月三〇日号）日本鳥獣商組合連合会
『二〇〇二年四月二四日野鳥輸入禁止措置実施に係る在中国日本国大使館・中国国家林業局間の口上書と邦文仮訳』外務省開示文書
『日本鳥獣商組合連合会業務終了のお知らせ平成二六年三月吉日』日本鳥獣商組合連合会
穂積陳重「悪弊は慣習に非ず」『法窓夜話（法諺）』岩波文庫
「昭和四一年一月二四日通達・鳥獣捕獲許可事務の処理方針」『鳥獣行政のあゆみ』

参考文献

野生生物保護行政研究会編『鳥獣保護及び狩猟に関する通達集』林野弘済会
友田安雄「わが国狩猟制度の今後のあり方」『林業技術』四四六号
『一二〇回国会衆議院・参議院会議録』国会会議録データベース
遠藤公男『ツグミたちの荒野』講談社
『一四五回国会衆議院・参議院会議録』国会会議録データベース
『平成五年四月一日通達・鳥獣の捕獲許可事務の取扱方針について（原議綴写し）』環境庁開示文書
『平成一二年二月八日総理府令第七号原議綴写し』環境庁開示文書
大迫丈志「中央省庁再編の制度と運用」『調査と情報』七九五号
松尾浩也編『刑法の平易化』有斐閣
池田真朗編『新しい民法――現代語化の経緯と解説』有斐閣
『平成一四年法律改正審議会諮問・答申』環境省データベース
『一五四回国会衆議院・参議院会議録』国会会議録データベース
河野正三『国土利用計画法』（特別法コンメンタール）第一法規
土地利用研究会編『改訂七版国土利用計画法一問一答』大成出版社
藤田宙靖『第四版行政法Ⅰ（総論）改訂版』（現代法律学講座六）青林書院
今村成和・畠山武道補訂『行政法入門・第八版補訂版』（有斐閣双書）有斐閣
畠山武道他編著『生物多様性と環境政策』北海道大学出版会
上村淳之『鳥たちに魅せられて』中央公論美術出版
上村淳之「花鳥画と博物画」『鳥学大全』東京大学総合研究博物館
鬼頭美奈子編『上村淳之画集』松伯美術館
『平成一八年法律改正審議会諮問・答申』環境省データベース
『一六四回国会衆議院・参議院会議録』国会会議録データベース
衆議院環境委員会田島一成委員『国政調査権による調査資料（平成一八年五月）』環境省
山階鳥類研究所他『平成一四・一五年度トキの遺伝的系統関係解析調査報告書』環境省
山階鳥類研究所『日本産メジロと韓国産メジロの識別方法の研究』個人資料
宮路和明『みやじ和明議員立法への挑戦』みやじ和明後援会

『一六八回国会衆議院・参議院会議録』（鳥獣被害防止特措法附則による法律改正）国会会議録データベース
メジロに係る愛媛県『鳥獣保護事業計画』及び『鳥獣関係統計』環境省
行政評価局『鳥獣被害防止対策に関する行政評価・監視結果報告書』（平成二四年）総務省
『平成二六年法律改正審議会諮問・答申』環境省データベース
『一八六回国会衆議院・参議院会議録』国会会議録データベース
ヒューゲンス「海外および日本における野生動物と管理」（無主物の残存国）『野生動物の被害管理の現状と未来』山梨県環境科学研究所
樺島博志「ドイツ連邦狩猟法」（土地所有者からの鳥獣保護法の違憲無効主張による損害賠償訴訟問題）『季刊環境研究』一四七号
髙橋満彦「ドイツ狩猟法――民間による鳥獣保護管理を可能にした精緻な法制度」『環境管理』四八巻八号
髙橋満彦「『狩猟の場』の議論を巡って――土地所有にとらわれない『共』的な資源管理の可能性」『法学研究』八一巻一二号
農業問題研究学会編『土地の所有と利用――地域営農と農地の所有・利用の現時点』（現代の農業問題三）筑波書房
日本自然保護協会『生態学からみた野生生物の保護と法律』講談社
及川敬貴『生物多様性というロジック――環境法の静かな革命』勁草書房
谷口義則「日本とアメリカの似て非なるゾーニング論――米国式の遊漁管理制度に何を学ぶや」『週刊釣りサンデー』平成一三年三月四日号
日弁連公害対策・環境保全委員会編『野生生物の保護はなぜ必要か』信山社

「目」の事項索引

学術書の本文は、一般に長文であるので、本文をまず「章」に分け、次に章の本文を「節」に細別し、さらに節の本文を「款」に、款の本文を項に、「項」の本文を「目」にとそれぞれ細分し、本文全体を「章・節・款・項・目」と階層的に配分して理解しやすく記述することを特色にしている。最後の「目」の本文を細分する場合は、適宜に記号を付して列記することになる。最近は、漢字の「款・項・目」の代わりに数字の「一・1・(一)」を用いることも多いが、その「第一章」から最終の「(一)」までのタイトルを集合すれば、それが「目次」になるわけである。そのようなことから、本文の内容が多岐にわたるときは、索引の意味合いをもたせて目次を詳細なものにし、これにより索引を省略する例が多い。

本書では、多数の狩猟の法源を含む本文を、「章」から「目」までに相互に連携させて有機的に配置して記述したところ、詳細な「目次」を構成できたとともに、それが自ずから細密な「索引」を作成したといえるほどになった。そこで、目次と索引を重複して記載する煩雑を避けるために、索引を省略することにした。

しかし問題もある。それは、法源が「目」に細分して列記されている場合があるが、この場合の法源の列記が「目次」に記述されないという難点があることである。種々考慮したが、その場合に限って「目次」よりも「索引」に記述しておくのがよかろうと考えて、本書の索引の事項記載としては、以下のとおり、「目」に法源が列記された場合は「索引」に記載してある。

あ　行

か　行

さ 行

た　行

は行

ま行

や 行

ら 行

わ 行

■著　者

小　柳　泰　治（おやなぎ　たいじ）

昭和11年新潟県生

検事，衆議院法務委員会調査室長，公証人を経て，

バード法律事務所弁護士（横浜弁護士会）

わが国の狩猟法制――殺生禁断と乱場

2015年１月28日　初版第１刷印刷

2015年２月６日　初版第１刷発行

著　者　小　柳　泰　治

発行者　逸　見　慎　一

発行所　東京都文京区 本郷6丁目4－7　株式会社　青林書院

振替口座　00110-9-16920／電話03（3815）5897～8／郵便番号113-0033

ホームページ☞ http://www.seirin.co.jp

印刷／星野精版印刷　落丁・乱丁本はお取り替え致します。

ISBN 978-4-417-01641-0